21世纪高职高专数学规划教材
国家级精品课程配套教材

线性代数与概率统计

朱文辉　陈　刚　编著

北京大学出版社
PEKING UNIVERSITY PRESS

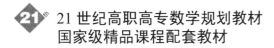

内 容 简 介

本书是国家级精品课程“线性代数与概率统计”的配套教材，该成果还曾获2004年江苏省高等教育教学成果一等奖. 本书贯彻“淡化严密性，强调思维性”的编写思路，使得必需够用为度和应用能力培养落到实处.

全书包括线性代数和概率统计方面的教学基本内容，并配有建模应用方面的资料，内容翔实，语言通俗，可读性强. 每章后附有数量充足、难易适中的习题，书后附有答案.

本书可作为高职高专院校相关课程的教材，也可供工程技术人员和高校学生业务性学习或扩充性学习的参考.

图书在版编目（CIP）数据

线性代数与概率统计/朱文辉，陈刚编著. —北京：北京大学出版社，2005.8

（21世纪全国高职高专数学规划教材）

ISBN 978-7-301-09220-0

I. 线… II. ①朱… ②陈… III. ①线性代数—高等学校：技术学校—教材 ②概率论—高等学校：技术学校—教材 ③数理统计—高等学校：技术学校—教材 IV. ①0151.2 ②021

中国版本图书馆 CIP 数据核字（2005）第 069414 号

书　　名：线性代数与概率统计

著作责任者：朱文辉　陈刚　编著

责 任 编 辑：胡伟晔　刘建龙

标 准 书 号：ISBN 978-7-301-09220-0/O・0656

出　版　者：北京大学出版社

地　　址：北京市海淀区成府路 205 号　100871

网　　址：http://www.pku.edu.cn　　新浪微博：@北京大学出版社

电 子 信 箱：zyjy@pup.cn

电　　话：邮购部 010-62752015　发行部 010-62750672　编辑部 010-62756923

印　刷　者：河北滦县鑫华书刊印刷厂

经　销　者：新华书店

787 毫米×980 毫米　16 开本　16.5 印张　360 千字

2005 年 8 月第 1 版　2021 年 1 月第 8 次印刷

定　　价：26.00 元

前　言

本书是高职高专院校的数学基础课教材之一。针对高职高专学生的特点，我们确立了适合于数学教育的“淡化严密性，强调思维性”的指导思想，能从观念上、方法上解决数学抽象性与人才培养对象之间的矛盾。“淡化严密性”就是以人为本，以高职学生的基础状况和实际需要为依据，调整和控制数学知识传授中的严密程度，降解抽象性，营造适度的数学环境，不追求每个细节的严格表述；“强调思维性”就是以能力为本，关注学生在掌握和应用数学知识时所需要的思维性，包括对专业技术的数学语言表达与交流、对实际问题的数学模型建立与运行。

本书从内容到形式，都力求贯彻“淡化严密性，强调思维性”的指导思想。在介绍各种概念时，均不以严格的“定义”形式出现，而是结合自然的叙述，辅以背景材料顺势引入，并注重从正反两方面对概念内涵加以充分的解读，首次出现的专用名词用黑体字明显标出，这种自然界面既便于查找，同时也减少了数学形式的抽象感；在介绍数学理论时，不拘泥于“定理—证明”的单一模式，也不是简单地删去证明了事，而是尽可能地在通俗易懂的叙述中渐入主题，既交代了来龙去脉，又冲淡了抽象成分，让读者有一种“水到渠成”之感，同时注重对抽象内容的形象化处理，大量地设计一些文字语言解读数学知识。这样的叙述方式，可使读者对数学教材不再望而生畏。

本书特别尊重读者的习惯性与情理性思维，介绍比较复杂的内容都从案例引入，并且注重典型例题的多层次开发，这样一方面可以改变数学教材严肃有余活泼不足的局面，另一方面能踏准读者的思维节奏，便于他们学习数学知识、理解数学原理。

作者运用教学研究成果，对传统的材料组织结构进行了较大幅度的改革，如线性代数中将线性方程组与向量的线性关系分离倒置，增加了初等变换的标准程序和基础解系的读取规则等操作性内容；弱化伴随矩阵在求逆运算中的作用；强化求特征向量的矩阵化技术，增加基础特征向量的新概念等。又如在概率统计中，凸现古典概率与统计定义各自的优势功能；概率的极限定理不再单独成章，而是结合数字特征，一改其高不可攀的理论形象，成了应用性内容；假设检验突破一题一招式的思路，以显著性原理为引导，在适当分解步骤的基础上，重点提示每个步骤的操作思路和执行要领，便于读者面对各种情况融会贯通；在方差分析和回归分析中废止列表计算模式，利用计算器中能直接显示的均值与方差来构造统计量，既避免了复杂的数学推导，能在情理之中掌握计算公式，又大大简化了计算，能在意料之外获得数值结果。本书增加了有关的数学建模内容，以便将数学建模思想有机地融入到基础性教学之中。

全书共分三篇。第一篇线性代数，包括行列式、矩阵、线性方程组、向量的线性关系、矩阵的特征值与特征向量、二次型等 6 章；第二篇概率统计，包括随机事件与概率、随机变量及其概率分布、随机变量的数字特征、统计量与参数估计、假设检验、方差分析与回归分析等 6 章；第三篇建模应用，包括线性代数和概率统计的应用共 2 章。各章虽有联系，但又能各自独立成篇，便于实施模块式教学构建。

随着教育大众化形势的发展，高职教育的专业设置多种多样，新专业不断涌现，对数学基础课提出了多元化、小型化、分散化的要求。本书的第 5 章、第 6 章、第 11 章、第 12 章等部分内容，就是为适应这些需求而特意安排的。

讲授本书的全部内容约需 60～100 学时。通常各专业要根据不同需求进行模块化搭建，因为本书已对各章节进行了独立化模型化处理，所以本教材实际上可适应 20～60 学时的工程数学课程教学需要。

本书文笔简洁明了，可读性强。“淡化严密性”带来了篇幅的减少以及信息量的增加；“强调思维性”使得理论高度不仅没有降低，相反在通俗易懂的铺叙中生动地展示了思维的全过程，突现了线性代数与概率统计的主流方法和操作技术，使这门基础课对于读者来说更易掌握，更为实用，同时也能使读者的思维在适度的数学环境中得到潜移默化的熏陶，成为培养思维能力的重要载体。

本书的编写特色得到了教育部评审专家组的认可，“线性代数与概率统计”在 2006 年底被评为国家级精品课程，同时，本书还是数学基础课教学改革成果的组成部分，该成果获 2004 年江苏省高等教育教学成果奖一等奖。

编　者

2007 年 2 月

目　　录

第一篇 线 性 代 数

第 1 章 行 列 式

1.1 行列式的概念与性质

1.1.1 二阶、三阶行列式

当一个代数式很复杂时，需要引入适当的记号，以便简化它的表达形式、突现它的构成规则. **行列式**就是一种代数式的简要记号，如

$$\begin{vmatrix} a_{11} & a_{12} \\ a_{21} & a_{22} \end{vmatrix} = a_{11}a_{22} - a_{12}a_{21}, \tag{1.1}$$

$$\begin{vmatrix} a_{11} & a_{12} & a_{13} \\ a_{21} & a_{22} & a_{23} \\ a_{31} & a_{32} & a_{33} \end{vmatrix} = a_{11}a_{22}a_{33} + a_{12}a_{23}a_{31} + a_{13}a_{21}a_{32} - a_{13}a_{22}a_{31} - a_{12}a_{21}a_{33} - a_{11}a_{23}a_{32}, \tag{1.2}$$

分别是二阶、三阶行列式，两式的左端表示行列式的记号，右端是行列式的**全面展开式**. 行列式的元素有两个下标，分别称为**行标**和**列标**，如 a_{32} 表示该元素位于第 3 行、第 2 列.

二阶、三阶行列式的全面展开可以用对角线法：在图 1-1 中，实对角线上元素的乘积，前置符号取正；虚对角线上元素的乘积，前置符号取负. 它们的代数和即**行列式的值**.

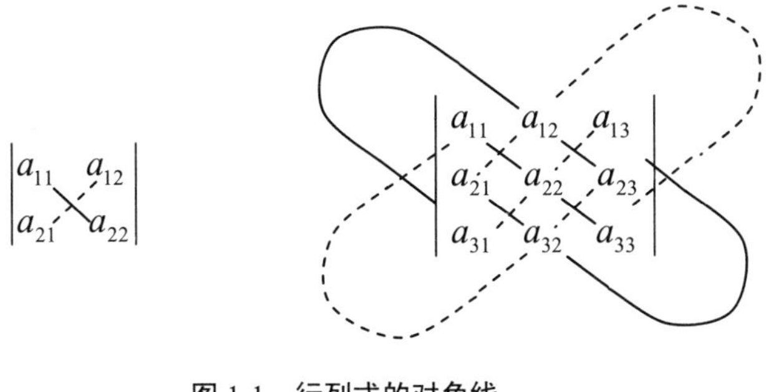

图 1-1 行列式的对角线

例如

$$\begin{vmatrix} 5 & -1 \\ 3 & 2 \end{vmatrix} = 5\times 2-(-1)\times 3=13\text{；}\quad \begin{vmatrix} a & b \\ -b & a \end{vmatrix} = a^2-(-b^2)=a^2+b^2\text{；}$$

$$\begin{vmatrix} 2 & -5 & 0 \\ 1 & 3 & -3 \\ 4 & -1 & 6 \end{vmatrix} = 2\times 3\times 6+1\times(-1)\times 0+(-5)\times(-3)\times 4-0\times 3\times 4$$

$$-(-1)\times(-3)\times 2-1\times(-5)\times 6=36+0+60-0-6-(-30)=120.$$

1.1.2 n 阶行列式的全面展开

用 n^2 个元素可以构成 **n 阶行列式**

$$\begin{vmatrix} a_{11} & a_{12} & \cdots & a_{1n} \\ a_{21} & a_{22} & \cdots & a_{2n} \\ \vdots & \vdots & & \vdots \\ a_{n1} & a_{n2} & \cdots & a_{nn} \end{vmatrix}.$$

行列式有时简记为 $|a_{ij}|$．一阶行列式 $|a|$ 就是 a，为了避免与绝对值记号相混，一阶行列式通常不加行列式号．

高于4阶的行列式不能用对角线法展开．参照二阶、三阶行列式的展开式（1.1）、（1.2），规定 n 阶行列式的**全面展开**按如下方式进行：

（1）展开式的每一项都是不同行、不同列的 n 个元素的乘积．

（2）取自不同行、不同列的 n 个元素要出现所有不同的搭配．若将行标顺序安排，则每一项对应列标的一个排列．如 $a_{12}a_{21}a_{33}$ 对应的排列是 2 1 3．所有不同的搭配，对应所有不同的列标排列，n 个自然数共有 $n!$ 种排列，因而全面展开式共有 $n!$ 项．

（3）各项的前置符号，偶排列取正，奇排列取负．所谓偶（奇）排列是指该排列的逆序数为偶（奇）数．比如排列 4 3 1 2 中，4 后面有比它小的 3，1，2（算作 3 个逆序），3 后面有 1，2，合计共有 5 个逆序，是奇排列．全面展开式的 $n!$ 项中有半数的前置符号为正，另一半为负．

通过全面展开来计算行列式显然是很复杂的，应该考虑简便的方法．

1.1.3 行列式的性质

将行列式 D 的行与列互换后得到的行列式，称为 D 的**转置行列式**，记为 D^{T}．即

$$D=\begin{vmatrix} a_{11} & a_{12} & \cdots & a_{1n} \\ a_{21} & a_{22} & \cdots & a_{2n} \\ \vdots & \vdots & & \vdots \\ a_{n1} & a_{n2} & \cdots & a_{nn} \end{vmatrix},\quad D^{\mathrm{T}}=\begin{vmatrix} a_{11} & a_{21} & \cdots & a_{n1} \\ a_{12} & a_{22} & \cdots & a_{n2} \\ \vdots & \vdots & & \vdots \\ a_{1n} & a_{2n} & \cdots & a_{nn} \end{vmatrix}.$$

实际书写时，“横着看，竖着写”，便可得到转置行列式.

性质 1　行列式转置后，其值不变，即 $D^{\mathrm{T}}=D$.

例如 $\begin{vmatrix} 1 & 2 & 3 \\ 8 & 9 & 4 \\ 7 & 6 & 5 \end{vmatrix}=\begin{vmatrix} 1 & 8 & 7 \\ 2 & 9 & 6 \\ 3 & 4 & 5 \end{vmatrix}$.

证　在行列式 D 中，每一行取一个元素，这 n 个元素位于不同的列，它们的乘积添上前置符号构成了 D 的展开式中的一项. 该项中的元素也可以理解为取自不同的列，并位于不同的行，而这正是 D^{T} 的展开式中的一项. 可见 D 和 D^{T} 的展开式中各项都对应相同，因此它们相等.

这条性质告诉我们，行列式的行具有某一性质，它们的列也具有相同的性质.

性质 2　交换行列式的两行（列），行列式的值变号.

例如 $\begin{vmatrix} 1 & 2 & 3 \\ 8 & 9 & 4 \\ 7 & 6 & 5 \end{vmatrix}=-\begin{vmatrix} 1 & 2 & 3 \\ 7 & 6 & 5 \\ 8 & 9 & 4 \end{vmatrix}$.

证　交换行列式的两行，相当于在展开式每一项所对应的列标排列中，交换了两个数字的位置. 这两个数字之间的逆序发生了变化，而这两个数字和其他数字之间的逆序变化是成对发生的，因此整个排列的逆序数变化量为奇数，从而排列的奇偶性发生改变. 即行列式展开式中的每一项都改变了符号，于是行列式的值变号.

性质 3　行列式的某一行（列）元素有公因子，可以提到行列式的外面.

例如 $\begin{vmatrix} 1 & 2 & 3 \\ 8k & 9k & 4k \\ 7 & 6 & 5 \end{vmatrix}=k\begin{vmatrix} 1 & 2 & 3 \\ 8 & 9 & 4 \\ 7 & 6 & 5 \end{vmatrix}$.

证　行列式的某一行有公因子 k 时，因为行列式展开式的每一项中都出现了该行的一个元素，所以每一项都有了公因子 k，当然可以提取出来.

这条性质也可以反向运用：行列式乘以数 k，等于把 k 乘到行列式的某一行（列）上去.

推论　以下 3 种行列式的值为零.

（1）行列式有某一行（列）的元素全为零；

（2）行列式有两行（列）完全相同；

（3）行列式有两行（列）的元素对应成比例.

证 其中第 1 种行列式有公因子 0；第 2 种行列式交换两行（列）后，其值不变，同时又改变符号，即 $D=-D$，故 $D=0$；第 3 种行列式提取公因子后，即第 2 种行列式.

性质 4 一个行列式可以拆分成两个行列式的和，这两个行列式的某对应行（列）上相同位置的元素之和，正好等于原行列式的对应位置的元素，而其他行（列）的元素都与原行列式相同.

例如 $$\begin{vmatrix} a_1 & a_2 & a_3 & a_4 \\ b_1 & b_2 & b_3 & b_4 \\ 1 & 2 & 3 & 4 \\ c_1 & c_2 & c_3 & c_4 \end{vmatrix} = \begin{vmatrix} a_1 & a_2 & a_3 & a_4 \\ b_1 & b_2 & b_3 & b_4 \\ 2 & 0 & -1 & 3 \\ c_1 & c_2 & c_3 & c_4 \end{vmatrix} + \begin{vmatrix} a_1 & a_2 & a_3 & a_4 \\ b_1 & b_2 & b_3 & b_4 \\ -1 & 2 & 4 & 1 \\ c_1 & c_2 & c_3 & c_4 \end{vmatrix}.$$

证 因为在行列式展开式的各项中，可以把来自于某行（列）的元素拆分成两数之和，再利用分配律将每一项都拆成两项之和，由此组合成两个行列式，而且行列式中除被拆分的元素外，其他元素都未变.

这条性质给出了行列式的**拆分规则**. 若反向运用，则成了行列式的**合并规则**. 拆分与合并规则特别强调：除某一对应行（列）外，其余元素都相同.

性质 5 把行列式的某一行（列）的各元素乘以同一数后加到另一行（列）的对应元素上去，行列式的值不变.

证 做了这种变换后的行列式可以拆分成两个行列式，一个是原行列式，另一个是推论中的第 3 种行列式（其值为零）.

比如在一个三阶行列式中将第 1 列乘以数 k 后加到第 3 列，所得行列式可拆分为

$$\begin{vmatrix} a_1 & b_1 & c_1+ka_1 \\ a_2 & b_2 & c_2+ka_2 \\ a_3 & b_3 & c_3+ka_3 \end{vmatrix} = \begin{vmatrix} a_1 & b_1 & c_1 \\ a_2 & b_2 & c_2 \\ a_3 & b_3 & c_3 \end{vmatrix} + \begin{vmatrix} a_1 & b_1 & ka_1 \\ a_2 & b_2 & ka_2 \\ a_3 & b_3 & ka_3 \end{vmatrix}.$$

性质 5 将是计算行列式的主要工具，务必正确理解："把某一行（列）乘以同一数后加到另一行（列）上去"，运算的对象是整行（列）中的每一个元素，不可偏漏；运算后，其中的"某一行（列）"应保持原样，而"另一行（列）"须发生变化；行列式的元素发生了变化，但行列式的值不变. 例如在下面的行列式中，把第 3 行乘以 3 加到第 1 行上去，可以得到等式

$$\begin{vmatrix} 7 & 2 & 0 & 3 \\ -5 & 6 & 2 & 0 \\ 2 & 4 & 5 & -1 \\ -3 & 1 & -1 & 5 \end{vmatrix} = \begin{vmatrix} 13 & 14 & 15 & 0 \\ -5 & 6 & 2 & 0 \\ 2 & 4 & 5 & -1 \\ -3 & 1 & -1 & 5 \end{vmatrix}.$$

1.2　行列式的降阶算法

1.2.1　代数余子式

在 n 阶行列式中，把元素 a_{ij} 所在的第 i 行和第 j 列划去后，余下的 $(n-1)$ 阶行列式叫做元素 a_{ij} 的**余子式**，记为 M_{ij} . 再记

$$A_{ij}=(-1)^{i+j}M_{ij}, \tag{1.3}$$

A_{ij} 叫做 a_{ij} 的**代数余子式**.

1.2.2　特殊行列式的计算公式

若行列式第 1 行元素除 a_{11} 外均为零，则有如下计算式：

$$D=\begin{vmatrix} a_{11} & 0 & \cdots & 0 \\ a_{21} & a_{22} & \cdots & a_{2n} \\ \vdots & \vdots & & \vdots \\ a_{n1} & a_{n2} & \cdots & a_{nn} \end{vmatrix}=a_{11}\begin{vmatrix} a_{22} & \cdots & a_{2n} \\ \vdots & & \vdots \\ a_{n2} & \cdots & a_{nn} \end{vmatrix}.$$

证　等式右端的 $(n-1)$ 阶行列式是 a_{11} 的余子式 M_{11} . 在行列式 D 中，每行选取一个元素（不同列）做乘积，构成展开式的各项. 可以只考虑不等于零的项，显然第 1 行只能取 a_{11} ，于是各项有了公因子 a_{11} . 选取第 2 至第 n 行的元素，和全面展开 M_{11} 的选取方式完全相同；另一方面 a_{11} 与其他元素不构成逆序，因此 D 的展开项与 M_{11} 的展开项前置符号也相同. 提取公因子 a_{11} 后，即得 $D=a_{11}M_{11}$.

若行列式的第 1 列除 a_{11} 外均为零，则有同样的计算式.

现在考虑一般的降阶条件. 如果在行列式 D 中，非零元素 a_{ij} 所在的行（第 i 行）或列（第 j 列）的其他元素均为零，那么可以将第 i 行依次与第 $(i-1)$ ，…，2，1 行交换，然后再将第 j 列依次与第 $(j-1)$ ，…，2，1 列交换，共经过 $(i+j-2)$ 次换行与换列，把 a_{ij} 换到左上角的位置，其所在的行与列也换到了第 1 行和第 1 列，而其他行、列的排列顺序没有改变. 根据前面的公式可知，最后的行列式的值变成了 $a_{ij}M_{ij}$. 由于行列式的值变了 $(i+j-2)$ 次符号，所以

$$D=(-1)^{i+j-2}a_{ij}M_{ij}=a_{ij}A_{ij}. \tag{1.4}$$

定理 1.1　如果行列式的某行（或某列）中，仅有一个元素非零，那么行列式的值等于该非零元素与它的代数余子式的乘积.

定理 1.1 是行列式**降阶算法**的基础. 比如下面的行列式经逐次降阶，很容易得到它

的值：

$$\begin{vmatrix} a_{11} & 0 & 0 & \cdots & 0 \\ a_{21} & a_{22} & 0 & \cdots & 0 \\ a_{31} & a_{32} & a_{33} & \cdots & 0 \\ \vdots & \vdots & \vdots & & \vdots \\ a_{n1} & a_{n2} & a_{n3} & \cdots & a_{nn} \end{vmatrix} = a_{11}a_{22}a_{33}\cdots a_{nn} .$$

我们称这种行列式为**下三角行列式**．类似地，**上三角行列式**也有同样的计算公式：

$$\begin{vmatrix} a_{11} & a_{12} & a_{13} & \cdots & a_{1n} \\ 0 & a_{22} & a_{23} & \cdots & a_{2n} \\ 0 & 0 & a_{33} & \cdots & a_{3n} \\ \vdots & \vdots & \vdots & & \vdots \\ 0 & 0 & 0 & \cdots & a_{nn} \end{vmatrix} = a_{11}a_{22}a_{33}\cdots a_{nn} .$$

更特殊的**对角行列式**的值为

$$\begin{vmatrix} a_{11} & 0 & 0 & \cdots & 0 \\ 0 & a_{22} & 0 & \cdots & 0 \\ 0 & 0 & a_{33} & \cdots & 0 \\ \vdots & \vdots & \vdots & & \vdots \\ 0 & 0 & 0 & \cdots & a_{nn} \end{vmatrix} = a_{11}a_{22}a_{33}\cdots a_{nn} .$$

我们把行列式中从左上角到右下角的对角线称为**主对角线**．**三角行列式**中，主对角线一侧的元素全为零；对角行列式中，主对角线两侧的元素全为零．

推论 三角行列式及对角行列式的值等于其主对角线上所有元素的乘积．

1.2.3 行列式的降阶算法

对于一般的行列式，可以利用行列式的性质 5 把某些元素变为零，来达到降阶条件．具体做法是：在行列式中选定一个非零元素，称之为**主元**，将主元所在的行乘以适当的数加到其他行上，由此把主元所在列的其他元素都变为零．这个过程叫做**消元**．

例 1.1 计算行列式 $\boldsymbol{D}=\begin{vmatrix} -10 & 8 & -7 & 2 \\ 7 & -9 & 13 & 1 \\ -5 & -1 & 5 & 3 \\ 3 & 5 & -1 & -2 \end{vmatrix}$．

解 选 $a_{24}=1$ 为主元，为了将第 4 列的元素 $2,3,-2$ 变成零，进行行变换：第 2 行乘 -2

加到第 1 行；第 2 行乘 -3 加到第 3 行；第 2 行乘 2 加到第 4 行，得到

$$D=\begin{vmatrix} -24 & 26 & -33 & 0 \\ 7 & 9 & 13 & 1 \\ -26 & 26 & -34 & 0 \\ 17 & -13 & 25 & 0 \end{vmatrix}=1\times(-1)^{2+4}\begin{vmatrix} -24 & 26 & -33 \\ -26 & 26 & -34 \\ 17 & -13 & 25 \end{vmatrix}.$$

降阶后的行列式可继续降阶：取第 2 行的 26 为主元，将第 2 行分别乘 $-26/26$ 和 $13/26$ 加到第 1、第 3 行，得到

$$D=\begin{vmatrix} 2 & 0 & 1 \\ -26 & 26 & -34 \\ 4 & 0 & 8 \end{vmatrix}=26\times(-1)^{2+2}\begin{vmatrix} 2 & 1 \\ 4 & 8 \end{vmatrix}=312 .$$

从本例看出，要注重主元的选取，适当地选择主元可以简化计算.

行列式的消元运算也可以做列变换，即通过列变换把主元所在行的其他元素都变为零.

阶数较高的行列式计算常常借助于计算机．计算机不怕烦琐的计算，但无法“灵活”地选择主元，所以计算机一般是先把行列式变为三角行列式，即从第 1 列开始，通过行变换依次将各列主对角线下方的元素变为零.

例 1.2　将例 1.1 的行列式 D 化为上三角行列式，并计算其值.

解　以下计算过程中，所选主元都用“$\langle\ \rangle$”号做了标记，这样可使消元的对象清晰，便于突出变换的有序性：

$$D=\begin{vmatrix} \langle -10\rangle & 8 & -7 & 2 \\ 7 & -9 & 13 & 1 \\ -5 & -1 & 5 & 3 \\ 3 & 5 & -1 & -2 \end{vmatrix}=\begin{vmatrix} -10 & 8 & -7 & 2 \\ 0 & \langle -3.4\rangle & 8.1 & 2.4 \\ 0 & -5 & 8.5 & 2 \\ 0 & 7.4 & -3.1 & -1.4 \end{vmatrix}$$

$$=\begin{vmatrix} -10 & 8 & -7 & 2 \\ 0 & -3.4 & 8.1 & 2.4 \\ 0 & 0 & \langle -3.412\rangle & -1.529 \\ 0 & 0 & 14.529 & 3.824 \end{vmatrix}=\begin{vmatrix} -10 & 8 & -7 & 2 \\ 0 & -3.4 & 8.1 & 2.4 \\ 0 & 0 & -3.412 & -1.529 \\ 0 & 0 & 0 & -2.687 \end{vmatrix}=311.7 .$$

数值计算有误差是难免的．为了减少误差，可以选取绝对值较大的数作为主元，同时通过换行把主元换到主对角线上的位置．这种做法还有一个好处是能适应主对角线上元素出现零的情况.

1.3 克莱姆法则

1.3.1 行列式的按行（列）展开

按照行列式的拆分规则，一个三阶行列式可作如下拆分：

$$D=\begin{vmatrix} a_{11} & a_{12} & a_{13} \\ a_{21} & a_{22} & a_{23} \\ a_{31} & a_{32} & a_{33} \end{vmatrix}=\begin{vmatrix} a_{11} & 0 & 0 \\ a_{21} & a_{22} & a_{23} \\ a_{31} & a_{32} & a_{33} \end{vmatrix}+\begin{vmatrix} 0 & a_{12} & 0 \\ a_{21} & a_{22} & a_{23} \\ a_{31} & a_{32} & a_{33} \end{vmatrix}+\begin{vmatrix} 0 & 0 & a_{13} \\ a_{21} & a_{22} & a_{23} \\ a_{31} & a_{32} & a_{33} \end{vmatrix}.$$

再根据定理 1.1，得到

$$D=a_{11}A_{11}+a_{12}A_{12}+a_{13}A_{13}.$$

这叫做行列式按第 1 行展开．因为拆分可针对不同的行、列进行，所以行列式也可按其他行展开，还可以按各列展开，而且这种展开能直接推广到更高阶的行列式．一般地，对于 n 阶行列式 D，有如下展开式：

$$D=a_{i1}A_{i1}+a_{i2}A_{i2}+\cdots+a_{in}A_{in} \quad (i=1,2,\ \cdots,\ n),$$

$$D=a_{1j}A_{1j}+a_{2j}A_{2j}+\cdots+a_{nj}A_{nj} \quad (j=1,2,\ \cdots,\ n).$$

这两个公式分别称为行列式的**按行展开式**与**按列展开式**．展开式右端是某行（列）元素与它们的代数余子式乘积之和．以后，我们把这种两两相乘再相加的运算叫做“组合”，**组合运算**是线性代数中常见的运算．

行列式的按行或按列展开，起到了降阶的效果，可以用来计算行列式的值．比如例 1.1 的行列式，按第 3 行展开为

$$D=\begin{vmatrix} -10 & 8 & -7 & 2 \\ 7 & -9 & 13 & 1 \\ -5 & -1 & 5 & 3 \\ 3 & 5 & -1 & -2 \end{vmatrix}=(-5)\times(-1)^{3+1}\begin{vmatrix} 8 & -7 & 2 \\ -9 & 13 & 1 \\ 5 & -1 & -2 \end{vmatrix}+(-1)\times(-1)^{3+2}\begin{vmatrix} -10 & -7 & 2 \\ 7 & 13 & 1 \\ 3 & -1 & -2 \end{vmatrix}$$

$$+5\times(-1)^{3+3}\begin{vmatrix} -10 & 8 & 2 \\ 7 & -9 & 1 \\ 3 & 5 & -2 \end{vmatrix}+3\times(-1)^{3+4}\begin{vmatrix} -10 & 8 & -7 \\ 7 & -9 & 13 \\ 3 & 5 & -1 \end{vmatrix}.$$

不过用这种方法要计算 n 个 $(n-1)$ 阶行列式，如果连环地不断展开，计算量与全面展开不相上下，是非常庞大的．所以计算行列式还是以上节介绍的降阶算法为主．

1.3.2　代数余子式组合定理

在三阶行列式

$$D=\begin{vmatrix} a_{11} & a_{12} & a_{13} \\ a_{21} & a_{22} & a_{23} \\ a_{31} & a_{32} & a_{33} \end{vmatrix}$$

中，改写第 1 行，使之与第 2 行相同，将这个值为零的行列式按第 1 行展开，注意到代数余子式未变，有

$$0=\begin{vmatrix} a_{21} & a_{22} & a_{23} \\ a_{21} & a_{22} & a_{23} \\ a_{31} & a_{32} & a_{33} \end{vmatrix}=a_{21}A_{11}+a_{22}A_{12}+a_{23}A_{13}\ .$$

一般地，在 n 阶行列式 D 中，把第 i 行改写为第 k 行 $(k\neq i)$，再按第 i 行展开，可得

$$a_{k1}A_{i1}+a_{k2}A_{i2}+\cdots+a_{kn}A_{in}=0\ ;$$

把第 j 列改写成第 k 列 $(k\neq j)$，再按第 j 列展开，可得

$$a_{1k}A_{1j}+a_{2k}A_{2j}+\cdots+a_{nk}A_{nj}=0\ .$$

将这两个公式与行列式的按行（列）展开式结合起来，即

$$\sum_{j=1}^{n}a_{kj}A_{ij}=\begin{cases} D, & k=i \\ 0, & k\neq i \end{cases}\ , \tag{1.5}$$

$$\sum_{i=1}^{n}a_{ik}A_{ij}=\begin{cases} D, & k=j \\ 0, & k\neq j \end{cases}\ . \tag{1.6}$$

我们把这些公式归结为**代数余子式组合定理**：

定理 1.2　行列式的某行（列）元素与本行（列）元素的代数余子式相组合，结果等于该行列式的值；行列式的某行（列）元素与另一行（列）元素的代数余子式相组合，结果等于零.

1.3.3　克莱姆（Cramer）法则

含有 n 个未知量、n 个方程的线性方程组为

$$\begin{cases} a_{11}x_1+a_{12}x_2+\cdots+a_{1n}x_n=b_1 \\ a_{21}x_1+a_{22}x_2+\cdots+a_{2n}x_n=b_2 \\ \qquad\qquad\cdots\cdots \\ a_{n1}x_1+a_{n2}x_2+\cdots+a_{nn}x_n=b_n \end{cases}. \tag{1.7}$$

未知量的所有系数构成的行列式

$$D=\begin{vmatrix} a_{11} & a_{12} & \cdots & a_{1n} \\ a_{21} & a_{22} & \cdots & a_{2n} \\ \vdots & \vdots & & \vdots \\ a_{n1} & a_{n2} & \cdots & a_{nn} \end{vmatrix},$$

称为方程组（1.7）的**系数行列式**. 用 D 的代数余子式 A_{i1}（$i=1,2,\cdots,n$）依次乘方程组（1.7）的各个方程，再把所有方程相加，得到

$$\sum_{i=1}^{n} A_{i1}(a_{i1}x_1+a_{i2}x_2+\cdots+a_{in}x_n)=\sum_{i=1}^{n} b_i A_{i1},$$

将左端的乘积展开，再合并含同一未知量的项，对照公式（1.6）发现，除 x_1 的系数是 D 外，其余未知量的系数都是零；右端的和式正是以下行列式按第 1 列展开的展开式：

$$D_1=\begin{vmatrix} b_1 & a_{12} & \cdots & a_{1n} \\ b_2 & a_{22} & \cdots & a_{2n} \\ \vdots & \vdots & & \vdots \\ b_n & a_{n2} & \cdots & a_{nn} \end{vmatrix}.$$

于是得到 $Dx_1=D_1$. 如果 $D\neq 0$，可立即算出 x_1 的值. 一般地，用代数余子式 A_{ij}（$i=1,2,\cdots,n$）乘方程组（1.7）的各个方程后再相加，能够保留 x_j 而消去其他所有未知量. 综合以上推导，可形成解线性方程组的**克莱姆法则**：

定理 1.3 线性方程组（1.7）当其系数行列式 $D\neq 0$ 时，有且仅有惟一解

$$x_j=\frac{D_j}{D}\ (j=1,2,\cdots,n), \tag{1.8}$$

其中 D_j（$j=1,2,\cdots,n$）是以方程组的常数项 b_1，b_2，…，b_n 替换 D 的第 j 列元素后形成的行列式.

例 1.3 求解线性方程组 $\begin{cases} x_1-x_2+x_3-2x_4=2 \\ 2x_1-x_3+4x_4=4 \\ 3x_1+2x_2+x_3=-1 \\ -x_1+2x_2-x_3+2x_4=-4 \end{cases}$.

解 用降阶法计算行列式，所选主元做了标记：

$$D=\begin{vmatrix} 1 & -1 & \langle 1\rangle & -2 \\ 2 & 0 & -1 & 4 \\ 3 & 2 & 1 & 0 \\ -1 & 2 & -1 & 2 \end{vmatrix}=\begin{vmatrix} 1 & -1 & 1 & -2 \\ 3 & -1 & 0 & 2 \\ 2 & 3 & 0 & 2 \\ 0 & 1 & 0 & 0 \end{vmatrix}=\begin{vmatrix} 3 & -1 & 2 \\ 2 & 3 & 2 \\ 0 & 1 & 0 \end{vmatrix}=-2\neq 0,$$

$$D_1=\begin{vmatrix}2&-1&\langle 1\rangle&-2\\4&0&-1&4\\-1&2&1&0\\-4&2&-1&2\end{vmatrix}=\begin{vmatrix}2&-1&1&-2\\6&-1&0&2\\-3&3&0&2\\-2&1&0&0\end{vmatrix}=\begin{vmatrix}6&-1&2\\-3&3&2\\-2&1&0\end{vmatrix}=-2,$$

$$D_2=\begin{vmatrix}1&2&\langle 1\rangle&-2\\2&4&-1&4\\3&-1&1&0\\-1&-4&-1&2\end{vmatrix}=\begin{vmatrix}1&2&1&-2\\3&6&0&2\\2&-3&0&2\\0&-2&0&0\end{vmatrix}=\begin{vmatrix}3&6&2\\2&-3&2\\0&-2&0\end{vmatrix}=4,$$

类似地可算得 $D_3=\begin{vmatrix}1&\langle -1\rangle&2&-2\\2&0&4&4\\3&2&-1&0\\-1&2&-4&2\end{vmatrix}=0$，$D_4=\begin{vmatrix}1&-1&\langle 1\rangle&2\\2&0&-1&4\\3&2&1&-1\\-1&2&-1&-4\end{vmatrix}=-1$，

所以 $x_1=\dfrac{D_1}{D}=1$，$x_2=\dfrac{D_2}{D}=-2$，$x_3=\dfrac{D_3}{D}=0$，$x_4=\dfrac{D_4}{D}=\dfrac{1}{2}$.

用克莱姆法则解线性方程组要计算 $(n+1)$ 个 n 阶行列式，计算量很大而且包含了大量的重复计算．我们将在第 3 章介绍更好的方法．

如果线性方程组（1.7）的常数项全为零，即

$$\begin{cases}a_{11}x_1+a_{12}x_2+\cdots+a_{1n}x_n=0\\a_{21}x_1+a_{22}x_2+\cdots+a_{2n}x_n=0\\\qquad\cdots\cdots\\a_{n1}x_1+a_{n2}x_2+\cdots+a_{nn}x_n=0\end{cases},\qquad(1.9)$$

则称之为**齐次线性方程组**，而方程组（1.7）当常数项不全为零时，称为**非齐次线性方程组**.

显然，方程组（1.9）一定有**零解** $x_j=0$（$j=1, 2, \cdots, n$）．如果系数行列式 $D\neq 0$，则根据克莱姆法则，它只有惟一的零解，没有非零解．以后还可以证明：如果 $D=0$，则方程组（1.9）一定有**非零解**（未知量的取值不全为零）．我们提前归纳为以下定理：

定理 1.4　齐次线性方程组（1.9）有非零解的充分必要条件是它的系数行列式等于零.

定理 1.4 将在第 5 章有重要的应用.

例 1.4　已知齐次线性方程组 $\begin{cases}x+\ \ y+\ \ z=0\\2x-\ \ y+3z=0\\Ax+By+Cz=0\end{cases}$ 有非零解，问 A，B，C 应满足什么条件？

解　根据定理 1.4，齐次线性方程组有非零解的充分必要条件是它的系数行列式等于

零，即$\begin{vmatrix} 1 & 1 & 1 \\ 2 & -1 & 3 \\ A & B & C \end{vmatrix}=0$．计算行列式的值，得到

$$4A-B-3C=0,$$

这就是 A，B，C 应满足的条件.

本例的几何意义是过坐标原点的 3 个平面共线.

习 题 一

1．计算下列行列式.

（1）$\begin{vmatrix} n+1 & n \\ n & n-1 \end{vmatrix}$；（2）$\begin{vmatrix} \cos\alpha & -\sin\alpha \\ \sin\alpha & \cos\alpha \end{vmatrix}$；（3）$\begin{vmatrix} 1 & \log_b a \\ \log_a b & 1 \end{vmatrix}$；

（4）$\begin{vmatrix} 3 & 2 & 1 \\ 2 & 5 & 3 \\ 3 & 4 & 2 \end{vmatrix}$；（5）$\begin{vmatrix} 4 & -3 & 5 \\ 3 & -2 & 8 \\ 1 & -7 & -5 \end{vmatrix}$；（6）$\begin{vmatrix} 3 & 4 & -5 \\ 8 & 7 & -2 \\ 2 & -1 & 8 \end{vmatrix}$；

（7）$\begin{vmatrix} 1 & a & a^2 \\ 1 & b & b^2 \\ 1 & c & c^2 \end{vmatrix}$；（8）$\begin{vmatrix} \cos\theta\cos\phi & \sin\theta\cos\phi & \sin\phi \\ -r\sin\theta\cos\phi & r\cos\theta\cos\phi & 0 \\ -r\cos\theta\sin\phi & -r\sin\theta\sin\phi & r\cos\phi \end{vmatrix}$.

2．求解方程$\begin{vmatrix} x-5 & 2 & 0 \\ 2 & x-6 & -2 \\ 0 & -2 & x-7 \end{vmatrix}=0$.

3．$\begin{vmatrix} 1 & a & -1 \\ a & 1 & 2 \\ -1 & 2 & 5 \end{vmatrix}>0$的充分必要条件是什么？

4．利用行列式的性质证明下列各式.

（1）$\begin{vmatrix} b+c & c+a & a+b \\ a+b & b+c & c+a \\ c+a & a+b & b+c \end{vmatrix}=2\begin{vmatrix} a & b & c \\ c & a & b \\ b & c & a \end{vmatrix}$；

（2）$\begin{vmatrix} \lambda-3 & -2 & -4 \\ -2 & \lambda & -2 \\ -4 & -2 & \lambda-3 \end{vmatrix}=(\lambda+1)^2(\lambda-8)$；

（3）$\begin{vmatrix} x & a & a & a \\ a & x & a & a \\ a & a & x & a \\ a & a & a & x \end{vmatrix}=(3a+x)(x-a)^3$.

5．已知行列式$D=\begin{vmatrix} 1 & 1 & 1 & 1 \\ 1 & 2 & 3 & 4 \\ a & b & c & d \\ 1 & 4 & 10 & 20 \end{vmatrix}$，求元素 a，b 的代数余子式的值.

6．运用行列式的降阶算法计算下列行列式．

（1）$\begin{vmatrix} 1 & 1 & 1 & 1 \\ 1 & -1 & 1 & 1 \\ 1 & 1 & -1 & 1 \\ 1 & 1 & 1 & -1 \end{vmatrix}$；（2）$\begin{vmatrix} 2 & -5 & 1 & 2 \\ -3 & 7 & -1 & 4 \\ 5 & -9 & 2 & 7 \\ 4 & -6 & 1 & 2 \end{vmatrix}$；（3）$\begin{vmatrix} 3 & 1 & 4 & 2 \\ 15 & 2 & 14 & 29 \\ 16 & 3 & 17 & 19 \\ 33 & 8 & 38 & 39 \end{vmatrix}$；

（4）$\begin{vmatrix} 3 & -5 & -2 & 2 \\ -4 & 7 & 4 & 4 \\ 4 & -9 & -3 & 7 \\ 2 & -6 & -3 & 2 \end{vmatrix}$；（5）$\begin{vmatrix} 3 & -5 & 2 & -4 \\ -3 & 4 & -5 & 3 \\ -5 & 7 & -7 & 5 \\ 8 & -8 & 5 & -6 \end{vmatrix}$；（6）$\begin{vmatrix} 1 & 2 & 3 & 4 & 5 \\ 2 & 3 & 7 & 10 & 13 \\ 3 & 5 & 11 & 16 & 21 \\ 2 & -7 & 7 & 7 & 2 \\ 1 & 4 & 5 & 3 & 10 \end{vmatrix}$．

7．设 $D=\begin{vmatrix} 6 & -5 & 8 & 4 \\ 9 & 7 & 5 & 2 \\ a & b & c & 1 \\ -4 & 8 & -8 & -3 \end{vmatrix}=1$，行列式 D 的代数余子式记为 A_{ij}（$i,j=1,2,3,4$），求下列各式的值：

（1）$9A_{21}+7A_{22}+5A_{23}+2A_{24}$；（2）$9A_{31}+7A_{32}+5A_{33}+2A_{34}$；

（3）$4A_{12}+2A_{22}+A_{32}-3A_{42}$；（4）$4A_{13}+2A_{23}+A_{33}-3A_{43}$．

8．用克莱姆法则解方程组 $\begin{cases} x_1+x_2+x_3+x_4=5 \\ x_1+2x_2-x_3+4x_4=-2 \\ 2x_1-3x_2-x_3-5x_4=-2 \\ 3x_1+x_2+2x_3+11x_4=0 \end{cases}$．

9．已知齐次线性方程组 $\begin{cases} (15-2a)x_1+11x_2+10x_3=0 \\ (11-3a)x_1+17x_2+16x_3=0 \\ (7-a)x_1+14x_2+13x_3=0 \end{cases}$ 有非零解，问 a 应取什么值？

10．单项选择题

（1）如果 $D=\begin{vmatrix} a_{11} & a_{12} & a_{13} \\ a_{21} & a_{22} & a_{23} \\ a_{31} & a_{32} & a_{33} \end{vmatrix}=5$，那么 $\begin{vmatrix} 2a_{11} & 2a_{12} & 2a_{13} \\ 2a_{21} & 2a_{22} & 2a_{23} \\ 2a_{31} & 2a_{32} & 2a_{33} \end{vmatrix}=$（　　）

A．10；　B．－10；　C．40；　D．－40．

（2）已知 $D=\begin{vmatrix} a_1 & b_1 & c_1 \\ a_2 & b_2 & c_2 \\ a_3 & b_3 & c_3 \end{vmatrix}=1$，则 $\begin{vmatrix} 2a_1 & 3a_1-4b_1 & c_1 \\ 2a_2 & 3a_2-4b_2 & c_2 \\ 2a_3 & 3a_3-4b_3 & c_3 \end{vmatrix}=$（　　）

A．6；　B．－2；　C．－8；　D．－24．

（3）三阶行列式 $\begin{vmatrix} -2 & 3 & 1 \\ 503 & 201 & 298 \\ 5 & 2 & 3 \end{vmatrix}=$（　　）

A．63；　B．70；　C．－70；　D．82．

（4）行列式$\begin{vmatrix} 0 & a & 0 & 0 \\ b & c & 0 & 0 \\ 0 & 0 & d & e \\ 0 & 0 & 0 & f \end{vmatrix}=$ （ ）

A．$abcdef$； B．cdf； C．$abdf$； D．$-abdf$.

（5）下列n（$n>2$）阶行列式的值必为零的是 （ ）

A．行列式主对角线上的元素全为零； B．行列式中有一半的元素等于零；

C．行列式中非零元素的个数小于n； D．行列式的元素中每个数都重复出现n次.

（6）设$D=|a_{ij}|$是n阶行列式，且$D\neq 0$，A_{ij}是元素a_{ij}的代数余子式，则$\sum\limits_{i=1}^{n}a_{i2}A_{i3}=$ （ ）

A．D； B．0； C．$\dfrac{1}{D}$； D．难以确定其值.

（7）已知$a_1b_2-a_2b_1=\dfrac{1}{m}$，则方程组$\begin{cases} a_1x+b_1y=c_1 \\ a_2x+b_2y=c_2 \end{cases}$的解是 （ ）

A．$x=\dfrac{1}{m}\begin{vmatrix} c_1 & b_1 \\ c_2 & b_2 \end{vmatrix}$，$y=\dfrac{1}{m}\begin{vmatrix} a_1 & c_1 \\ a_2 & c_2 \end{vmatrix}$； B．$x=\dfrac{1}{m}\begin{vmatrix} a_1 & c_1 \\ a_2 & c_2 \end{vmatrix}$，$y=\dfrac{1}{m}\begin{vmatrix} c_1 & b_1 \\ c_2 & b_2 \end{vmatrix}$；

C．$x=m\begin{vmatrix} a_1 & c_1 \\ a_2 & c_2 \end{vmatrix}$，$y=m\begin{vmatrix} c_1 & b_1 \\ c_2 & b_2 \end{vmatrix}$； D．$x=m\begin{vmatrix} c_1 & b_1 \\ c_2 & b_2 \end{vmatrix}$，$y=m\begin{vmatrix} a_1 & c_1 \\ a_2 & c_2 \end{vmatrix}$.

（8）设D是含有n个变量和n个方程组的线性方程组的系数行列式，下列说法中正确的是 （ ）

A．若$D\neq 0$，则线性方程组有解； B．若$D=0$，则线性方程组无解；

C．若线性方程组有解，则必有$D\neq 0$； D．若线性方程组无非零解，则必有$D=0$.

（9）已知方程组$\begin{cases} kx+3y+z=0 \\ 2x+ky+z=0 \\ kx-2y+z=0 \end{cases}$有非零解，则$k=$ （ ）

A．0； B．1； C．2； D．3.

（10）方程组$\begin{cases} 3x+ky+z=0 \\ \qquad 4y+z=0 \\ kx-5y-z=0 \end{cases}$只有零解的充分必要条件是 （ ）

A．$k\neq 1$； B．$k\neq 3$； C．$k\neq 1$或$k\neq 3$； D．$k\neq 1$且$k\neq 3$.

第2章 矩 阵

2.1 矩阵的概念及其线性运算

学习本节内容，要特别注意与行列式的有关概念、运算相区别.

2.1.1 矩阵的概念

矩阵是一张简化了的表格，一般地，

$$\begin{pmatrix} a_{11} & a_{12} & \cdots & a_{1n} \\ a_{21} & a_{22} & \cdots & a_{2n} \\ \vdots & \vdots & & \vdots \\ a_{m1} & a_{m2} & \cdots & a_{mn} \end{pmatrix}$$

称为 $\boldsymbol{m \times n}$ **矩阵**，它有 m 行、n 列，共 $m\times n$ 个元素，其中第 i 行、第 j 列的元素用 a_{ij} 表示. 通常我们用大写黑体字母 $\boldsymbol{A}$，$\boldsymbol{B}$，$\boldsymbol{C}$，…表示矩阵. 为了标明矩阵的行数 m 和列数 n，可用 $\boldsymbol{A}_{m\times n}$ 或 $\left(a_{ij}\right)_{m\times n}$ 表示. 矩阵既然是一张表，就不能像行列式那样算出一个数来.

所有元素均为0的矩阵，称为**零矩阵**，记作 $\boldsymbol{O}$.

两个矩阵 $\boldsymbol{A}$，$\boldsymbol{B}$ 相等，意味着不仅它们的行、列数相同，而且所有对应元素都相同，记作 $\boldsymbol{A}=\boldsymbol{B}$.

如果矩阵 $\boldsymbol{A}$ 的行、列数都是 n，则称 $\boldsymbol{A}$ 为 $\boldsymbol{n}$ **阶矩阵**，或称为 $\boldsymbol{n}$ **阶方阵**. n 阶矩阵有一条从左上角到右下角的**主对角线**. n 阶矩阵 $\boldsymbol{A}$ 的元素按原次序构成的 n 阶行列式，称为**矩阵 $\boldsymbol{A}$ 的行列式**，记作 $|\boldsymbol{A}|$.

在 n 阶矩阵中，若主对角线左下侧的元素全为零，则称之为**上三角矩阵**；若主对角线右上侧的元素全为零，则称之为**下三角矩阵**；若主对角线两侧的元素全为零，则称之为**对角矩阵**. 主对角线上元素全为1的对角矩阵，叫做**单位矩阵**，记为 $\boldsymbol{E}$，即

$$\boldsymbol{E}=\begin{pmatrix} 1 & 0 & \cdots & 0 \\ 0 & 1 & \cdots & 0 \\ \vdots & \vdots & & \vdots \\ 0 & 0 & \cdots & 1 \end{pmatrix}.$$

$1\times n$ 矩阵（只有一行）又称为 $\boldsymbol{n}$ **维行向量**；$n\times 1$ 矩阵（只有一列）又称为 $\boldsymbol{n}$ **维列向量**. 行

向量、列向量统称为**向量**．向量通常用小写黑体字母 $\boldsymbol{a}$，$\boldsymbol{b}$，$\boldsymbol{x}$，$\boldsymbol{y}$，…表示．向量中的元素又称为向量的**分量**．1×1 矩阵因只有一个元素，故视之为数量，即 $(a)=a$．

2.1.2 矩阵的加、减运算

如果矩阵 $\boldsymbol{A}$，$\boldsymbol{B}$ 的行数和列数都相同，那么它们可以相加、相减，记为 $\boldsymbol{A}+\boldsymbol{B}$，$\boldsymbol{A}-\boldsymbol{B}$，分别称为矩阵 $\boldsymbol{A}$，$\boldsymbol{B}$ 的**和**与**差**．$\boldsymbol{A}\pm\boldsymbol{B}$ 表示将 $\boldsymbol{A}$，$\boldsymbol{B}$ 中所有对应位置的元素相加、减得到的矩阵．例如

$$\boldsymbol{A}=\begin{pmatrix}-1 & 2 & 3\\ 0 & 3 & -2\end{pmatrix},\quad \boldsymbol{B}=\begin{pmatrix}4 & 3 & 2\\ 5 & -3 & 0\end{pmatrix},$$

$$\boldsymbol{A}+\boldsymbol{B}=\begin{pmatrix}-1+4 & 2+3 & 3+2\\ 0+5 & 3+(-3) & -2+0\end{pmatrix}=\begin{pmatrix}3 & 5 & 5\\ 5 & 0 & -2\end{pmatrix},$$

$$\boldsymbol{A}-\boldsymbol{B}=\begin{pmatrix}-1-4 & 2-3 & 3-2\\ 0-5 & 3-(-3) & -2-0\end{pmatrix}=\begin{pmatrix}-5 & -1 & 1\\ -5 & 6 & -2\end{pmatrix}.$$

2.1.3 矩阵的数乘

矩阵 $\boldsymbol{A}$ 与数 k 相乘记为 $k\boldsymbol{A}$ 或 $\boldsymbol{A}k$．$k\boldsymbol{A}$ 表示将 k 乘 $\boldsymbol{A}$ 中的所有元素得到的矩阵．例如

$$\boldsymbol{A}=\begin{pmatrix}2 & 4\\ 3 & 0\\ 5 & 1\end{pmatrix},\quad 3\boldsymbol{A}=\begin{pmatrix}3\times2 & 3\times4\\ 3\times3 & 3\times0\\ 3\times5 & 3\times1\end{pmatrix}=\begin{pmatrix}6 & 12\\ 9 & 0\\ 15 & 3\end{pmatrix}.$$

当 $k=-1$ 时，我们简记 $(-1)\boldsymbol{A}=-\boldsymbol{A}$，称为 $\boldsymbol{A}$ 的**负矩阵**．

矩阵的加减与**数乘**统称为**线性运算**．不难验证线性运算满足交换律、结合律与分配律，这与数量的运算规律相同，所以在数量运算中形成的诸如提取公因子、合并同类项、移项变号、正负抵消等运算习惯，在矩阵的线性运算中都可以保留、沿用．

例 2.1 设

$$\boldsymbol{A}=\begin{pmatrix}3 & -1 & 2 & 0\\ 1 & 5 & 7 & 9\\ 2 & 4 & 6 & 8\end{pmatrix},\quad \boldsymbol{B}=\begin{pmatrix}7 & 5 & -2 & 4\\ 5 & 1 & 9 & 7\\ 3 & 2 & -1 & 6\end{pmatrix},$$

已知 $\boldsymbol{A}+2\boldsymbol{X}=\boldsymbol{B}$，求 $\boldsymbol{X}$．

解 在等式中移项得 $2\boldsymbol{X}=\boldsymbol{B}-\boldsymbol{A}$，再除以 2 得 $\boldsymbol{X}=\dfrac{1}{2}(\boldsymbol{B}-\boldsymbol{A})$．通过心算立得

$$X=\begin{pmatrix}2&3&-2&2\\2&-2&1&-1\\0.5&-1&-3.5&-1\end{pmatrix}.$$

例 2.2　设 $\boldsymbol{A}$ 为三阶矩阵．已知 $|\boldsymbol{A}|=-2$，求行列式 $|3\boldsymbol{A}|$ 的值．

解　设 $\boldsymbol{A}=\begin{pmatrix}a_1&a_2&a_3\\b_1&b_2&b_3\\c_1&c_2&c_3\end{pmatrix}$，则 $3\boldsymbol{A}=\begin{pmatrix}3a_1&3a_2&3a_3\\3b_1&3b_2&3b_3\\3c_1&3c_2&3c_3\end{pmatrix}$．显然行列式 $|3\boldsymbol{A}|$ 中每行都有公因子 3，因此 $|3\boldsymbol{A}|=3^3\begin{vmatrix}a_1&a_2&a_3\\b_1&b_2&b_3\\c_1&c_2&c_3\end{vmatrix}=27|\boldsymbol{A}|=-54$．

2.2　矩阵的乘法与转置

2.2.1　矩阵的乘法

如果矩阵 $\boldsymbol{A}$ 的列数与矩阵 $\boldsymbol{B}$ 的行数相同，即 $\boldsymbol{A}$ 是 $m\times s$ 矩阵，$\boldsymbol{B}$ 是 $s\times n$ 矩阵，那么 $\boldsymbol{A}$，$\boldsymbol{B}$ 可以相乘，记为 $\boldsymbol{AB}$ 或 $\boldsymbol{A}\cdot\boldsymbol{B}$，称为矩阵 $\boldsymbol{A}$，$\boldsymbol{B}$ 的**乘积**．$\boldsymbol{AB}=\boldsymbol{C}$ 表示一个 $m\times n$ 矩阵，矩阵 $\boldsymbol{C}$ 的构成规则如下：

$\boldsymbol{B}$ 的第 1 列元素依次与 $\boldsymbol{A}$ 的各行元素相组合，形成 $\boldsymbol{C}$ 的第 1 列元素；$\boldsymbol{B}$ 的第 2 列元素依次与 $\boldsymbol{A}$ 的各行元素相组合，形成 $\boldsymbol{C}$ 的第 2 列元素……以此类推，最后 $\boldsymbol{B}$ 的第 n 列元素依次与 $\boldsymbol{A}$ 的各行元素相组合，形成 $\boldsymbol{C}$ 的第 n 列元素．这里的“组合”表示两两相乘再相加．

若记

$$\boldsymbol{A}=\left(a_{ij}\right)_{m\times s},\quad \boldsymbol{B}=\left(b_{ij}\right)_{s\times n},\quad \boldsymbol{C}=\left(c_{ij}\right)_{m\times n},$$

且 $\boldsymbol{C}=\boldsymbol{AB}$，则乘积矩阵 $\boldsymbol{C}$ 的元素可用公式表示为

$$c_{ij}=\sum_{k=1}^{s}a_{ik}b_{kj}\quad(i=1,2,\cdots,m;\ j=1,2,\cdots,n).\tag{2.1}$$

例如

$$\begin{pmatrix}3&-1\\0&3\\1&4\\2&1\end{pmatrix}\begin{pmatrix}1&-2&3\\2&1&0\end{pmatrix}=\begin{pmatrix}3\times1+(-1)\times2&3\times(-2)+(-1)\times1&3\times3+(-1)\times0\\0\times1+3\times2&0\times(-2)+3\times1&0\times3+3\times0\\1\times1+4\times2&1\times(-2)+4\times1&1\times3+4\times0\\2\times1+1\times2&2\times(-2)+1\times1&2\times3+1\times0\end{pmatrix}=\begin{pmatrix}1&-7&9\\6&3&0\\9&2&3\\4&-3&6\end{pmatrix}.$$

利用矩阵的乘法可以简化线性方程组的表示形式．设

$$\begin{cases} a_{11}x_1 + a_{12}x_2 + \cdots + a_{1n}x_n = b_1 \\ a_{21}x_1 + a_{22}x_2 + \cdots + a_{2n}x_n = b_2 \\ \qquad\cdots\cdots \\ a_{m1}x_1 + a_{m2}x_2 + \cdots + a_{mn}x_n = b_m \end{cases} \tag{2.2}$$

是含有 m 个方程、n 个变量的线性方程组，若记

$$\boldsymbol{A} = \begin{pmatrix} a_{11} & a_{12} & \cdots & a_{1n} \\ a_{21} & a_{22} & \cdots & a_{2n} \\ \vdots & \vdots & & \vdots \\ a_{m1} & a_{m2} & \cdots & a_{mn} \end{pmatrix}, \quad \boldsymbol{x} = \begin{pmatrix} x_1 \\ x_2 \\ \vdots \\ x_n \end{pmatrix}, \quad \boldsymbol{b} = \begin{pmatrix} b_1 \\ b_2 \\ \vdots \\ b_m \end{pmatrix},$$

则方程组可表示为矩阵方程

$$\boldsymbol{Ax} = \boldsymbol{b} \tag{2.3}$$

这个矩阵方程两端都是 $m \times 1$ 矩阵，对应元素都相同，相当于 m 个等式，恰好是（2.2）式的 m 个方程．（2.3）式称为线性方程组（2.2）的**矩阵形式**．以后，矩阵形式（2.3）将成为我们表示线性方程组的主要形式．其中 $\boldsymbol{A}$ 称为线性方程组的**系数矩阵**，$\boldsymbol{x}$ 称为**变量列**，$\boldsymbol{b}$ 称为**常数列**．

2.2.2　矩阵乘法的性质

两个矩阵相乘，要求行、列数相匹配，即在乘积 $\boldsymbol{AB}$ 中，矩阵 $\boldsymbol{A}$ 的列数必须等于矩阵 $\boldsymbol{B}$ 的行数，因此当 $\boldsymbol{AB}$ 有意义时，$\boldsymbol{BA}$ 未必有意义．即使 $\boldsymbol{AB}$ 和 $\boldsymbol{BA}$ 都有意义，它们也可能表示不同阶数的矩阵．比如 $\boldsymbol{A}$ 是 $1 \times n$ 矩阵（行向量）、$\boldsymbol{B}$ 是 $n \times 1$ 矩阵（列向量）时，$\boldsymbol{AB}$ 是 1×1 矩阵而 $\boldsymbol{BA}$ 为 $n \times n$ 矩阵．当 $\boldsymbol{A}$，$\boldsymbol{B}$ 都是 n 阶方阵时，情况又怎样呢？

例 2.3　设 $\boldsymbol{A} = \begin{pmatrix} -2 & 4 \\ 1 & -2 \end{pmatrix}$，$\boldsymbol{B} = \begin{pmatrix} 2 & 4 \\ -3 & -6 \end{pmatrix}$，$\boldsymbol{C} = \begin{pmatrix} 8 & 8 \\ 0 & -4 \end{pmatrix}$，求 $\boldsymbol{AB}$，$\boldsymbol{BA}$，$\boldsymbol{AC}$．

解　利用乘积的构成规则容易得到

$$\boldsymbol{AB} = \begin{pmatrix} -2 & 4 \\ 1 & -2 \end{pmatrix}\begin{pmatrix} 2 & 4 \\ -3 & -6 \end{pmatrix} = \begin{pmatrix} -16 & -32 \\ 8 & 16 \end{pmatrix},$$

$$\boldsymbol{BA} = \begin{pmatrix} 2 & 4 \\ -3 & -6 \end{pmatrix}\begin{pmatrix} -2 & 4 \\ 1 & -2 \end{pmatrix} = \begin{pmatrix} 0 & 0 \\ 0 & 0 \end{pmatrix},$$

$$\boldsymbol{AC} = \begin{pmatrix} -2 & 4 \\ 1 & -2 \end{pmatrix}\begin{pmatrix} 8 & 8 \\ 0 & -4 \end{pmatrix} = \begin{pmatrix} -16 & -32 \\ 8 & 16 \end{pmatrix}.$$

从例 2.3 可以看到矩阵乘法的两个重要特点：

（1）矩阵乘法不满足交换律，即一般情况下 $\boldsymbol{AB} \neq \boldsymbol{BA}$．

（2）矩阵乘法不满足消去律，即从 $\boldsymbol{A}\neq\boldsymbol{O}$ 和 $\boldsymbol{AB}=\boldsymbol{AC}$ 不能推得 $\boldsymbol{B}=\boldsymbol{C}$．特别地，当 $\boldsymbol{BA}=\boldsymbol{O}$ 时，不能断定 $\boldsymbol{A}=\boldsymbol{O}$ 或者 $\boldsymbol{B}=\boldsymbol{O}$．

这两个特点与数量乘法的规律不同，所以在数量运算中形成的交换与消去习惯必须改变．矩阵相乘时要注意顺序，有左乘、右乘之分，“$\boldsymbol{A}$ 左乘 $\boldsymbol{B}$”和“$\boldsymbol{A}$ 右乘 $\boldsymbol{B}$”是不同的运算，“$\boldsymbol{A}$ 乘以 $\boldsymbol{B}$”是不明确的、无法执行的运算．

不过，矩阵的自乘无须区别左乘右乘，因此，可以引入**矩阵乘幂**的记号，比如

$$\boldsymbol{AAA}=\boldsymbol{A}^3,$$

这里 $\boldsymbol{A}$ 是 n 阶方阵．方阵的乘幂显然有下列性质

$$\boldsymbol{A}^k\boldsymbol{A}^l=\boldsymbol{A}^{k+l},\quad (\boldsymbol{A}^k)^l=\boldsymbol{A}^{kl},$$

其中 k，l 是自然数．但是因为 $\boldsymbol{A}$，$\boldsymbol{B}$ 的乘积不能交换顺序，所以

$$(\boldsymbol{AB})^2=(\boldsymbol{AB})(\boldsymbol{AB})\neq(\boldsymbol{AA})(\boldsymbol{BB})=\boldsymbol{A}^2\boldsymbol{B}^2.$$

一般情况下，当 $k\geqslant 2$ 时，$(\boldsymbol{AB})^k\neq\boldsymbol{A}^k\boldsymbol{B}^k$．这与数量的乘幂运算规则大不相同，相应的运算习惯要改变，切不可混淆．

例 2.4　设 $\boldsymbol{A}=\begin{pmatrix}-3&2&-1\\0&3&0\\1&4&-2\end{pmatrix}$，求 $P(\boldsymbol{A})=2\boldsymbol{A}^2-3\boldsymbol{A}+4\boldsymbol{E}$．

解

$$P(\boldsymbol{A})=2\begin{pmatrix}-3&2&-1\\0&3&0\\1&4&-2\end{pmatrix}\begin{pmatrix}-3&2&-1\\0&3&0\\1&4&-2\end{pmatrix}-3\boldsymbol{A}+4\boldsymbol{E}$$

$$=2\begin{pmatrix}8&-4&5\\0&9&0\\-5&6&3\end{pmatrix}-3\begin{pmatrix}-3&2&-1\\0&3&0\\1&4&-2\end{pmatrix}+4\begin{pmatrix}1&0&0\\0&1&0\\0&0&1\end{pmatrix}=\begin{pmatrix}29&-14&13\\0&13&0\\-13&0&16\end{pmatrix}.$$

本例中，$P(\boldsymbol{A})$ 与多项式 $P(x)=2x^2-3x+4$ 有类似的形式，因此称它为矩阵多项式．一般地，如果一个矩阵式的每一项都是带系数的同一方阵 $\boldsymbol{A}$ 的非负整数幂，“常数项”（零次幂项）是带系数的单位矩阵，那么称这个矩阵式为关于 $\boldsymbol{A}$ 的**矩阵多项式**．

如果矩阵 $\boldsymbol{A}$，$\boldsymbol{B}$ 满足 $\boldsymbol{AB}=\boldsymbol{BA}$，那么称 $\boldsymbol{A}$，$\boldsymbol{B}$ 是**可交换**的．可交换是个很强的条件，下面介绍 2 种特殊情况．

一种是对角矩阵．容易验证

$$\begin{pmatrix}a_1&0&\cdots&0\\0&a_2&\cdots&0\\\vdots&\vdots&&\vdots\\0&0&\cdots&a_n\end{pmatrix}\begin{pmatrix}b_1&0&\cdots&0\\0&b_2&\cdots&0\\\vdots&\vdots&&\vdots\\0&0&\cdots&b_n\end{pmatrix}=\begin{pmatrix}a_1b_1&0&\cdots&0\\0&a_2b_2&\cdots&0\\\vdots&\vdots&&\vdots\\0&0&\cdots&a_nb_n\end{pmatrix},\tag{2.4}$$

交换乘积的顺序，结果显然相同．由此可知：2 个同阶对角矩阵是可交换的，它们的乘积矩阵由对应位置元素的乘积构成．

另一种是单位矩阵．设 $\boldsymbol{A}$ 是 $m\times n$ 矩阵，$\boldsymbol{E}_m$，$\boldsymbol{E}_n$ 分别为 m 阶、n 阶单位矩阵，不难验证 $\boldsymbol{E}_m\boldsymbol{A}=\boldsymbol{A}$，$\boldsymbol{A}\boldsymbol{E}_n=\boldsymbol{A}$．特别地，当 $m=n$ 时

$$\boldsymbol{EA}=\boldsymbol{AE}=\boldsymbol{A}. \tag{2.5}$$

可见单位矩阵 $\boldsymbol{E}$ 在矩阵乘法中，与数 1 在数量乘法中有类似的作用．单位矩阵与任何同阶矩阵可交换．

矩阵的乘法虽然不满足交换律，但仍满足下列运算规律（假设运算都是可行的）：

（1）乘法结合律　$(\boldsymbol{AB})\boldsymbol{C}=\boldsymbol{A}(\boldsymbol{BC})$；

（2）左、右分配律　$(\boldsymbol{A}+\boldsymbol{B})\boldsymbol{C}=\boldsymbol{AC}+\boldsymbol{BC}$，$\boldsymbol{C}(\boldsymbol{A}+\boldsymbol{B})=\boldsymbol{CA}+\boldsymbol{CB}$；

（3）数乘结合律　$k(\boldsymbol{AB})=(k\boldsymbol{A})\boldsymbol{B}=\boldsymbol{A}(k\boldsymbol{B})$．

这些运算律的证明，都可以利用乘法公式（2.1）以及通过和式的乘积展开与重组来完成，此处从略．这些运算律与数量的运算规律相同，所以在数量运算中形成的诸如多项乘积展开、系数归并化简、因式分解、连乘重组等运算习惯，在矩阵的运算中，仍可保留沿用．当然应该特别注意不可随意交换乘法顺序，不可随意约简非零因子．

2.2.3 矩阵的转置

把矩阵 $\boldsymbol{A}$ 的行与列互换所得到的矩阵称为矩阵 $\boldsymbol{A}$ 的**转置矩阵**，记为 $\boldsymbol{A}^{\mathrm{T}}$，即

$$\boldsymbol{A}=\begin{pmatrix} a_{11} & a_{12} & \cdots & a_{1n} \\ a_{21} & a_{22} & \cdots & a_{2n} \\ \vdots & \vdots & & \vdots \\ a_{m1} & a_{m2} & \cdots & a_{mn} \end{pmatrix},\quad \boldsymbol{A}^{\mathrm{T}}=\begin{pmatrix} a_{11} & a_{21} & \cdots & a_{m1} \\ a_{12} & a_{22} & \cdots & a_{m2} \\ \vdots & \vdots & & \vdots \\ a_{1n} & a_{2n} & \cdots & a_{mn} \end{pmatrix}.$$

矩阵的转置方法与行列式相类似，可以“横着看，竖着写”．但是矩阵转置后，行、列数都变了，各元素的位置也变了，所以通常 $\boldsymbol{A}\neq\boldsymbol{A}^{\mathrm{T}}$．

转置矩阵有如下性质（其中 $\boldsymbol{A}$，$\boldsymbol{B}$ 是矩阵，k 是数，涉及的运算都可行）：

（1）$(\boldsymbol{A}^{\mathrm{T}})^{\mathrm{T}}=\boldsymbol{A}$；

（2）$(\boldsymbol{A}+\boldsymbol{B})^{\mathrm{T}}=\boldsymbol{A}^{\mathrm{T}}+\boldsymbol{B}^{\mathrm{T}}$；

（3）$(k\boldsymbol{A})^{\mathrm{T}}=k\boldsymbol{A}^{\mathrm{T}}$；

（4）$(\boldsymbol{AB})^{\mathrm{T}}=\boldsymbol{B}^{\mathrm{T}}\boldsymbol{A}^{\mathrm{T}}$．

这里性质（1）～（3）是显然的，性质（4）可利用乘法公式（2.1）证明．

例 2.5　设 $\boldsymbol{A}=\begin{pmatrix} 2 & 0 & -1 \\ 1 & 3 & 2 \end{pmatrix}$，计算 $\boldsymbol{AA}^{\mathrm{T}}$ 和 $\boldsymbol{A}^{\mathrm{T}}\boldsymbol{A}$．

解　$\boldsymbol{AA}^{\mathrm{T}}=\begin{pmatrix} 2 & 0 & -1 \\ 1 & 3 & 2 \end{pmatrix}\begin{pmatrix} 2 & 1 \\ 0 & 3 \\ -1 & 2 \end{pmatrix}=\begin{pmatrix} 5 & 0 \\ 0 & 14 \end{pmatrix}$，

$$A^{\mathrm{T}}A=\begin{pmatrix}2&1\\0&3\\-1&2\end{pmatrix}\begin{pmatrix}2&0&-1\\1&3&2\end{pmatrix}=\begin{pmatrix}5&3&0\\3&9&6\\0&6&5\end{pmatrix}.$$

若方阵 A 满足 $A=A^{\mathrm{T}}$，则称 A 为**对称矩阵**. 比如例 2.5 所求的两个矩阵都是对称矩阵.

2.2.4　方阵行列式的乘积定理

设 A， B 都是 n 阶方阵．一般地 $AB\neq BA$，但它们的行列式相等，并且

$$|AB|=|BA|=|A|\cdot|B|. \tag{2.6}$$

定理 2.1　方阵乘积的行列式等于各因子行列式的乘积.

这个定理的结论简明、自然，但它的证明很复杂，而且需要用到特殊的构造性技巧，此处从略.

2.3　逆 矩 阵

2.3.1　逆矩阵的概念

设 A 是 n 阶矩阵（方阵），如果存在 n 阶矩阵 B，使得 $AB=BA=E$，则称矩阵 A 是**可逆的**，并称 B 是 A 的**逆矩阵**.

矩阵 A 可逆时，逆矩阵 B 必惟一. 事实上，若另有一逆矩阵 B_1，则由 $AB=E$ 和 $B_1A=E$ 得到 $B_1=B_1E=B_1(AB)=(B_1A)B=EB=B$．这样，逆矩阵可以有惟一的记号．记 A 的逆矩阵为 A^{-1}，即

$$AA^{-1}=A^{-1}A=E. \tag{2.7}$$

比如不难验证

$$A=\begin{pmatrix}1&0&0&0\\1&1&0&0\\1&2&1&0\\1&3&3&1\end{pmatrix},\quad A^{-1}=\begin{pmatrix}1&0&0&0\\-1&1&0&0\\1&-2&1&0\\-1&3&-3&1\end{pmatrix}.$$

逆矩阵相当于矩阵的“倒数”，但是因为矩阵的乘法有左乘、右乘之分，所以不允许以分数线表示逆矩阵.

如果 3 个矩阵 A，B，C 满足 $AB=AC$，且 A 可逆，那么在等式两边左乘逆矩阵 A^{-1}，可得 $A^{-1}AB=A^{-1}AC$，即 $EB=EC$，从而 $B=C$．这说明利用逆矩阵可以实现“约简”，换言之，矩阵的乘法并非没有消去规则，但消去规则必须通过逆矩阵的乘法来实现，可逆才有消去律．当然，在等式两边乘逆矩阵时应当注意分清左乘还是右乘.

逆矩阵为求解矩阵方程带来了方便. 比如线性方程组 $\boldsymbol{Ax}=\boldsymbol{b}$ 中，若 $\boldsymbol{A}$ 可逆，则左乘 $\boldsymbol{A}^{-1}$ 后，即得 $\boldsymbol{x}=\boldsymbol{A}^{-1}\boldsymbol{b}$，事先求出逆矩阵 $\boldsymbol{A}^{-1}$，只要做一次乘法，便可求得所有变量（$\boldsymbol{x}$ 的分量）的值. 又如矩阵方程 $\boldsymbol{AXB}=\boldsymbol{C}$ 中，若 $\boldsymbol{A}$，$\boldsymbol{B}$ 均可逆，则未知矩阵直接可求，即 $\boldsymbol{X}=\boldsymbol{A}^{-1}\boldsymbol{C}\boldsymbol{B}^{-1}$.

2.3.2 矩阵可逆的条件

设有 n 阶方阵

$$\boldsymbol{A}=\begin{pmatrix} a_{11} & a_{12} & \cdots & a_{1n} \\ a_{21} & a_{22} & \cdots & a_{2n} \\ \vdots & \vdots & & \vdots \\ a_{n1} & a_{n2} & \cdots & a_{nn} \end{pmatrix}.$$

它的行列式 $|\boldsymbol{A}|$ 有 n^2 个代数余子式 A_{ij}（$i,j=1,2,\cdots,n$），将它们按转置排列，得到矩阵

$$\boldsymbol{A}^*=\begin{pmatrix} A_{11} & A_{21} & \cdots & A_{n1} \\ A_{12} & A_{22} & \cdots & A_{n2} \\ \vdots & \vdots & & \vdots \\ A_{1n} & A_{2n} & \cdots & A_{nn} \end{pmatrix},$$

称 $\boldsymbol{A}^*$ 为矩阵 $\boldsymbol{A}$ 的**伴随矩阵**. 利用定理 1.2（代数余子式组合定理）容易验证

$$\boldsymbol{AA}^*=\boldsymbol{A}^*\boldsymbol{A}=\begin{pmatrix} |\boldsymbol{A}| & 0 & \cdots & 0 \\ 0 & |\boldsymbol{A}| & \cdots & 0 \\ \vdots & \vdots & & \vdots \\ 0 & 0 & \cdots & |\boldsymbol{A}| \end{pmatrix}=|\boldsymbol{A}|\boldsymbol{E}.$$

如果 $|\boldsymbol{A}|\neq 0$，则上式两端除以非零数 $|\boldsymbol{A}|$，可得

$$\boldsymbol{A}\left(\frac{1}{|\boldsymbol{A}|}\boldsymbol{A}^*\right)=\left(\frac{1}{|\boldsymbol{A}|}\boldsymbol{A}^*\right)\boldsymbol{A}=\boldsymbol{E}.$$

这说明矩阵 $\boldsymbol{A}$ 可逆，并且

$$\boldsymbol{A}^{-1}=\frac{1}{|\boldsymbol{A}|}\boldsymbol{A}^*. \tag{2.8}$$

定理 2.2 方阵 $\boldsymbol{A}$ 可逆的充分必要条件是它的行列式不等于零，即 $|\boldsymbol{A}|\neq 0$.

证 （2.8）式已给出充分性证明，现证必要性. 如果矩阵 $\boldsymbol{A}$ 可逆，则由 $\boldsymbol{AA}^{-1}=\boldsymbol{E}$ 取行列式，根据定理 2.1 的（2.6）式得 $|\boldsymbol{A}||\boldsymbol{A}^{-1}|=|\boldsymbol{AA}^{-1}|=|\boldsymbol{E}|=1$，因而必有 $|\boldsymbol{A}|\neq 0$.

行列式非零的方阵又叫做**非奇异矩阵**. 显然，非奇异矩阵和可逆矩阵是等价的概念. 行列式等于零的矩阵自然叫做**奇异矩阵**. 奇异矩阵即不可逆矩阵有无数多个，这与数量中唯有数 0 没有倒数大不相同.

例 2.6　设 $A=\begin{pmatrix}1 & 2\\ 3 & 4\end{pmatrix}$，求 A^{-1}.

解　显然 $|A|=-2\neq 0$，$|A|$ 的代数余子式都是一阶行列式，不需要计算，只要附上适当的符号，并注意转置排列即可：

$$A^{-1}=\frac{1}{|A|}A^*=\frac{1}{-2}\begin{pmatrix}4 & -2\\ -3 & 1\end{pmatrix}=\begin{pmatrix}-2 & 1\\ 1.5 & -0.5\end{pmatrix}.$$

公式（2.8）给出了求逆矩阵的方法，但是求伴随矩阵 A^* 要计算 n^2 个 $(n-1)$ 阶行列式，当 n 较大时，计算量非常大．我们将在下一节介绍更好的方法．

定理 2.3　设 A，B 都是 n 阶矩阵，则 $B=A^{-1}$ 的充分必要条件是 $AB=E$ 或者 $BA=E$．

证　必要性显然，只证充分性．若 $AB=E$，取行列式得 $|A||B|=1$，故 $|A|\neq 0$，则根据定理 2.2，A^{-1} 存在．等式两端左乘 A^{-1}，立得 $B=A^{-1}AB=A^{-1}E=A^{-1}$．$BA=E$ 的情况相同，证毕．

定理 2.3 表明，检验或者证明 B 是否 A 的逆矩阵，只要做一个乘法即可．比如从公式（2.4）很容易求得对角矩阵的逆矩阵：

$$\begin{pmatrix}a_1 & 0 & \cdots & 0\\ 0 & a_2 & \cdots & 0\\ \vdots & \vdots & & \vdots\\ 0 & 0 & \cdots & a_n\end{pmatrix}^{-1}=\begin{pmatrix}1/a_1 & 0 & \cdots & 0\\ 0 & 1/a_2 & \cdots & 0\\ \vdots & \vdots & & \vdots\\ 0 & 0 & \cdots & 1/a_n\end{pmatrix},\tag{2.9}$$

其中 $a_1a_2\cdots a_n\neq 0$．

2.3.3　逆矩阵的性质

（1）若 A 可逆，则 A^{-1} 也可逆，且 $(A^{-1})^{-1}=A$．

证　根据定理（2.3），只需做一个乘法：因为 $AA^{-1}=E$，故得证．

（2）若 A 可逆，则 $A^{\mathrm T}$ 也可逆，且 $(A^{\mathrm T})^{-1}=(A^{-1})^{\mathrm T}$．

证　因为 $A^{\mathrm T}(A^{-1})^{\mathrm T}=(A^{-1}A)^{\mathrm T}=E^{\mathrm T}=E$，故得证．

（3）若 A，B 是同阶矩阵且都可逆，则 $(AB)^{-1}=B^{-1}A^{-1}$．

证　因为 $(AB)(B^{-1}A^{-1})=A(BB^{-1})A^{-1}=AEA^{-1}=AA^{-1}=E$，故得证．

2.4　矩阵的初等变换

2.4.1　矩阵的初等行变换

在第 1 章中，我们已经看到了行（列）变换在行列式计算中的重要作用．对矩阵也有类似的变换.

对矩阵施行下列 3 种变换，统称为矩阵的**初等行变换**：

（1）**换行变换** 将矩阵的两行互换位置；

（2）**倍缩变换** 以非零数 k 乘矩阵某一行的所有元素；

（3）**消去变换** 把矩阵某一行所有元素乘同一数 k 加到另一行对应的元素上去.

例如对下列矩阵作初等行变换：先将第 3 行乘 –2 加到第 1 行，再将第 1，3 行互换，得到

$$\begin{pmatrix}2&3&1\\0&1&3\\1&2&5\end{pmatrix}\to\begin{pmatrix}0&-1&-9\\0&1&3\\1&2&5\end{pmatrix}\to\begin{pmatrix}1&2&5\\0&1&3\\0&-1&-9\end{pmatrix}.$$

由于矩阵的初等变换改变了矩阵的元素，因此初等变换前后的矩阵是不相等的，应该用“$\to$”连接而不可用“=”连接. 矩阵的初等变换可以链锁式地反复进行，以便达到简化矩阵的目的.

类似地，可引入**初等列变换**的概念.

2.4.2 初等变换的标准程序

例 2.7 已知 $\boldsymbol{A}=\begin{pmatrix}2&3&1\\0&1&3\\1&2&4\end{pmatrix}$，求 $\boldsymbol{A}^{-1}$.

解 将矩阵 $\boldsymbol{A}$ 和单位矩阵 $\boldsymbol{E}$ 拼成一个 3×6 矩阵 $(\boldsymbol{A}\quad\boldsymbol{E})$. 类似于行列式的消元运算（参看 1.2 节），对 $(\boldsymbol{A}\quad\boldsymbol{E})$ 施行一系列初等行变换：

$$(\boldsymbol{A}\quad\boldsymbol{E})=\begin{pmatrix}2&3&1&1&0&0\\0&1&3&0&1&0\\\langle1\rangle&2&4&0&0&1\end{pmatrix}\to\begin{pmatrix}0&-1&-7&1&0&-2\\0&\langle1\rangle&3&0&1&0\\1&2&4&0&0&1\end{pmatrix}$$

$$\xrightarrow{*}\begin{pmatrix}0&0&\langle-4\rangle&1&1&-2\\0&1&3&0&1&0\\1&0&-2&0&-2&1\end{pmatrix}\to\begin{pmatrix}0&0&1&-0.25&-0.25&0.5\\0&1&0&0.75&1.75&-1.5\\1&0&0&-0.5&-2.5&2\end{pmatrix}$$

$$\to\begin{pmatrix}1&0&0&-0.5&-2.5&2\\0&1&0&0.75&1.75&-1.5\\0&0&1&-0.25&-0.25&0.5\end{pmatrix}.$$

可以验证，最后的矩阵中，右半部分就是逆矩阵，即

$$A^{-1}=\begin{pmatrix}-0.5 & -2.5 & 2\\ 0.75 & 1.75 & -1.5\\ -0.25 & -0.25 & 0.5\end{pmatrix}=\frac{1}{4}\begin{pmatrix}-2 & -10 & 8\\ 3 & 7 & -6\\ -1 & -1 & 2\end{pmatrix}.$$

本例的结果不是偶然的．在论证这一方法的原理之前，我们先结合例 2.7 介绍**矩阵初等变换的标准程序**：

（1）变换分步进行，每步选一个非零元素，称为**主元**．利用行倍缩变换把主元变为 1，并且通过行消去变换把主元所在列的其他元素全都变为 0．

（2）各步所选的主元，必须位于不同的行．逐步重复上述变换，直至选不出新的主元为止．

（3）穿插换行变换，使主元呈左上到右下排列．

简单地说，标准程序就是通过初等行变换（不允许做列变换），变出一个一个不同的基本单位列，直至变不出新的基本单位列为止．**基本单位列**是指一个元素为 1，其余元素全都为 0 的列向量．

比如在例 2.7 的运算中，带“*”号的第 2 步是以元素 1 为主元，将第 2 行乘 1 和 –2 分别加到第 1，3 行上去；最后一步（第 4 步）并未选主元，而是作了一个互换第 1，3 行的换行变换．在所有的行消去变换中，主元都用“$\langle\ \rangle$”号做了标记，这样可使消元的目标清晰，变换的过程简洁．

标准程序体现了初等变换的目的性和条理性．矩阵的初等变换将贯穿本书的始终，初等变换的标准程序也将反复多次得到应用．

2.4.3　用初等变换法求逆矩阵

设 $\boldsymbol{A}$ 是 n 阶矩阵，$\boldsymbol{E}$ 是 n 阶单位矩阵，对 $n\times 2n$ 矩阵 $(\boldsymbol{A}\quad \boldsymbol{E})$ 按标准程序作初等行变换，主元在左半部分（即前 n 列）的范围内选取．当把子块 $\boldsymbol{A}$ 变成单位矩阵 $\boldsymbol{E}$ 的同时，右半部分必然变成了 $\boldsymbol{A}^{-1}$（参看例 2.7）．

例 2.8　设 $\boldsymbol{A}=\begin{pmatrix}1 & 2 & 3\\ 4 & 5 & 6\\ 7 & 8 & 9\end{pmatrix}$，问 $\boldsymbol{A}^{-1}$ 是否存在？

解　运用初等变换法：

$$(\boldsymbol{A}\,\vdots\,\boldsymbol{E})=\left(\begin{array}{ccc:ccc}\langle 1\rangle & 2 & 3 & 1 & 0 & 0\\ 4 & 5 & 6 & 0 & 1 & 0\\ 7 & 8 & 9 & 0 & 0 & 1\end{array}\right)\to\begin{pmatrix}1 & 2 & 3 & 1 & 0 & 0\\ 0 & \langle -3\rangle & -6 & -4 & 1 & 0\\ 0 & -6 & -12 & -7 & 0 & 1\end{pmatrix}$$

$$\rightarrow\begin{pmatrix}1 & 0 & -1 & -\frac{5}{3} & \frac{2}{3} & 0\\ 0 & 1 & 2 & \frac{4}{3} & -\frac{1}{3} & 0\\ 0 & 0 & 0 & 1 & -2 & 1\end{pmatrix}.$$

标准程序已执行完毕，但子块 $\boldsymbol{A}$ 未变成单位矩阵，即在（前 3 列）未选主元的行中没有非零元素，无法选出新的主元，此时可以断定 $\boldsymbol{A}$ 不可逆．其理由如下：

设想对行列式 $|\boldsymbol{A}|$ 施行初等变换．如果将换行变换、倍缩变换或消去变换施加于行列式，则行列式的值仅仅是改变符号、非零倍缩或保持不变，总之，初等变换不改变行列式的非零性，因此能通过初等变换检验矩阵的可逆性（参看定理 2.2）．

例 2.8 说明用初等变换法求逆矩阵，不必事先知道矩阵是否可逆．

2.4.4 初等矩阵

对单位矩阵 $\boldsymbol{E}$ 施行一次初等变换得到的矩阵称为**初等矩阵**．例如下面 3 个矩阵：

$$\begin{pmatrix}0 & 1 & 0 & 0\\ 1 & 0 & 0 & 0\\ 0 & 0 & 1 & 0\\ 0 & 0 & 0 & 1\end{pmatrix},\quad\begin{pmatrix}1 & 0 & 0 & 0\\ 0 & 3 & 0 & 0\\ 0 & 0 & 1 & 0\\ 0 & 0 & 0 & 1\end{pmatrix},\quad\begin{pmatrix}1 & 0 & 0 & 0\\ 0 & 1 & 0 & 0\\ 2 & 0 & 1 & 0\\ 0 & 0 & 0 & 1\end{pmatrix}$$

都是初等矩阵．与它们相对应的初等行变换分别是“互换第 1、第 2 行”、“以 3 乘第 2 行”、“第 1 行乘 2 加到第 3 行”；相对应的初等列变换分别是“互换第 1、第 2 列”、“以 3 乘第 2 列”、“第 3 列乘 2 加到第 1 列”．以下定理不难验证：

定理 2.4 对矩阵 $\boldsymbol{A}$ 施行初等行（列）变换，相当于左（右）乘一个相应的初等矩阵．

现在对初等变换法求逆矩阵的有效性进行证明．

对 $n\times 2n$ 矩阵 $(\boldsymbol{A}\quad \boldsymbol{E})$ 作一系列初等行变换，相当于左乘一系列 n 阶初等矩阵 $\boldsymbol{G}_1$，$\boldsymbol{G}_2$，…，$\boldsymbol{G}_k$（定理 2.4）．最后得到的矩阵是 $(\boldsymbol{E}\,\vdots\,\boldsymbol{B})$，即

$$\boldsymbol{G}_k\cdots\boldsymbol{G}_2\boldsymbol{G}_1(\boldsymbol{A}\,\vdots\,\boldsymbol{E})=(\boldsymbol{E}\,\vdots\,\boldsymbol{B}).$$

需要证明 $\boldsymbol{B}=\boldsymbol{A}^{-1}$．令 $\boldsymbol{G}=\boldsymbol{G}_k\cdots\boldsymbol{G}_2\boldsymbol{G}_1$，$\boldsymbol{G}$ 仍是 n 阶矩阵．按矩阵乘法规则，$\boldsymbol{G}(\boldsymbol{A}\,\vdots\,\boldsymbol{E})$ 的前 n 列由 $\boldsymbol{GA}$ 给出（$\boldsymbol{A}$ 的各列与 $\boldsymbol{G}$ 的各行相组合），而后 n 列由 $\boldsymbol{GE}=\boldsymbol{G}$ 给出，因此

$$\boldsymbol{G}(\boldsymbol{A}\,\vdots\,\boldsymbol{E})=(\boldsymbol{GA}\,\vdots\,\boldsymbol{G})=(\boldsymbol{E}\,\vdots\,\boldsymbol{B}).$$

由于矩阵相等意味着对应元素相等，所以应有

$$\boldsymbol{GA}=\boldsymbol{E},\quad \boldsymbol{G}=\boldsymbol{B}.$$

根据定理 2.3 知 $\boldsymbol{G}=\boldsymbol{A}^{-1}$，从而 $\boldsymbol{B}=\boldsymbol{A}^{-1}$．证毕．

对矩阵 $(A \vdots E)$ 作初等变换，实际上初等变换的“对象”是左半部分，而右半部分则起到了“记录”这些变换过程的作用，A^{-1} 是所有这些初等变换的总结果．由此可知，一系列初等变换（初等矩阵的乘积）构成可逆矩阵；反之，可逆矩阵能分解为一系列初等变换（初等矩阵的乘积）．

2.5 分块矩阵

2.5.1 分块矩阵的概念

上节中曾把矩阵 A 和 E 拼成一个大矩阵 $(A \quad E)$，反过来可以看作把矩阵 $(A \quad E)$ 划分成两部分，这就是分块矩阵的概念．对于一个矩阵，可以根据需要用贯穿整个矩阵的横线或竖线把它划分成若干子块（或称子矩阵），便形成了**分块矩阵**．分块的方式有许多，例如对于矩阵

$$A=\begin{pmatrix}1&0&0&3\\0&1&0&-1\\0&0&1&0\\0&0&0&1\end{pmatrix},$$

可例举出以下 3 种不同的分块方式：

$$\left(\begin{array}{cc|cc}1&0&0&3\\0&1&0&-1\\\hline 0&0&1&0\\0&0&0&1\end{array}\right),\quad \left(\begin{array}{ccc|c}1&0&0&3\\0&1&0&-1\\0&0&1&0\\\hline 0&0&0&1\end{array}\right),\quad \left(\begin{array}{c|c|c|c}1&0&0&3\\0&1&0&-1\\0&0&1&0\\0&0&0&1\end{array}\right).$$

在第 1 个分块矩阵中，左上角和右下角子块都是二阶单位矩阵 E_2，左下角子块是零矩阵，若记 $A_1=\begin{pmatrix}0&3\\0&-1\end{pmatrix}$，则 $A=\begin{pmatrix}E_2&A_1\\O&E_2\end{pmatrix}$．

在第 2 个分块矩阵中，左上角子块和右下角子块分别是三阶单位矩阵 E_3 和一阶单位矩阵 E_1，左下角子块是零矩阵，若记 $A_2=\begin{pmatrix}3\\-1\\0\end{pmatrix}$，则 $A=\begin{pmatrix}E_3&A_2\\O&E_1\end{pmatrix}$．

在第 3 个分块矩阵中，若记

$$e_1=\begin{pmatrix}1\\0\\0\\0\end{pmatrix},\quad e_2=\begin{pmatrix}0\\1\\0\\0\end{pmatrix},\quad e_3=\begin{pmatrix}0\\0\\1\\0\end{pmatrix},\quad u=\begin{pmatrix}3\\-1\\0\\1\end{pmatrix},$$

则 $A=(e_1,\ e_2,\ e_3,\ u)$，这里 e_1，e_2，e_3 都是一个分量为 1、其余分量为 0 的列向量，这种向量称为**基本单位向量**.

对矩阵 A 的分块，当然不止这 3 种方式．分块矩阵也可以理解为是以若干子块为元素组成的矩阵.

2.5.2 分块矩阵的运算

上节得到过简单分块矩阵的乘法规则 $G(A \vdots E)=(GA \vdots GE)$，相当于把 G，A，E 都当作数量看待．对于一般的分块矩阵有同样的结论：分块矩阵运算时，可以把子块当作数量元素处理．例如

$$\begin{pmatrix}X_{11} & X_{12}\\ X_{21} & X_{22}\end{pmatrix}+\begin{pmatrix}Y_{11} & Y_{12}\\ Y_{21} & Y_{22}\end{pmatrix}=\begin{pmatrix}X_{11}+Y_{11} & X_{12}+Y_{12}\\ X_{21}+Y_{21} & X_{22}+Y_{22}\end{pmatrix},$$

$$\begin{pmatrix}X_{11} & X_{12}\\ X_{21} & X_{22}\end{pmatrix}\begin{pmatrix}Y_1\\ Y_2\end{pmatrix}=\begin{pmatrix}X_{11}Y_1+X_{12}Y_2\\ X_{21}Y_1+X_{22}Y_2\end{pmatrix}.$$

不过在把子块当作元素对待时，还须遵循以下规则.

（1）矩阵的分块方式要与运算相配套.

具体而言：两个矩阵相加时，它们的行、列划分方式应完全相同，以保证相加的子块有同样的行、列数；两个矩阵相乘时，左矩阵列的划分与右矩阵行的划分方式应一致，以保证相乘子块的行、列数相匹配.

（2）对子块的乘积要分清左、右顺序，不能随意交换.

比如上面运算中的 $X_{11}Y_1$ 不能写作 Y_1X_{11}.

（3）分块矩阵转置时，除子块的位置转置外，子块本身也要转置．比如

$$(A_1 \vdots A_2)^{\mathrm{T}}=\begin{pmatrix}A_1^{\mathrm{T}}\\ A_2^{\mathrm{T}}\end{pmatrix}.$$

例 2.9 设 $A=\begin{pmatrix}A_1 & A_2\\ O & A_3\end{pmatrix}$，其中 A_1，A_3 是可逆矩阵．试用 A_1，A_2，A_3 及其运算式构造出逆矩阵 A^{-1}.

解 将 A^{-1} 分块，令 $A^{-1}=\begin{pmatrix}X_1 & X_2\\ X_3 & X_4\end{pmatrix}$，则应有 $\begin{pmatrix}A_1 & A_2\\ O & A_3\end{pmatrix}\begin{pmatrix}X_1 & X_2\\ X_3 & X_4\end{pmatrix}=\begin{pmatrix}E & O\\ O & E\end{pmatrix}$，等式右

端是分块的单位矩阵．矩阵相等意味着所有对应子块都相同，即

$$\boldsymbol{A}_1\boldsymbol{X}_1+\boldsymbol{A}_2\boldsymbol{X}_3=\boldsymbol{E}，\quad \boldsymbol{O}+\boldsymbol{A}_3\boldsymbol{X}_3=\boldsymbol{O}，$$

$$\boldsymbol{A}_1\boldsymbol{X}_2+\boldsymbol{A}_2\boldsymbol{X}_4=\boldsymbol{O}，\quad \boldsymbol{O}+\boldsymbol{A}_3\boldsymbol{X}_4=\boldsymbol{E}.$$

因为 $\boldsymbol{A}_1^{-1}$，$\boldsymbol{A}_3^{-1}$ 存在，所以可逐个解得 $\boldsymbol{X}_3=\boldsymbol{O}$，$\boldsymbol{X}_4=\boldsymbol{A}_3^{-1}$，$\boldsymbol{X}_1=\boldsymbol{A}_1^{-1}$，$\boldsymbol{X}_2=-\boldsymbol{A}_1^{-1}\boldsymbol{A}_2\boldsymbol{A}_3^{-1}$，于是

$$\boldsymbol{A}^{-1}=\begin{pmatrix}\boldsymbol{A}_1^{-1} & -\boldsymbol{A}_1^{-1}\boldsymbol{A}_2\boldsymbol{A}_3^{-1}\\ \boldsymbol{O} & \boldsymbol{A}_3^{-1}\end{pmatrix}.$$

习 题 二

1．设 $\boldsymbol{A}=\begin{pmatrix}1&2&1&2\\2&1&2&1\\1&2&3&4\end{pmatrix}$，$\boldsymbol{B}=\begin{pmatrix}4&3&2&1\\-2&1&-2&1\\0&-1&0&-1\end{pmatrix}$，

（1）求 $3\boldsymbol{A}+2\boldsymbol{B}$；　（2）已知 $3(\boldsymbol{A}+\boldsymbol{X})-2(\boldsymbol{B}-\boldsymbol{X})=\boldsymbol{O}$，求 $\boldsymbol{X}$．

2．已知 $\boldsymbol{A}$ 是 5 阶矩阵，k 是常数，问下列哪个等式是正确的？

（1）$|k\boldsymbol{A}|=k|\boldsymbol{A}|$；　（2）$|k\boldsymbol{A}|=|k||\boldsymbol{A}|$；

（3）$|k\boldsymbol{A}|=k^5|\boldsymbol{A}|$；　（4）$|k\boldsymbol{A}|=|k|^5|\boldsymbol{A}|$．

3．计算下列矩阵的乘积．

（1）$(2,\ 3,\ -1)\begin{pmatrix}1\\-1\\-1\end{pmatrix}$；　（2）$\begin{pmatrix}1\\-1\\-1\end{pmatrix}(2,\ 3,\ -1)$；

（3）$\begin{pmatrix}4&3&2\\1&-2&3\\5&7&-1\end{pmatrix}\begin{pmatrix}2\\3\\-1\end{pmatrix}$；　（4）$\begin{pmatrix}1&-3&2\\3&-4&1\\2&-5&3\end{pmatrix}\begin{pmatrix}2&5&6\\1&2&5\\1&3&2\end{pmatrix}$；

（5）$\begin{pmatrix}1&0&3&1\\0&1&2&-1\\0&0&-2&3\\0&0&0&-3\end{pmatrix}\begin{pmatrix}2&1&-3&2\\0&2&1&-1\\0&0&3&1\\0&0&0&3\end{pmatrix}$；　（6）$\begin{pmatrix}2&1&4&0\\1&-1&3&4\end{pmatrix}\begin{pmatrix}1&3&1\\0&-1&2\\1&-3&1\\4&0&-2\end{pmatrix}$．

4．计算矩阵多项式 $f(\boldsymbol{A})=3\boldsymbol{A}^2-2\boldsymbol{A}+5\boldsymbol{E}$，其中 $\boldsymbol{A}=\begin{pmatrix}1&-2&3\\2&-4&1\\3&-5&2\end{pmatrix}$．

5．设 $\boldsymbol{A}=\begin{pmatrix}1&0&0&0\\0&-2&0&0\\0&0&3&0\\0&0&0&4\end{pmatrix}$，$\boldsymbol{B}=\begin{pmatrix}3&0&0&0\\0&-5&0&0\\0&0&6&0\\0&0&0&-2\end{pmatrix}$，计算 $\boldsymbol{A}^3\boldsymbol{B}$，$\boldsymbol{B}\boldsymbol{A}^3$，$\boldsymbol{A}^2\boldsymbol{B}\boldsymbol{A}$，$\boldsymbol{A}\boldsymbol{B}\boldsymbol{A}^2$．

6．试将两个线性变换方程组 $\begin{cases} y_1 = 2x_1 + x_2 \\ y_2 = 3x_1 - x_2 + 2x_3 \\ y_3 = 4x_1 + 2x_2 - x_3 \end{cases}$ 和 $\begin{cases} z_1 = y_1 + 2y_2 - y_3 \\ z_2 = 2y_1 - 2y_2 + 2y_3 \\ z_3 = y_1 - 3y_2 - 4y_3 \end{cases}$ 写成矩阵形式，并由此求出 z_1,z_2,z_3 与 x_1,x_2,x_3 之间的线性变换关系式.

7．设 $\boldsymbol{A},\boldsymbol{B}$ 都是 n 阶矩阵．举例说明以下问题.

（1） $\boldsymbol{A}\neq\boldsymbol{O},\boldsymbol{B}\neq\boldsymbol{O}$，但可能有 $\boldsymbol{AB}=\boldsymbol{O}$；

（2）如果 $\boldsymbol{A}\neq\boldsymbol{O}$ 且 $\boldsymbol{A}^2=\boldsymbol{A}$，则 $\boldsymbol{A}(\boldsymbol{A}-\boldsymbol{E})=\boldsymbol{O}$，但未必有 $\boldsymbol{A}=\boldsymbol{E}$；

（3） $\boldsymbol{AX}=\boldsymbol{AY}$ 且 $\boldsymbol{A}\neq\boldsymbol{O}$ 时，不一定有 $\boldsymbol{X}=\boldsymbol{Y}$；

（4） $(\boldsymbol{A}+\boldsymbol{B})^2=\boldsymbol{A}^2+2\boldsymbol{AB}+\boldsymbol{B}^2$ 和 $(\boldsymbol{A}+\boldsymbol{B})(\boldsymbol{A}-\boldsymbol{B})=\boldsymbol{A}^2-\boldsymbol{B}^2$ 是否一定成立?

8．设 $\boldsymbol{A},\boldsymbol{B}$ 均为 n 阶方阵，且 $2\boldsymbol{A}=\boldsymbol{B}+\boldsymbol{E}$（$\boldsymbol{E}$ 是单位矩阵)．证明：$\boldsymbol{A}^2=\boldsymbol{A}$ 的充分必要条件是 $\boldsymbol{B}^2=\boldsymbol{E}$.

9．设 $\boldsymbol{A}$ 是 $m\times n$ 矩阵，证明 $\boldsymbol{AA}^{\mathrm{T}}$ 和 $\boldsymbol{A}^{\mathrm{T}}\boldsymbol{A}$ 都是对称矩阵.

10．设 $\boldsymbol{A}=\begin{pmatrix} 1 & 2 & 3 \\ -2 & 1 & 2 \end{pmatrix}$，$\boldsymbol{B}=\begin{pmatrix} 1 & 0 & 3 \\ 2 & 1 & 0 \\ 0 & 1 & -1 \end{pmatrix}$．试通过计算验证 $\boldsymbol{AB}^{\mathrm{T}}=(\boldsymbol{BA}^{\mathrm{T}})^{\mathrm{T}}$.

11．设 $\boldsymbol{A}=\begin{pmatrix} 3 & 0 \\ 1 & 3 \\ 2 & 1 \\ -1 & 0 \end{pmatrix}$，$\boldsymbol{B}=\begin{pmatrix} 1 & 0 & 5 \\ 0 & 2 & 0 \\ 1 & 0 & 1 \\ 0 & 3 & 0 \end{pmatrix}$，$\boldsymbol{C}=\begin{pmatrix} -1 & 0 \\ 1 & 5 \\ 0 & 2 \end{pmatrix}$，问乘积 $\boldsymbol{ABC}$，$\boldsymbol{A}^{\mathrm{T}}\boldsymbol{BC}$，$\boldsymbol{AB}^{\mathrm{T}}\boldsymbol{C}$，$\boldsymbol{ABC}^{\mathrm{T}}$，$\boldsymbol{A}^{\mathrm{T}}\boldsymbol{B}^{\mathrm{T}}\boldsymbol{C}$，$\boldsymbol{A}^{\mathrm{T}}\boldsymbol{BC}^{\mathrm{T}}$，$\boldsymbol{AB}^{\mathrm{T}}\boldsymbol{C}^{\mathrm{T}}$，$\boldsymbol{A}^{\mathrm{T}}\boldsymbol{B}^{\mathrm{T}}\boldsymbol{C}^{\mathrm{T}}$ 哪些是可行的？求出这些可行的乘积结果.

12．利用伴随矩阵，求下列矩阵的逆矩阵：

（1）$\begin{pmatrix} 3 & 5 \\ 5 & 9 \end{pmatrix}$；　（2）$\begin{pmatrix} 1 & -2 \\ -4 & 3 \end{pmatrix}$；　（3）$\begin{pmatrix} 2a+b & 3a-b \\ b-2a & a+2b \end{pmatrix}$.

13．设 $\boldsymbol{A}$ 是 n 阶矩阵，且 $\boldsymbol{A}^2-2\boldsymbol{A}-4\boldsymbol{E}=\boldsymbol{O}$（$\boldsymbol{E}$ 是单位矩阵)．证明：矩阵 $\boldsymbol{A}+\boldsymbol{E}$ 可逆，且 $(\boldsymbol{A}+\boldsymbol{E})^{-1}=\boldsymbol{A}-3\boldsymbol{E}$.

14．已知 $\boldsymbol{A}$ 是可逆的对称矩阵，证明：

（1） $\boldsymbol{A}^{-1}$ 也是对称矩阵；　（2） $\boldsymbol{X}$ 与 $\boldsymbol{A}$ 是同阶矩阵时，$\boldsymbol{X}^{\mathrm{T}}\boldsymbol{AX}$ 是对称矩阵.

15．已知 $\boldsymbol{A}^2=\boldsymbol{A}$，试用反证法证明：若 $\boldsymbol{A}$ 不是单位矩阵，则 $\boldsymbol{A}$ 必为奇异矩阵.

16．已知 $\boldsymbol{A},\boldsymbol{B}$ 都是 n 阶非奇异矩阵，证明：$\boldsymbol{A},\boldsymbol{B}$ 可交换的充分必要条件是 $(\boldsymbol{AB})^2=\boldsymbol{A}^2\boldsymbol{B}^2$.

17．求下列矩阵的逆矩阵：

（1）$\begin{pmatrix} 2 & 2 & -1 \\ 1 & -2 & 4 \\ 5 & 8 & 2 \end{pmatrix}$；　（2）$\begin{pmatrix} 1 & 2 & 3 \\ 2 & 2 & 1 \\ 3 & 4 & 3 \end{pmatrix}$；　（3）$\begin{pmatrix} 1 & 0 & 0 & 0 \\ 0 & -3 & 0 & 0 \\ 0 & 0 & 4 & 0 \\ 0 & 0 & 0 & -2 \end{pmatrix}$；

（4）$\begin{pmatrix} 1 & 3 & -5 & 7 \\ 0 & 1 & 2 & 3 \\ 0 & 0 & 1 & 2 \\ 0 & 0 & 0 & 1 \end{pmatrix}$；　（5）$\begin{pmatrix} 1 & 1 & 1 & 1 \\ 1 & 1 & -1 & -1 \\ 1 & -1 & 1 & -1 \\ 1 & -1 & -1 & 1 \end{pmatrix}$；　（6）$\begin{pmatrix} 1 & 1 & 0 & 0 \\ 1 & 2 & 0 & 0 \\ 3 & 7 & 2 & 3 \\ 2 & 5 & 1 & 2 \end{pmatrix}$.

18．设 $A=\begin{pmatrix}0&0&1&0\\0&1&0&0\\1&0&0&0\\0&0&0&1\end{pmatrix}$，$B=\begin{pmatrix}1&0&0&0\\0&1&0&0\\0&0&1&0\\0&3&0&1\end{pmatrix}$，$C=\begin{pmatrix}2&-3&1&1\\1&4&-1&2\\2&-1&3&2\\-3&2&1&5\end{pmatrix}$，利用矩阵的初等变换计算乘积 AC，CA，BC，CB.

19. 设 $X=\begin{pmatrix}O&A\\B&O\end{pmatrix}$，其中 $A=\begin{pmatrix}2&1\\5&3\end{pmatrix}$，$B=\begin{pmatrix}4&-5\\-2&3\end{pmatrix}$，$O$ 是零矩阵. 利用分块矩阵的乘法规则求 X^{-1}.

20．单项选择题

（1）已知 A，B 都是 n 阶方阵，则必有　　（　　）

A．$|AB|=|BA|$；　B．$AB=BA$；　C．$A^{T}B^{T}=(AB)^{T}$；　D．$(AB)^{2}=A^{2}B^{2}$.

（2）已知 $(A+B)^{2}=A^{2}+2AB+B^{2}$，则矩阵 A，B 必定满足　　（　　）

A．$A=B$；　B．$AB=BA$；　C．AB 是对称矩阵；　D．A，B 都是对角矩阵.

（3）设 A，B，C 是同阶的非零矩阵，则 $AB=AC$ 是 $B=C$ 的　　（　　）

A．充分非必要条件；　B．必要非充分条件；

C．充分必要条件；　D．非充分非必要条件.

（4）矩阵 $A=\begin{pmatrix}5&6\\7&8\end{pmatrix}$ 的伴随矩阵 $A^{*}=$　　（　　）

A．$\begin{pmatrix}-8&7\\6&-5\end{pmatrix}$；　B．$\begin{pmatrix}5&-6\\-7&8\end{pmatrix}$；　C．$\begin{pmatrix}8&-6\\-7&5\end{pmatrix}$；　D．$\begin{pmatrix}-5&7\\6&-8\end{pmatrix}$.

（5）设 A，B 都是可逆矩阵，且 $AC=B$，则 $C=$　　（　　）

A．$A^{-1}B$；　B．AB^{-1}；　C．BA^{-1}；　D．$B^{-1}A$.

（6）若 $A^{2}=O$，E 是单位矩阵，则 $(E-A)^{-1}=$　　（　　）

A．$E-A^{-1}$；　B．$E-A$；　C．$E+A^{-1}$；　D．$E+A$.

（7）设 A 是 n 阶方阵，则 $|A|=0$ 是 A 不可逆的　　（　　）

A．充分非必要条件；　B．必要非充分条件；

C．充分必要条件；　D．非充分非必要条件.

（8）设 A，B，C 都是 n 阶方阵，下面 4 个等式中，必定成立的有几个？　　（　　）

$$(A+B)-C=B-(C-A)；\quad B(A+C)=AB+BC；$$

$$(AB)C=B(AC)；\quad [(A+B)C]^{T}=C^{T}A^{T}+C^{T}B^{T}.$$

A．1 个；　B．2 个；　C．3 个；　D．4 个.

（9）设 A，B 都是可逆的对称矩阵，则不一定对称的矩阵是　　（　　）

A．$A+B$；　B．$AB+BA$；　C．$(AB)^{-1}$；　D．$A^{-1}+B^{-1}$.

（10）设 A，B，C 为同阶方阵，E 是同阶单位矩阵，若 $ABC=E$，则下列各式中，必定成立的是　　（　　）

A．$ACB=E$；　B．$BCA=E$；　C．$CBA=E$；　D．$BAC=E$.

第 3 章　线性方程组

3.1　线性方程组的矩阵消元解法

例 3.1　求解线性方程组$\begin{cases}2x_1+2x_2-\ x_3=6\\ x_1-2x_2+4x_3=3\\ 5x_1-\ x_2+\ x_3=4\end{cases}$.

解方程组通常采用消元法，比如将第 2 个方程乘 – 2 加到第 1 个方程，可消去 x_1 得到

$$6x_2-9x_3=0,$$

将此方程两边除以 3，约简可得

$$2x_2-3x_3=0.$$

除了消元和约简，有时还要交换两个方程的位置．这些变形运算实际上仅在变量的系数之间进行，所以只需将所有的系数和常数项列成一个矩阵，作初等行变换即可．显然消元、约简和交换方程位置分别相当于矩阵的消去变换、倍缩变换和换行变换．比如上面对本例的两个具体变形相当于以下矩阵初等行变换：

$$\begin{pmatrix}2&2&-1&6\\1&-2&4&3\\5&-1&1&4\end{pmatrix}\to\begin{pmatrix}0&6&-9&0\\1&-2&4&3\\5&-1&1&4\end{pmatrix}\to\begin{pmatrix}0&2&-3&0\\1&-2&4&3\\5&-1&1&4\end{pmatrix},$$

其中第 1 个变换是第 2 行乘–2 加到第 1 行，第 2 个变换是以 1/3 乘第 1 行．矩阵的初等变换可以使解方程组的过程显得紧凑、快捷、简洁．

下面我们运用初等变换的标准程序（参看 2.4 节）来解例 3.1 的线性方程组：

$$\begin{pmatrix}2&2&-1&6\\\langle 1\rangle&-2&4&3\\5&-1&1&4\end{pmatrix}\to\begin{pmatrix}0&\langle 6\rangle&-9&0\\1&-2&4&3\\0&9&-19&-11\end{pmatrix}$$

$$\xrightarrow{\ *\ }\begin{pmatrix}1&0&1&3\\0&1&-1.5&0\\0&0&\langle -5.5\rangle&-11\end{pmatrix}\to\begin{pmatrix}1&0&0&1\\0&1&0&3\\0&0&1&2\end{pmatrix},$$

其中，主元都用“$\langle\ \rangle$”号做了标记．消元与换行可同步进行（如带“*”号的第 2 步），

换行的目的是为了使主元呈左上到右下排列．最后一个矩阵对应方程组

$$\begin{cases} x_1+0\ +0\ =1 \\ 0\ +x_2+0\ =3 \\ 0\ +0\ +x_3=2 \end{cases},$$

实际上已得到方程组的解是 $x_1=1$， $x_2=3$， $x_3=2$．写成列向量为 $\boldsymbol{x}=(1,\ \ 3,\ \ 2)^{\mathrm{T}}$， $\boldsymbol{x}$ 叫做解向量．显然解向量可以从最后一个矩阵右侧的常数列直接读出，无须写出对应的方程组．

第 2 章中曾经把一般的线性方程组（2.2）写成矩阵形式 $\boldsymbol{Ax}=\boldsymbol{b}$，比如例 3.1 的线性方程组，写成矩阵形式是

$$\begin{pmatrix} 2 & 2 & -1 \\ 1 & -2 & 4 \\ 5 & -1 & 1 \end{pmatrix}\boldsymbol{x}=\begin{pmatrix} 6 \\ 3 \\ 4 \end{pmatrix}.$$

我们把系数矩阵和常数列拼成的 $m\times(n+1)$ 矩阵 $(\boldsymbol{A}\mid\boldsymbol{b})$ 称为线性方程组 $\boldsymbol{Ax}=\boldsymbol{b}$ 的**增广矩阵**，满足方程的列向量 $\boldsymbol{x}$ 称为方程 $\boldsymbol{Ax}=\boldsymbol{b}$ 的**解向量**．线性方程组的**矩阵消元解法**，就是通过对增广矩阵施行一系列的初等行变换来求得方程组的解向量，矩阵消元解法中不允许作初等列变换．矩阵消元解法通常执行初等变换的标准程序，主元在系数矩阵范围内选取．初等变换的标准程序可以保证消元的有序性和完全性．

例 3.2　求解以下两个线性方程组：

（1）$\begin{pmatrix} 1 & -2 & 3 \\ 3 & -1 & 5 \\ 2 & 1 & 2 \end{pmatrix}\boldsymbol{x}=\begin{pmatrix} 1 \\ 6 \\ 3 \end{pmatrix}$；　　（2）$\begin{pmatrix} 1 & -1 & 0 \\ 0 & 3 & 1 \\ 1 & 5 & 2 \end{pmatrix}\boldsymbol{x}=\begin{pmatrix} 1 \\ 3 \\ 7 \end{pmatrix}$．

解　（1）对增广矩阵作初等行变换：

$$\begin{pmatrix} \langle 1\rangle & -2 & 3 & 1 \\ 3 & -1 & 5 & 6 \\ 2 & 1 & 2 & 3 \end{pmatrix}\to\begin{pmatrix} 1 & -2 & 3 & 1 \\ 0 & \langle 5\rangle & -4 & 3 \\ 0 & 5 & -4 & 1 \end{pmatrix}\to\begin{pmatrix} 1 & -2 & 3 & 1 \\ 0 & 5 & -4 & 3 \\ 0 & 0 & 0 & -2 \end{pmatrix},$$

其中第 2 步仅仅将第 2 行乘 -1 加到第 3 行，即发现第 3 行对应的方程为 $0+0+0=-2$，这是一个**矛盾方程**，无论 $\boldsymbol{x}$ 取何值，都不能使这个方程成立，所以原方程组无解．

（2）按标准程序作初等行变换：

$$\begin{pmatrix} \langle 1\rangle & -1 & 0 & 1 \\ 0 & 3 & 1 & 3 \\ 1 & 5 & 2 & 7 \end{pmatrix}\to\begin{pmatrix} 1 & -1 & 0 & 1 \\ 0 & 3 & \langle 1\rangle & 3 \\ 0 & 6 & 2 & 6 \end{pmatrix}\to\begin{pmatrix} 1 & -1 & 0 & 1 \\ 0 & 3 & 1 & 3 \\ 0 & 0 & 0 & 0 \end{pmatrix},$$

最后矩阵的第 3 行对应方程 $0+0+0=0$，这是一个恒等式，说明原方程组有多余的方程．比如在原方程组中，将第 1 个方程与第 2 个方程的 2 倍相加，恰好得到第 3 个方程，即第 3 个

方程是多余的．多余方程在对增广矩阵的初等行变换中会自动地显现出来，无须刻意寻找．

本例最后矩阵的前两行对应方程组

$$\begin{cases} x_1 - x_2 + 0 = 1 \\ 0 + 3x_2 + x_3 = 3 \end{cases},$$

这 2 个方程不能完全约束 3 个变量，其中必有一个变量可以取任意值，称之为**自由变量**，这里把 x_2 看作自由变量比较方便，任意指定 x_2 的一个值，就能够立即得到方程组的一个解向量．比如令 $x_2 = 0$，得解 $\boldsymbol{x} = (1,\ 0,\ 3)^{\mathrm{T}}$；令 $x_2 = 1$，得解 $\boldsymbol{x} = (2,\ 1,\ 0)^{\mathrm{T}}$；令 $x_2 = 2$，得解 $\boldsymbol{x} = (3,\ 2,\ -3)^{\mathrm{T}}$，等等．

从例 3.1 和例 3.2 可以看出，实施线性方程组的矩阵消元解法，可能出现下列情况：

（1）若某一行的元素全为零，则该行对应**多余方程**；

（2）若某一行除最右侧一个元素非零外，其余元素都为零，则该行对应矛盾方程，说明原方程组无解；

（3）如果标准程序执行完毕未出现矛盾方程，那么当所选主元个数等于变量个数时，方程组有惟一解；当所选主元个数少于变量个数时，方程组含有自由变量，从而有无穷多解．

3.2 矩阵的秩

3.2.1 秩的概念

一个线性方程组虽含有多个方程，但其中可能有多余方程，因此线性方程组解的情况取决于去除多余方程后留下的独立方程．这说明方程组存在某种秩序，决定了方程组的解．这种秩序可以反映在系数矩阵和增广矩阵之中，它是矩阵的固有特性．尽管多余方程会在初等变换中显现出来，但我们有必要对这种秩序做出明确的定义．

在矩阵 $\boldsymbol{A}$ 中，任选 k 行、k 列，这些行、列交叉处的元素可构成一个 k 阶行列式，称为矩阵 $\boldsymbol{A}$ 的 **k 阶子式**．$\boldsymbol{A}$ 的子式有许多，包括 1 阶子式、2 阶子式……子式的最高阶数不超过 $\boldsymbol{A}$ 的行数和列数．

如果矩阵 $\boldsymbol{A}$ 的所有子式中，不等于零的子式的最高阶数为 r，则 r 称为矩阵 $\boldsymbol{A}$ 的**秩**，记为 $R(\boldsymbol{A}) = r$ 或秩 $(\boldsymbol{A}) = r$．换一种说法，即矩阵 $\boldsymbol{A}$ 有一个 r 阶子式非零，而所有 $(r+1)$ 阶子式皆为零．对于零矩阵 $\boldsymbol{O}$，规定 $R(\boldsymbol{O}) = 0$．

由于行列式转置后，其值不变，所以 $R(\boldsymbol{A}) = R(\boldsymbol{A}^{\mathrm{T}})$．

设 $\boldsymbol{A}$ 是 $m \times n$ 矩阵，显然 $0 \leqslant R(\boldsymbol{A}) \leqslant \min(m,n)$．如果 $R(\boldsymbol{A}) = 0$，则 $\boldsymbol{A}$ 是零矩阵．如果 $R(\boldsymbol{A}) = \min(m,n)$，则称 $\boldsymbol{A}$ 为**满秩矩阵**．当 $m = n$ 时，因 $\boldsymbol{A}$ 的 n 阶子式只有一个，即 $|\boldsymbol{A}|$，故

对于方阵来说，满秩矩阵与非奇异矩阵、可逆矩阵是同一个概念，相互等价.

3.2.2　秩的求法

计算矩阵所有的子式后再确定矩阵的秩，显然太麻烦了. 一般是通过矩阵的初等变换来求秩，由于初等变换不改变行列式的非零性，所以有以下定理.

定理 3.1　矩阵经初等变换后，其秩不变.

例 3.3　求矩阵 $\boldsymbol{A}=\begin{pmatrix}1 & -2 & -1 & 0 & 2\\ -2 & 4 & 2 & 6 & -6\\ 2 & -1 & 0 & 2 & 3\\ 3 & 3 & 3 & 3 & 4\end{pmatrix}$的秩.

解　按标准程序对 $\boldsymbol{A}$ 施行初等行变换：

$$\boldsymbol{A}=\begin{pmatrix}\langle 1\rangle & -2 & -1 & 0 & 2\\ -2 & 4 & 2 & 6 & -6\\ 2 & -1 & 0 & 2 & 3\\ 3 & 3 & 3 & 3 & 4\end{pmatrix}\to\begin{pmatrix}1 & -2 & -1 & 0 & 2\\ 0 & 0 & 0 & 6 & \langle -2\rangle\\ 0 & 3 & 2 & 2 & -1\\ 0 & 9 & 6 & 3 & -2\end{pmatrix}$$

$$\to\begin{pmatrix}1 & -2 & -1 & 6 & 0\\ 0 & 0 & 0 & -3 & 1\\ 0 & 3 & \langle 2\rangle & -1 & 0\\ 0 & 9 & 6 & -3 & 0\end{pmatrix}\to\begin{pmatrix}1 & -0.5 & 0 & 5.5 & 0\\ 0 & 1.5 & 1 & -0.5 & 0\\ 0 & 0 & 0 & -3 & 1\\ 0 & 0 & 0 & 0 & 0\end{pmatrix},$$

其中第 3 步消元和换行同时进行. 在最后的矩阵中，显然所有 4 阶子式均为零（有一行元素全为零），有一个 3 阶子式非零（选前 3 行及第 1，3，5 列）：

$$\begin{vmatrix}1 & 0 & 0\\ 0 & 1 & 0\\ 0 & 0 & 1\end{vmatrix}=1\neq 0,$$

所以 $R(\boldsymbol{A})=3$.

实际上矩阵的秩可以直接从最后的矩阵中读出：

$$\text{秩}=\text{所选主元个数}=\text{非零行数}=\text{基本单位列数}. \tag{3.1}$$

应该注意的是：在施行初等变换时，主元应在整个矩阵范围内选取，读取秩数必须在标准程序执行完毕后进行，这时最后的矩阵称为**最简矩阵**.

如果仅仅是求矩阵的秩，那么初等变换的程序可以简化：主元不必变为 1；已选过主元的行可不再参加变换. 我们称之为**初等行变换的简化程序**. 比如对本例运用简化程序的过程为

$$A=\begin{pmatrix}\langle 1\rangle & -2 & -1 & 0 & 2\\ -2 & 4 & 2 & 6 & -6\\ 2 & -1 & 0 & 2 & 3\\ 3 & 3 & 3 & 3 & 4\end{pmatrix}\to\begin{pmatrix}1 & -2 & -1 & 0 & 2\\ 0 & 0 & 0 & 6 & -2\\ 0 & \langle 3\rangle & 2 & 2 & -1\\ 0 & 9 & 6 & 3 & -2\end{pmatrix}$$

$$\to\begin{pmatrix}1 & -2 & -1 & 0 & 2\\ 0 & 3 & 2 & 2 & -1\\ 0 & 0 & 0 & \langle 6\rangle & -2\\ 0 & 0 & 0 & -3 & 1\end{pmatrix}\to\begin{pmatrix}1 & -2 & -1 & 0 & 2\\ 0 & 3 & 2 & 2 & -1\\ 0 & 0 & 0 & 6 & -2\\ 0 & 0 & 0 & 0 & 0\end{pmatrix}.$$

简化程序中，选取主元通常是从左至右按第 1 列，第 2 列，第 3 列……的顺序进行，最后的矩阵是一个阶梯形矩阵．秩数也可直接读出：

$$\text{秩}=\text{所选主元个数}=\text{非零行数}. \tag{3.2}$$

注意秩数的读取必须在简化程序执行完毕后进行，即只有当矩阵中选不出新的主元时，读出的秩数才是正确的．简化程序还允许对矩阵作初等列变换．

3.2.3 矩阵的秩与线性方程组的解

例 3.2（1）的线性方程组无解，其增广矩阵经初等行变换化为矩阵

$$\begin{pmatrix}1 & -2 & 3 & 1\\ 0 & 5 & -4 & 3\\ 0 & 0 & 0 & -2\end{pmatrix},$$

可以读出增广矩阵的秩等于 3．这个矩阵的前 3 列从系数矩阵变化而来，故由此可读出系数矩阵的秩等于 2，这两个秩数不相等．反之从例 3.1 和例 3.2（2）可读出两个秩数相等，这时方程组有解（惟一解或无穷多解）．

对于齐次线性方程组

$$\boldsymbol{Ax}=\mathbf{0},$$

常数列为零向量 $\mathbf{0}$（常数项全为 0）．其增广矩阵 $(\boldsymbol{A}\,\vdots\,\mathbf{0})$ 中右侧的列全为零元素，因此，$R(\boldsymbol{A}\,\vdots\,\mathbf{0})=R(\boldsymbol{A})$．显然齐次线性方程组至少有一个零解 $\boldsymbol{x}=\mathbf{0}$．如果 $R(\boldsymbol{A})$ 小于变量的个数，那么像例 3.2（2）那样会含有自由变量，从而方程组有无穷多解，即除了零解外，还有非零解（至少有一个变量取非零值）．

我们把以上分析归纳为下面的定理．

定理 3.2 设 $\boldsymbol{A}$ 是 $m\times n$ 矩阵，$\boldsymbol{b}$ 是 $m\times 1$ 矩阵，$R(\boldsymbol{A})=r$，则方程组的解与矩阵的秩有如下关系：

（1）非齐次线性方程组 $\boldsymbol{Ax}=\boldsymbol{b}$ 有解的充分必要条件是 $R(\boldsymbol{A}\,\vdots\,\boldsymbol{b})=r$，即系数矩阵的秩等于增广矩阵的秩．

（2）若 $R(\boldsymbol{A} \mid \boldsymbol{b}) = r$，则当 $r = n$ 时，方程组 $\boldsymbol{Ax} = \boldsymbol{b}$ 有惟一解；当 $r < n$ 时，方程组 $\boldsymbol{Ax} = \boldsymbol{b}$ 有无穷多解.

（3）齐次线性方程组 $\boldsymbol{Ax} = \boldsymbol{0}$ 有非零解的充分必要条件是 $r < n$.

当 $m = n$，即 $\boldsymbol{A}$ 是 n 阶方阵时，条件 $R(\boldsymbol{A}) < n$ 等价于 $|\boldsymbol{A}| = 0$. 定理 3.2 的结论（3）在这个特殊情况下正是定理 1.4. 当时我们并未证明充分性，现在得到了证明.

在对线性方程组实施矩阵消元解法时，$R(\boldsymbol{A})$ 和 $R(\boldsymbol{A} \mid \boldsymbol{b})$ 可从最后的矩阵中直接读出. $R(\boldsymbol{A} \mid \boldsymbol{b})$ 反映了线性方程组独立方程的个数，因此线性方程组解的状况与方程的个数 m 无关，而取决于增广矩阵的秩.

3.3　线性方程组解的结构

在 3.1 节中提出要用解向量来表示线性方程组的解. 现在考虑当线性方程组有无穷多解时，如何用解向量表示全部解.

3.3.1　齐次线性方程组解的结构

例 3.4　求解齐次线性方程组 $\begin{pmatrix} 1 & -1 & 4 & -1 \\ 1 & 1 & -2 & 3 \\ 3 & -1 & 6 & 1 \\ 1 & 3 & -8 & 7 \end{pmatrix} \boldsymbol{x} = \boldsymbol{0}$.

解　运用矩阵消元解法. 由于齐次线性方程组的增广矩阵中，最右侧的零元素在初等行变换中不起作用，因此可以仅对系数矩阵按标准程序作初等行变换：

$$\begin{pmatrix} \langle 1 \rangle & -1 & 4 & -1 \\ 1 & 1 & -2 & 3 \\ 3 & -1 & 6 & 1 \\ 1 & 3 & -8 & 7 \end{pmatrix} \to \begin{pmatrix} 1 & -1 & 4 & -1 \\ 0 & \langle 2 \rangle & -6 & 4 \\ 0 & 2 & -6 & 4 \\ 0 & 4 & -12 & 8 \end{pmatrix} \to \begin{pmatrix} 1 & 0 & 1 & 1 \\ 0 & 1 & -3 & 2 \\ 0 & 0 & 0 & 0 \\ 0 & 0 & 0 & 0 \end{pmatrix},$$

最后的矩阵显示只有 2 个独立方程，现有 4 个变量（和矩阵的第 1～4 列相对应），所以应含有 2 个自由变量. 取非主元列对应的 x_3, x_4 为自由变量，它们可以是任意常数，即令 $x_3 = c_1$，$x_4 = c_2$，则 2 个独立方程变为

$$\begin{cases} x_1 + 0 + c_1 + c_2 = 0 \\ 0 + x_2 - 3c_1 + 2c_2 = 0 \end{cases}.$$

移项后得到方程组的解及其向量形式（含任意常数 c_1, c_2）为

$$\begin{cases} x_1 = -c_1 - c_2 \\ x_2 = 3c_1 - 2c_2 \\ x_3 = c_1 \\ x_4 = c_2 \end{cases} \text{和} \begin{pmatrix} x_1 \\ x_2 \\ x_3 \\ x_4 \end{pmatrix} = c_1 \begin{pmatrix} -1 \\ 3 \\ 1 \\ 0 \end{pmatrix} + c_2 \begin{pmatrix} -1 \\ -2 \\ 0 \\ 1 \end{pmatrix}.$$

向量形式可简写为：$\boldsymbol{x} = c_1\boldsymbol{\alpha}_1 + c_2\boldsymbol{\alpha}_2$，其中向量

$$\boldsymbol{\alpha}_1 = (-1,\ 3,\ 1,\ 0)^{\mathrm{T}},\quad \boldsymbol{\alpha}_2 = (-1,\ -2,\ 0,\ 1)^{\mathrm{T}}$$

显然都是解向量（取 $c_1 = 1$，$c_2 = 0$ 和 $c_1 = 0$，$c_2 = 1$ 得到）. 这样，我们仅用两个解向量就表示出了所有无穷多个解向量.

一般地，设 $\boldsymbol{\alpha}_1, \boldsymbol{\alpha}_2, \cdots, \boldsymbol{\alpha}_s$ 是齐次线性方程组 $\boldsymbol{Ax} = \boldsymbol{0}$ 的 s 个解向量，即有

$$\boldsymbol{A\alpha}_1 = \boldsymbol{A\alpha}_2 = \cdots = \boldsymbol{A\alpha}_s = \boldsymbol{0}. \tag{3.3}$$

如果 $\boldsymbol{\alpha}_1, \boldsymbol{\alpha}_2, \cdots, \boldsymbol{\alpha}_s$ 满足条件：

（1）它们的线性表示式

$$\boldsymbol{x} = c_1\boldsymbol{\alpha}_1 + c_2\boldsymbol{\alpha}_2 + \cdots + c_s\boldsymbol{\alpha}_s \tag{3.4}$$

给出 $\boldsymbol{Ax} = \boldsymbol{0}$ 的所有的解向量，其中 $c_1, c_2, \cdots, c_s$ 都是任意常数；

（2）它们之间不能相互线性表示.

则称这组解向量 $\boldsymbol{\alpha}_1, \boldsymbol{\alpha}_2, \cdots, \boldsymbol{\alpha}_s$ 为齐次线性方程组 $\boldsymbol{Ax} = \boldsymbol{0}$ 的一个**基础解系**. 由基础解系表示的解（3.4）称为方程组 $\boldsymbol{Ax} = \boldsymbol{0}$ 的**通解**.

上面的条件（2）可以保证通解（3.4）是最简单的，没有多余的项. 例 3.4 中的 $\boldsymbol{\alpha}_1, \boldsymbol{\alpha}_2$ 就是一个基础解系. 这是因为解向量可表示为 $\boldsymbol{x} = c_1\boldsymbol{\alpha}_1 + c_2\boldsymbol{\alpha}_2$，同时容易验证 $\boldsymbol{\alpha}_1, \boldsymbol{\alpha}_2$ 不可能相互线性表示，即按向量相等规则，$\boldsymbol{\alpha}_1 = a\boldsymbol{\alpha}_2$ 或 $\boldsymbol{\alpha}_2 = b\boldsymbol{\alpha}_1$ 都不可能成立.

从例 3.4 还能够发现，基础解系可以从矩阵消元解法的最后矩阵中直接读出. **读取规则**是：

（1）找出自由变量. 在最后的矩阵中，**非主元列**（不含主元的列）对应自由变量.

（2）令自由变量依次取 1（其余自由变量取 0），读取最后矩阵中相应列的元素，改变符号后，即为**主元变量**（与含主元的列相对应）的取值.

比如例 3.4 中，最后矩阵显示 x_3, x_4 是自由变量. 令 $x_3 = 1$（$x_4 = 0$），则矩阵第 3 列元素（多余方程对应的零元素除外）的相反数 -1，3 给出主元变量 x_1, x_2 的取值，由此得到解向量 $\boldsymbol{\alpha}_1$；令 $x_4 = 1$（$x_3 = 0$），则从矩阵第 4 列读出 $x_1 = -1$，$x_2 = -2$，由此得到解向量 $\boldsymbol{\alpha}_2$. 从矩阵中读出数值后需要变号，那是因为含有移项的过程.

应该指出的是，在读取基础解系之前，必须先将初等变换的标准程序执行完毕，亦即基础解系必须在最简矩阵中读出，否则会发生读取错误. 这里再强调一下最简矩阵的三条标准：

（1）已经选不出新的主元；

（2）所有的主元都已经变为 1；

（3）主元的位置已经理顺（呈左上到右下排列）.

例 3.5 求解齐次线性方程组 $\begin{pmatrix} 1 & 1 & -1 & 1 & 1 \\ 3 & 1 & 1 & 2 & -3 \\ 0 & 2 & -4 & 1 & 6 \\ 5 & 3 & -1 & 4 & -1 \end{pmatrix}\boldsymbol{x}=\mathbf{0}$.

解 按标准程序对系数矩阵作初等行变换：

$$\begin{pmatrix} \langle 1\rangle & 1 & -1 & 1 & 1 \\ 3 & 1 & 1 & 2 & -3 \\ 0 & 2 & -4 & 1 & 6 \\ 5 & 3 & -1 & 4 & -1 \end{pmatrix} \to \begin{pmatrix} 1 & 1 & -1 & 1 & 1 \\ 0 & -2 & 4 & -1 & -6 \\ 0 & 2 & -4 & \langle 1\rangle & 6 \\ 0 & -2 & 4 & -1 & -6 \end{pmatrix} \to \begin{pmatrix} \langle 1\rangle & -1 & 3 & 0 & -5 \\ 0 & 0 & 0 & 0 & 0 \\ 0 & 2 & -4 & \langle 1\rangle & 6 \\ 0 & 0 & 0 & 0 & 0 \end{pmatrix}.$$

为了读取方便，在最后的矩阵中，将选择过的主元都做了标记．最后的矩阵中，第 2，3，5 列是非主元列，显示 x_2, x_3, x_5 是自由变量，取 $(x_2,\ x_3,\ x_5)$ 依次为 $(1,\ 0,\ 0)$、$(0,\ 1,\ 0)$、$(0,\ 0,\ 1)$，依次读取第 2，3，5 列非零行元素，改变符号后即 x_1, x_4 的取值，从而得到基础解系

$$\boldsymbol{\alpha}_1=(1,\ 1,\ 0,\ -2,\ 0)^{\mathrm T},\quad \boldsymbol{\alpha}_2=(-3,\ 0,\ 1,\ 4,\ 0)^{\mathrm T},\quad \boldsymbol{\alpha}_3=(5,\ 0,\ 0,\ -6,\ 1)^{\mathrm T}.$$

原方程组的通解为

$$\boldsymbol{x}=c_1\boldsymbol{\alpha}_1+c_2\boldsymbol{\alpha}_2+c_3\boldsymbol{\alpha}_3,$$

这里 c_1, c_2, c_3 是任意常数．

本例在对矩阵作初等行变换时，如果主元选取的位置不同，会得到不同的基础解系．所以齐次线性方程组的基础解系不是惟一的，但基础解系所含解向量的个数都相同，等于自由变量的个数．由于系数矩阵的秩数等于主元变量的个数，所以自由变量的个数等于变量总数与矩阵秩数之差，即有下面的定理．

定理 3.3 如果齐次线性方程组 $\boldsymbol{Ax}=\mathbf{0}$ 中，$\boldsymbol{A}$ 是 $m\times n$ 矩阵，$R(\boldsymbol{A})=r<n$，则该方程组的基础解系存在，而且基础解系含有 $(n-r)$ 个解向量．方程组 $\boldsymbol{Ax}=\mathbf{0}$ 的通解由（3.4）式给出．

3.3.2 非齐次线性方程组解的结构

对于同一个系数矩阵 $\boldsymbol{A}$，方程组 $\boldsymbol{Ax}=\boldsymbol{b}$ 和 $\boldsymbol{Ax}=\mathbf{0}$ 虽不相同，但它们必有联系．下面讨论它们的解向量之间的关系．为方便起见，称齐次线性方程组 $\boldsymbol{Ax}=\mathbf{0}$ 为非齐次线性方程组 $\boldsymbol{Ax}=\boldsymbol{b}$ 的**导出组**．

如果向量 $\boldsymbol{\beta}$ 是方程组 $\boldsymbol{Ax}=\boldsymbol{b}$ 的一个特解，即 $\boldsymbol{A\beta}=\boldsymbol{b}$，则对满足该方程组的其他解 $\boldsymbol{x}$ 来

说，因为

$$A(x-\beta)=Ax-A\beta=b-b=0,$$

所以向量 $x-\beta$ 是导出组的解．按照公式（3.4）应该有

$$x-\beta=c_1\alpha_1+c_2\alpha_2+\cdots+c_s\alpha_s,$$

其中 $\alpha_1,\alpha_2,\cdots,\alpha_s$ 是导出组 $Ax=0$ 的一个基础解系，从而

$$x=c_1\alpha_1+c_2\alpha_2+\cdots+c_s\alpha_s+\beta. \tag{3.5}$$

这说明方程组 $Ax=b$ 的任何解 x 都可由（3.5）式表示．反之将（3.5）式给出的向量代入方程组，注意到（3.3）式，得到

$$\begin{aligned}&A(c_1\alpha_1+c_2\alpha_2+\cdots+c_s\alpha_s+\beta)\\&=c_1A\alpha_1+c_2A\alpha_2+\cdots+c_sA\alpha_s+A\beta=0+0+\cdots+0+b=b.\end{aligned}$$

这说明（3.5）式给出的向量一定是方程组 $Ax=b$ 的解向量．于是得到非齐次线性方程组解的结构定理如下．

定理 3.4 非齐次线性方程组 $Ax=b$ 的**通解**（全部解）由（3.5）式给出，其中 β 是该方程组的一个特解，并且 $\alpha_1,\alpha_2,\cdots,\alpha_s$ 是导出组 $Ax=0$ 的一个基础解系，这里 $c_1,c_2,\cdots,c_s$ 是任意常数．

例 3.6 求解非齐次线性方程组 $Ax=b$，其中 $A=\begin{pmatrix}1&3&2&3\\1&-3&1&1\\4&-6&5&6\\3&-3&4&5\end{pmatrix}$，$b=\begin{pmatrix}4\\1\\7\\6\end{pmatrix}$．

解 按标准程序，对增广矩阵作初等行变换：

$$(A\,\vdots\,b)=\begin{pmatrix}\langle1\rangle&3&2&3&4\\1&-3&1&1&1\\4&-6&5&6&7\\3&-3&4&5&6\end{pmatrix}\to\begin{pmatrix}1&3&2&3&4\\0&-6&\langle-1\rangle&-2&-3\\0&-18&-3&-6&-9\\0&-12&-2&-4&-6\end{pmatrix}\to\begin{pmatrix}\langle1\rangle&-9&0&-1&-2\\0&6&\langle1\rangle&2&3\\0&0&0&0&0\\0&0&0&0&0\end{pmatrix}.$$

最后矩阵的前 4 列由系数矩阵 A 变化而来，第 2，4 列是非主元列，显示 x_2,x_4 是自由变量．令 $x_2=1$，$x_4=0$ 及 $x_2=0$，$x_4=1$，可读出导出组 $Ax=0$ 的基础解系：

$$\alpha_1=(9,\ 1,\ -6,\ 0)^{\mathrm{T}},\quad \alpha_2=(1,\ 0,\ -2,\ 1)^{\mathrm{T}}.$$

求原方程组 $Ax=b$ 的一个特解，最简便的方法是令所有自由变量都取 0，这时，最后矩阵的右侧常数列（多余方程对应的零元素除外）恰好给出主元变量的取值（因没有移项过程，故不必变号），所以特解 β 也能从最后的矩阵中读出．本例中令 $x_2=x_4=0$，从右侧常数列读出 $x_1=-2$，$x_3=3$，即 $\beta=(-2,\ 0,\ 3,\ 0)^{\mathrm{T}}$．原方程组的通解按（3.5）式写出为

$$\boldsymbol{x}=c_1\boldsymbol{\alpha}_1+c_2\boldsymbol{\alpha}_2+\boldsymbol{\beta}=c_1\begin{pmatrix}9\\1\\-6\\0\end{pmatrix}+c_2\begin{pmatrix}1\\0\\-2\\1\end{pmatrix}+\begin{pmatrix}-2\\0\\3\\0\end{pmatrix}.$$

其中 c_1,c_2 是任意常数．另外，从最后的矩阵中还可以读出 $R(\boldsymbol{A})=R(\boldsymbol{A}\,\vdots\,\boldsymbol{b})=2$．

例 3.7　解线性方程组 $\begin{cases}x_1+\ x_2+\ x_3+x_4=3\\x_1+\ x_2+2x_3+x_4=3\\-x_1+2x_2+5x_3-x_4=0\end{cases}$．

解　按标准程序，对增广矩阵作初等行变换：

$$\begin{pmatrix}\langle 1\rangle&1&1&1&3\\1&1&2&1&3\\-1&2&5&-1&0\end{pmatrix}\to\begin{pmatrix}1&1&1&1&3\\0&0&\langle 1\rangle&0&0\\0&3&6&0&3\end{pmatrix}$$

$$\to\begin{pmatrix}1&1&0&1&3\\0&0&1&0&0\\0&\langle 3\rangle&0&0&3\end{pmatrix}\to\begin{pmatrix}\langle 1\rangle&0&0&1&2\\0&\langle 1\rangle&0&0&1\\0&0&\langle 1\rangle&0&0\end{pmatrix}.$$

最后一个步骤中，消元与换行同时进行．在最后的矩阵中，将选择过的主元都做了标记．前 4 列显示 x_4 是自由变量，令 $x_4=1$，读第 4 列（注意变号），得基础解系 $\boldsymbol{\alpha}=(-1,\ \ 0,\ \ 0,\ \ 1)^{\mathrm{T}}$；令 $x_4=0$，读第 5 列（右侧常数列，不必变号）得特解 $\boldsymbol{\beta}=(2,\ \ 1,\ \ 0,\ \ 0)^{\mathrm{T}}$．原方程组的通解是

$$\boldsymbol{x}=c\boldsymbol{\alpha}+\boldsymbol{\beta}=c(-1,0,0,1)^{\mathrm{T}}+(2,1,0,0)^{\mathrm{T}}.$$

当方程组有无穷多解时，如果主元选取的位置不同，则会得到不同的基础解系和特解，所以通解的形式不是惟一的．如例 3.4～例 3.7 的通解都还有其他形式．

在定理 3.4 的推导过程中，反复运用了“方程的解能使方程等式成立”的原理．运用类似的方法，不难得到以下关于解向量组合的结论．

（1）若 $\boldsymbol{\alpha}_1,\boldsymbol{\alpha}_2$ 是齐次线性方程组 $\boldsymbol{Ax}=\boldsymbol{0}$ 的解，则 $c_1\boldsymbol{\alpha}_1+c_2\boldsymbol{\alpha}_2$ 也是 $\boldsymbol{Ax}=\boldsymbol{0}$ 的解，其中 c_1,c_2 是任意常数．

（2）若 $\boldsymbol{\beta}_1,\boldsymbol{\beta}_2$ 是非齐次线性方程组 $\boldsymbol{Ax}=\boldsymbol{b}$ 的解，则 $c_1\boldsymbol{\beta}_1+c_2\boldsymbol{\beta}_2$ 仅当 $c_1+c_2=1$ 时才是 $\boldsymbol{Ax}=\boldsymbol{b}$ 的解．

（3）若 $\boldsymbol{\beta}_1,\boldsymbol{\beta}_2$ 是 $\boldsymbol{Ax}=\boldsymbol{b}$ 的解，则 $\boldsymbol{\beta}_1-\boldsymbol{\beta}_2$ 是导出组 $\boldsymbol{Ax}=\boldsymbol{0}$ 的解．

（4）若 $\boldsymbol{\beta}$ 是 $\boldsymbol{Ax}=\boldsymbol{b}$ 的解，$\boldsymbol{\alpha}$ 是 $\boldsymbol{Ax}=\boldsymbol{0}$ 的解，则 $\boldsymbol{\alpha}+\boldsymbol{\beta}$ 是 $\boldsymbol{Ax}=\boldsymbol{b}$ 的解．

例 3.8　已知线性方程组 $\boldsymbol{Ax}=\boldsymbol{b}$ 有两个解向量 $\boldsymbol{\beta}_1=(0,\ \ 1,\ \ 2)^{\mathrm{T}}$，$\boldsymbol{\beta}_2=(2,\ \ 3,\ \ -1)^{\mathrm{T}}$，并且 $R(\boldsymbol{A})=R(\boldsymbol{A}\,\vdots\,\boldsymbol{b})=2$，求方程组的全部解．

解 解向量是3维的，即$n=3$．$R(A)=r=2$，根据定理3.3，$\boldsymbol{Ax}=\boldsymbol{0}$的基础解系包含$n-r=1$个向量．另一方面根据上面的结论（3），$\boldsymbol{\beta}_1-\boldsymbol{\beta}_2$是$\boldsymbol{Ax}=\boldsymbol{0}$的解，所以它构成基础解系．于是根据定理3.4，原方程组的全部解为

$$\boldsymbol{x}=c(\boldsymbol{\beta}_1-\boldsymbol{\beta}_2)+\boldsymbol{\beta}_1=c(-2,\ -2,\ 3)^{\mathrm{T}}+(0,\ 1,\ 2)^{\mathrm{T}}.$$

3.4 矩阵方程的矩阵消元解法

线性方程组$\boldsymbol{Ax}=\boldsymbol{b}$，当系数矩阵$\boldsymbol{A}$可逆时，有解$\boldsymbol{x}=\boldsymbol{A}^{-1}\boldsymbol{b}$．在例3.1中，我们并未求逆矩阵$\boldsymbol{A}^{-1}$，而是对增广矩阵作初等行变换，直接得到了解$\boldsymbol{x}=\boldsymbol{A}^{-1}\boldsymbol{b}$．这种方法的原理是：逆矩阵$\boldsymbol{A}^{-1}$由多个初等矩阵（初等变换）合成，在逐步获得这些初等变换的同时，立即作用于向量$\boldsymbol{b}$，从而省略了求逆矩阵的中间步骤．这个原理可同样地用来解矩阵方程

$$\boldsymbol{AX}=\boldsymbol{B}. \tag{3.6}$$

如果矩阵$\boldsymbol{A}$可逆，则方程有解$\boldsymbol{X}=\boldsymbol{A}^{-1}\boldsymbol{B}$．为了直接求得此解，可以构造增广矩阵$(\boldsymbol{A}\,\vdots\,\boldsymbol{B})$，对其施行初等行变换，当把子块$\boldsymbol{A}$变为单位矩阵时，子块$\boldsymbol{B}$就变成了$\boldsymbol{A}^{-1}\boldsymbol{B}$．

例3.9 解矩阵方程$\boldsymbol{AX}=\boldsymbol{B}$，其中$\boldsymbol{A}=\begin{pmatrix}1&2\\3&4\end{pmatrix}$，$\boldsymbol{B}=\begin{pmatrix}5&6\\7&8\end{pmatrix}$．

解 对增广矩阵作如下初等行变换：

$$(\boldsymbol{A}\quad\boldsymbol{B})=\begin{pmatrix}\langle 1\rangle&2&5&6\\3&4&7&8\end{pmatrix}\to\begin{pmatrix}1&2&5&6\\0&\langle -2\rangle&-8&-10\end{pmatrix}\to\begin{pmatrix}1&0&-3&-4\\0&1&4&5\end{pmatrix},$$

从最后矩阵的右半部分读出解：

$$\boldsymbol{X}=\begin{pmatrix}-3&-4\\4&5\end{pmatrix}.$$

另一种矩阵方程

$$\boldsymbol{XA}=\boldsymbol{B},$$

当矩阵$\boldsymbol{A}$可逆时有解$\boldsymbol{X}=\boldsymbol{BA}^{-1}$．由于$\boldsymbol{A}^{-1}$右乘于$\boldsymbol{B}$，所以应该对$\boldsymbol{B}$作相应的初等列变换（参看定理2.4）．具体做法是将矩阵$\boldsymbol{A}$，$\boldsymbol{B}$上下拼接构成增广矩阵

$$\begin{pmatrix}\boldsymbol{A}\\\boldsymbol{B}\end{pmatrix},$$

对其施行初等列变换，当把子块$\boldsymbol{A}$变为单位矩阵时，子块$\boldsymbol{B}$就变成了$\boldsymbol{BA}^{-1}$．

例 3.10　解矩阵方程 $\boldsymbol{X}\begin{pmatrix}2 & 1 & -1\\ 2 & 1 & 0\\ 1 & -1 & 1\end{pmatrix}=\begin{pmatrix}4 & 3 & 2\\ 1 & -2 & 5\end{pmatrix}$.

解　对增广矩阵作初等列变换. 具体做法是选定主元，通过初等列变换把主元变为 1，同时把主元所在行的其他元素都变为 0：

$$\begin{pmatrix}2 & 1 & -1\\ 2 & 1 & 0\\ 1 & -1 & \langle 1\rangle\\ 4 & 3 & 2\\ 1 & -2 & 5\end{pmatrix}\to\begin{pmatrix}3 & 0 & -1\\ 2 & \langle 1\rangle & 0\\ 0 & 0 & 1\\ 2 & 5 & 2\\ -4 & 3 & 5\end{pmatrix}\to\begin{pmatrix}\langle 3\rangle & 0 & -1\\ 0 & 1 & 0\\ 0 & 0 & 1\\ -8 & 5 & 2\\ -10 & 3 & 5\end{pmatrix}\to\begin{pmatrix}1 & 0 & 0\\ 0 & 1 & 0\\ 0 & 0 & 1\\ -\dfrac{8}{3} & 5 & -\dfrac{2}{3}\\ -\dfrac{10}{3} & 3 & \dfrac{5}{3}\end{pmatrix}.$$

从最后矩阵的下半部分读得解

$$\boldsymbol{X}=\frac{1}{3}\begin{pmatrix}-8 & 15 & -2\\ -10 & 9 & 5\end{pmatrix}.$$

更复杂的矩阵方程

$$\boldsymbol{AXB}=\boldsymbol{G},$$

当矩阵 $\boldsymbol{A}$，$\boldsymbol{B}$ 均可逆时有解 $\boldsymbol{X}=\boldsymbol{A}^{-1}\boldsymbol{G}\boldsymbol{B}^{-1}$. 这时可仿照例 3.9 先解方程 $\boldsymbol{AY}=\boldsymbol{G}$，求得矩阵 $\boldsymbol{Y}=\boldsymbol{A}^{-1}\boldsymbol{G}$，再仿照例 3.10 解方程 $\boldsymbol{XB}=\boldsymbol{Y}$，求得 $\boldsymbol{X}=\boldsymbol{Y}\boldsymbol{B}^{-1}=\boldsymbol{A}^{-1}\boldsymbol{G}\boldsymbol{B}^{-1}$.

如果矩阵方程（3.6）中矩阵 $\boldsymbol{A}$ 不是可逆矩阵，甚至不是方阵，则方程的解可能出现多种情况. 设 $\boldsymbol{A}$ 是 $m\times n$ 矩阵，$\boldsymbol{B}$ 是 $m\times k$ 矩阵，则矩阵方程（3.6）相当于 k 个线性方程组. 仿照定理 3.2 不难得到以下结论.

（1）方程（3.6）有解的充分必要条件是 $R(\boldsymbol{A})=R(\boldsymbol{A}\vdots\boldsymbol{B})$.

（2）如果 $R(\boldsymbol{A})=R(\boldsymbol{A}\vdots\boldsymbol{B})=r$，那么当 $r=n$ 时，方程（3.6）有惟一解；当 $r<n$ 时方程（3.6）有无穷多解.

参照定理 3.4，可以得到关于矩阵方程（3.6）的通解的结论：若

$$R(\boldsymbol{A})=R(\boldsymbol{A}\vdots\boldsymbol{B})=r,$$

则对增广矩阵 $(\boldsymbol{A}\vdots\boldsymbol{B})$ 按标准程序作初等行变换（主元在子块 $\boldsymbol{A}$ 的范围内选取），可以得到最简矩阵

$$(\boldsymbol{A}\vdots\boldsymbol{B})\to\begin{pmatrix}\boldsymbol{E}_r & \boldsymbol{Q} & \boldsymbol{G}\\ \boldsymbol{O} & \boldsymbol{O} & \boldsymbol{O}\end{pmatrix}.$$

在最后矩阵的 r 个非零行中，左半部分由 r 个基本单位列（主元列）$\boldsymbol{E}_r$ 和 $(n-r)$ 个非单位列（非主元列）$\boldsymbol{Q}$ 构成（$\boldsymbol{E}_r$ 和 $\boldsymbol{Q}$ 应理解为它们的列是相互穿插、相互交错的）. 右半部分是矩阵 $\boldsymbol{G}$. 于是可以给出矩阵方程（3.6）的通解为

$$X = UC + V, \tag{3.7}$$

其中U是在$r\times(n-r)$负矩阵$-Q$中插入$(n-r)$个基本单位行构成的矩阵，插入的位置与非主元列Q所在的列序相对应，V是在$r\times k$矩阵G中插入$(n-r)$行零元素构成的矩阵，插入的位置与非主元列Q所在的列序相对应，不妨表示为

$$U=\begin{pmatrix}-Q\\E_{n-r}\end{pmatrix},\quad V=\begin{pmatrix}G\\O\end{pmatrix},$$

C是$(n-r)\times k$矩阵，它的所有元素都是任意常数，即有$k(n-r)$个任意常数.

例 3.11 求矩阵方程$\begin{pmatrix}1&1&0&2&0\\0&0&1&3&0\\0&0&0&0&1\\0&0&0&0&0\end{pmatrix}X=\begin{pmatrix}4&5\\6&7\\8&9\\0&0\end{pmatrix}$的通解.

解 增广矩阵已是最简形式，其中第 2，4 列是非主元列，所以按上面的结论由前三行（非零行）可直接读出通解为

$$X=\begin{pmatrix}-1&-2\\1&0\\0&-3\\0&1\\0&0\end{pmatrix}\begin{pmatrix}c_{11}&c_{12}\\c_{21}&c_{22}\end{pmatrix}+\begin{pmatrix}4&5\\0&0\\6&7\\0&0\\8&9\end{pmatrix},$$

其中$c_{ij}(i,j=1,2)$是任意常数.

本例中，增广矩阵的第 1 列和第 2 列相同，因而也可将第 1，4 列作为非主元列，这样会得出不同的结果，这是允许的．当方程有无穷多解时，通解形式的多样性是很自然的.

（3.7）式中，U称为**基础解系矩阵**，V称为**特解矩阵**，C称为**任意常数矩阵**．如果在方程（3.6）中，$B=O$是$m\times k$零矩阵，则必有$V=O$，通解（3.7）式就成为$X=UC$，这是定理 3.3 的推广．如果在方程（3.6）中，$R(A)=R(A\vdots B)=n$（n是矩阵A的列数），则经过初等行变换得到的最简矩阵中不出现非主元列Q，即初等行变换的结果为

$$\begin{pmatrix}A & B\end{pmatrix}\rightarrow\begin{pmatrix}E_n&G\\O&O\end{pmatrix}.$$

此时，（3.7）式中不出现第一项，方程有惟一解$X=G$，这是矩阵A可逆情况的推广.

习 题 三

1．运用矩阵消元法解下列线性方程组：

（1）$\begin{cases} x_1 - x_2 - x_3 = 2 \\ 2x_1 - x_2 - 3x_3 = 1 \\ 3x_1 + 2x_2 - 5x_3 = 0 \end{cases}$；　（2）$\begin{cases} 4x_1 - 3x_2 + x_3 + 5x_4 = 7 \\ x_1 - 2x_2 - 2x_3 - 3x_4 = 3 \\ 3x_1 - x_2 + 2x_3 = -1 \\ 2x_1 + 3x_2 + 2x_3 - 8x_4 = -7 \end{cases}$.

2. 确定 a, b 的值，使下列线性方程组有解，并求其一组解；同时指出方程组有惟一解还是无穷多解？并指出在原方程组中，（如果有的话）哪些方程是多余的？

（1）$\begin{cases} 2x_1 - x_2 + 3x_3 = 3 \\ 3x_1 + x_2 - 5x_3 = 0 \\ 4x_1 - x_2 + x_3 = 3 \\ x_1 + 3x_2 - 13x_3 = a \end{cases}$；　（2）$\begin{cases} x_1 + 2x_2 - 2x_3 + 2x_4 = 2 \\ x_2 - x_3 - x_4 = 1 \\ x_1 + x_2 - x_3 + 3x_4 = a \\ x_1 - x_2 + x_3 + 5x_4 = b \end{cases}$.

3. 运用矩阵消元法求解下列线性方程组，指出方程组有惟一解、有无穷多解还是无解？读出系数矩阵和增广矩阵的秩，并指出在原方程组中，（如果有的话）哪一个方程是多余的？

（1）$\begin{cases} 2x_1 - x_2 + 3x_3 = 9 \\ 3x_1 - 5x_2 + x_3 = -4 \\ 4x_1 - 7x_2 + x_3 = 5 \end{cases}$；　（2）$\begin{cases} 5x_1 + 2x_2 - 7x_3 + 14x_4 = 21 \\ 5x_1 - x_2 + 8x_3 - 13x_4 + 3x_5 = 12 \\ 10x_1 + x_2 - 2x_3 + 7x_4 - x_5 = 29 \\ 15x_1 + 3x_2 + 15x_3 + 9x_4 + 7x_5 = 130 \\ 2x_1 - x_2 - 4x_3 + 5x_4 - 7x_5 = -13 \end{cases}$；

（3）$\begin{cases} x_1 + 2x_2 + 3x_3 + x_4 = 3 \\ x_1 + 4x_2 + 5x_3 + 2x_4 = 2 \\ 2x_1 + 9x_2 + 8x_3 + 3x_4 = 7 \\ 3x_1 + 7x_2 + 7x_3 + 2x_4 = 12 \end{cases}$；　（4）$\begin{cases} 4x_1 - 3x_2 + 2x_3 - x_4 = 8 \\ 3x_1 - 2x_2 + x_3 - 3x_4 = 7 \\ 2x_1 - x_2 - 5x_4 = 6 \\ 5x_1 - 3x_2 + x_3 - 8x_4 = 1 \end{cases}$.

4. 求下列齐次线性方程组的基础解系以及系数矩阵的秩，并用基础解系表示方程组的通解.

（1）$\begin{cases} 3x_1 + 5x_2 + 2x_3 = 0 \\ 4x_1 + 7x_2 + 5x_3 = 0 \\ x_1 + x_2 - 4x_3 = 0 \end{cases}$；　（2）$\begin{cases} 2x_1 - 4x_2 + 5x_3 + 3x_4 = 0 \\ 3x_1 - 6x_2 + 4x_3 + 2x_4 = 0 \\ 4x_1 - 8x_2 + 17x_3 + 11x_4 = 0 \end{cases}$；

（3）$\begin{cases} x_1 + 2x_2 + 4x_3 - 3x_4 = 0 \\ 3x_1 + 5x_2 + 6x_3 - 4x_4 = 0 \\ 4x_1 + 5x_2 - 2x_3 + 3x_4 = 0 \\ 3x_1 + 8x_2 + 24x_3 - 19x_4 = 0 \end{cases}$；　（4）$\begin{cases} 2x_1 + 3x_2 - x_3 + 5x_4 = 0 \\ 3x_1 + x_2 + 2x_3 - 7x_4 = 0 \\ 4x_1 + x_2 - 3x_3 + 6x_4 = 0 \\ x_1 - 2x_2 + 4x_3 - 7x_4 = 0 \end{cases}$.

5. 求解下列非齐次线性方程组，用向量形式表示它的通解，并求增广矩阵的秩.

（1）$\begin{cases}2x_1+3x_2+x_3=4\\x_1-2x_2+4x_3=-5\\3x_1+8x_2-2x_3=13\\4x_1-x_2+9x_3=-6\end{cases}$；（2）$\begin{cases}2x_1+x_2-x_3+x_4=1\\3x_1-2x_2+x_3-3x_4=4\\x_1+4x_2-3x_3+5x_4=-2\end{cases}$；

（3）$\begin{cases}2x_1+7x_2+3x_3+x_4=5\\x_1+3x_2+5x_3-2x_4=3\\x_1+5x_2-9x_3+8x_4=1\\5x_1+18x_2+4x_3+5x_4=12\end{cases}$；（4）$\begin{cases}2x_1+3x_2-x_3+x_4=1\\8x_1+12x_2-9x_3+8x_4=3\\4x_1+6x_2+3x_3-2x_4=3\\2x_1+3x_2+9x_3-7x_4=3\end{cases}$.

6．讨论 p,q 为何值时，下列线性方程组有解、无解？有解时，求其通解.

$$\begin{cases}x_1+x_2+x_3+x_4+x_5=1\\3x_1+2x_2+x_3+x_4-3x_5=p\\x_2+2x_3+2x_4+6x_5=3\\5x_1+4x_2+3x_3+3x_4-x_5=q\end{cases}.$$

7．已知线性方程组 $\boldsymbol{Ax}=\boldsymbol{b}$ 有 3 个解向量

$$\boldsymbol{\beta}_1=(3,\ 1,\ 2,\ 5)^{\mathrm{T}},\quad \boldsymbol{\beta}_2=(0,\ -1,\ 1,\ 1)^{\mathrm{T}},\quad \boldsymbol{\beta}_3=(1,\ 2,\ 3,\ 4)^{\mathrm{T}},$$

并且系数矩阵 $\boldsymbol{A}$ 的秩为 2，求方程组的通解.

8．求解下列矩阵方程：

（1）$\begin{pmatrix}2&1&-1\\2&1&0\\1&-1&1\end{pmatrix}\boldsymbol{X}=\begin{pmatrix}1&-1&3\\4&3&2\\1&-2&5\end{pmatrix}$；（2）$\boldsymbol{X}\begin{pmatrix}2&5\\1&3\end{pmatrix}=\begin{pmatrix}4&-6\\2&1\end{pmatrix}$；

（3）$\begin{pmatrix}1&-1&-1\\2&1&-3\\3&2&-4\end{pmatrix}\boldsymbol{X}\begin{pmatrix}-2&4\\1&-3\end{pmatrix}=\begin{pmatrix}3&1\\1&1\\0&2\end{pmatrix}$.

9．设 $\boldsymbol{A}=\begin{pmatrix}1&1&0&-1\\1&-1&2&0\\4&-2&6&-1\\2&4&-2&-3\end{pmatrix}$，试求矩阵 $\boldsymbol{B}$，使 $\boldsymbol{AB}=\boldsymbol{O}$，且 $R(\boldsymbol{B})=2$.（提示：先解方程组 $\boldsymbol{Ax}=\boldsymbol{0}$）

10．单项选择题

（1）运用矩阵消元法求解线性方程组，应该（　　）

A．对系数矩阵施行初等行变换；　　B．对增广矩阵施行初等行变换；

C．对系数矩阵施行初等列变换；　　D．对增广矩阵施行初等列变换.

（2）对线性方程组的增广矩阵施行初等行变换，如果能将某一行的全部元素变为零，则该方程组（　　）

A．有惟一解；　B．无解；　C．有无穷多解；　D．有多余方程.

（3）下列矩阵中，满秩矩阵是（　　）

A. $\begin{pmatrix}1&1&1\\1&1&1\end{pmatrix}$；　B. $\begin{pmatrix}1&1&1\\1&2&3\\2&2&2\end{pmatrix}$；　C. $\begin{pmatrix}1&2\\2&4\\3&6\end{pmatrix}$；　D. $\begin{pmatrix}1&0&0\\0&0&1\end{pmatrix}$.

（4）设 n 元线性方程组 $\boldsymbol{Ax}=\boldsymbol{b}$ 的增广矩阵为 $(\boldsymbol{A}\vdots\boldsymbol{b})$，方程组有解的充分必要条件是（　　）

A. $R(\boldsymbol{A}\vdots\boldsymbol{b})=n$；　B. $R(\boldsymbol{A})=n$；

C. $R(\boldsymbol{A}\vdots\boldsymbol{b})=R(\boldsymbol{A})$；　D. $R(\boldsymbol{A}\vdots\boldsymbol{b})<n$ 且 $R(\boldsymbol{A})<n$.

（5）设 $\boldsymbol{A}$ 是 $m\times n$ 矩阵，则齐次线性方程组 $\boldsymbol{Ax}=\boldsymbol{0}$ 有非零解的充分必要条件是（　　）

A. $m<n$；　B. $m>n$；　C. $m=n$；　D. $R(\boldsymbol{A})<n$.

（6）已知 $\boldsymbol{A}$ 是 9×6 矩阵，方程组 $\boldsymbol{Ax}=\boldsymbol{0}$ 有 4 个自由变量，则 $R(\boldsymbol{A})=$（　　）

A. 2；　B. 3；　C. 4；　D. 5.

（7）如果线性方程组 $\boldsymbol{Ax}=\boldsymbol{b}$ 中方程的个数少于未知量的个数，则（　　）

A. $\boldsymbol{Ax}=\boldsymbol{b}$ 必无解；　B. 导出组 $\boldsymbol{Ax}=\boldsymbol{0}$ 必有非零解；

C. $\boldsymbol{Ax}=\boldsymbol{b}$ 必有无穷多解；　D. 导出组 $\boldsymbol{Ax}=\boldsymbol{0}$ 必无非零解.

（8）设 $\boldsymbol{A}$ 是 $m\times n$ 矩阵，$\boldsymbol{b}$ 是 m 维非零向量，则关于线性方程组的下列说法中，正确的是（　　）

A. $\boldsymbol{Ax}=\boldsymbol{0}$ 无非零解时，$\boldsymbol{Ax}=\boldsymbol{b}$ 无解；

B. $\boldsymbol{Ax}=\boldsymbol{0}$ 有无穷多解时，$\boldsymbol{Ax}=\boldsymbol{b}$ 有无穷多解；

C. $\boldsymbol{Ax}=\boldsymbol{b}$ 有惟一解时，$\boldsymbol{Ax}=\boldsymbol{0}$ 只有零解；

D. $\boldsymbol{Ax}=\boldsymbol{b}$ 无解时，$\boldsymbol{Ax}=\boldsymbol{0}$ 无非零解.

（9）设 $\boldsymbol{\alpha}_1,\boldsymbol{\alpha}_2$ 是齐次线性方程组 $\boldsymbol{Ax}=\boldsymbol{0}$ 的两个解向量，$\boldsymbol{\beta}_1,\boldsymbol{\beta}_2$ 是线性方程组 $\boldsymbol{Ax}=\boldsymbol{b}$ 的两个解向量，则（　　）

A. $\boldsymbol{\alpha}_1+\boldsymbol{\alpha}_2$ 是 $\boldsymbol{Ax}=\boldsymbol{b}$ 的解；　B. $\boldsymbol{\alpha}_1+\boldsymbol{\beta}_1$ 是 $\boldsymbol{Ax}=\boldsymbol{0}$ 的解；

C. $\boldsymbol{\alpha}_1-\boldsymbol{\beta}_1$ 是 $\boldsymbol{Ax}=\boldsymbol{b}$ 的解；　D. $\boldsymbol{\beta}_1-\boldsymbol{\beta}_2$ 是 $\boldsymbol{Ax}=\boldsymbol{0}$ 的解.

（10）设 $\boldsymbol{\alpha}_1,\boldsymbol{\alpha}_2,\boldsymbol{\alpha}_3$ 是 5 元线性方程组 $\boldsymbol{Ax}=\boldsymbol{b}$ 的三个解向量，已知 $R(\boldsymbol{A})=3$，则该方程组的通解可能是（　　）

A. $c_1\boldsymbol{\alpha}_1+c_2\boldsymbol{\alpha}_2+c_3\boldsymbol{\alpha}_3$；　B. $c_1(\boldsymbol{\alpha}_1-\boldsymbol{\alpha}_2)+c_2(\boldsymbol{\alpha}_2-\boldsymbol{\alpha}_3)+\boldsymbol{\alpha}_3$；

C. $c_1\boldsymbol{\alpha}_1+c_2\boldsymbol{\alpha}_2+\boldsymbol{\alpha}_3$；　D. $c(\boldsymbol{\alpha}_1-\boldsymbol{\alpha}_2)+\boldsymbol{\alpha}_3$.

第 4 章　向量的线性关系

矩阵的每一行（列）都构成行（列）向量．对矩阵施行初等行变换，实质是行向量的线性运算．线性方程组解的结构涉及解向量的线性组合，而解向量的读取又与矩阵的列向量密切相关．向量的线性关系还会扩展到其他领域．本章详细介绍向量的线性关系理论．

4.1　向量的线性相关性

4.1.1　两种线性关系

给定向量 $\boldsymbol{\beta},\boldsymbol{\alpha}_1,\boldsymbol{\alpha}_2,\cdots,\boldsymbol{\alpha}_s$，如果存在一组数 $k_1,k_2,\cdots,k_s$，使得

$$\boldsymbol{\beta}=k_1\boldsymbol{\alpha}_1+k_2\boldsymbol{\alpha}_2+k_s\boldsymbol{\alpha}_s \tag{4.1}$$

成立，则称 $\boldsymbol{\beta}$ 是 $\boldsymbol{\alpha}_1,\boldsymbol{\alpha}_2,\cdots,\boldsymbol{\alpha}_s$ 的**线性组合**，或称 $\boldsymbol{\beta}$ 可由 $\boldsymbol{\alpha}_1,\boldsymbol{\alpha}_2,\cdots,\boldsymbol{\alpha}_s$ **线性表示**.

线性表示体现了一种替代性，如果 $\boldsymbol{\beta}$ 可以由 $\boldsymbol{\alpha}_1,\boldsymbol{\alpha}_2,\cdots,\boldsymbol{\alpha}_s$ 线性表示，那么在向量组 $\boldsymbol{\beta},\boldsymbol{\alpha}_1,\boldsymbol{\alpha}_2,\cdots,\boldsymbol{\alpha}_s$ 中，$\boldsymbol{\beta}$ 是"多余"的，它可由其他向量通过线性组合（4.1）来替代.

例 4.1　基本单位向量组

$$\boldsymbol{e}_1=\begin{pmatrix}1\\0\\0\\0\end{pmatrix},\quad \boldsymbol{e}_2=\begin{pmatrix}0\\1\\0\\0\end{pmatrix},\quad \boldsymbol{e}_3=\begin{pmatrix}0\\0\\1\\0\end{pmatrix},\quad \boldsymbol{e}_4=\begin{pmatrix}0\\0\\0\\1\end{pmatrix}$$

可以线性表示任何向量，而且线性表示的系数很容易确定．比如不难验证

$$\begin{pmatrix}-1\\2\\5\\3\end{pmatrix}=-\begin{pmatrix}1\\0\\0\\0\end{pmatrix}+2\begin{pmatrix}0\\1\\0\\0\end{pmatrix}+5\begin{pmatrix}0\\0\\1\\0\end{pmatrix}+3\begin{pmatrix}0\\0\\0\\1\end{pmatrix}.$$

上式右端的线性运算（数乘与加法）就是矩阵的线性运算．上式作为线性表示式，其表示系数就是左端向量的分量．这个原理可直接推广到具有 n 个分量的 n 维向量，体现了基本单位向量组的**完备性**.

给定向量 $\boldsymbol{\alpha}_1,\boldsymbol{\alpha}_2,\cdots,\boldsymbol{\alpha}_s$，如果存在一组不全为零的数 $k_1,k_2,\cdots,k_s$，使得

$$k_1\boldsymbol{\alpha}_1+k_2\boldsymbol{\alpha}_2+\cdots+k_s\boldsymbol{\alpha}_s=\mathbf{0} \tag{4.2}$$

成立，则称向量组 $\boldsymbol{\alpha}_1,\boldsymbol{\alpha}_2,\cdots,\boldsymbol{\alpha}_s$ **线性相关**.

反之，如果只有当 $k_1,k_2,\cdots,k_s$ 全为零时，上式才成立，即由（4.2）式可以推出 $k_1=k_2=\cdots=k_s=0$，则称向量组 $\boldsymbol{\alpha}_1,\boldsymbol{\alpha}_2,\cdots,\boldsymbol{\alpha}_s$ **线性无关**.

线性相关体现了向量组内部存在某种关联性，而线性无关则表明向量组内部没有任何线性关联性.

以下是几个简单的特殊情况.

（1）单个非零向量线性无关.

若 $\boldsymbol{\alpha}_1\neq\mathbf{0}$，则 $\boldsymbol{\alpha}_1$ 至少有一个分量非零，由等式 $k_1\boldsymbol{\alpha}_1=\mathbf{0}$，比较该分量知 $k_1=0$.

（2）含有零向量的向量组线性相关.

比如对于向量组 $\boldsymbol{\alpha}_1,\boldsymbol{\alpha}_2,\mathbf{0}$，等式 $0\cdot\boldsymbol{\alpha}_1+0\cdot\boldsymbol{\alpha}_2+1\cdot\mathbf{0}=\mathbf{0}$ 成立，其中系数为 0, 0, 1，不全为零.

（3）若向量组中有两个向量的对应分量成比例，则该向量组线性相关.

比如，对于 $\boldsymbol{\alpha}_1=(1,\ 1,\ 1)$，$\boldsymbol{\alpha}_2=(2,\ 2,\ 2)$，$\boldsymbol{\alpha}_3=(1,\ 2,\ 3)$，等式

$$2\boldsymbol{\alpha}_1-\boldsymbol{\alpha}_2+0\cdot\boldsymbol{\alpha}_3=\mathbf{0}$$

成立.

例 4.2　基本单位向量之间线性无关. 比如在等式

$$k_1\begin{pmatrix}1\\0\\0\\0\end{pmatrix}+k_2\begin{pmatrix}0\\1\\0\\0\end{pmatrix}+k_3\begin{pmatrix}0\\0\\1\\0\end{pmatrix}=\begin{pmatrix}0\\0\\0\\0\end{pmatrix}$$

中，比较左、右两端的各分量，可得 $k_1=k_2=k_3=0$，从而可知基本单位向量

$$(1,\ \ 0,\ \ 0,\ \ 0)^{\mathrm{T}}，(0,\ \ 1,\ \ 0,\ \ 0)^{\mathrm{T}}，(0,\ \ 0,\ \ 1,\ \ 0)^{\mathrm{T}}$$

线性无关.

定理 4.1　向量组 $\boldsymbol{\alpha}_1,\boldsymbol{\alpha}_2,\cdots,\boldsymbol{\alpha}_s$（$s\geqslant 2$）线性相关的充分必要条件是其中至少有一个向量可以由其他向量线性表示.

证　充分性：不妨设 $\boldsymbol{\alpha}_1$ 可由 $\boldsymbol{\alpha}_2,\cdots,\boldsymbol{\alpha}_s$ 线性表示，即 $\boldsymbol{\alpha}_1=k_2\boldsymbol{\alpha}_2+\cdots+k_s\boldsymbol{\alpha}_s$，移项后得到等式

$$(-1)\boldsymbol{\alpha}_1=k_2\boldsymbol{\alpha}_2+\cdots+k_s\boldsymbol{\alpha}_s=\mathbf{0}，$$

式中至少第一个系数 (-1) 非零，因此向量组线性相关.

必要性：$\boldsymbol{\alpha}_1,\boldsymbol{\alpha}_2,\cdots,\boldsymbol{\alpha}_s$ 线性相关，即有等式（4.2），其中系数 $k_1,k_2,\cdots,k_s$ 至少有一个非

零．不妨设 $k_1 \neq 0$，则以 k_1 遍除等式，再移项得

$$\boldsymbol{\alpha}_1 = \left(-\frac{k_2}{k_1}\right)\boldsymbol{\alpha}_2 + \cdots + \left(-\frac{k_s}{k_1}\right)\boldsymbol{\alpha}_s,$$

这说明 $\boldsymbol{\alpha}_1$ 可由 $\boldsymbol{\alpha}_2,\cdots,\boldsymbol{\alpha}_s$ 线性表示．

这是两种线性关系的互通性定理．定理 4.1 表明，线性组合的替代性直接反映了向量组内部的关联性，而向量组线性相关即意味着有某些向量是“多余”的、能够被替代的．反之，向量组线性无关即意味着无替代性，向量都是“有用”的、没有“多余”的．

第 3 章曾介绍过齐次线性方程组的基础解系（参看 3.3 节），基础解系中向量的无替代性等价于线性无关性，因此可以给出基础解系更明确的定义．

如果齐次线性方程组 $\boldsymbol{Ax}=\boldsymbol{0}$ 的一组解向量 $\boldsymbol{\alpha}_1,\boldsymbol{\alpha}_2,\cdots,\boldsymbol{\alpha}_s$ 满足条件：

（1）方程组 $\boldsymbol{Ax}=\boldsymbol{0}$ 的任一解向量都可 $\boldsymbol{\alpha}_1,\boldsymbol{\alpha}_2,\cdots,\boldsymbol{\alpha}_s$ 线性表示；

（2）$\boldsymbol{\alpha}_1,\boldsymbol{\alpha}_2,\cdots,\boldsymbol{\alpha}_s$ 线性无关．

则称 $\boldsymbol{\alpha}_1,\boldsymbol{\alpha}_2,\cdots,\boldsymbol{\alpha}_s$ 是方程组 $\boldsymbol{Ax}=\boldsymbol{0}$ 的一个**基础解系**．

构造基础解系通常是利用基本单位向量的完备性（例 4.1）和线性无关性（例 4.2）实现的．如例 3.5 中，取自由变量 $(x_2,\ x_3,\ x_5)$ 依次为 $(1,\ 0,\ 0)$、$(0,\ 1,\ 0)$、$(0,\ 0,\ 1)$，这 3 个基本单位向量保证了由此得出的基础解系的完备性和线性无关性．当然构造基础解系也可利用其他向量，比如，取自由变量 $(x_2,\ x_3,\ x_5)$ 依次为 $(1,\ 0,\ 0)$、$(1,\ 1,\ 0)$、$(1,\ 1,\ 1)$，也可得到基础解系，只是主元变量的取值要经过一番计算，不能直接读取了．

4.1.2 线性关系和线性方程组

矩阵形式的线性方程组

$$\begin{pmatrix} 1 & 4 & 7 \\ 2 & 5 & 8 \\ 3 & 6 & 9 \end{pmatrix}\begin{pmatrix} x_1 \\ x_2 \\ x_3 \end{pmatrix} = \begin{pmatrix} 3 \\ 5 \\ 7 \end{pmatrix},$$

可以写作向量形式

$$x_1\begin{pmatrix} 1 \\ 2 \\ 3 \end{pmatrix} + x_2\begin{pmatrix} 4 \\ 5 \\ 6 \end{pmatrix} + x_3\begin{pmatrix} 7 \\ 8 \\ 9 \end{pmatrix} = \begin{pmatrix} 3 \\ 5 \\ 7 \end{pmatrix}.$$

不难看出，这两种形式作为向量的相等关系，都相当于同样的线性方程组

$$\begin{cases} x_1 + 4x_2 + 7x_3 = 3 \\ 2x_1 + 5x_2 + 8x_3 = 5 \\ 3x_1 + 6x_2 + 9x_3 = 7 \end{cases}.$$

一般地，设 $\boldsymbol{A}=(\boldsymbol{\alpha}_1, \boldsymbol{\alpha}_2, \cdots, \boldsymbol{\alpha}_s)$，其中 $\boldsymbol{\alpha}_1,\boldsymbol{\alpha}_2,\cdots,\boldsymbol{\alpha}_s$ 是矩阵 $\boldsymbol{A}$ 的列向量，则方程组 $\boldsymbol{Ax}=\boldsymbol{\beta}$ 等价于**向量形式** $x_1\boldsymbol{\alpha}_1+x_2\boldsymbol{\alpha}_2+\cdots+x_s\boldsymbol{\alpha}_s=\boldsymbol{\beta}$，这表明向量 $\boldsymbol{\beta}$ 是 $\boldsymbol{\alpha}_1,\boldsymbol{\alpha}_2,\cdots,\boldsymbol{\alpha}_s$ 的线性组合．当 $\boldsymbol{\beta}=\boldsymbol{0}$ 时，又关系到 $\boldsymbol{\alpha}_1,\boldsymbol{\alpha}_2,\cdots,\boldsymbol{\alpha}_s$ 是否线性相关．由此看来，表明线性关系的（4.1）式和（4.2）式实际上是线性方程组的向量形式，下面的定理就是将两者联系起来的结果．

定理 4.2　列向量 $\boldsymbol{\beta}$ 能够由列向量组 $\boldsymbol{\alpha}_1,\boldsymbol{\alpha}_2,\cdots,\boldsymbol{\alpha}_s$ 线性表示的充分必要条件是线性方程组 $\boldsymbol{Ax}=\boldsymbol{\beta}$ 有解，其中 $\boldsymbol{A}=(\boldsymbol{\alpha}_1, \boldsymbol{\alpha}_2, \cdots, \boldsymbol{\alpha}_s)$．同时，线性方程组的解 $\boldsymbol{x}=(x_1, x_2, \cdots, x_s)^{\mathrm{T}}$ 正好给出了线性表示式（4.1）的表示系数．

定理 4.3　列向量组 $\boldsymbol{\alpha}_1,\boldsymbol{\alpha}_2,\cdots,\boldsymbol{\alpha}_s$ 线性相关的充分必要条件是齐次线性方程组 $\boldsymbol{Ax}=\boldsymbol{0}$ 有非零解，其中 $\boldsymbol{A}=(\boldsymbol{\alpha}_1, \boldsymbol{\alpha}_2, \cdots, \boldsymbol{\alpha}_s)$．同时，非零解向量 $\boldsymbol{x}=(x_1, x_2, \cdots, x_s)^{\mathrm{T}}$ 正好给出了线性相关等式（4.2）中不全为零的系数．

如果 $\boldsymbol{A}$ 是方阵，则定理 4.3 中的充分必要条件可简化为 $|\boldsymbol{A}|=0$．

定理 4.2 和定理 4.3 给出了具体求解向量间线性关系的途径．

例 4.3　设有 4 个向量：$\boldsymbol{\beta}=(2, 7, 5)$，$\boldsymbol{\alpha}_1=(1, 2, 1)$，$\boldsymbol{\alpha}_2=(2, 5, 3)$，$\boldsymbol{\alpha}_3=(-1, 1, 2)$，问 $\boldsymbol{\beta}$ 可否由 $\boldsymbol{\alpha}_1,\boldsymbol{\alpha}_2,\boldsymbol{\alpha}_3$ 线性表示？$\boldsymbol{\alpha}_1,\boldsymbol{\alpha}_2,\boldsymbol{\alpha}_3$ 是否线性相关？

解　把所有的向量写作列向量．根据定理 4.2 和定理 4.3，应该考虑解线性方程组

$$\begin{pmatrix}1 & 2 & 1\\ 2 & 5 & 1\\ 1 & 3 & 2\end{pmatrix}\begin{pmatrix}x_1\\ x_2\\ x_3\end{pmatrix}=\begin{pmatrix}2\\ 5\\ 7\end{pmatrix}.$$

用矩阵消元解法，按标准程序对增广矩阵作初等行变换：

$$\begin{pmatrix}\langle 1\rangle & 2 & -1 & 2\\ 2 & 5 & 1 & 7\\ 1 & 3 & 2 & 5\end{pmatrix}\to\begin{pmatrix}1 & 2 & -1 & 2\\ 0 & \langle 1\rangle & 3 & 3\\ 0 & 1 & 3 & 3\end{pmatrix}\to\begin{pmatrix}\langle 1\rangle & 0 & -7 & -4\\ 0 & \langle 1\rangle & 3 & 3\\ 0 & 0 & 0 & 0\end{pmatrix}.$$

因没有矛盾方程，故方程组有解，从而根据定理 4.2，$\boldsymbol{\beta}$ 可由 $\boldsymbol{\alpha}_1,\boldsymbol{\alpha}_2,\boldsymbol{\alpha}_3$ 线性表示．最后矩阵的前 3 列中，第 3 列是非主元列，显示 x_3 是自由变量，这表明线性方程组的导出组有非零解，所以根据定理 4.3，$\boldsymbol{\alpha}_1,\boldsymbol{\alpha}_2,\boldsymbol{\alpha}_3$ 线性相关．

此外，线性方程组因存在自由变量而有无穷多解，从而线性表示方式也有无穷多种．令 $x_3=0$，可读出 $x_1=-4, x_2=3$，于是得到一个线性表示式

$$\boldsymbol{\beta}=-4\boldsymbol{\alpha}_1+3\boldsymbol{\alpha}_2+0\cdot\boldsymbol{\alpha}_3.$$

从本例看出，解决线性关系问题，可先构造相应的线性方程组，进而落实到对矩阵作初等行变换，得到最简矩阵后，就能直接读取需要的结论．

4.2 极大线性无关组与向量组的秩

4.2.1 极大线性无关组的概念

向量组中的部分向量构成一个**部分组**. 比如，$\boldsymbol{\alpha}_1,\boldsymbol{\alpha}_2,\boldsymbol{\alpha}_3$ 是 $\boldsymbol{\alpha}_1,\boldsymbol{\alpha}_2,\boldsymbol{\alpha}_3,\boldsymbol{\alpha}_4$ 的一个部分组. 如果存在不全为零的数 k_1,k_2,k_3，使 $k_1\boldsymbol{\alpha}_1+k_2\boldsymbol{\alpha}_2+k_3\boldsymbol{\alpha}_3=0$ 成立，那么下式也成立：

$$k_1\boldsymbol{\alpha}_1+k_2\boldsymbol{\alpha}_2+k_3\boldsymbol{\alpha}_3+0\cdot\boldsymbol{\alpha}_4=\mathbf{0},$$

这说明向量组 $\boldsymbol{\alpha}_1,\boldsymbol{\alpha}_2,\boldsymbol{\alpha}_3,\boldsymbol{\alpha}_4$ 也线性相关. 由此可得到：

（1）如果某些部分向量线性相关，那么全体向量一定线性相关；

（2）如果全体向量线性无关，那么任意部分向量一定线性无关.

这两个结论互为逆否命题. 应当注意它们的逆命题是不成立的，即部分向量线性无关时，全体向量未必线性无关；全体向量线性相关时，部分向量未必线性相关. 也就是说，线性相关的向量组，其部分组可能线性无关.

一个线性无关的部分组用来线性表示该部分组自身的向量是显然的，比如用 $\boldsymbol{\alpha}_1,\boldsymbol{\alpha}_2$ 来线性表示 $\boldsymbol{\alpha}_1$，有 $\boldsymbol{\alpha}_1=1\cdot\boldsymbol{\alpha}_1+0\cdot\boldsymbol{\alpha}_2$，但是未必能线性表示部分组以外的其他向量. 若有一个线性无关的部分组，能够线性表示整个向量组中的任何向量，则称它为整个向量组的一个**极大线性无关组**，简称**极大无关组**.

由于极大无关组可以线性表示其他任何向量，所以在极大无关组之中，再添一个向量，必然形成线性相关（参看定理 4.1)，这说明在保持线性无关性的前提下，向量的个数已达最大可能，自然应冠之以“极大”.

显然，如果一个向量组线性无关，那么该向量组的极大无关组就是向量组本身.

因为极大无关组本身线性无关，即没有“多余”的向量，所以极大无关组提供了用最少数的向量来代表全体向量的依据. 比如基础解系就是齐次线性方程组全体解向量的极大无关组.

4.2.2 极大线性无关组的求法

定理 4.2、定理 4.3 和例 4.3 都表明，分析向量的线性关系可归结为求解线性方程组. 具体做法是将所有的向量写成列向量后拼成矩阵，对该矩阵施行初等行变换. 初等行变换不仅不会改变显示线性关系的（4.1）式或（4.2）式中的系数，而且最终还能把它们求出来. 因此，可以得到：

定理 4.4 对矩阵施行初等行变换，不改变矩阵列向量之间的线性关系.

例 4.4 求 5 个向量构成的向量组 $\boldsymbol{\alpha}_1=(1,\ 2,\ 3,\ 2)$，$\boldsymbol{\alpha}_2=(-1,\ 2,\ 1,\ -2)$，$\boldsymbol{\alpha}_3=(1,\ -1,\ -1,\ 1)$，$\boldsymbol{\alpha}_4=(-2,\ 1,\ -2,\ -5)$，$\boldsymbol{\alpha}_5=(1,\ -3,\ -2,\ 2)$ 的极大无关组，并且用极大无关组线性表示其他向量.

解　把所有的向量写成列向量，按顺序拼成矩阵，然后作初等行变换，执行标准程序如下（所选主元都做了标记）：

$$\begin{pmatrix}1 & -1 & \langle 1\rangle & -2 & 1\\ 2 & 2 & -1 & 1 & -3\\ 3 & 1 & -1 & -2 & -2\\ 2 & -2 & 1 & -5 & 2\end{pmatrix}\to\begin{pmatrix}1 & -1 & 1 & -2 & 1\\ 3 & \langle 1\rangle & 0 & -1 & -2\\ 4 & 0 & 0 & -4 & -1\\ 1 & -1 & 0 & -3 & 1\end{pmatrix}$$

$$\to\begin{pmatrix}3 & 1 & 0 & -1 & -2\\ 4 & 0 & 1 & -3 & -1\\ 4 & 0 & 0 & -4 & \langle -1\rangle\\ 4 & 0 & 0 & -4 & -1\end{pmatrix}\to\begin{pmatrix}-5 & 1 & 0 & 7 & 0\\ 0 & 0 & 1 & 1 & 0\\ -4 & 0 & 0 & 4 & 1\\ 0 & 0 & 0 & 0 & 0\end{pmatrix},$$

其中第 2 个步骤，消元与换行同时进行．在最后的矩阵中，第 2、3、5 列是主元列（含主元的列），也是基本单位列．根据基本单位向量的线性无关性和完备性（参看例 4.1 和例 4.2）可知，最后矩阵的 5 个列向量中，第 2、3、5 列向量构成极大无关组，用它线性表示第 1、4 列向量，表示系数分别为第 1、4 列向量的分量，即 −5, 0, −4 和 7, 1, 4．根据定理 4.4，原向量组也有完全相同的线性关系，于是可直接得到本例的结论：原向量组中，$\boldsymbol{\alpha}_2,\boldsymbol{\alpha}_3,\boldsymbol{\alpha}_5$ 是一个极大无关组，并且有线性表示式

$$\boldsymbol{\alpha}_1=-5\boldsymbol{\alpha}_2-4\boldsymbol{\alpha}_5\,,\quad \boldsymbol{\alpha}_4=7\boldsymbol{\alpha}_2+\boldsymbol{\alpha}_3+4\boldsymbol{\alpha}_5\,.$$

4.2.3　向量组的秩

例 4.4 在对矩阵作初等行变换时，如果主元选取的位置不同，会得到不同的极大无关组，可见极大无关组不是惟一的．因为矩阵的秩是常数 3，无论主元怎么选取，最后得到的基本单位向量必然是 3 个，所以用初等变换法求得的极大无关组尽管不惟一，但所含向量的个数都相同．然而用其他方法获得极大无关组（只要满足线性无关性和完备性即可），其所含向量的个数是否仍是一个固定的常数呢？答案是肯定的，不过推导过程并不简单，先要建立有关线性关系与向量个数的定理．

定理 4.5　当向量组中向量的个数大于向量的维数时，向量组一定线性相关．

证　设 $\boldsymbol{\alpha}_1,\boldsymbol{\alpha}_2,\cdots,\boldsymbol{\alpha}_s$ 都是 n 维向量（有 n 个分量），则矩阵 $\boldsymbol{A}=(\boldsymbol{\alpha}_1,\ \boldsymbol{\alpha}_2,\ \cdots,\ \boldsymbol{\alpha}_s)$ 是 $n\times s$ 矩阵，于是齐次线性方程组 $\boldsymbol{Ax}=\boldsymbol{0}$ 有 n 个方程，s 个变量．已知 $s>n$，即变量多，方程少，所以 $\boldsymbol{Ax}=\boldsymbol{0}$ 一定含有自由变量，从而必有非零解，根据定理 4.3，可知向量组线性相关．

应该指出的是，当向量的个数小于向量的维数时，不能得到线性相关还是线性无关的确定结论．因为此时齐次线性方程组的方程数虽然多于变量数，但独立方程数却不确定，从而有无非零解也不确定。

定理 4.6　设有两个向量组，向量组（Ⅰ）有 s 个向量，可以线性表示向量组（Ⅱ）中的每一个向量．如果向量组（Ⅱ）有 r 个向量，并且线性无关，那么 $r\leqslant s$．

证 设向量组（Ⅰ）是$\boldsymbol{\alpha}_1,\boldsymbol{\alpha}_2,\cdots,\boldsymbol{\alpha}_s$，向量组（Ⅱ）是$\boldsymbol{\beta}_1,\boldsymbol{\beta}_2,\cdots,\boldsymbol{\beta}_r$，记$\boldsymbol{A}=(\boldsymbol{\alpha}_1,\ \boldsymbol{\alpha}_2,\ \cdots,\ \boldsymbol{\alpha}_s)$，根据定理 4.2，向量组（Ⅰ）可以线性表示向量组（Ⅱ），即线性方程组$\boldsymbol{Ax}=\boldsymbol{\beta}_i$（$i=1, 2, \cdots, r$）都有解，这$r$个解向量记为$\boldsymbol{x}_1,\boldsymbol{x}_2,\cdots,\boldsymbol{x}_r$，它们都是$s$维向量且$\boldsymbol{Ax}_i=\boldsymbol{\beta}_i$，其中$i=1, 2, \cdots, r$.

用反证法，设$r>s$，则根据定理 4.5，这些解向量线性相关，即存在不全为零的数$k_1,k_2,\cdots,k_r$，使

$$k_1\boldsymbol{x}_1+k_2\boldsymbol{x}_2+\cdots+k_r\boldsymbol{x}_r=\boldsymbol{0}$$

成立．以矩阵A左乘该式两端，可得

$$k_1\boldsymbol{\beta}_1+k_2\boldsymbol{\beta}_2+\cdots+k_r\boldsymbol{\beta}_r=\boldsymbol{0},$$

这与向量组（Ⅱ）线性无关矛盾，于是否定假设，结论$r\leqslant s$得证.

这个定理的逆否命题是：当向量个数少的向量组可线性表示向量个数多的向量组时$(s<r)$，后者必定线性相关.

定理 4.7 如果两个线性无关的向量组能够相互线性表示，那么它们所含向量的个数必定相同.

证 设向量组（Ⅰ）有s个向量，向量组（Ⅱ）有r个向量，已知向量组（Ⅰ）可线性表示线性无关的向量组（Ⅱ），根据定理 4.6，可得$r\leqslant s$；又已知向量组（Ⅱ）可线性表示线性无关的向量组（Ⅰ），同理可得$s\leqslant r$，于是$r=s$.

两个向量组可以相互线性表示，称为**等价**．等价意味着两个向量组能够相互替代．等价的向量组，向量的个数未必相同，但等价的线性无关的向量组，所含向量个数一定相同.

由于极大无关组可以线性表示整个向量组中的任何向量，所以两个极大无关组可以相互线性表示，于是根据定理 4.7，它们所含向量的个数必然相同．这说明，极大无关组虽然不惟一，但它们所含向量的个数是惟一的，是一个常数，我们称之为**向量组的秩**．如例 4.4 中极大无关组含有 3 个向量，所以向量组的秩等于 3.

向量组的秩体现了整个向量组不计“多余”向量的实际规模．向量组的秩不仅是单个极大无关组中线性无关向量的个数的最大值，而且是所有线性无关部分组的向量个数的最大值，因此一个线性无关的部分组，如果所含向量个数等于向量组的秩，那么它一定是极大无关组，一定可以线性表示所有的向量.

第 3 章中通过自由变量依次取 1 来求齐次线性方程组的基础解系（参看 3.3 节），很自然地得到：不同的基础解系含有相同的向量个数．但是从理论上说，基础解系只要满足线性无关性和完备性，并不一定要通过自由变量的取值来得到，应当允许通过其他方式获得，甚至不必求出来而只就其存在性进行推断．定理 4.7 保证了基础解系作为解向量的极大无关组，无论来源如何，其所含解向量的个数必然相同，所以说定理 3.3 至此才得到了完整的证明.

对于有限个向量来说，求向量组的秩可以用例 4.4 的矩阵变换法．对矩阵$\boldsymbol{A}$作初等行变换，求得的是矩阵$\boldsymbol{A}$的列向量组的秩（简称**列秩**），并且恰好等于$R(\boldsymbol{A})$；对转置矩阵$\boldsymbol{A}^{\mathrm{T}}$

作初等行变换，求得的是 $\boldsymbol{A}^{\mathrm{T}}$ 的列向量组亦即 $\boldsymbol{A}$ 的行向量组的秩（简称**行秩**）. 因为 $R(\boldsymbol{A})=R(\boldsymbol{A}^{\mathrm{T}})$，所以有下列等式：

$$R(\boldsymbol{A})=\boldsymbol{A}\text{ 的行秩}=\boldsymbol{A}\text{ 的列秩}. \tag{4.3}$$

（4.3）式说明矩阵 $\boldsymbol{A}$ 有 3 种秩，只要求出其中之一，另两个也就得到了.（4.3）式还说明，向量组的秩与矩阵的秩没有区别，所以共用同一个名称——秩.

习 题 四

1．判断下列向量组是否线性相关.

（1）$(1,\ 2,\ 3)$，$(3,\ 6,\ 9)$；

（2）$(1,\ 0,\ 0,\ 0)$，$(0,\ 1,\ 0,\ 0)$，$(0,\ 0,\ 0,\ 1)$；

（3）$(2,\ -3,\ 1)$，$(3,\ -1,\ 5)$，$(1,\ -4,\ 3)$；

（4）$(1,\ 0,\ 0)$，$(0,\ 1,\ 0)$，$(0,\ 0,\ 1)$，$(1,\ 2,\ 3)$；

（5）$(4,\ -5,\ 2,\ 6)$，$(2,\ -2,\ 1,\ 3)$，$(6,\ -3,\ 3,\ 9)$，$(4,\ -1,\ 5,\ 6)$.

2．已知向量组 $\boldsymbol{\alpha}_1,\boldsymbol{\alpha}_2,\boldsymbol{\alpha}_3$ 线性无关，试证向量组 $2\boldsymbol{\alpha}_1+3\boldsymbol{\alpha}_2$，$\boldsymbol{\alpha}_2+4\boldsymbol{\alpha}_3$，$\boldsymbol{\alpha}_1+5\boldsymbol{\alpha}_3$ 也线性无关.

3．证明：两个向量 $\boldsymbol{\alpha}_1,\boldsymbol{\alpha}_2$ 线性相关的充分必要条件是它们的分量对应成比例.

4．试问下列向量组中，向量 $\boldsymbol{\beta}$ 能否由其余向量线性表示？若能，则写出线性表示式.

（1）$\boldsymbol{\beta}=(4,\ 3)$，$\boldsymbol{\alpha}_1=(2,\ 1)$，$\boldsymbol{\alpha}_2=(-1,\ 1)$；

（2）$\boldsymbol{\beta}=(7,\ -2,\ 15)$，$\boldsymbol{\alpha}_1=(2,\ 3,\ 5)$，$\boldsymbol{\alpha}_2=(3,\ 7\ \ 8)$，$\boldsymbol{\alpha}_3=(1,\ -6,\ 1)$；

（3）$\boldsymbol{\beta}=(1,\ 2,\ 5)$，$\boldsymbol{\alpha}_1=(3,\ 2,\ 6)$，$\boldsymbol{\alpha}_2=(7,\ 3\ \ 9)$，$\boldsymbol{\alpha}_3=(5,\ 1,\ 3)$；

（4）$\boldsymbol{\beta}=(2,\ 3,\ 5,\ 1)$，$\boldsymbol{\alpha}_1=(1,\ 0,\ 0,\ 0)$，$\boldsymbol{\alpha}_2=(0,\ 1,\ 0,\ 0)$，$\boldsymbol{\alpha}_3=(0,\ 0,\ 1,\ 0)$，$\boldsymbol{\alpha}_4=(0,\ 0,\ 0,\ 1)$；

（5）$\boldsymbol{\beta}=(4,\ -1,\ 3,\ -2)$，$\boldsymbol{\alpha}_1=(1,\ 0,\ 0,\ 0)$，$\boldsymbol{\alpha}_2=(1,\ 1,\ 0,\ 0)$，$\boldsymbol{\alpha}_3=(1,\ 1,\ 1,\ 0)$，$\boldsymbol{\alpha}_4=(1,\ 1,\ 1,\ 1)$.

5．求下列向量组的秩与一个极大无关组，并将其余向量用此极大无关组线性表示.

（1）$\boldsymbol{\alpha}_1=(2,\ -1,\ 2)$，$\boldsymbol{\alpha}_2=(-2,\ 1,\ -1)$，$\boldsymbol{\alpha}_3=(-4,\ 2,\ 1)$，$\boldsymbol{\alpha}_4=(4,\ 1,\ -2)$；

（2）$\boldsymbol{\alpha}_1=(1,\ 1,\ 3,\ 1)$，$\boldsymbol{\alpha}_2=(-1,\ 1,\ -1,\ 3)$，$\boldsymbol{\alpha}_3=(5,\ -2,\ 8,\ -9)$，$\boldsymbol{\alpha}_4=(-1,\ 3,\ 1,\ 7)$；

（3）$\boldsymbol{\alpha}_1=(1,\ 2,\ 1,\ 3)$，$\boldsymbol{\alpha}_2=(-4,\ 1,\ 5,\ 6)$，$\boldsymbol{\alpha}_3=(-1,\ 3,\ 4,\ 7)$，$\boldsymbol{\alpha}_4=(2,\ 1,\ -1,\ 0)$.

6．单项选择题

（1）列向量组 $\boldsymbol{\alpha}_1,\boldsymbol{\alpha}_2,\cdots,\boldsymbol{\alpha}_n$（$n\geqslant 2$）线性相关的充分必要条件是　（　）

A．其中有 1 个零向量；　　B．其中有 1 个向量可由其余向量线性表示；

C．增加 1 个向量后成为线性相关；　　D．其中有 2 个向量的对应分量成比例.

（2）设 $\boldsymbol{A}$ 是 5 阶矩阵，$R(\boldsymbol{A})=2$，则齐次线性方程组 $\boldsymbol{A}\boldsymbol{x}=\boldsymbol{0}$ 的所有解向量中，线性无关的解向量个数是　（　）

A．2；　　B．3；　　C．4；　　D．5.

(3) 设 $\boldsymbol{A}$ 是 $m\times n$ 矩阵，则齐次线性方程组 $\boldsymbol{Ax}=\boldsymbol{0}$ 仅有零解的充分必要条件是 ( )

A. $\boldsymbol{A}$ 的行向量组线性无关； B. $\boldsymbol{A}$ 的行向量组线性相关；

C. $\boldsymbol{A}$ 的列向量组线性无关； D. $\boldsymbol{A}$ 的列向量组线性相关.

(4) 列向量组 $\boldsymbol{\alpha}_1,\boldsymbol{\alpha}_2,\cdots,\boldsymbol{\alpha}_n$ （$n\geqslant 2$）线性无关的充分必要条件是 ( )

A. 所有向量非零； B. 方程组 $(\boldsymbol{\alpha}_1,\boldsymbol{\alpha}_2,\cdots,\boldsymbol{\alpha}_n)\boldsymbol{x}=\boldsymbol{0}$ 无非零解；

C. 有一个部分组线性无关； D. $\boldsymbol{\alpha}_1$ 不能由其余向量线性表示.

(5) 向量组 $\boldsymbol{\alpha}_1=(1,\ 0,\ 0)$，$\boldsymbol{\alpha}_2=(0,\ 1,\ 0)$，$\boldsymbol{\alpha}_3=(1,\ 1,\ 1)$，$\boldsymbol{\alpha}_4=(0,\ 1,\ 1)$ 的极大无关组可以是 ( )

A. $\boldsymbol{\alpha}_1,\boldsymbol{\alpha}_2$； B. $\boldsymbol{\alpha}_1,\boldsymbol{\alpha}_3,\boldsymbol{\alpha}_4$； C. $\boldsymbol{\alpha}_2,\boldsymbol{\alpha}_3,\boldsymbol{\alpha}_4$； D. $\boldsymbol{\alpha}_1,\boldsymbol{\alpha}_2,\boldsymbol{\alpha}_3,\boldsymbol{\alpha}_4$.

(6) 设 n 维向量组 $\boldsymbol{\alpha}_1,\boldsymbol{\alpha}_2,\cdots,\boldsymbol{\alpha}_m$ 的极大无关组含有 r 个向量，则 ( )

A. $r\leqslant n$； B. $r<n$； C. $r<m$； D. $r\geqslant m$.

(7) 设 $\boldsymbol{\alpha}_1,\boldsymbol{\alpha}_2,\cdots,\boldsymbol{\alpha}_8$ 是 6 维向量组，则该向量组 ( )

A. 线性相关； B. 其中至少有 2 个向量可由其余向量线性表示；

C. 其中至少有 3 个向量可由其余向量线性表示； D. 其中只有 1 个向量可由其余向量线性表示.

(8) n 个 $n+1$ 维向量构成的向量组 ( )

A. 一定线性相关； B. 增加一个 $n+1$ 维向量后成为线性相关；

C. 一定线性无关； D. 增加两个 $n+1$ 维向量后成为线性相关.

(9) 设向量组 $\boldsymbol{\alpha}_1,\boldsymbol{\alpha}_2,\cdots,\boldsymbol{\alpha}_{10}$ 中，$\boldsymbol{\alpha}_1,\boldsymbol{\alpha}_2,\boldsymbol{\alpha}_3$ 线性无关，则该向量组的秩 r 满足 ( )

A. $3\leqslant r\leqslant 10$； B. $3\leqslant r\leqslant 7$； C. $r=7$； D. $r=3$.

(10) 若向量组的秩为 r，则该向量组中 ( )

A. 任意 r 个向量线性无关； B. 任意 $r+1$ 个向量线性相关；

C. 任意 r 个向量线性相关； D. 任意 $r-1$ 个向量线性无关.

第 5 章　矩阵的特征值与特征向量

5.1　特征值与特征向量

设 $\boldsymbol{A}$ 是 n 阶矩阵，$\boldsymbol{x}$ 是 n 维列向量，则 $\boldsymbol{Ax}$ 仍是 n 维列向量，但通常与原来的向量 $\boldsymbol{x}$ 有很大差异．现在考虑 $\boldsymbol{Ax}$ 与 $\boldsymbol{x}$ 能否成比例（对应分量成比例）．如果存在一个特殊的数 λ 与一个特殊的非零向量 $\boldsymbol{x}$，使

$$\boldsymbol{Ax} = \lambda \boldsymbol{x}, \tag{5.1}$$

那么称 λ 是矩阵 $\boldsymbol{A}$ 的**特征值**，$\boldsymbol{x}$ 是 $\boldsymbol{A}$ 的对应于特征值 λ 的**特征向量**.

为了求矩阵的特征值与特征向量，将（5.1）式移项，并提取公因子得到

$$(\lambda \boldsymbol{E} - \boldsymbol{A})\boldsymbol{x} = \boldsymbol{0}. \tag{5.2}$$

这是齐次线性方程组的矩阵形式，它的系数矩阵是方阵 $(\lambda \boldsymbol{E} - \boldsymbol{A})$，齐次线性方程组有非零解 $\boldsymbol{x}$ 的充分必要条件是系数行列式等于零（参看定理 1.4），即

$$|\lambda \boldsymbol{E} - \boldsymbol{A}| = 0. \tag{5.3}$$

由（5.3）式可求出特征值 λ，因此方程（5.3）称为矩阵 $\boldsymbol{A}$ 的**特征方程**．求得特征值 λ 后，就可以求解齐次线性方程组（5.2）了．具体做法是运用矩阵消元解法，对系数矩阵作初等行变换，然后读出基础解系.

例 5.1　求矩阵 $\boldsymbol{A} = \begin{pmatrix} 3 & 1 \\ 5 & -1 \end{pmatrix}$ 的特征值和特征向量.

解　先计算行列式：

$$|\lambda \boldsymbol{E} - \boldsymbol{A}| = \left| \begin{pmatrix} \lambda & 0 \\ 0 & \lambda \end{pmatrix} - \begin{pmatrix} 3 & 1 \\ 5 & -1 \end{pmatrix} \right| = \begin{vmatrix} \lambda - 3 & -1 \\ -5 & \lambda + 1 \end{vmatrix} = (\lambda - 3)(\lambda + 1) - 5 = \lambda^2 - 2\lambda - 8,$$

于是特征方程即一元二次方程 $\lambda^2 - 2\lambda - 8 = 0$．求得两个特征值为 $\lambda_1 = -2$，$\lambda_2 = 4$.

当 $\lambda_1 = -2$ 时，解齐次线性方程组（5.2），即作初等行变换：

$$(\lambda_1 \boldsymbol{E} - \boldsymbol{A}) = \begin{pmatrix} -2-3 & -1 \\ -5 & -2+1 \end{pmatrix} = \begin{pmatrix} -5 & \langle -1 \rangle \\ -5 & -1 \end{pmatrix} \to \begin{pmatrix} 5 & 1 \\ 0 & 0 \end{pmatrix}.$$

最后的矩阵中，第 1 列是非主元列，于是读出基础解系 $\boldsymbol{\alpha}_1 = \begin{pmatrix} 1 \\ -5 \end{pmatrix}$．对应于特征值 $\lambda_1 = -2$ 的全部特征向量是 $c_1\boldsymbol{\alpha}_1$，c_1 是任意非零常数.

当$\lambda_2 = 4$时，类似地作初等行变换：

$$(\lambda_2 \boldsymbol{E} - \boldsymbol{A}) = \begin{pmatrix} 1 & \langle -1 \rangle \\ -5 & 5 \end{pmatrix} \to \begin{pmatrix} -1 & 1 \\ 0 & 0 \end{pmatrix},$$

读出基础解系$\boldsymbol{\alpha}_2 = \begin{pmatrix} 1 \\ 1 \end{pmatrix}$，对应于特征值$\lambda_2 = 4$的全部特征向量是$c_2\boldsymbol{\alpha}_2$，$c_2$是任意非零常数.

当$\boldsymbol{A}$是n阶矩阵时，$|\lambda \boldsymbol{E} - \boldsymbol{A}|$是$n$阶行列式，其对角线上元素都含有未知数$\lambda$，而其他元素都是矩阵$\boldsymbol{A}$的对应元素的相反数，因此它的展开式是$n$次多项式，称之为$\boldsymbol{A}$的**特征多项式**．相应地，称矩阵$(\lambda \boldsymbol{E} - \boldsymbol{A})$为$\boldsymbol{A}$的**特征矩阵**．特征方程（5.3）是$n$次代数方程，它有$n$个根（可能有重根或复数根）．

齐次线性方程组（5.2）当λ满足（5.3）式时一定有基础解系．构成基础解系的特征向量称为矩阵$\boldsymbol{A}$的**基础特征向量**．如例 5.1 中的矩阵$\boldsymbol{A}$有 2 个基础特征向量$\boldsymbol{\alpha}_1$和$\boldsymbol{\alpha}_2$．基础特征向量的线性组合给出了全部特征向量．

例 5.2 求矩阵$\boldsymbol{A} = \begin{pmatrix} 2 & 2 & -2 \\ 2 & 5 & -4 \\ -2 & -4 & 5 \end{pmatrix}$的特征值和特征向量.

解 先解特征方程$|\lambda \boldsymbol{E} - \boldsymbol{A}| = \begin{vmatrix} \lambda-2 & -2 & 2 \\ -2 & \lambda-5 & 4 \\ 2 & 4 & \lambda-5 \end{vmatrix} = 0$.

为了简化计算，可先将行列式的第 3 行加到第 2 行，然后提取公因子$(\lambda-1)$，再计算行列式，可得方程$(\lambda-1)^2(\lambda-10)=0$，所以特征值是$\lambda_1 = \lambda_2 = 1$，$\lambda_3 = 10$.

当$\lambda = 1$时，对特征矩阵作初等行变换：

$$(\lambda \boldsymbol{E} - \boldsymbol{A}) = \begin{pmatrix} \langle -1 \rangle & -2 & 2 \\ -2 & -4 & 4 \\ 2 & 4 & -4 \end{pmatrix} \to \begin{pmatrix} 1 & 2 & -2 \\ 0 & 0 & 0 \\ 0 & 0 & 0 \end{pmatrix},$$

读出基础解系$\boldsymbol{\alpha}_1 = (-2,\ 1,\ 0)^{\mathrm{T}}$，$\boldsymbol{\alpha}_2 = (2,\ 0,\ 1)^{\mathrm{T}}$.

当$\lambda = 10$时，对特征矩阵作初等行变换：

$$(\lambda \boldsymbol{E} - \boldsymbol{A}) = \begin{pmatrix} 8 & -2 & \langle 2 \rangle \\ -2 & 5 & 4 \\ 2 & 4 & 5 \end{pmatrix} \to \begin{pmatrix} 4 & -1 & 1 \\ -18 & \langle 9 \rangle & 0 \\ -18 & 9 & 0 \end{pmatrix} \to \begin{pmatrix} -2 & 1 & 0 \\ 2 & 0 & 1 \\ 0 & 0 & 0 \end{pmatrix},$$

读出基础解系$\boldsymbol{\alpha}_3 = (1,\ 2,\ -2)^{\mathrm{T}}$.

对应于$\lambda = 1$的全部特征向量是$c_1\boldsymbol{\alpha}_1 + c_2\boldsymbol{\alpha}_2$，其中$c_1, c_2$是任意不全为零的常数；对应于$\lambda = 10$的全部特征向量是$c_3\boldsymbol{\alpha}_3$，其中$c_3$是任意非零常数.

应该指出的是，线性组合必须在对应于同一特征值的基础特征向量之中进行，比如本例中当 $c_1c_2c_3 \neq 0$ 时，线性组合 $c_1\boldsymbol{\alpha}_1 + c_2\boldsymbol{\alpha}_2 + c_3\boldsymbol{\alpha}_3$ 不再是矩阵 $\boldsymbol{A}$ 的特征向量.

例 5.3　求矩阵 $\boldsymbol{A} = \begin{pmatrix} -1 & 1 & 0 \\ -4 & 3 & 0 \\ 1 & 0 & 2 \end{pmatrix}$ 的特征值和特征向量.

解　先解特征方程

$$|\lambda\boldsymbol{E} - \boldsymbol{A}| = \begin{vmatrix} \lambda+1 & -1 & 0 \\ 4 & \lambda-3 & 0 \\ -1 & 0 & \lambda-2 \end{vmatrix} = (\lambda-2)(\lambda-1)^2 = 0,$$

得特征值 $\lambda_1 = 2$，$\lambda_2 = \lambda_3 = 1$.

当 $\lambda = 2$ 时，对特征矩阵作初等行变换：

$$\begin{pmatrix} 3 & -1 & 0 \\ 4 & -1 & 0 \\ \langle -1 \rangle & 0 & 0 \end{pmatrix} \to \begin{pmatrix} 0 & \langle -1 \rangle & 0 \\ 0 & -1 & 0 \\ 1 & 0 & 0 \end{pmatrix} \to \begin{pmatrix} 1 & 0 & 0 \\ 0 & 1 & 0 \\ 0 & 0 & 0 \end{pmatrix},$$

读出基础解系 $\boldsymbol{\alpha}_1 = (0,\ \ 0,\ \ 1)^{\mathrm{T}}$.

当 $\lambda = 1$ 时，对特征矩阵作初等行变换：

$$\begin{pmatrix} 2 & \langle -1 \rangle & 0 \\ 4 & -2 & 0 \\ -1 & 0 & -1 \end{pmatrix} \to \begin{pmatrix} -2 & 1 & 0 \\ 0 & 0 & 0 \\ -1 & 0 & \langle -1 \rangle \end{pmatrix} \to \begin{pmatrix} -2 & 1 & 0 \\ 1 & 0 & 1 \\ 0 & 0 & 0 \end{pmatrix},$$

读出基础解系 $\boldsymbol{\alpha}_2 = (1,\ \ 2,\ \ -1)^{\mathrm{T}}$.

全部特征向量是 $c_1\boldsymbol{\alpha}_1$（对应于 $\lambda = 2$）和 $c_2\boldsymbol{\alpha}_2$（对应于 $\lambda = 1$），其中 c_1, c_2 是任意非零常数.

5.2　矩阵的相似与矩阵的对角化

设 $\boldsymbol{A}$，$\boldsymbol{B}$ 都是 n 阶矩阵，若存在 n 阶可逆矩阵 $\boldsymbol{P}$，使得

$$\boldsymbol{P}^{-1}\boldsymbol{A}\boldsymbol{P} = \boldsymbol{B}, \tag{5.4}$$

则称 $\boldsymbol{A}$ 与 $\boldsymbol{B}$ **相似**，或称 $\boldsymbol{A}$ 经过**相似变换** $\boldsymbol{P}^{-1}\boldsymbol{A}\boldsymbol{P}$ 变换成 $\boldsymbol{B}$，记为 $\boldsymbol{A} \backsim \boldsymbol{B}$.

矩阵的相似具有以下性质：

（1）**反身性**　$\boldsymbol{A} \backsim \boldsymbol{A}$.

因为 $\boldsymbol{E}^{-1}\boldsymbol{A}\boldsymbol{E} = \boldsymbol{A}$，所以 $\boldsymbol{A} \backsim \boldsymbol{A}$.

（2）**对称性** 若 $\boldsymbol{A} \backsim \boldsymbol{B}$，则 $\boldsymbol{B} \backsim \boldsymbol{A}$.

$\boldsymbol{A} \backsim \boldsymbol{B}$ 意味着 $\boldsymbol{P}^{-1}\boldsymbol{A}\boldsymbol{P}=\boldsymbol{B}$，等式两端左乘 $\boldsymbol{P}$、右乘 $\boldsymbol{P}^{-1}$，得 $(\boldsymbol{P}^{-1})^{-1}\boldsymbol{B}(\boldsymbol{P}^{-1})=\boldsymbol{A}$，所以 $\boldsymbol{B} \backsim \boldsymbol{A}$.

（3）**传递性** 若 $\boldsymbol{A} \backsim \boldsymbol{B}$，$\boldsymbol{B} \backsim \boldsymbol{C}$，则 $\boldsymbol{A} \backsim \boldsymbol{C}$.

由条件 $\boldsymbol{P}^{-1}\boldsymbol{A}\boldsymbol{P}=\boldsymbol{B}$，$\boldsymbol{Q}^{-1}\boldsymbol{B}\boldsymbol{Q}=\boldsymbol{C}$，以前式代入后式得：$\boldsymbol{Q}^{-1}\boldsymbol{P}^{-1}\boldsymbol{A}\boldsymbol{P}\boldsymbol{Q}=\boldsymbol{C}$，也就是 $(\boldsymbol{P}\boldsymbol{Q})^{-1}\boldsymbol{A}(\boldsymbol{P}\boldsymbol{Q})=\boldsymbol{C}$，所以 $\boldsymbol{A} \backsim \boldsymbol{C}$.

要判断两个矩阵 $\boldsymbol{A}$，$\boldsymbol{B}$ 是否相似比较困难，因为很难直接找到（5.4）式中的变换矩阵 $\boldsymbol{P}$. 不过我们可以通过相似变换把 $\boldsymbol{A}$，$\boldsymbol{B}$ 都变为比较简单的矩阵，再通过传递性说明它们是否相似. 最简单的矩阵莫过于对角矩阵.

若矩阵 $\boldsymbol{A}$ 能通过相似变换化为对角矩阵，则称矩阵 $\boldsymbol{A}$ 可以**对角化**. 对角化是指存在可逆矩阵 $\boldsymbol{P}$、对角矩阵 $\boldsymbol{\Lambda}$，使 $\boldsymbol{P}^{-1}\boldsymbol{A}\boldsymbol{P}=\boldsymbol{\Lambda}$，即 $\boldsymbol{A} \backsim \boldsymbol{\Lambda}$.

例 5.4 将矩阵 $\boldsymbol{A}=\begin{pmatrix}3 & 1\\ 5 & -1\end{pmatrix}$ 对角化.

解 在例 5.1 中，已求得矩阵 $\boldsymbol{A}$ 的两个特征向量 $\boldsymbol{\alpha}_1$，$\boldsymbol{\alpha}_2$（分别对应特征值 $\lambda_1=-2$，$\lambda_2=4$），按照（5.1）式，应有 $\boldsymbol{A}\boldsymbol{\alpha}_1=\lambda_1\boldsymbol{\alpha}_1$，$\boldsymbol{A}\boldsymbol{\alpha}_2=\lambda_2\boldsymbol{\alpha}_2$，拼成矩阵得到

$$\boldsymbol{A}(\boldsymbol{\alpha}_1,\ \boldsymbol{\alpha}_2)=(\boldsymbol{A}\boldsymbol{\alpha}_1,\ \boldsymbol{A}\boldsymbol{\alpha}_2)=(\lambda_1\boldsymbol{\alpha}_1,\ \lambda_2\boldsymbol{\alpha}_2)=(\boldsymbol{\alpha}_1,\ \boldsymbol{\alpha}_2)\begin{pmatrix}\lambda_1 & 0\\ 0 & \lambda_2\end{pmatrix}.$$

记 $\boldsymbol{P}=(\boldsymbol{\alpha}_1,\ \boldsymbol{\alpha}_2)=\begin{pmatrix}1 & 1\\ -5 & 1\end{pmatrix}$，$\boldsymbol{\Lambda}=\begin{pmatrix}\lambda_1 & 0\\ 0 & \lambda_2\end{pmatrix}=\begin{pmatrix}-2 & 0\\ 0 & 4\end{pmatrix}$，即有 $\boldsymbol{A}\boldsymbol{P}=\boldsymbol{P}\boldsymbol{\Lambda}$. 容易看出这里的矩阵 $\boldsymbol{P}$ 可逆，所以 $\boldsymbol{P}^{-1}\boldsymbol{A}\boldsymbol{P}=\boldsymbol{\Lambda}$，矩阵 $\boldsymbol{A}$ 已经对角化.

本例的结果能够直接推广到 n 阶矩阵，设 $\boldsymbol{A}$ 是 n 阶矩阵，$\boldsymbol{\alpha}_1,\boldsymbol{\alpha}_2,\cdots,\boldsymbol{\alpha}_n$ 是 $\boldsymbol{A}$ 的分别对应于特征值 $\lambda_1,\lambda_2,\cdots,\lambda_n$ 的 n 个特征向量，它们可以拼成 n 阶方阵. 记

$$\boldsymbol{P}=(\boldsymbol{\alpha}_1,\ \boldsymbol{\alpha}_2,\ \cdots,\ \boldsymbol{\alpha}_n),\quad \boldsymbol{\Lambda}=\begin{pmatrix}\lambda_1 & 0 & \cdots & 0\\ 0 & \lambda_2 & \cdots & 0\\ \vdots & \vdots & & \vdots\\ 0 & 0 & \cdots & \lambda_n\end{pmatrix},$$

根据（5.1）式和矩阵的乘法规则，必有

$$\boldsymbol{A}\boldsymbol{P}=\boldsymbol{P}\boldsymbol{\Lambda} \tag{5.5}$$

若矩阵 $\boldsymbol{P}$ 可逆，则 $\boldsymbol{A}$ 可对角化，即 $\boldsymbol{P}^{-1}\boldsymbol{A}\boldsymbol{P}=\boldsymbol{\Lambda}$. n 阶方阵可逆与满秩是同一概念，而满秩即意味着列向量组 $\boldsymbol{\alpha}_1,\boldsymbol{\alpha}_2,\cdots,\boldsymbol{\alpha}_n$ 线性无关（参看（4.3）式）. 然而特征向量并非总是线性无关的，不过我们从例 5.1～例 5.3 能够猜测到以下定理.

定理 5.1 方阵 $\boldsymbol{A}$ 的所有基础特征向量线性无关.

证明定理可在（4.2）式的基础上反复运用（5.1）式，因证明较长，此处从略. 由于线性无关的 n 维向量个数不会超过 n 个（参看定理 4.5），所以矩阵 $\boldsymbol{A}$ 的基础特征向量的个数

不会超过 $\boldsymbol{A}$ 的阶数．根据（5.5）式及矩阵 $\boldsymbol{P}$ 可逆的条件可得以下定理．

定理 5.2　n 阶方阵 $\boldsymbol{A}$ 可以对角化的充分必要条件是它的基础特征向量的个数等于 n．

下面将矩阵对角化问题作几点归纳：

（1）若矩阵 $\boldsymbol{A}$ 的特征方程（5.3）没有重根，则 $\boldsymbol{A}$ 一定可以对角化．

这是因为每个特征值至少提供一个基础特征向量，n 个不同的特征值恰好提供 n 个基础特征向量．

（2）若矩阵 $\boldsymbol{A}$ 的特征方程（5.3）有重根，则 $\boldsymbol{A}$ 可否对角化要看齐次线性方程组（5.2）的求解情况．当基础特征向量个数等于 n 时，可以对角化，如例 5.2；当基础特征向量的个数不足时，不可以对角化，即矩阵 $\boldsymbol{A}$ 不可能与对角矩阵相似，如例 5.3．

（3）如果矩阵 $\boldsymbol{A}$ 可以对角化，那么相似变换矩阵 $\boldsymbol{P}$ 由 $\boldsymbol{A}$ 的 n 个基础特征向量拼接而成．对角矩阵 $\boldsymbol{\Lambda}$ 作为相似变换的结果，由对应的 n 个特征值构成，而且这些特征值的排列顺序与矩阵 $\boldsymbol{P}$ 中特征向量的排列顺序一致．

矩阵的相似变换为求矩阵的乘幂带来了方便．比如利用（5.4）式，可得：

$$\boldsymbol{B}^3=(\boldsymbol{P}^{-1}\boldsymbol{AP})(\boldsymbol{P}^{-1}\boldsymbol{AP})(\boldsymbol{P}^{-1}\boldsymbol{AP})=\boldsymbol{P}^{-1}\boldsymbol{A}(\boldsymbol{PP}^{-1})\boldsymbol{A}(\boldsymbol{PP}^{-1})\boldsymbol{AP}=\boldsymbol{P}^{-1}\boldsymbol{A}^3\boldsymbol{P},$$

从而 $\boldsymbol{A}^3=\boldsymbol{PB}^3\boldsymbol{P}^{-1}$．一般地，如果 $\boldsymbol{A}\backsim\boldsymbol{B}$，则有乘幂公式

$$\boldsymbol{A}^n=\boldsymbol{PB}^n\boldsymbol{P}^{-1}. \tag{5.6}$$

式中 $\boldsymbol{P}$ 是相似变换矩阵．直接计算乘幂 $\boldsymbol{A}^n$，运算量很大，而当矩阵 $\boldsymbol{B}$ 简单时，$\boldsymbol{B}^n$ 的计算却很方便．尤其是当 $\boldsymbol{B}$ 为对角矩阵时，计算 $\boldsymbol{B}^n$ 只要将主对角线上的元素乘方即可（参看（2.4）式）．

例 5.5　求例 5.2 中矩阵 $\boldsymbol{A}=\begin{pmatrix}2&2&-2\\2&5&-4\\-2&-4&5\end{pmatrix}$ 的乘幂 $\boldsymbol{A}^n$．

解　已求得矩阵 $\boldsymbol{A}$ 的特征值及 3 个基础特征向量（参看例 5.2），故令

$$\boldsymbol{P}=\begin{pmatrix}-2&2&1\\1&0&2\\0&1&-2\end{pmatrix},\quad \boldsymbol{\Lambda}=\begin{pmatrix}1&0&0\\0&1&0\\0&0&10\end{pmatrix},$$

由定理 5.2 知，$\boldsymbol{A}$ 可对角化且 $\boldsymbol{P}^{-1}\boldsymbol{AP}=\boldsymbol{\Lambda}$．容易求得逆矩阵 $\boldsymbol{P}^{-1}=\dfrac{1}{9}\begin{pmatrix}-2&5&4\\2&4&5\\1&2&-2\end{pmatrix}$，应用公式（5.6）得

$$\boldsymbol{A}^n=\boldsymbol{P\Lambda}^n\boldsymbol{P}^{-1}=\frac{1}{9}\begin{pmatrix}-2&2&1\\1&0&2\\0&1&-2\end{pmatrix}\begin{pmatrix}1&0&0\\0&1&0\\0&0&10^n\end{pmatrix}\begin{pmatrix}-2&5&4\\2&4&5\\1&2&-2\end{pmatrix}$$

$$=\begin{pmatrix}1+a_n & 2a_n & -2a_n \\ 2a_n & 1+4a_n & -4a_n \\ -2a_n & -4a_n & 1+4a_n\end{pmatrix},$$

其中 $a_n=\dfrac{10^n-1}{9}$．将这个结果稍作变形，可得简单的计算公式

$$\boldsymbol{A}^n=\boldsymbol{E}+a_n(\boldsymbol{A}-\boldsymbol{E}).$$

从本例能够看出，用公式（5.6）求乘幂不仅运算简单，而且便于分析计算结果．应该指出的是，由于齐次线性方程组（5.2）的基础解系不惟一，所以这里的相似变换矩阵 $\boldsymbol{P}$ 也不惟一，但乘幂计算结果是一样的．

5.3　实对称矩阵的对角化

5.3.1　向量的内积与正交矩阵

对于两个 n 维列向量

$$\boldsymbol{\alpha}=(a_1,\ a_2,\ \cdots,\ a_n)^{\mathrm{T}},\quad \boldsymbol{\beta}=(b_1,\ b_2,\ \cdots,\ b_n)^{\mathrm{T}},$$

称以下运算为向量 $\boldsymbol{\alpha}$，$\boldsymbol{\beta}$ 的**内积**：

$$\boldsymbol{\alpha}^{\mathrm{T}}\boldsymbol{\beta}=a_1b_1+a_2b_2+\cdots+a_nb_n. \tag{5.7}$$

向量的内积表现为对应的分量“两两相乘再相加”，在第 1 章和第 2 章中，我们曾把这种运算称为组合运算．内积显然有对称性，即

$$\boldsymbol{\alpha}^{\mathrm{T}}\boldsymbol{\beta}=\boldsymbol{\beta}^{\mathrm{T}}\boldsymbol{\alpha}.$$

内积可以看作 $1\times n$ 矩阵和 $n\times 1$ 矩阵的乘积，因此满足矩阵的运算规则：

$$(k\boldsymbol{\alpha})^{\mathrm{T}}\boldsymbol{\beta}=\boldsymbol{\alpha}^{\mathrm{T}}(k\boldsymbol{\beta})=k\boldsymbol{\alpha}^{\mathrm{T}}\boldsymbol{\beta}\quad（k\text{ 为常量}），$$

$$(\boldsymbol{\alpha}+\boldsymbol{\beta})^{\mathrm{T}}\boldsymbol{\gamma}=\boldsymbol{\alpha}^{\mathrm{T}}\boldsymbol{\gamma}+\boldsymbol{\beta}^{\mathrm{T}}\boldsymbol{\gamma}\quad（\boldsymbol{\gamma}\text{ 也是 }n\text{ 维向量}）.$$

如果向量的分量都是实数，那么

$$\boldsymbol{\alpha}^{\mathrm{T}}\boldsymbol{\alpha}=a_1^2+a_2^2+\cdots+a_n^2\geqslant 0,$$

当且仅当 $\boldsymbol{\alpha}=\mathbf{0}$ 时等号成立．于是定义向量 $\boldsymbol{\alpha}$ 的**长度**为

$$|\boldsymbol{\alpha}|=\sqrt{\boldsymbol{\alpha}^{\mathrm{T}}\boldsymbol{\alpha}}.$$

$|\boldsymbol{\alpha}|$ 又叫做向量 $\boldsymbol{\alpha}$ 的**模**．满足 $|\boldsymbol{\alpha}|=1$ 的向量 $\boldsymbol{\alpha}$ 称为**单位向量**．

对于一般的非零向量 $\boldsymbol{\alpha}$，$\dfrac{1}{|\boldsymbol{\alpha}|}\boldsymbol{\alpha}$ 一定是单位向量，称为把向量 $\boldsymbol{\alpha}$ **单位化**．比如，欲将向量 $\boldsymbol{\alpha}=(1,\ -2,\ 2,\ 4)^{\mathrm{T}}$ 单位化，只需以 $|\boldsymbol{\alpha}|=\sqrt{25}=5$ 遍除各分量，便得到单位向量

$$\boldsymbol{\alpha}_0=\left(\frac{1}{5},\ -\frac{2}{5},\ \frac{2}{5},\ \frac{4}{5}\right)^{\mathrm{T}}.$$

如果$\boldsymbol{\alpha}^{\mathrm{T}}\boldsymbol{\beta}=0$，则称向量$\boldsymbol{\alpha}$，$\boldsymbol{\beta}$是**正交**的.

向量的内积与正交是几何向量（三维向量）数量积、垂直等概念的直接推广. 与正交概念相联系的是正交矩阵.

如果n阶方阵$\boldsymbol{Q}$满足$\boldsymbol{Q}\boldsymbol{Q}^{\mathrm{T}}=\boldsymbol{Q}^{\mathrm{T}}\boldsymbol{Q}=\boldsymbol{E}$，则称$\boldsymbol{Q}$为**正交矩阵**. 例如

$$\begin{pmatrix}\cos\theta & -\sin\theta\\ \sin\theta & \cos\theta\end{pmatrix},\quad \begin{pmatrix}0 & 1\\ 1 & 0\end{pmatrix}$$

都是正交矩阵. 显然，如果$\boldsymbol{Q}$是正交矩阵，那么$\boldsymbol{Q}^{-1}=\boldsymbol{Q}^{\mathrm{T}}$. 可见正交矩阵的逆矩阵是很容易得到的.

因为证明逆矩阵只需做一个乘法（参看定理 2.3），所以判定$\boldsymbol{Q}$是否为正交矩阵，只需检验$\boldsymbol{Q}\boldsymbol{Q}^{\mathrm{T}}=\boldsymbol{E}$或者$\boldsymbol{Q}^{\mathrm{T}}\boldsymbol{Q}=\boldsymbol{E}$. 乘积$\boldsymbol{Q}\boldsymbol{Q}^{\mathrm{T}}$，$\boldsymbol{Q}^{\mathrm{T}}\boldsymbol{Q}$实际上分别是矩阵$\boldsymbol{Q}$的行向量、列向量之间的内积运算，于是有以下正交矩阵的判定定理.

定理 5.3　n阶矩阵$\boldsymbol{Q}$是正交矩阵的充分必要条件是$\boldsymbol{Q}$的所有行（列）向量都是单位向量，而且两两正交.

这里所谓**两两正交**指的是任意两个向量都正交. 验证n阶矩阵的正交性，需要检验$\dfrac{n(n-1)}{2}$对向量的正交性.

5.3.2　实对称矩阵的特征值与特征向量

设n阶矩阵$\boldsymbol{A}$的所有元素都是实数，并且$\boldsymbol{A}^{\mathrm{T}}=\boldsymbol{A}$，则称$\boldsymbol{A}$为**实对称矩阵**.

一般矩阵的相似对角化是有条件的（参看定理 5.2），而实对称矩阵有完满的结果：实对称矩阵的特征值都是实数，而且一定可以对角化，即n阶实对称矩阵一定有n个基础特征向量（证明略）.

关于实对称矩阵的对角化，还有如下进一步的结论.

定理 5.4　设$\boldsymbol{A}$是实对称矩阵，则$\boldsymbol{A}$的对应于不同特征值的特征向量必定正交，因而存在正交矩阵$\boldsymbol{Q}$，使$\boldsymbol{Q}^{\mathrm{T}}\boldsymbol{A}\boldsymbol{Q}=\boldsymbol{\varLambda}$，其中$\boldsymbol{\varLambda}$是由$\boldsymbol{A}$的特征值构成的对角矩阵.

证　只证前半部分，后半部分通过例子说明. 设$\boldsymbol{\alpha},\boldsymbol{\beta}$是对应于不同特征值$\lambda_1,\lambda_2$的特征向量，即$\boldsymbol{A}\boldsymbol{\alpha}=\lambda_1\boldsymbol{\alpha}$，$\boldsymbol{A}\boldsymbol{\beta}=\lambda_2\boldsymbol{\beta}$，于是

$$\lambda_1\boldsymbol{\alpha}^{\mathrm{T}}\boldsymbol{\beta}=(\lambda_1\boldsymbol{\alpha})^{\mathrm{T}}\boldsymbol{\beta}=(\boldsymbol{A}\boldsymbol{\alpha})^{\mathrm{T}}\boldsymbol{\beta}=\boldsymbol{\alpha}^{\mathrm{T}}\boldsymbol{A}^{\mathrm{T}}\boldsymbol{\beta}=\boldsymbol{\alpha}^{\mathrm{T}}(\boldsymbol{A}\boldsymbol{\beta})=\boldsymbol{\alpha}^{\mathrm{T}}\lambda_2\boldsymbol{\beta}=\lambda_2\boldsymbol{\alpha}^{\mathrm{T}}\boldsymbol{\beta},$$

移项得$(\lambda_1-\lambda_2)\boldsymbol{\alpha}^{\mathrm{T}}\boldsymbol{\beta}=0$. 由于$\lambda_1\neq\lambda_2$，所以必有$\boldsymbol{\alpha}^{\mathrm{T}}\boldsymbol{\beta}=0$，即$\boldsymbol{\alpha},\boldsymbol{\beta}$正交.

定理 5.4 表明，实对称矩阵不仅一定可以对角化，而且可以通过正交的相似变换矩阵$\boldsymbol{Q}$实现对角化.

例 5.6 设 $\boldsymbol{A}=\begin{pmatrix}1&2&3\\2&1&3\\3&3&6\end{pmatrix}$，求正交矩阵 $\boldsymbol{Q}$，使 $\boldsymbol{Q}^{\mathrm{T}}\boldsymbol{A}\boldsymbol{Q}$ 是对角矩阵.

解 先解特征方程

$$|\lambda\boldsymbol{E}-\boldsymbol{A}|=\begin{vmatrix}\lambda-1&-2&-3\\-2&\lambda-1&-3\\-3&-3&\lambda-6\end{vmatrix}=0.$$

将行列式的第 1 行减去第 2 行，再计算行列式易得 $\lambda(\lambda+1)(\lambda-9)=0$，所以 $\boldsymbol{A}$ 的特征值是 $\lambda_1=0$，$\lambda_2=-1$，$\lambda_3=9$.

当 $\lambda=0$ 时，特征矩阵及其初等行变换为

$$\begin{pmatrix}\langle -1\rangle&-2&-3\\-2&-1&-3\\-3&-3&-6\end{pmatrix}\to\begin{pmatrix}1&2&3\\0&3&\langle 3\rangle\\0&3&3\end{pmatrix}\to\begin{pmatrix}1&-1&0\\0&1&1\\0&0&0\end{pmatrix},$$

读出基础解系 $\boldsymbol{\alpha}_1=(1,\ 1,\ -1)^{\mathrm{T}}$.

当 $\lambda=-1$ 时，特征矩阵及其初等行变换为

$$\begin{pmatrix}\langle -2\rangle&-2&-3\\-2&-2&-3\\-3&-3&-7\end{pmatrix}\to\begin{pmatrix}1&1&1.5\\0&0&0\\0&0&\langle -2.5\rangle\end{pmatrix}\to\begin{pmatrix}1&1&0\\0&0&1\\0&0&0\end{pmatrix},$$

读出基础解系 $\boldsymbol{\alpha}_2=(1,\ -1,\ 0)^{\mathrm{T}}$.

当 $\lambda=9$ 时，特征矩阵及其初等行变换为

$$\begin{pmatrix}8&-2&-3\\-2&8&-3\\-3&-3&\langle 3\rangle\end{pmatrix}\to\begin{pmatrix}\langle 5\rangle&-5&0\\-5&5&0\\-1&-1&1\end{pmatrix}\to\begin{pmatrix}1&-1&0\\0&-2&1\\0&0&0\end{pmatrix},$$

读出基础解系 $\boldsymbol{\alpha}_3=(1,\ 1,\ 2)^{\mathrm{T}}$.

矩阵 $\boldsymbol{A}$ 的全部特征向量是 $c_1\boldsymbol{\alpha}_1, c_2\boldsymbol{\alpha}_2, c_3\boldsymbol{\alpha}_3$，其中 c_1, c_2, c_3 是任意非零常数. 根据基础解系及向量线性关系的理论可知，基础解系不惟一，任意确定 c_1, c_2, c_3 的值，都可得到一组（3 个）基础特征向量. 现在需要寻找一组两两正交并且长度为 1 的特征向量，以便拼成本例所求的正交矩阵 $\boldsymbol{Q}$（参看定理 5.3）.

根据定理 5.4，特征向量 $\boldsymbol{\alpha}_1, \boldsymbol{\alpha}_2, \boldsymbol{\alpha}_3$ 必然两两正交（也可通过内积运算加以验证），所以只要将它们单位化即可. 得到单位化向量，再拼成正交矩阵

$$Q=\left(\frac{\boldsymbol{\alpha}_1}{|\boldsymbol{\alpha}_1|},\ \frac{\boldsymbol{\alpha}_2}{|\boldsymbol{\alpha}_2|},\ \frac{\boldsymbol{\alpha}_3}{|\boldsymbol{\alpha}_3|}\right)=\begin{pmatrix}\frac{1}{\sqrt{3}} & \frac{1}{\sqrt{2}} & \frac{1}{\sqrt{6}}\\ \frac{1}{\sqrt{3}} & -\frac{1}{\sqrt{2}} & \frac{1}{\sqrt{6}}\\ -\frac{1}{\sqrt{3}} & 0 & \frac{2}{\sqrt{6}}\end{pmatrix}=\frac{1}{\sqrt{6}}\begin{pmatrix}\sqrt{2} & \sqrt{3} & 1\\ \sqrt{2} & -\sqrt{3} & 1\\ -\sqrt{2} & 0 & 2\end{pmatrix},$$

即为所求，相似对角矩阵为

$$Q^{\mathrm{T}}AQ=\begin{pmatrix}0 & 0 & 0\\ 0 & -1 & 0\\ 0 & 0 & 9\end{pmatrix}.$$

例 5.7　对于例 5.2 中的矩阵 $\boldsymbol{A}$，求正交矩阵 $\boldsymbol{Q}$，使 $\boldsymbol{Q}^{\mathrm{T}}\boldsymbol{AQ}$ 是对角矩阵.

解　在例 5.2 中，已求得特征值是 1，1，10，对应的特征向量是

$$\boldsymbol{\alpha}_1=(-2,\ 1,\ 0)^{\mathrm{T}},\quad \boldsymbol{\alpha}_2=(2,\ 0,\ 1)^{\mathrm{T}},\quad \boldsymbol{\alpha}_3=(1,\ 2,\ -2)^{\mathrm{T}},$$

其中 $\boldsymbol{\alpha}_1,\boldsymbol{\alpha}_2$ 都与 $\boldsymbol{\alpha}_3$ 正交（根据定理 5.4 或直接验证），但 $\boldsymbol{\alpha}_1$ 与 $\boldsymbol{\alpha}_2$ 不正交．对应于特征值 1 的全部特征向量是 $c_1\boldsymbol{\alpha}_1+c_2\boldsymbol{\alpha}_2$（$c_1,c_2$ 是任意不全为零的常数），现在需要从中找出两个正交的特征向量 $\boldsymbol{\beta}_1,\boldsymbol{\beta}_2$，这就是所谓的**正交化**，通常称作将向量 $\boldsymbol{\alpha}_1,\boldsymbol{\alpha}_2$ 正交化．正交化过程如下：

令 $\boldsymbol{\beta}_1=\boldsymbol{\alpha}_1$，$\boldsymbol{\beta}_2=\boldsymbol{\alpha}_2-k_1\boldsymbol{\beta}_1$，其中 k_1 是待定系数．由条件 $\boldsymbol{\beta}_1^{\mathrm{T}}\boldsymbol{\beta}_2=0$，即 $\boldsymbol{\beta}_1^{\mathrm{T}}(\boldsymbol{\alpha}_2-k_1\boldsymbol{\beta}_1)=0$，可确定

$$k_1=\frac{\boldsymbol{\beta}_1^{\mathrm{T}}\boldsymbol{\alpha}_2}{\boldsymbol{\beta}_1^{\mathrm{T}}\boldsymbol{\beta}_1}=-\frac{4}{5}.$$

于是得到

$$\boldsymbol{\beta}_1=\begin{pmatrix}-2\\ 1\\ 0\end{pmatrix},\quad \boldsymbol{\beta}_2=\begin{pmatrix}2\\ 0\\ 1\end{pmatrix}+\frac{4}{5}\begin{pmatrix}-2\\ 1\\ 0\end{pmatrix}=\frac{1}{5}\begin{pmatrix}2\\ 4\\ 5\end{pmatrix}.$$

最后将特征向量 $\boldsymbol{\beta}_1$，$\boldsymbol{\beta}_2$，$\boldsymbol{\alpha}_3$ 单位化后拼成矩阵并提取公因子，得

$$Q=\left(\frac{\boldsymbol{\beta}_1}{|\boldsymbol{\beta}_1|},\ \frac{\boldsymbol{\beta}_2}{|\boldsymbol{\beta}_2|},\ \frac{\boldsymbol{\alpha}_3}{|\boldsymbol{\alpha}_3|}\right)=\frac{1}{3\sqrt{5}}\begin{pmatrix}-6 & 2 & \sqrt{5}\\ 3 & 4 & 2\sqrt{5}\\ 0 & 5 & -2\sqrt{5}\end{pmatrix},$$

即为所求的正交矩阵．相似对角矩阵为

$$Q^{\mathrm{T}}AQ=\begin{pmatrix}1 & 0 & 0\\ 0 & 1 & 0\\ 0 & 0 & 10\end{pmatrix}.$$

2 个向量的正交化过程比较简单．如果是 3 个向量$\boldsymbol{\alpha}_1,\boldsymbol{\alpha}_2,\boldsymbol{\alpha}_3$，那么需要构造 3 个相互正交的向量$\boldsymbol{\beta}_1,\boldsymbol{\beta}_2,\boldsymbol{\beta}_3$，其中$\boldsymbol{\beta}_1,\boldsymbol{\beta}_2$的求法与例 5.7 相同，然后令$\boldsymbol{\beta}_3=\boldsymbol{\alpha}_3-k_1\boldsymbol{\beta}_1-k_2\boldsymbol{\beta}_2$，再由条件$\boldsymbol{\beta}_1^{\mathrm{T}}\boldsymbol{\beta}_3=0$和$\boldsymbol{\beta}_2^{\mathrm{T}}\boldsymbol{\beta}_3=0$确定待定系数$k_1,k_2$．至于更多向量的正交化过程可依此类推．这种正交化方法称为**施密特正交化方法**．施密特正交化过程也可以通过矩阵的初等变换来实现．

例 5.8 将向量组$\boldsymbol{\alpha}_1=(1,\ 2,\ 2,\ -1)^{\mathrm{T}}$，$\boldsymbol{\alpha}_2=(1,\ 1,\ -5,\ 3)^{\mathrm{T}}$，$\boldsymbol{\alpha}_3=(3,\ 2,\ 8,\ -7)^{\mathrm{T}}$正交化．

解 先将 3 个向量拼成矩阵$\boldsymbol{A}=(\boldsymbol{\alpha}_1,\ \boldsymbol{\alpha}_2,\ \boldsymbol{\alpha}_3)$，再计算内积矩阵

$$\boldsymbol{G}=(\boldsymbol{g}_{ij})=\begin{pmatrix}10&-10&30\\-10&36&-56\\30&-56&126\end{pmatrix},$$

其中$\boldsymbol{g}_{ij}=\boldsymbol{\alpha}_i^{\mathrm{T}}\boldsymbol{\alpha}_j$是内积（$i,j=1,\ 2,\ 3$）．为了寻找$\boldsymbol{\alpha}_1,\boldsymbol{\alpha}_2,\boldsymbol{\alpha}_3$适当的线性组合，要对矩阵$\boldsymbol{A}$作初等列变换，所以将 2 个矩阵上、下拼接成为$\begin{pmatrix}\boldsymbol{G}\\\boldsymbol{A}\end{pmatrix}$，经过初等列变换，把上半部分$\boldsymbol{G}$的主对角线右上方元素变为 0 的同时，下半部分$\boldsymbol{A}$的列向量便已两两正交，即

$$\begin{pmatrix}\boldsymbol{G}\\\boldsymbol{A}\end{pmatrix}=\begin{pmatrix}\langle 10\rangle&-10&30\\-10&36&-56\\30&-56&126\\1&1&3\\2&1&2\\2&-5&8\\-1&3&-7\end{pmatrix}\to\begin{pmatrix}10&0&0\\-10&\langle 26\rangle&-26\\30&-26&36\\1&2&0\\2&3&-4\\2&-3&2\\-1&2&-4\end{pmatrix}\to\begin{pmatrix}10&0&0\\-10&26&0\\30&-26&10\\1&2&2\\2&3&-1\\2&-3&-1\\-1&2&-2\end{pmatrix}.$$

经过以上正交化，得到的向量为

$$\boldsymbol{\beta}_1=\begin{pmatrix}1\\2\\2\\-1\end{pmatrix},\quad \boldsymbol{\beta}_2=\begin{pmatrix}2\\3\\-3\\2\end{pmatrix},\quad \boldsymbol{\beta}_3=\begin{pmatrix}2\\-1\\-1\\-2\end{pmatrix}.$$

习 题 五

1．求下列矩阵的特征值和特征向量：

（1）$\begin{pmatrix}0&2\\-3&5\end{pmatrix}$；　（2）$\begin{pmatrix}0&0&1\\0&1&0\\1&0&0\end{pmatrix}$；　（3）$\begin{pmatrix}3&1&0\\-4&-1&0\\4&-8&-2\end{pmatrix}$；

（4）$\begin{pmatrix} 5 & 6 & -3 \\ -1 & 0 & 1 \\ -1 & 2 & -1 \end{pmatrix}$；　　（5）$\begin{pmatrix} 1 & 1 & 0 & -1 \\ 1 & 1 & -1 & 0 \\ 0 & -1 & 1 & 1 \\ -1 & 0 & 1 & 1 \end{pmatrix}$.

2．设 $\boldsymbol{A}=\begin{pmatrix} -1 & 4 \\ 2 & -3 \end{pmatrix}$，求 $\boldsymbol{A}^n$．

3．第 1 题中的各矩阵能否对角化？若能，则写出相应的变换矩阵 $\boldsymbol{P}$ 及对角矩阵 $\boldsymbol{\Lambda}$．

4．已知二阶矩阵 $\boldsymbol{A},\boldsymbol{B}$ 与同一个对角矩阵 $\boldsymbol{\Lambda}$ 相似，并且

$$\begin{pmatrix} 1 & 2 \\ 3 & 4 \end{pmatrix}^{-1}\boldsymbol{A}\begin{pmatrix} 1 & 2 \\ 3 & 4 \end{pmatrix}=\boldsymbol{\Lambda}，\quad \begin{pmatrix} 5 & 6 \\ 7 & 8 \end{pmatrix}^{-1}\boldsymbol{B}\begin{pmatrix} 5 & 6 \\ 7 & 8 \end{pmatrix}=\boldsymbol{\Lambda}.$$

问是否必有 $\boldsymbol{A}\sim\boldsymbol{B}$？若是，则求出矩阵 $\boldsymbol{P}$，使 $\boldsymbol{P}^{-1}\boldsymbol{AP}=\boldsymbol{B}$．

5．判断下列矩阵是不是正交矩阵？

（1）$\begin{pmatrix} \frac{2}{7} & \frac{6}{7} & \frac{3}{7} \\ \frac{6}{7} & -\frac{3}{7} & \frac{2}{7} \\ \frac{3}{7} & \frac{2}{7} & -\frac{6}{7} \end{pmatrix}$；　　（2）$\begin{pmatrix} \frac{1}{9} & -\frac{8}{9} & -\frac{4}{9} \\ -\frac{8}{9} & \frac{1}{9} & -\frac{4}{9} \\ -\frac{4}{9} & -\frac{4}{9} & \frac{7}{9} \end{pmatrix}$；　　（3）$\begin{pmatrix} \frac{1}{5} & -\frac{2}{5} & \frac{2}{5} \\ \frac{2}{5} & \frac{2}{5} & \frac{1}{5} \\ -\frac{2}{5} & \frac{1}{5} & \frac{2}{5} \end{pmatrix}$.

6．对于下列矩阵 $\boldsymbol{A}$，试求正交矩阵 $\boldsymbol{Q}$ 和对角矩阵 $\boldsymbol{\Lambda}$，使得 $\boldsymbol{Q}^{\mathrm{T}}\boldsymbol{AQ}=\boldsymbol{\Lambda}$：

（1）$\boldsymbol{A}=\begin{pmatrix} 3 & 2 & 0 \\ 2 & 4 & -2 \\ 0 & -2 & 5 \end{pmatrix}$；　　（2）$\boldsymbol{A}=\begin{pmatrix} 3 & 2 & 4 \\ 2 & 0 & 2 \\ 4 & 2 & 3 \end{pmatrix}$；　　（3）$\boldsymbol{A}=\begin{pmatrix} 1 & 1 & 1 & 1 \\ 1 & 1 & -1 & -1 \\ 1 & -1 & 1 & -1 \\ 1 & -1 & -1 & 1 \end{pmatrix}$.

7．单项选择题

（1）设 $\boldsymbol{A}$ 是可逆矩阵，则在 $\boldsymbol{A}$ 的特征值中，（　　）

A．都是相同的数；　B．都是非零数；　C．可能有数 0；　D．一定有数 0.

（2）设 $\boldsymbol{A}$ 是非奇异矩阵，2 是 $\boldsymbol{A}$ 的特征值，则（　　）

A．一定有非零向量 $\boldsymbol{x}$，使得 $\boldsymbol{A}^{-1}\boldsymbol{x}=2\boldsymbol{x}$；　B．一定有非零向量 $\boldsymbol{x}$，使得 $2\boldsymbol{A}^{-1}\boldsymbol{x}=\boldsymbol{x}$；

C．不存在非零向量 $\boldsymbol{x}$，使得 $\boldsymbol{A}^{-1}\boldsymbol{x}=2\boldsymbol{x}$；　D．不存在非零向量 $\boldsymbol{x}$，使得 $2\boldsymbol{A}^{-1}\boldsymbol{x}=\boldsymbol{x}$．

（3）下列向量中，哪一个是矩阵 $\boldsymbol{A}=\begin{pmatrix} 3 & 7 & -3 \\ -2 & -5 & 2 \\ -4 & -10 & 3 \end{pmatrix}$ 的特征向量？（　　）

A．$(2,\ 1,\ 1)^{\mathrm{T}}$；　B．$(2,\ 1,\ -1)^{\mathrm{T}}$　C．$(2,\ -1,\ 1)^{\mathrm{T}}$；　D．$(-2,\ 1,\ 1)^{\mathrm{T}}$．

（4）设 λ_1,λ_2 是矩阵 $\boldsymbol{A}$ 的两个不同的特征值，$\boldsymbol{\alpha}_1,\boldsymbol{\alpha}_2$ 分别是对应于 λ_1,λ_2 的特征向量．在下列何种情况下，$k_1\boldsymbol{\alpha}_1+k_2\boldsymbol{\alpha}_2$ 必定是 $\boldsymbol{A}$ 的特征向量．（　　）

A．$k_1\neq 0$ 且 $k_2\neq 0$；　B．$k_1\neq 0$ 或 $k_2\neq 0$；

C．$k_1+k_2\neq 0$ 且 $k_1k_2=0$；　D．$k_1+k_2\neq 0$ 或 $k_1k_2=0$．

(5) 矩阵 $\boldsymbol{A}$ 和 $\boldsymbol{B}$ 相似的充分必要条件是 (　　)

A. 存在非奇异矩阵 $\boldsymbol{C}$，使 $\boldsymbol{AC}=\boldsymbol{BC}$；　B. $\boldsymbol{AB}=\boldsymbol{BA}$；

C. 存在非奇异矩阵 $\boldsymbol{C}$，使 $\boldsymbol{AC}=\boldsymbol{CB}$；　D. 以上都不对.

(6) n 阶矩阵 $\boldsymbol{A}$ 的基础特征向量的个数 (　　)

A. 少于 n 个；　B. 不超过 n 个；　C. 等于 n 个；　D. 超过 n 个.

(7) n 阶矩阵 $\boldsymbol{A}$ 可以对角化的充分条件是 (　　)

A. $\boldsymbol{A}$ 可逆；　B. 能找出 n 个 $\boldsymbol{A}$ 的特征向量；

C. $\boldsymbol{A}$ 的特征值都非零；　D. $\boldsymbol{A}$ 的特征值都不相同.

(8) $\boldsymbol{A}$ 是三阶矩阵，$\lambda_1,\lambda_2,\lambda_3$ 为其特征值，互不相同. 在什么情况下，$\lim\limits_{n\to\infty}\boldsymbol{A}^n=\boldsymbol{O}$？ (　　)

A. $1\leqslant|\lambda_1|\leqslant|\lambda_2|\leqslant|\lambda_3|$；　B. $|\lambda_1|<1\leqslant|\lambda_2|\leqslant|\lambda_3|$；

C. $|\lambda_1|<|\lambda_2|<1\leqslant|\lambda_3|$；　D. $|\lambda_1|<|\lambda_2|<|\lambda_3|<1$.

(9) 设 $\boldsymbol{\alpha}$ 是 n 维单位列向量，即 $\boldsymbol{\alpha}^{\mathrm{T}}\boldsymbol{\alpha}=1$，$\boldsymbol{E}$ 是 n 阶单位矩阵，则 $\boldsymbol{E}-2\boldsymbol{\alpha}\boldsymbol{\alpha}^{\mathrm{T}}$ (　　)

A. 是对称矩阵，但非正交矩阵；　B. 是正交矩阵，但非对称矩阵；

C. 是对称矩阵，也是正交矩阵；　D. 非对称矩阵，也非正交矩阵.

(10) 设 $\boldsymbol{A}$ 是实对称矩阵，则 (　　)

A. $\boldsymbol{A}$ 的特征值各不相同；　B. $\boldsymbol{A}$ 一定可以利用正交矩阵实现对角化；

C. $\boldsymbol{A}$ 的特征向量相互正交；　D. $\boldsymbol{A}$ 不一定能利用正交矩阵实现对角化.

第 6 章 二 次 型

6.1 二次型及其标准形

6.1.1 二次方程与几何图形

在平面解析几何中，方程 $x^2+2y^2=1$ 表示椭圆；$x^2-2y^2=1$ 表示双曲线．这两个方程的左端都是关于 x, y 的二次齐次函数，它们都只含有平方项．含有乘积项的方程稍微复杂一些，如 $x^2+2xy+3y^2=1$．该方程通过配方可化为 $(x+y)^2+2y^2=1$，从而知道它表示椭圆．另一个方程 $x^2+4xy+3y^2=1$，经配方可知它表示双曲线．

在空间解析几何中，含有 3 个变量的二次方程

$$a_1x^2+a_2y^2+a_3z^2+a_4xy+a_5yz+a_6xz=1,$$

可能表示椭球面、双曲面或者椭圆柱面、双曲柱面等，到底表示什么曲面，与系数 $a_i\,(i=1,2,\cdots,6)$ 的构成有关．

看来，有必要对上述方程左端的二次齐次函数进行深入的研究，找出一些规律．

6.1.2 二次型的矩阵表示

研究二次函数，不能局限于 2 个或 3 个变量．当变量很多时，用带有下标的字母来表示较好．含有 n 个变量 $x_1,x_2,\cdots,x_n$ 的二次齐次函数的一般形式是

$$f(x_1,x_2,\cdots,x_n)=\sum_{i=1}^{n}\sum_{j=1}^{n}a_{ij}x_ix_j\,, \tag{6.1}$$

其中的各项 $a_{ij}x_ix_j$，当 $i=j$ 时表示**平方项**；当 $i\neq j$ 时表示**乘积项**．以后，将二次齐次函数简称为**二次型**．若所有系数 a_{ij} 都是实数，则称二次型（6.1）为**实二次型**．本章只讨论实二次型．

在(6.1)式中，每种同类的乘积项都出现了两次，比如 $i=1, j=2$ 时的 $a_{12}x_1x_2$ 和 $i=2, j=1$ 时的 $a_{21}x_2x_1$．它们作为同类项可以合并为 $(a_{12}+a_{21})x_1x_2$，当两个系数的和不变时，并不计较这两个系数各自取什么值．为确定起见，我们约定

$$a_{ij}=a_{ji}\,(i,j=1,2,\cdots,n) \tag{6.2}$$

对于已经合并同类项的二次型，可按（6.2）式将乘积项拆成两个相等的项，如

$$x_1^2+3x_1x_2+2x_2^2=x_1^2+1.5x_1x_2+1.5x_2x_1+2x_2^2.$$

二次型（6.1）共有$n\times n$项，这么多的项，不便于书写，也不便于研究．如果用矩阵来表示二次型，则可显得简单明了．

例 6.1 把二次型$f(x_1,x_2,x_3)=\sum_{i=1}^{3}\sum_{j=1}^{3}a_{ij}x_ix_j$化为矩阵形式．

解 利用矩阵的乘法规则，可得

$$\begin{aligned}f(x_1,x_2,x_3)&=x_1(a_{11}x_1+a_{12}x_2+a_{13}x_3)+x_2(a_{21}x_1+a_{22}x_2+a_{23}x_3)+x_3(a_{31}x_1+a_{32}x_2+a_{33}x_3)\\&=\begin{pmatrix}x_1 & x_2 & x_3\end{pmatrix}\begin{pmatrix}a_{11}x_1+a_{12}x_2+a_{13}x_3\\a_{21}x_1+a_{22}x_2+a_{23}x_3\\a_{31}x_1+a_{32}x_2+a_{33}x_3\end{pmatrix}\\&=\begin{pmatrix}x_1 & x_2 & x_3\end{pmatrix}\begin{pmatrix}a_{11}&a_{12}&a_{13}\\a_{21}&a_{22}&a_{23}\\a_{31}&a_{32}&a_{33}\end{pmatrix}\begin{pmatrix}x_1\\x_2\\x_3\end{pmatrix}=\boldsymbol{x}^{\mathrm{T}}\boldsymbol{A}\boldsymbol{x},\end{aligned}$$

其中$\boldsymbol{x}=\begin{pmatrix}x_1\\x_2\\x_3\end{pmatrix}$是变量列，$\boldsymbol{A}=\begin{pmatrix}a_{11}&a_{12}&a_{13}\\a_{21}&a_{22}&a_{23}\\a_{31}&a_{32}&a_{33}\end{pmatrix}$是二次型的系数矩阵．按照约定（6.2），矩阵$\boldsymbol{A}$是对称矩阵．

显然例 6.1 可以推广到有更多变量的二次型，即任意一个二次型（6.1），都可以表示为矩阵形式如下：

$$f(x_1,x_2,\cdots,x_n)=\sum_{i=1}^{n}\sum_{j=1}^{n}a_{ij}x_ix_j=\boldsymbol{x}^{\mathrm{T}}\boldsymbol{A}\boldsymbol{x},\tag{6.3}$$

其中$\boldsymbol{x}=\begin{pmatrix}x_1\\x_2\\\vdots\\x_n\end{pmatrix}$，$\boldsymbol{A}=\begin{pmatrix}a_{11}&a_{12}&\cdots&a_{1n}\\a_{21}&a_{22}&\cdots&a_{2n}\\\vdots&\vdots&&\vdots\\a_{n1}&a_{n2}&\cdots&a_{nn}\end{pmatrix}$是对称矩阵．

（6.3）式表明，一个二次型和一个对称矩阵是相互对应的，矩阵$\boldsymbol{A}$是二次型（6.1）的系数矩阵，简称为**二次型的矩阵**．矩阵$\boldsymbol{A}$的元素与二次型的系数相互确定，二次型系数的**确定规则**是：

（1）矩阵$\boldsymbol{A}$主对角线上的元素等于二次型的平方项系数；

（2）矩阵$\boldsymbol{A}$的其他元素等于二次型的（已合并同类项的）乘积项系数的一半；

（3）矩阵$\boldsymbol{A}$各元素的行标与列标，对应二次型各项变量的下标．

比如，利用这个规则，很容易确定二次型$x_1x_2+3x_2^2$的矩阵是$\begin{pmatrix}0&0.5\\0.5&3\end{pmatrix}$；反之，根据

矩阵 $\boldsymbol{A}=\begin{pmatrix}1 & 2 & -3\\ 2 & 0 & 4\\ -3 & 4 & -1\end{pmatrix}$，立即可写出它所对应的二次型是

$$\boldsymbol{x}^{\mathrm{T}}\boldsymbol{A}\boldsymbol{x}=x_1^2-x_3^2+4x_1x_2-6x_1x_3+8x_2x_3 .$$

6.1.3　二次型的标准形

前面曾经提到，可以对二次型进行配方化简．比如 $f(x_1,x_2)=x_1^2+4x_1x_2+3x_2^2=(x_1+2x_2)^2-x_2^2$，若令 $y_1=x_1+2x_2$，$y_2=x_2$，则二次型等价变形为平方项的代数和（简称**平方和**）形式 $f(x_1,x_2)=y_1^2-y_2^2$．平方和的形式简单，而且能突出二次型的某些本质特性，所以化平方和成了研究二次型的首要目标．二次型的平方和形式称为二次型的**标准形**．

例 6.2　将二次型 $f=x_1^2+2x_2^2+5x_3^2+2x_1x_2+2x_1x_3+6x_2x_3$ 化为标准形．

解　先将含 x_1 的项配方，再对余下的含 x_2 的项配方……以此类推．配方过程如下：

$$\begin{aligned}f&=x_1^2+2x_1(x_2+x_3)+(x_2+x_3)^2-(x_2+x_3)^2+2x_2^2+5x_3^2+6x_2x_3\\&=(x_1+x_2+x_3)^2+x_2^2+4x_2x_3+4x_3^2=(x_1+x_2+x_3)^2+(x_2+2x_3)^2 .\end{aligned}$$

作变量替换

$$\begin{cases}y_1=x_1+x_2+\ \ x_3\\ y_2=\qquad\ x_2+2x_3\\ y_3=\qquad\qquad\ \ x_3\end{cases},$$

则二次型已经化为标准形 $f=y_1^2+y_2^2$．

例 6.3　将二次型 $f=2x_1x_2+2x_1x_3-6x_2x_3$ 化为标准形．

解　由于没有平方项，不能直接配方，所以先要设法变造出平方项．具体的方法是让某一个乘积项成为平方差，如令

$$\begin{cases}x_1=y_1+y_2\\ x_2=y_1-y_2\\ x_3=\qquad\quad y_3\end{cases},$$

代入可得 $f=2y_1^2-2y_2^2+2(y_1+y_2)y_3-6(y_1-y_2)y_3$，化简后配方，得

$$\begin{aligned}f&=2y_1^2-4y_1y_3+2y_3^2-2y_3^2-2y_2^2+8y_2y_3\\&=2(y_1-y_3)^2-2(y_2^2-4y_2y_3+4y_3^2)+8y_3^2-2y_3^2\\&=2(y_1-y_3)^2-2(y_2-2y_3)^2+6y_3^2\end{aligned}$$

再引入一组新的变量，令

$$\begin{cases} z_1 = y_1 \quad - y_3 \\ z_2 = \quad y_2 - 2y_3 \\ z_3 = \quad\quad y_3 \end{cases},$$

则二次型化成了标准形 $f = 2z_1^2 - 2z_2^2 + 6z_3^2$.

以上两例所采用的化二次型为标准形的方法称为**配方法**. 配方法总可以进行下去：有平方项时直接配方(参照例 6.2)；没有平方项只有乘积项时先"造出"平方项(参照例 6.3). 因此任何二次型都可以化为标准形.

一个二次型的标准形不是惟一的. 比如例 6.2 中，若先对含 x_2 的项配方，则可得到

$$f = 2\left(\frac{1}{2}x_1 + x_2 + \frac{3}{2}x_3\right)^2 + \frac{1}{2}(x_1 - x_3)^2.$$

虽然也是平方和，但平方项的前置系数已不相同，而且引入新变量的替换关系式也与先前的不一致.

配方法的原理比较简单，很容易理解，但是其中的代数运算显得比较凌乱，尤其是当变量增多时，用配方法演算起来非常烦琐. 这是因为配方法仍然停留在初等代数之中，并未利用矩阵化技术的优势.

6.2 二次型的线性变换与惯性定理

6.2.1 二次型中的线性变换

例 6.2 和例 6.3 中，变量之间的替换关系式都是线性的，因而称之为**线性变换**. 线性变换的一般形式是

$$\begin{cases} x_1 = c_{11}y_1 + c_{12}y_2 + \cdots + c_{1n}y_n \\ x_2 = c_{21}y_1 + c_{22}y_2 + \cdots + c_{2n}y_n \\ \quad\cdots\cdots \\ x_n = c_{n1}y_1 + c_{n2}y_2 + \cdots + c_{nn}y_n \end{cases}. \tag{6.4}$$

这与 2.2 节中的线性方程组（2.2）十分相似，同样可用矩阵形式表示为

$$\boldsymbol{x} = \boldsymbol{C}\boldsymbol{y}, \tag{6.5}$$

其中

$$\boldsymbol{x} = \begin{pmatrix} x_1 \\ x_2 \\ \vdots \\ x_n \end{pmatrix}, \quad \boldsymbol{y} = \begin{pmatrix} y_1 \\ y_2 \\ \vdots \\ y_n \end{pmatrix}, \quad \boldsymbol{C} = \begin{pmatrix} c_{11} & c_{12} & \cdots & c_{1n} \\ c_{21} & c_{22} & \cdots & c_{2n} \\ \vdots & \vdots & & \vdots \\ c_{n1} & c_{n2} & \cdots & c_{nn} \end{pmatrix}.$$

矩阵 $\boldsymbol{C}$ 叫做线性变换（6.4）的**变换矩阵**．选定变量 $\boldsymbol{y}$ 的一组值，可以按（6.4）式或（6.5）式确定变量 $\boldsymbol{x}$ 的一组取值．作为替换，总希望是“双向”的，即反过来选定 $\boldsymbol{x}$ 的一组值，要求能惟一确定 $\boldsymbol{y}$ 的一组取值．这个要求就是线性变换（6.4）可逆，也就是变换矩阵 $\boldsymbol{C}$ 可逆．在二次型（6.1）中作线性变换（6.4），通常都要求可逆．可逆变换的另一个好处是能保留二次型的一些固有特性而不至于发生退化，因此**可逆线性变换**又叫做**非退化线性变换**．

检验线性变换是否可逆并不难，只需检验矩阵的行列式 $|\boldsymbol{C}| \neq 0$ 即可（参看定理 2.2）．

例 6.4　将例 6.2 和例 6.3 中的线性变换写作矩阵形式（6.5）．

解　（1）例 6.2 中线性变换的矩阵形式显然是

$$\boldsymbol{y}=\begin{pmatrix}1&1&1\\0&1&2\\0&0&1\end{pmatrix}\boldsymbol{x}.$$

由于式中变换矩阵的行列式等于 1（三角行列式），所以矩阵可逆．用初等变换法（参看例 2.7）容易求出逆矩阵，从而得到形如（6.5）式的线性变换的矩阵形式为

$$\boldsymbol{x}=\begin{pmatrix}1&1&1\\0&1&2\\0&0&1\end{pmatrix}^{-1}\boldsymbol{y}=\begin{pmatrix}1&-1&1\\0&1&-2\\0&0&1\end{pmatrix}\boldsymbol{y}.$$

（2）例 6.3 中作了两次线性变换，它们分别是 $\boldsymbol{x}=\boldsymbol{C}_1\boldsymbol{y}$ 和 $\boldsymbol{z}=\boldsymbol{C}_2\boldsymbol{y}$，其中

$$\boldsymbol{C}_1=\begin{pmatrix}1&1&0\\1&-1&0\\0&0&1\end{pmatrix},\quad \boldsymbol{C}_2=\begin{pmatrix}1&0&-1\\0&1&-2\\0&0&1\end{pmatrix}.$$

不难发现，用配方法得到的线性变换都可逆，所以从后一式解出 $\boldsymbol{y}=\boldsymbol{C}_2^{-1}\boldsymbol{z}$，代入前一式即得 $\boldsymbol{x}=\boldsymbol{C}_1\boldsymbol{C}_2^{-1}\boldsymbol{z}$．求出逆矩阵，再做一次矩阵的乘法，便得

$$\boldsymbol{x}=\begin{pmatrix}1&1&0\\1&-1&0\\0&0&1\end{pmatrix}\begin{pmatrix}1&0&-1\\0&1&-2\\0&0&1\end{pmatrix}^{-1}\boldsymbol{z}=\begin{pmatrix}1&1&0\\1&-1&0\\0&0&1\end{pmatrix}\begin{pmatrix}1&0&1\\0&1&2\\0&0&1\end{pmatrix}\boldsymbol{z}=\begin{pmatrix}1&1&3\\1&-1&-1\\0&0&1\end{pmatrix}\boldsymbol{z}.$$

以上经过矩阵运算得到了所要的结果．本例的变换矩阵还可以用等式变形法得出．比如把例 6.2 中得到的变换式

$$\begin{cases}y_1=x_1+x_2+\ \ x_3\\ y_2=\qquad\ \ x_2+2x_3\\ y_3=\qquad\qquad\ \ x_3\end{cases}$$

当作方程组来解，将 y_1,y_2,y_3 视为已知值，通过逐步代入，解出 $x_3=y_3$，$x_2=y_2-2(y_3)$，

$x_3 = y_1 - (y_2 - 2y_3) - (y_3) = y_1 - y_2 + y_3$．这些等式联立起来得到

$$\begin{cases} x_1 = y_1 - y_2 + y_3 \\ x_2 = \quad\quad y_2 - 2y_3 \\ x_3 = \quad\quad\quad\quad y_3 \end{cases}.$$

由此能直接写出形如（6.5）式的矩阵形式.

等式变形法和矩阵运算法的实质是一样的．当变量很多时，用等式变形法会因大量的字母参加运算而显得不胜其烦，如果像本例的（2）那样需要经过多个层次的代入、变形，则求解过程更加复杂.

例 6.4 中特定的线性变换可以将指定的二次型化为标准形．为了寻找这种特定的线性变换，先来看看一般的线性变换（6.5）会产生怎样的矩阵结果.

在二次型 $f = \boldsymbol{x}^{\mathrm{T}}\boldsymbol{A}\boldsymbol{x}$ 中，作线性变换 $\boldsymbol{x} = \boldsymbol{C}\boldsymbol{y}$，可得

$$f = (\boldsymbol{Cy})^{\mathrm{T}}\boldsymbol{A}(\boldsymbol{Cy}) = \boldsymbol{y}^{\mathrm{T}}\boldsymbol{C}^{\mathrm{T}}\boldsymbol{ACy} = \boldsymbol{y}^{\mathrm{T}}(\boldsymbol{C}^{\mathrm{T}}\boldsymbol{AC})\boldsymbol{y}.$$

这说明经过线性变换，二次型变成了关于变量 $\boldsymbol{y}$ 的新的二次型．新的二次型的矩阵是 $\boldsymbol{B} = \boldsymbol{C}^{\mathrm{T}}\boldsymbol{AC}$．运用转置矩阵的性质（参看 2.2 节）不难发现，$\boldsymbol{B}$ 仍是对称矩阵.

如果变换后二次型的矩阵 $\boldsymbol{B}$ 是对角矩阵，即

$$\boldsymbol{B} = \begin{pmatrix} b_1 & 0 & \cdots & 0 \\ 0 & b_2 & \cdots & 0 \\ \vdots & \vdots & & \vdots \\ 0 & 0 & \cdots & b_n \end{pmatrix},$$

那么根据系数确定规则，已经得到了二次型的标准形．所以将二次型化为标准形，实质上是寻找合适的可逆矩阵 $\boldsymbol{C}$，使得 $\boldsymbol{C}^{\mathrm{T}}\boldsymbol{AC}$ 成为对角矩阵.

6.2.2 化二次型为标准形的矩阵变换法

利用可逆矩阵 $\boldsymbol{C}$，将对称矩阵 $\boldsymbol{A}$ 变成对称矩阵 $\boldsymbol{B} = \boldsymbol{C}^{\mathrm{T}}\boldsymbol{AC}$，也是一种变换．当然它不是变量间的变换，更不是线性变换，这种变换称为**合同变换**．合同变换是矩阵间的变换.

为了控制合同变换的方向，先考虑一种简单情形：设 $\boldsymbol{C}$ 是初等矩阵，则根据定理 2.4 可知，乘积 $\boldsymbol{AC}$ 相当于对矩阵 $\boldsymbol{A}$ 施行一次初等列变换，再左乘 $\boldsymbol{C}^{\mathrm{T}}$ 即 $\boldsymbol{C}^{\mathrm{T}}\boldsymbol{AC}$，相当于对矩阵 $\boldsymbol{AC}$ 施行一次内容相同的初等行变换．可见，合同变换就是这种**配对式初等变换**.

矩阵的初等变换作为一项线性技术，具有方向明确、操作简便、有序渐进的特点，我们在前几章中已经看到了它的优越性，所以对矩阵 $\boldsymbol{A}$ 施行一系列的初等列变换，再对其施行内容相同的一系列初等行变换，可以很顺利地将矩阵 $\boldsymbol{A}$ 变成对角矩阵．这就是化二次型为标准形的**矩阵变换法**.

为了将一系列的初等变换记录下来，可以拼接一个单位矩阵充当“记录本”．由于在合

同变换 $C^{\mathrm{T}}AC$ 中，需要得到右侧的矩阵 C，所以应该记录列变换，即在矩阵 A 的下方拼接一个单位矩阵 E，对单位矩阵施行一系列的列变换后，可直接读出变换矩阵 C（如果在 A 的右侧拼上一个单位矩阵，则记录下来的将是 C 的转置矩阵 C^{T}）.

例 6.5　设 $A=\begin{pmatrix}1&3&-2\\3&11&-2\\-2&-2&9\end{pmatrix}$，求可逆矩阵 C，使 $C^{\mathrm{T}}AC$ 为对角矩阵.

解　对拼接后的 6×3 矩阵施行配对的初等变换. 由于变换的目标是对角矩阵，所以主元（注意加上标记）应在矩阵块 A 的主对角线上选取：

$$\begin{pmatrix}A\\E\end{pmatrix}=\begin{pmatrix}\langle 1\rangle&3&-2\\3&11&-2\\-2&-2&9\\1&0&0\\0&1&0\\0&0&1\end{pmatrix}\to\begin{pmatrix}\langle 1\rangle&0&0\\3&2&4\\-2&4&5\\1&-3&2\\0&1&0\\0&0&1\end{pmatrix}\to\begin{pmatrix}1&0&0\\0&2&4\\0&4&5\\1&-3&2\\0&1&0\\0&0&1\end{pmatrix}.$$

以上两步变换中，第 1 步是将第 1 列乘 -3 和 2 分别加到第 2、第 3 列上去，把主元所在行的其他元素变为 0. 第 2 步作内容相同的行变换，即将第 1 行乘 -3 和 2 分别加到第 2、第 3 行. 接下去选择第 2 个主元，将第 2 列乘 -2 加到第 3 列上去，同样把主元所在行的其他元素变为 0，再作相同的行变换，将第 2 行乘 -2 加到第 3 行：

$$\begin{pmatrix}1&0&0\\0&\langle 2\rangle&4\\0&4&5\\1&-3&2\\0&1&0\\0&0&1\end{pmatrix}\to\begin{pmatrix}1&0&0\\0&\langle 2\rangle&0\\0&4&-3\\1&-3&8\\0&1&-2\\0&0&1\end{pmatrix}\to\begin{pmatrix}1&0&0\\0&2&0\\0&0&-3\\1&-3&8\\0&1&-2\\0&0&1\end{pmatrix}.$$

从最后矩阵的下半部分直接读出变换矩阵，从上半部分读出对角矩阵，即

$$C=\begin{pmatrix}1&-3&8\\0&1&-2\\0&0&1\end{pmatrix},\quad C^{\mathrm{T}}AC=\begin{pmatrix}1&0&0\\0&2&0\\0&0&-3\end{pmatrix}.$$

本例的计算表明，合同变换（配对式初等变换）虽然也是通过对矩阵施行初等变换来实现的，但它与前几章所用的初等变换的标准程序有所不同，主要有以下区别：

（1）主元必须在矩阵 A 所在子块的主对角线上选取；

（2）主元不必变为 1，只需将同行（列）的其他元素变为 0 即可；

（3）施行列变换后，必须配对地施行内容相同的行变换.

例 6.5 的初等变换是分 4 个步骤完成的．稍作观察不难发现，配对的初等变换之间相互没有干扰，可以一次性完成．事实上，用来配对的行变换不需要进行运算，只需将主元下方的元素改写为 0（对称位置上的元素值）即可．所以例 6.5 的 4 个步骤能够合并为 2 个步骤．

例 6.6 求一个非退化的线性变换，把二次型 $f=2x_1x_2+2x_1x_3-6x_2x_3$ 化为标准形．

解 此二次型的矩阵是 $\boldsymbol{A}=\begin{pmatrix}0&1&1\\1&0&-3\\1&-3&0\end{pmatrix}$．

由于 $\boldsymbol{A}$ 的主对角线上没有非零元素，无法选出主元，所以先要进行变造．其方法是把具有非零元素的第 2 列加到第 1 列上去，再作配对变换，把第 2 行加到第 1 行：

$$\begin{pmatrix}\boldsymbol{A}\\\boldsymbol{E}\end{pmatrix}=\begin{pmatrix}0&1&1\\1&0&-3\\1&-3&0\\1&0&0\\0&1&0\\0&0&1\end{pmatrix}\to\begin{pmatrix}1&1&1\\1&0&-3\\-2&-3&0\\1&0&0\\1&1&0\\0&0&1\end{pmatrix}\to\begin{pmatrix}2&1&-2\\1&0&-3\\-2&-3&0\\1&0&0\\1&1&0\\0&0&1\end{pmatrix}.$$

接下去的配对变换和例 6.5 相仿．这里将配对的变换合并为一个步骤：

$$\begin{pmatrix}\langle 2\rangle&1&-2\\1&0&-3\\-2&-3&0\\1&0&0\\1&1&0\\0&0&1\end{pmatrix}\to\begin{pmatrix}2&0&0\\0&\langle -0.5\rangle&-2\\0&-2&-2\\1&-0.5&1\\1&0.5&1\\0&0&1\end{pmatrix}\to\begin{pmatrix}2&0&0\\0&-0.5&0\\0&0&6\\1&-0.5&3\\1&0.5&-1\\0&0&1\end{pmatrix}.$$

从最后一个矩阵读出 $\boldsymbol{C}=\begin{pmatrix}1&-0.5&3\\1&0.5&-1\\0&0&1\end{pmatrix}$，作初等变换 $\begin{pmatrix}x_1\\x_2\\x_3\end{pmatrix}=\begin{pmatrix}1&-0.5&3\\1&0.5&-1\\0&0&1\end{pmatrix}\begin{pmatrix}z_1\\z_2\\z_3\end{pmatrix}$，可将原二次型化为标准形 $f=2z_1^2-0.5z_2^2+6z_3^2$．

本例的二次型与例 6.3 相同，但得到的标准形却不同，这是因为所用的方法不同．配方法往往不能直接得到变换矩阵 $\boldsymbol{C}$，需要附加矩阵的求逆运算和乘积运算．而矩阵变换法略去了变量字母，便于集中力量关注二次型的系数运算，最后能直接读出变换矩阵 $\boldsymbol{C}$．

6.2.3 二次型的惯性定理

例 6.3 和例 6.6 得到了同一个二次型的不同的标准形，不过也有共同之处：两个平方和的项数一样，都是 3 项；两个平方和中，正项数目和负项数目相同，都分别是 2 项和 1 项．这是不是二次型的固有特性呢？

如前所述，合同变换 $\boldsymbol{C}^{\mathrm{T}}\boldsymbol{A}\boldsymbol{C}$ 相当于对矩阵 $\boldsymbol{A}$ 施行一系列的初等列变换和一系列配对的初等行变换．因为初等变换不改变矩阵的秩（参看定理 3.1），所以标准形中的对角矩阵 $\boldsymbol{B}=\boldsymbol{C}^{\mathrm{T}}\boldsymbol{A}\boldsymbol{C}$ 满足 $R(\boldsymbol{B})=R(\boldsymbol{A})$．这说明矩阵 $\boldsymbol{B}$ 的对角线上非零元素个数等于原始矩阵 $\boldsymbol{A}$ 的秩，即标准形中的平方和项数就是 $R(\boldsymbol{A})$．无论得到什么样的标准形，这一点是不变的．

现在考虑正负平方项的数目．将例 6.6 的结果记为

$$\boldsymbol{x}=\boldsymbol{C}\boldsymbol{z},\quad \boldsymbol{x}^{\mathrm{T}}\boldsymbol{A}\boldsymbol{x}=a_1z_1^2-a_2z_2^2+a_3z_3^2,$$

式中 a_1,a_2,a_3 均为正数．假定另有一个线性变换把二次型化为 1 项正平方加上 2 项负平方，即

$$\boldsymbol{x}=\boldsymbol{B}\boldsymbol{y},\quad \boldsymbol{x}^{\mathrm{T}}\boldsymbol{A}\boldsymbol{x}=b_1y_1^2-b_2y_2^2-b_3y_3^2,$$

其中 b_1,b_2,b_3 都是正数．将两个变换合成，得到

$$\boldsymbol{y}=\boldsymbol{B}^{-1}\boldsymbol{x}=\boldsymbol{B}^{-1}(\boldsymbol{C}\boldsymbol{z})=(\boldsymbol{B}^{-1}\boldsymbol{C})\boldsymbol{z},$$

此式代表两组变量 $\boldsymbol{y}$ 和 $\boldsymbol{z}$ 之间的线性变换式（共有 3 个等式），取其中之一

$$y_1=c_1z_1+c_2z_2+c_3z_3.$$

如果仅考虑实系数的线性变换，那么 c_1,c_2,c_3 作为矩阵 $\boldsymbol{B}^{-1}\boldsymbol{C}$ 的第一行元素，都是实数．令 $z_2=0$，$y_1=0$，代入上式得 $c_1z_1+c_3z_3=0$．这里变量多（2 个），方程少（1 个），所以可从中解出一组非零的实数解（z_1,z_3 取不全为零的实数）．在这样的取值之下，会得到相互矛盾的结果：一方面二次型等于

$$\boldsymbol{x}^{\mathrm{T}}\boldsymbol{A}\boldsymbol{x}=a_1z_1^2-0+a_3z_3^2>0;$$

另一方面，二次型又必定等于

$$\boldsymbol{x}^{\mathrm{T}}\boldsymbol{A}\boldsymbol{x}=0-b_2y_2^2-b_3y_3^2\leqslant 0.$$

这个矛盾说明，二次型的不同的标准形中，不可能有数目不等的正项和负项．以上讨论可归结为下面的定理．

定理 6.1　设有实二次型 $f=\boldsymbol{x}^{\mathrm{T}}\boldsymbol{A}\boldsymbol{x}$，对称矩阵 $\boldsymbol{A}$ 的秩为 r，有两个实的可逆变换 $\boldsymbol{x}=\boldsymbol{B}\boldsymbol{y}$ 和 $\boldsymbol{x}=\boldsymbol{C}\boldsymbol{z}$，分别使二次型化为

$$f=b_1y_1^2+b_2y_2^2+\cdots+b_ry_r^2\quad 和\quad f=c_1z_1^2+c_2z_2^2+\cdots+c_rz_r^2,$$

则 $b_1,b_2,\cdots,b_r$ 中正（负）数的个数与 $c_1,c_2,\cdots,c_r$ 中正（负）数的个数相等．

这个定理称为二次型的**惯性定理**．标准形中正项数目称为二次型的**正惯性指数**，负项数目称为**负惯性指数**，矩阵 $\boldsymbol{A}$ 的秩也叫做**二次型的秩**．

6.3 二次型的正交变换与有定性

6.3.1 用正交变换化二次型为标准形

在二次型中作线性变换 $\boldsymbol{x}=\boldsymbol{C}\boldsymbol{y}$，相当于把 $\boldsymbol{x}$ 坐标系中的几何图形变换为 $\boldsymbol{y}$ 坐标系中的图形. 一般的非退化线性变换虽然不改变图形的拓扑性质，但可能会改变向量的度量性质. 比如由某个三元二次型构成的方程 $f(x_1,x_2,x_3)=\boldsymbol{x}^{\mathrm{T}}\boldsymbol{A}\boldsymbol{x}=1$ 在 x_1,x_2,x_3 坐标系中表示椭球面，经可逆线性变换 $\boldsymbol{x}=\boldsymbol{C}\boldsymbol{y}$，方程变为 $\boldsymbol{y}^{\mathrm{T}}(\boldsymbol{C}^{\mathrm{T}}\boldsymbol{A}\boldsymbol{C})\boldsymbol{y}=1$，在 y_1,y_2,y_3 坐标系中仍表示椭球面，但椭球面的形状可能因为各个方向上拉伸、压缩的程度不同而发生改变.

为了保持度量性质不变，需要作正交变换，即在线性变换 $\boldsymbol{x}=\boldsymbol{Q}\boldsymbol{y}$ 中，矩阵 $\boldsymbol{Q}$ 是正交矩阵. 比如将平面图形转动 θ 角的旋转变换

$$\begin{cases}x_1=y_1\cos\theta-y_2\sin\theta\\ x_2=y_1\sin\theta+y_2\cos\theta\end{cases},$$

就是一个正交变换.

用正交变换将二次型 $f=\boldsymbol{x}^{\mathrm{T}}\boldsymbol{A}\boldsymbol{x}$ 化为标准形，相当于求正交矩阵 $\boldsymbol{Q}$，使 $\boldsymbol{Q}^{\mathrm{T}}\boldsymbol{A}\boldsymbol{Q}$ 成为对角矩阵. 求正交矩阵的方法在 5.3 节中实际上已经作过讨论，这里将有关步骤归纳如下：

（1）解特征方程 $|\lambda\boldsymbol{E}-\boldsymbol{A}|=0$，求出 n 个特征值 $\lambda_1,\lambda_2,\cdots,\lambda_n$；

（2）通过特征矩阵对应的方程组 $(\lambda_i\boldsymbol{E}-\boldsymbol{A})\boldsymbol{\alpha}=\boldsymbol{0}$（$i=1,2,\cdots,n$），求出 n 个基础特征向量 $\boldsymbol{\alpha}_1,\boldsymbol{\alpha}_2,\cdots,\boldsymbol{\alpha}_n$；

（3）对应于相同特征值的基础特征向量需要进行正交化，正交化后的特征向量记为 $\boldsymbol{\beta}_1,\boldsymbol{\beta}_2,\cdots,\boldsymbol{\beta}_n$；

（4）将所有的基础特征向量单位化后拼成正交矩阵 $\boldsymbol{Q}$，即

$$\boldsymbol{Q}=\left(\frac{\boldsymbol{\beta}_1}{|\boldsymbol{\beta}_1|},\ \frac{\boldsymbol{\beta}_2}{|\boldsymbol{\beta}_2|},\ \cdots,\ \frac{\boldsymbol{\alpha}_n}{|\boldsymbol{\alpha}_n|}\right);$$

（5）用正交变换 $\boldsymbol{x}=\boldsymbol{Q}\boldsymbol{y}$ 把二次型化为标准形，其平方项的前置系数，恰好为 n 个特征值，即 $f=\boldsymbol{x}^{\mathrm{T}}\boldsymbol{A}\boldsymbol{x}=\boldsymbol{y}^{\mathrm{T}}(\boldsymbol{Q}^{\mathrm{T}}\boldsymbol{A}\boldsymbol{Q})y=\lambda_1y_1^2+\lambda_2y_2^2+\cdots+\lambda_ny_n^2$.

例 6.7 用正交变换将下列二次型化为标准形：

$$f=2x_1^2+5x_2^2+5x_3^2+4x_1x_2-4x_1x_3-8x_2x_3.$$

解 二次型的矩阵是 $\boldsymbol{A}=\begin{pmatrix}2&2&-2\\2&5&-4\\-2&-4&5\end{pmatrix}$. 在例 5.7 中，已求得该矩阵的特征值是 1，1，10，对应的特征向量是

$$\boldsymbol{\alpha}_1=(-2,\ 1,\ 0)^{\mathrm{T}},\quad \boldsymbol{\alpha}_2=(2,\ 0,\ 1)^{\mathrm{T}},\quad \boldsymbol{\alpha}_3=(1,\ 2,\ -2)^{\mathrm{T}};$$

将前两个特征向量正交化，得到

$$\boldsymbol{\beta}_1=(-2,\ 1,\ 0)^{\mathrm{T}},\quad \boldsymbol{\beta}_2=\frac{1}{5}(2,\ 4,\ 5)^{\mathrm{T}};$$

接下来将特征向量 $\boldsymbol{\beta}_1$， $\boldsymbol{\beta}_2$， $\boldsymbol{\alpha}_3$ 单位化后拼成矩阵

$$\boldsymbol{Q}=\left(\frac{\boldsymbol{\beta}_1}{|\boldsymbol{\beta}_1|},\ \frac{\boldsymbol{\beta}_2}{|\boldsymbol{\beta}_2|},\ \frac{\boldsymbol{\alpha}_3}{|\boldsymbol{\alpha}_3|}\right)=\frac{1}{3\sqrt{5}}\begin{pmatrix}-6 & 2 & \sqrt{5}\\ 3 & 4 & 2\sqrt{5}\\ 0 & 5 & -2\sqrt{5}\end{pmatrix};$$

作正交变换 $(x_1,\ x_2,\ x_3)^{\mathrm{T}}=\boldsymbol{Q}(y_1,\ y_2,\ y_3)^{\mathrm{T}}$，可将二次型化为 $f=y_1^2+y_2^2+10y_3^2$.

正交变换的优点多（既保持拓扑性质，又保持度量性质），当然所花的代价也大（求适当的正交矩阵步骤多、运算量大）.

6.3.2　二次型的有定性

二次型的**有定性**是指二次型作为二次函数，其函数值能够保持固定的符号. 有定性分为正定、负定、半正定、半负定 4 种情形.

设有 n 元实二次型

$$f(x_1,x_2,\cdots,x_n)=f(\boldsymbol{x})=\boldsymbol{x}^{\mathrm{T}}\boldsymbol{A}\boldsymbol{x}.$$

如果对任何非零向量 $\boldsymbol{x}\neq 0$，都有 $f(\boldsymbol{x})>0$ （ $f(\boldsymbol{x})<0$ ），则称 f 为**正定（负定）二次型**，并称实对称矩阵 $\boldsymbol{A}$ 为**正定（负定）矩阵**；如果对任何向量 $\boldsymbol{x}$，都有 $f(\boldsymbol{x})\geqslant 0$（ $f(\boldsymbol{x})\leqslant 0$），但不能排除 $\boldsymbol{x}\neq 0$ 时会出现 $f(\boldsymbol{x})=0$，则称 f 为**半正定（半负定）二次型**，并称实对称矩阵 $\boldsymbol{A}$ 为**半正定（半负定）矩阵**. 除此之外，如果二次型既可能取正值，又可能取负值，则该二次型就称为**不定的**.

判别二次型有定性的第 1 个方法是利用惯性定理 6.1. 二次型的标准形是平方和，如果这些平方和的系数没有负数，则保证了二次型总是取非负值. 如果进一步，平方项的系数全部为正，则保证了二次型总是取正值. 由此可见，实二次型为正定（负定）的充分必要条件是它的正（负）惯性指数等于变量个数 n；实二次型为半正定（半负定）的充分必要条件是它的负（正）惯性指数等于零，而且正（负）惯性指数小于变量个数 n . 如本章例 6.2 给出的二次型是半正定的，例 6.7 给出的二次型是正定的，例 6.3 和例 6.5 给出的二次型都是不定的.

根据惯性指数判别二次型 $\boldsymbol{x}^{\mathrm{T}}\boldsymbol{A}\boldsymbol{x}$ 的有定性，需要先将二次型化为标准形. 如果仅仅判别有定性，则不必记录变换矩阵 $\boldsymbol{C}$，所以在运用矩阵变换法时，无须拼接单位矩阵，直接对矩阵 $\boldsymbol{A}$ 施行配对初等变换即可.

判别二次型有定性的第 2 个方法是根据特征值的符号. 因为二次型通过正交变换化成的标准形是以对称矩阵的特征值为系数的平方和，所以实二次型 $f=\boldsymbol{x}^{\mathrm{T}}\boldsymbol{A}\boldsymbol{x}$ 为正定（负定）

的充分必要条件是矩阵 $\boldsymbol{A}$ 的所有 n 个特征值都是正数（负数）；实二次型 $f=\boldsymbol{x}^{\mathrm{T}}\boldsymbol{A}\boldsymbol{x}$ 为半正定（半负定）的充分必要条件是矩阵 $\boldsymbol{A}$ 的所有 n 个特征值中有数 0，但没有负数（正数）.

利用特征值判别二次型 $\boldsymbol{x}^{\mathrm{T}}\boldsymbol{A}\boldsymbol{x}$ 的有定性，不需要将二次型化为标准形，只需从特征方程 $|\lambda\boldsymbol{E}-\boldsymbol{A}|=0$ 中解出 n 个特征值即可．但 $|\lambda\boldsymbol{E}-\boldsymbol{A}|=0$ 是关于 λ 的 n 次方程，其求解的难度往往超过将二次型化为标准形.

作为有定性的特例，判断二次型的正定性还有第 3 个方法，即考察 n 个行列式的值．设有对称矩阵

$$\boldsymbol{A}=\begin{pmatrix} a_{11} & a_{12} & \cdots & a_{1n} \\ a_{21} & a_{22} & \cdots & a_{2n} \\ \vdots & \vdots & & \vdots \\ a_{n1} & a_{n2} & \cdots & a_{nn} \end{pmatrix}.$$

处于矩阵 $\boldsymbol{A}$ 的左上角的 k 阶子块（$k\leqslant n$）

$$\boldsymbol{A}_k=\begin{pmatrix} a_{11} & a_{12} & \cdots & a_{1k} \\ a_{21} & a_{22} & \cdots & a_{2k} \\ \vdots & \vdots & & \vdots \\ a_{k1} & a_{k2} & \cdots & a_{kk} \end{pmatrix}$$

称为矩阵 $\boldsymbol{A}$ 的**主子矩阵**．$\boldsymbol{A}_k$ 的行列式 $|\boldsymbol{A}_k|$（$k=1,2,\cdots,n$）称为矩阵 $\boldsymbol{A}$ 的**顺序主子式**.

在二次型 $f=\boldsymbol{x}^{\mathrm{T}}\boldsymbol{A}\boldsymbol{x}$ 中，若令后 $n-k$ 个变量等于 0，则 f 成了只含有前 k 个变量的二次型 $f=\boldsymbol{x}_{(k)}^{\mathrm{T}}\boldsymbol{A}_k\,\boldsymbol{x}_{(k)}$，这里 $\boldsymbol{x}_{(k)}$ 表示具有 k 个分量的变量列．于是矩阵 $\boldsymbol{A}$ 的正定性与主子矩阵 $\boldsymbol{A}_k$（$k=1,2,\cdots,n$）的正定性联系起来了，而且呈现出递进式（k 值逐步增大）的联系．另一方面，正定矩阵的行列式必须为正．由此得到如下定理.

定理 6.2 实二次型 $f=\boldsymbol{x}^{\mathrm{T}}\boldsymbol{A}\boldsymbol{x}$ 为正定的充分必要条件是矩阵 $\boldsymbol{A}$ 的所有顺序主子式全都大于 0，即 $|\boldsymbol{A}_k|>0$（$k=1,2,\cdots,n$）.

根据顺序主子式的符号判断二次型的正定性，不必化标准形，也不必解特征方程，只需求出 n 个行列式的值即可．当然计算行列式的值有一定的运算量.

判断二次型 $f=\boldsymbol{x}^{\mathrm{T}}\boldsymbol{A}\boldsymbol{x}$ 的负定性，相当于判断 $-f=\boldsymbol{x}^{\mathrm{T}}(-\boldsymbol{A})\boldsymbol{x}$ 的正定性.

例 6.8 设 $\boldsymbol{A}=\begin{pmatrix} 5 & 2 & -4 \\ 2 & 1 & -2 \\ -4 & -2 & 5 \end{pmatrix}$，用 3 种方法判断二次型 $f=\boldsymbol{x}^{\mathrm{T}}\boldsymbol{A}\boldsymbol{x}$ 的正定性.

解 （1）**惯性指数法**．判断正定性，无须记录变换矩阵，故不拼接单位矩阵，直接对矩阵 $\boldsymbol{A}$ 施行配对式初等变换：

$$\boldsymbol{A}=\begin{pmatrix}5 & 2 & -4\\ 2 & \langle 1\rangle & -2\\ -4 & -2 & 5\end{pmatrix}\xrightarrow{\text{列变换}}\begin{pmatrix}1 & 2 & 0\\ 0 & \langle 1\rangle & 0\\ 0 & -2 & 1\end{pmatrix}\xrightarrow{\text{行变换}}\begin{pmatrix}1 & 0 & 0\\ 0 & 1 & 0\\ 0 & 0 & 1\end{pmatrix}.$$

矩阵 $\boldsymbol{A}$ 已化为对角矩阵，正惯性指数等于 3，所以 f 是正定二次型.

（2）**特征值法**. 先化简特征多项式

$$|\lambda\boldsymbol{E}-\boldsymbol{A}|=\begin{vmatrix}\lambda-5 & \langle -2\rangle & 4\\ -2 & \lambda-1 & 2\\ 4 & 2 & \lambda-5\end{vmatrix}\overset{\text{行变换}}{=}\begin{vmatrix}\lambda-5 & -2 & 4\\ -2 & \lambda-1 & 2\\ \lambda-1 & 0 & \lambda-1\end{vmatrix}$$

$$=(\lambda-1)\begin{vmatrix}\lambda-5 & -2 & 4\\ -2 & \lambda-1 & 2\\ 1 & 0 & \langle 1\rangle\end{vmatrix}\overset{\text{列变换}}{=}(\lambda-1)\begin{vmatrix}\lambda-9 & -2 & 4\\ -4 & \lambda-1 & 2\\ 0 & 0 & 1\end{vmatrix}$$

$$=(\lambda-1)[(\lambda-9)(\lambda-1)-8]=(\lambda-1)(\lambda^2-10\lambda+1).$$

解特征方程 $(\lambda-1)(\lambda^2-10\lambda+1)=0$，得到 3 个特征值 $\lambda_1=5+2\sqrt{6}$，$\lambda_2=5-2\sqrt{6}$ 和 $\lambda_3=1$，它们都是正数，所以 f 是正定二次型.

（3）**顺序主子式法**. 计算行列式：

$$|\boldsymbol{A}_1|=|5|=5>0,\quad |\boldsymbol{A}_2|=\begin{vmatrix}5 & 2\\ 2 & 1\end{vmatrix}=1>0,$$

$$|\boldsymbol{A}_3|=\begin{vmatrix}5 & 2 & -4\\ 2 & \langle 1\rangle & -2\\ -4 & -2 & 5\end{vmatrix}\overset{\text{列变换}}{=}\begin{vmatrix}1 & 2 & 0\\ 0 & 1 & 0\\ 0 & -2 & 1\end{vmatrix}=\begin{vmatrix}1 & 0\\ 0 & 1\end{vmatrix}=1>0.$$

3 个顺序主子式都大于 0，所以 f 是正定二次型.

从本例看出，顺序主子式法仍未脱离初等变换. 对于本例来说，惯性指数法最简便，特征值法最麻烦.

习 题 六

1. 写出下列二次型的矩阵.

（1）$f=x_1^2-2x_1x_2+3x_1x_3-2x_2^2+8x_2x_3+3x_3^2$；

（2）$f=x_1^2+2x_1x_2-x_1x_3+2x_3^2$；

（3）$f=x_1x_2-x_3x_4$.

2. 写出下列对称矩阵所对应的二次型（写成各项之和的形式）.

（1）$A=\begin{pmatrix}1&-1&-3&1\\-1&0&-2&4\\-3&-2&3&-5\\1&4&-5&0\end{pmatrix}$；（2）$A=\begin{pmatrix}0&1&2&-4\\1&0&-1&-1\\2&-1&0&3\\-4&-1&3&0\end{pmatrix}$.

3．用配方法将下列二次型化为标准形，并求变换矩阵.

（1）$f=x_1^2+4x_2^2+2x_3^2+2x_1x_3$；（2）$f=x_1^2-3x_2^2-2x_1x_2+2x_1x_3-6x_2x_3$；

（3）$f=-4x_1x_2+2x_1x_3+2x_2x_3$.

4．用矩阵变换法将下列二次型化为标准形，并求变换矩阵.

（1）$f=x_1^2+2x_2^2+7x_3^2-2x_1x_2+4x_1x_3+4x_2x_3$；（2）$f=2x_1x_2-4x_1x_3+10x_2x_3$；

（3）$f=x_1^2-7x_3^2-2x_1x_2-6x_1x_3+2x_1x_4-4x_2x_3+8x_2x_4-10x_3x_4$.

5．对于下列矩阵 $\boldsymbol{A}$，求可逆矩阵 $\boldsymbol{C}$，使 $\boldsymbol{C}^{\mathrm{T}}\boldsymbol{AC}$ 为对角矩阵，并写出这个对角矩阵.

（1）$A=\begin{pmatrix}1&2&0\\2&0&1\\0&1&3\end{pmatrix}$；（2）$A=\begin{pmatrix}0&1&-2\\1&0&-1\\-2&-1&0\end{pmatrix}$.

6．用正交变换法将下列二次型化为标准形，并求所用的正交矩阵.

（1）$f=2x_1^2+x_2^2+3x_3^2-4x_1x_2-4x_1x_3$；（2）$f=4x_1^2+x_2^2+x_3^2-4x_1x_2-4x_1x_3-8x_2x_3$.

7．求下列二次型的惯性指数，并说明它的有定性.

（1）$f=x_1^2+2x_1x_2+2x_2^2+4x_2x_3+4x_3^2$；（2）$f=x_1x_2-x_1x_3+2x_2x_3+x_4^2$.

8．用 3 种方法判断二次型 $f=2x_1^2+6x_2^2+4x_3^2-2x_1x_3-2x_2x_3$ 的正定性.

9．求 a 的值，使二次型 $f=x_1^2+x_2^2+5x_3^2+2ax_1x_2-2x_1x_3+4x_2x_3$ 为正定二次型.

10．单项选择题

（1）下列各式中，哪一个不等于 $x_1^2+6x_1x_2+3x_2^2$.（　　）

A．$(x_1\ \ x_2)\begin{pmatrix}1&2\\4&3\end{pmatrix}\begin{pmatrix}x_1\\x_2\end{pmatrix}$；B．$(x_1\ \ x_2)\begin{pmatrix}1&3\\3&3\end{pmatrix}\begin{pmatrix}x_1\\x_2\end{pmatrix}$；

C．$(x_1\ \ x_2)\begin{pmatrix}1&-1\\-5&3\end{pmatrix}\begin{pmatrix}x_1\\x_2\end{pmatrix}$；D．$(x_1\ \ x_2)\begin{pmatrix}1&-1\\7&3\end{pmatrix}\begin{pmatrix}x_1\\x_2\end{pmatrix}$.

（2）矩阵 $A=\begin{pmatrix}1&-1&0\\-1&3&0\\0&0&0\end{pmatrix}$ 对应的二次型是（　　）

A．$x_1^2-2x_1x_2+3x_2^2$；B．$x_1^2-x_1x_2+3x_2^2$；

C．$x_1^2-x_1x_2-x_1x_3+3x_2^2$；D．$x_1^2-x_1x_2-x_2x_3+3x_2^2$.

（3）用配方法把二次型 $f(x_1,x_2,\cdots,x_n)$ 化为平方和（　　）

A．要求 f 中有平方项；B．能直接得到线性变换矩阵；

C．最多需要经过 n 次配方；D．一定能够把二次型变为标准形.

（4）用矩阵变换法化二次型 $\boldsymbol{x}^{\mathrm{T}}\boldsymbol{Ax}$ 为标准形，在矩阵 $\boldsymbol{A}$ 的下方拼接单位矩阵，是为了（　　）

A．得到线性变换的矩阵；B．核对惯性指数的取值；

C. 简化初等变换的运算；　　D. 控制合同变换的方向.

(5) 用正交变换化二次型 $\boldsymbol{x}^{\mathrm{T}}\boldsymbol{A}\boldsymbol{x}$ 为标准形，需要实施哪个过程.　(　　)

A. 对矩阵 $\boldsymbol{A}$ 施行配对的初等变换；　　B. 对二次型进行一系列的配方；

C. 求出矩阵 $\boldsymbol{A}$ 的特征值和特征向量；　　D. 将以上 3 种过程相结合.

(6) 设 $\boldsymbol{A}=\begin{pmatrix}-2&0&0\\0&2&0\\0&0&5\end{pmatrix}$，则存在可逆矩阵 $\boldsymbol{C}$，使得 $\boldsymbol{C}^{\mathrm{T}}\boldsymbol{A}\boldsymbol{C}=$　(　　)

A. $\begin{pmatrix}2&0&0\\0&2&0\\0&0&1\end{pmatrix}$；　B. $\begin{pmatrix}1&0&0\\0&1&0\\0&0&-1\end{pmatrix}$；　C. $\begin{pmatrix}-1&0&0\\0&-1&0\\0&0&3\end{pmatrix}$；　D. $\begin{pmatrix}-3&0&0\\0&-2&0\\0&0&-5\end{pmatrix}$.

(7) 如果将任意的 $x_1\neq 0, x_2\neq 0,\cdots,x_n\neq 0$ 代入实二次型 $f(x_1,x_2,\cdots,x_n)$ 中，都有 $f>0$，则该二次型　(　　)

A. 正定；　B. 半正定；　C. 不是正定；　D. 未必正定.

(8) 设 $a=x_1+x_2+\cdots+x_n$，则 $f(x_1,x_2,\cdots,x_n)=(nx_1-a)^2+(nx_2-a)^2+\cdots+(nx_n-a)^2$　(　　)

A. 是正定二次型；　B. 是半正定二次型；　C. 是不定的二次型；　D. 不是二次型.

(9) 实二次型 $f(x_1,x_2,\cdots,x_n)$ 为正定的充分必要条件是　(　　)

A. f 的秩为 n；　　B. f 的正惯性指数等于 f 的秩；

C. f 的负惯性指数为零；　　D. f 的正惯性指数为 n.

(10) 实二次型 $\begin{pmatrix}x&y&z\end{pmatrix}\begin{pmatrix}2&k&0\\k&2&0\\0&0&k^2\end{pmatrix}\begin{pmatrix}x\\y\\z\end{pmatrix}$ 为正定的充分必要条件是　(　　)

A. $k\neq 0$；　　B. $k<2$ 或 $k>-2$；

C. $0<k<2$ 或 $-2<k<0$；　　D. $-2<k<2$.

第二篇　概 率 统 计

第 7 章　随机事件及其概率

7.1　随 机 事 件

7.1.1　随机试验与样本空间

在现实生活中，我们常常会遇到许多预先不能确定结果的现象，比如投掷一枚硬币，事先不能断定正面朝上还是反面朝上．又比如在既有红球又有白球的袋中任取 5 个球，若球的大小、质感均相同，则无法断定会出现几个白球．尽管我们能罗列出所有可能发生的结果，但不能事先断定将发生哪一个特定的结果，这种现象称为**随机现象**．现实世界中随机现象无处不在，除了上面提及的投币与摸球，再如射击目标、测量潮位、交通事故、股票行情等．概率论和数理统计就是在研究随机现象的过程中发展起来的．

我们把实验、观察、研究某一随机现象叫做**随机试验**，简称**试验**．随机试验中每一个特定的结果都称为**随机事件**，简称**事件**．

例 7.1　教师上第一堂课，还不认识学生，随机地（无任何倾向性、随意地）叫一个学号，请对应的学生回答问题．站起来的可能“是女生”，可能“是戴眼镜的学生”或者“是穿红衣服的学生”，可能“是高个子学生”，也可能“是名叫张华的学生”……，这些都是随机事件．

随机事件是随机试验的某种结果，通常表现为一个明确的判断句．随机事件在试验之前无法断然确定，不过事后可以观察到其是否发生．为了便于研究，随机事件用大写字母 A，B，C……表示．

在众多的随机事件中，有的可以分解成更简单的事件，比如例 7.1 中，“站起来的是女生”可以分解成“是女生甲”、“是女生乙”、“是女生丙”，……，而有的事件不能再分解，如“站起来的是张华”．我们把可以分解的事件称为**复合事件**，而把不能再分解的“最简单”的事件称为**基本事件**，有时还把基本事件几何化，叫做“**样本点**”．显然，基本事件是随机试验中各种最基本的可能结果，例 7.1 中的基本事件是教室里的每一个学生．

全体基本事件构成的集合称为该随机试验的**样本空间**，记为Ω．例如投币试验中以ω_0表示“反面朝上”，以ω_1表示“正面朝上”，则样本空间$\Omega=\{\omega_0,\omega_1\}$；在例 7.1 中若将教室里的$n$个学生用$\omega_i$（$i=1,2,\cdots,n$）表示，则样本空间$\Omega=\{\omega_1,\omega_2,\cdots,\omega_n\}$．

样本空间可以是无限集，例如观察一小时内到达某交通路口的车辆数，其样本空间是$\Omega=\{0,1,2,\cdots\}$．样本空间还可以是连成一片的区间，例如测量长江某处的潮位，其样本空间是$\Omega=\{x\,|\,x\geqslant 0\}$．

例 7.2　在一批灯泡中，任取一只测试它的寿命（1000～3000h）：

（1）试说出 3 个不同的事件，并估计它们发生的可能性；

（2）指出 2 个不同的样本点；

（3）表述试验的样本空间．

本例是讨论性题目，没有标准答案，所以这里不作解答．

7.1.2　随机事件与集合

从例 7.1 看出，随机事件都是基本事件的某种组合，因此随机事件都是样本空间Ω的子集，从而可以用集合论的观点来研究随机事件．集合之间有相等、包含、互补等关系，还有并、交、差等运算，事件之间自然也有这些关系与运算，而且运算方法与集合论完全相同．

例 7.3　一副扑克牌有 4 种花色 52 张牌，从中任取一张观察其结果．这个试验的样本空间由 52 张牌构成，即$\Omega=\{\omega_1,\omega_2,\cdots,\omega_{52}\}$．可以约定一个排序方式，比如$\omega_1\sim\omega_{13}$表示黑桃 A、黑桃 2 直至黑桃 K 等，设事件$A=$“抽到红心”，$B=$“抽到红牌”，$C=$“抽到方块”，$A$由 13 个样本点即 13 张红心牌构成，比如编号为$\omega_{14}\sim\omega_{26}$，$B$由 26 个样本点即 13 张红心牌与 13 张方块牌构成，比如编号为$\omega_{14}\sim\omega_{39}$．

如果实际抽到了红心 2，则认为事件A和B都已发生，而事件C没有发生．由此可见，我们说一个事件A发生，指的是事件A中的某一个基本事件发生，即

$$\text{事件 } A \text{ 发生} \Leftrightarrow \text{基本事件 } \{\omega\} \text{ 发生且 } \omega\in A.$$

特别地，样本空间Ω是其本身的子集（平凡子集），也是一个事件，而且因为试验结果总是Ω中的一个基本事件发生，所以Ω是必然发生的，称Ω为**必然事件**．必然事件的语言表述有许多形式，比如例 7.3 中

$$\begin{aligned}\Omega=\{\omega_1,\omega_2,\cdots,\omega_{52}\}&=\text{“抽到一张牌”}\\&=\text{“抽到红牌或黑牌”}=\text{“抽到 }\omega_1\sim\omega_{52}\text{ 中的一张”}.\end{aligned}$$

另一个特殊事件是空集$\varnothing$．空集$\varnothing$是Ω的子集，当然是事件，但是试验结果出现的任何基本事件都不属于$\varnothing$，所以$\varnothing$是一定不会发生的，称$\varnothing$为**不可能事件**．不可能事件的语言表述也可以有许多形式，比如在投币试验中

$$\varnothing=\text{“反面朝上而且正面朝上”}=\text{“硬币变成一只鸟飞走了”}.$$

注意这里指的不是变魔术，魔术师所做的是“让人们以为硬币变成了鸟”，这是完全可能发生的，但硬币真的变成鸟就不可能了.

7.1.3 事件的关系与运算

因为事件都是样本点构成的集合，所以事件之间的关系和运算可以用集合的语言来描述，但从上述对必然事件和不可能事件的描述可知，在概率论中，更注重对事件的事件性语言描述.

1. 相等关系

两个事件 A 和 B **相等**，即 $A=B$，是指 A，B 所包含的样本点完全相同. 用事件性语言表述，是指 A 和 B 同时发生且同时不发生，尽管它们可以有不同的表述形式，但实质上是两个相同的事件. 如投币试验中，$A=$“正面朝上”，$B=$“反面朝下”是相同的事件，因此 $A=B$.

2. 包含关系

事件 A **包含于**事件 B，即 $A\subset B$，指的是 A 所包含的样本点全部在 B 中. 用事件性语言表述，是指事件 A 发生必然导致事件 B 发生. 在例 7.3 中，“抽到红心”导致已经“抽到了红牌”，所以 $A\subset B$. 需要说明的是，事件的内涵越多，其外延就越小，因此内涵多的事件必然被内涵少的事件所包含，如例 7.3 中，“抽到红色大牌”$\subset$“抽到红牌”.

3. 事件的和（并）

作为集合，事件 A 和 B 的并记为 $A\cup B$，指的是将 A，B 所包含的样本点合并，形成一个新的事件. 用事件性语言表述，$A\cup B=$“A 发生或者 B 发生”，更常用的表述是“A 和 B 至少有一个发生”. 如在例 7.3 中，$B=A\cup C$.

在概率论中，习惯于将“事件的并”称为“**事件的和**”，记为

$$A\cup B=A+B.$$

这里的“＋”号表示集合的并，不要与数量的加法相混淆，如 $A+A=A$ 而决非 $A+A=2A$. 多个事件的并称为多个事件的和，记为

$$\bigcup_{i=1}^{n}A_i=\sum_{i=1}^{n}A_i=A_1+A_2+\cdots+A_n,$$

它表示 n 个事件 $A_1,A_2,\cdots,A_n$ 至少有一个发生.

4. 事件的乘积（交）

作为集合，事件 A 和 B 的交记为 $A\cap B$，指的是由 A，B 所包含的样本点的公共部分所构成的新的事件. 用事件性语言表述，$A\cap B=$“A 和 B 同时发生”. 如在例 7.3 中，由

于 $A \subset B$，所以 $A \cap B = A$，这和集合论中的结果完全一致.

在概率论中，习惯于将“事件的交”称为**“事件的乘积”**，记为

$$A \cap B = AB .$$

这里的乘积表示集合的交，不要与数量的乘法相混淆，如 $A \cdot A = A$ 而不再记作 $A \cdot A = A^2$，更不能由此得出 $A = 1$. 多个事件的交称为多个事件的乘积，记为

$$\bigcap_{i=1}^{n} A_i = \prod_{i=1}^{n} A_i = A_1 A_2 \cdots A_n ,$$

它表示 n 个事件 $A_1, A_2, \cdots, A_n$ 同时发生.

5. 事件的逆

由于随机事件都是样本空间 Ω 的子集，所以 Ω 相当于全集. 集合（事件）A 的补集称为事件 A 的**逆事件**，记为 $\overline{A}$. 用事件性语言表述，$\overline{A}$ =“A 不发生”. A 和 $\overline{A}$ 是**互逆事件**，又叫做**对立事件**. 与集合论中的结果相同，$\overline{\overline{A}} = A$，并且满足 $A + \overline{A} = \Omega$，$A\overline{A} = \varnothing$. 如例 7.3 中，$\overline{B}$ =“抽到黑牌”.

6. 事件的差

两个**事件的差**记为 $A - B$，指的是在事件 A 中去掉属于事件 B 的样本点，形成一个新的事件，用事件性语言表述，$A - B$ =“A 发生但 B 不发生”. 如在例 7.3 中，$B - A = C$. 显然，差的运算可以转换为乘积与逆的运算，即

$$A - B = A\overline{B}\text{，}\quad \Omega - A = \overline{A} .$$

7. 互不相容事件

如果两个事件 A 和 B 不相交（没有公共样本点），即 $AB = \varnothing$，则称 A，B 为**互不相容事件**，简称**不相容**. 用事件性语言表述，即 A，B 不可能同时发生. 显然对立事件 A 和 $\overline{A}$ 是互不相容事件，但互不相容事件未必是对立事件，如例 7.3 中的事件 A 和事件 C 互不相容，但它们并非对立事件. 互不相容是研究随机事件时常见的现象，在许多情况下需要将一个事件转化为互不相容的事件之和，所以要加强对互不相容概念的理解.

既然事件就是集合，事件的关系与运算等同于集合的关系与运算，因而事件运算的规则如交换律、结合律、分配律以及德•摩根律 $\overline{A+B} = \overline{A}\,\overline{B}$，$\overline{AB} = \overline{A} + \overline{B}$ 等都与集合的相应运算规则相同，事件的运算还可借助于文氏图来进行，此处不再赘述.

例 7.4　生产加工 3 个零件，$A_i\ (i = 1,2,3)$ 表示“第 i 个零件是正品”.

（1）用事件性语言表述事件 $A_1A_2A_3$ 和 $\overline{A_1A_2 + A_2A_3 + A_1A_3}$；

（2）将事件“至少有一个是次品”和“恰有一个是次品”符号化，即用事件 $A_i\ (i = 1,2,3)$ 及其运算来表示.

解　（1）$A_1A_2A_3$ =“3 个零件全是正品”=“3 个零件中没有 1 个是次品”；

$$\overline{A_1A_2+A_2A_3+A_1A_3}=\text{“至少有 2 个正品的情况不发生”}$$
$$=\text{“3 个零件中至多有 1 个正品”;}$$

（2）“至少有 1 个是次品” $=\overline{A}_1+\overline{A}_2+\overline{A}_3=\overline{A_1A_2A_3}$；

“恰有 1 个是次品” $=\overline{A}_1A_2A_3+A_1\overline{A}_2A_3+A_1A_2\overline{A}_3$

$=A_1A_2+A_2A_3+A_1A_3-A_1A_2A_3$.

注意：逆事件的横线记号不能随意中断或相连，如 $\overline{A_1A_2A_3}$ 表示“并非 3 个事件同时发生”，即“3 个事件至少有 1 个不发生”，而 $\overline{A}_1\overline{A}_2\overline{A}_3$ 则表示“3 个事件全都不发生”. 横线记号的相连与中断，在不经意的书写中很容易混淆，然而它们的含义却有非常大的差异.

7.2 事件的概率

7.2.1 古典概率

概率就是事件发生的可能性大小，事件 A 的概率记为 $P(A)$. 现实生活中，人们常常会去估计事件的概率值，例如在投币试验中，出现正面和反面的可能性相同，各占 50%，故认为 P(正)=0.5，P(反)=0.5. 又如在例 7.3 中，52 张牌里有 13 张红心，由于每张牌被抽到的机会均等，因此很自然地认为 $P(A)$=13/25=0.25. 这是一种简单而又直观地计算概率的方法，当然它的前提是有限性和等可能性.

如果一个随机试验满足以下两个条件：

（1）**有限性**——样本空间中的元素（样本点）有限，即

$$\Omega=\{\omega_1,\omega_2,\cdots,\omega_n\},$$

（2）**等可能性**——基本事件发生的可能性相同，即

$$P(\omega_1)=P(\omega_2)=\cdots=P(\omega_n)=\frac{1}{n},$$

那么称该随机试验属于**古典概型**. 对于古典概型，事件 A 的概率可按以下公式计算：

$$P(A)=\frac{m_A}{n}=\frac{A\text{所包含的样本点数}}{\text{样本点总数}}. \tag{7.1}$$

用这个公式定义的概率称为**古典概率**.

7.2.2 概率的性质

（1）**有界性** 对于任意事件 A，$0\leqslant P(A)\leqslant 1$；

（2）**完备性** 对于必然事件 Ω 和不可能事件 $\varnothing$，$P(\Omega)=1$，$P(\varnothing)=0$；

（3）**单调性**　对于任意两个事件 A 和 B，若 $A \subset B$，则 $P(A) \leqslant P(B)$；

（4）**互补性**　对于任意事件 A，$P(\overline{A}) = 1 - P(A)$；

（5）**可加性**　对于任意两个事件 A 和 B，都有

$$P(A+B) = P(A) + P(B) - P(AB) . \tag{7.2}$$

若 A，B 互不相容，则

$$P(A+B) = P(A) + P(B) . \tag{7.3}$$

若 n 个事件 $A_1, A_2, \cdots, A_n$ 两两互不相容，则

$$P\left(\sum_{i=1}^{n} A_i\right) = \sum_{i=1}^{n} P(A_i) . \tag{7.4}$$

这 3 个公式统称为概率的**加法公式**. 公式（7.2）表明，事件之和的概率应在概率之和的基础上予以扣减. 公式（7.3）和（7.4）表明，互不相容事件之和的概率等于它们的概率之和.

以上性质（1）～（4）能直接从公式（7.1）推得. 公式（7.2）可以利用文氏图说明：如图 7-1 所示，各集合包含的样本点数显然满足平衡式

$$m_{A+B} = m_A + m_B - m_{AB} ,$$

上式两端除以样本点总数 n，便得公式（7.2）. 如果 $AB = \varnothing$，即 A，B 不相容，则从 $P(AB) = 0$ 立得公式（7.3）. 公式（7.4）可从公式（7.3）递推得到.

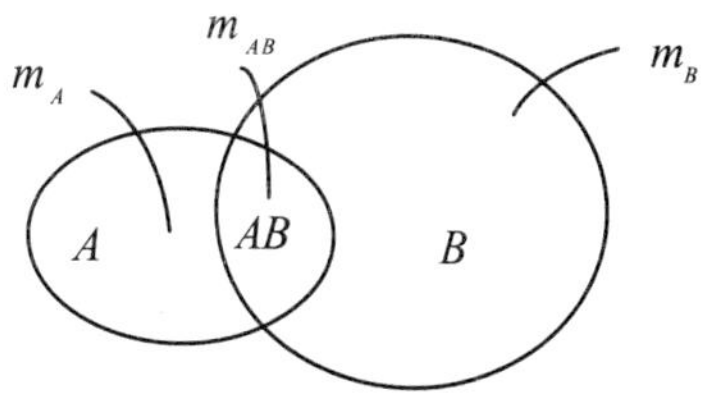

图 7-1　两个事件的样本点

概率的上述 5 条性质不仅适用于古典概型，而且适用于其他概率模型，以后运用这些性质时，不再加以说明.

例 7.5　学校开设数学类和外语类选修课. 调查结果表明，有 53%的学生选修数学课，有 45%的学生选修外语课，两类课都选的学生有 20%. 问参加选修课学习的学生占多少百分比？

解　设 A =“选修数学课”，B =“选修外语课”，已知 $P(A) = 0.53$，$P(B) = 0.45$，$P(AB) = 0.2$.“参加选修课学习”指的是选修数学课或者选修外语课，即求 $P(A+B)$. 根据加法公式（7.2），可算得 $P(A+B) = P(A) + P(B) - P(AB) = 0.53 + 0.45 - 0.2 = 0.78$，所以参加选修课学习的学生占 78%.

7.2.3　古典概率的计算

公式（7.1）给出了计算古典概率的非常简便有效的方法，但是实际应用起来往往有较大的难度，难度来自于对等可能样本空间的描述.

例 7.6 同时抛掷两枚硬币，求落下后出现“一正一反（朝上）”的概率.

解 1 样本空间是$\Omega=\{$ 两正，两反，一正一反 $\}$，即$n=3$，故P（一正一反）$=1/3$.

解 2 将硬币编号，根据出现正反的排列不同，写出样本空间是$\Omega=\{$〈正，正〉，〈正，反〉，〈反，正〉，〈反，反〉$\}$，即$n=4$，故P（一正一反）$=2/4=0.5$.

两种解法得到不同的结果是由于对样本空间理解的不一致. 事实上，每枚硬币出现正、反的机会均等，两枚硬币不同搭配的机会也均等，所以解 2 是正确的，解 1 因忽略了等可能性而导致错误.

实际上，公式（7.1）只要求给出样本空间的容量，即试验的基本结果的总可能数，并不需要详细描述样本空间的结构. 为了使公式便于操作，我们将公式（7.1）改写为

$$P(A)=\frac{m_A}{n}=\frac{\text{对}A\text{有利的可能数}}{\text{试验的总可能数}}. \tag{7.5}$$

运用公式（7.5）计算古典概率，可兼顾简便性与正确性.

例 7.7 12 件产品中有 9 件正品，3 件次品，从中任意抽取 5 件，设$A=$“恰有两件次品”，$B=$“至少有一件次品”，$C=$“至少有两件次品”.

（1）5 件产品是同时取出的，求$P(A)$，$P(B)$，$P(C)$；

（2）5 件产品是一件一件依次取出的，取出后不再放回（称为**无放回抽样**），求$P(A)$，$P(B)$，$P(C)$.

解 （1）12 件产品中任取 5 件，总可能数是组合数C_{12}^5；事件A是指 5 件产品中有 2 件次品和 3 件正品，2 件次品从 3 件次品中取出，其可能数是C_3^2；3 件正品从 9 件正品中取出，其可能数是C_9^3，根据乘法原理，对A有利的可能数是$C_3^2C_9^3$，于是

$$P(A)=\frac{C_3^2C_9^3}{C_{12}^5}=\frac{7}{22}=0.318.$$

对B有利的可能数是在总可能数中扣除“5 件都是正品”的可能数C_9^5，于是

$$P(B)=\frac{C_{12}^5-C_9^5}{C_{12}^5}=1-\frac{7}{44}=0.841.$$

求$P(B)$的算式中，实际上用到了概率的互补性质. 由此可见，当可能数的构成较复杂时，逆向思维往往事半功倍. 对C有利的可能数应该分为“恰有 2 件次品”和“恰有 3 件次品”计算，然后相加，于是

$$P(C)=\frac{C_3^2C_9^3+C_3^3C_9^2}{C_{12}^5}=\frac{4}{11}=0.364.$$

（2）由于事件A，B，C都是不计次序的结果，所以同时取出 5 件和依次取出 5 件的效果是一样的，因而仍有$P(A)=0.318$，$P(B)=0.841$，$P(C)=0.364$.

对本例作更加深入的考虑可以发现，所谓的“同时”取出，实际上总有先后次序，只

是因为时间间隔较短或者认为无须分辨先后而未加记录，才笼统地说成“同时”．即使产品体积很小可以一把抓出，在抓的时候产品与手的接触是有先后的，5 件产品被“取出”离开整批产品，从空间距离上也有先后之分，只是其中的时间间隔非常短暂无法分清先后，只能冠之以“同时”．

由此看来，在进行无放回抽样时，无论是“同时取”还是“依次取”，对于不计次序的事件来说，概率的计算完全相同，这叫做**无放回抽样的同一性**．

7.2.4　概率的统计定义

古典概型的局限性是显而易见的．例如测量某人的体重，样本空间是某区段内的所有实数，样本点是无限的；又如抛掷不均匀的骰子，基本事件虽然是有限的 6 个点数，但它们并非等可能．这两个例子都不能用古典概率的公式（7.1）计算概率．即使是古典概型，也有公式（7.1）中的 n 和 m_A 非常难以分析计算的时候，所以人们考虑要通过其他途径去计算概率．

“概率是事件发生的可能性大小”，虽然这样的理解很直观很合理，但再深入一步思考就发现这个认识很肤浅．例如说某人投篮的命中率是 0.7，这个 0.7 是怎么得来的呢？仅仅是主观的粗略估计难免离客观实际很远．最可靠的估计应该来自于以往大量的投篮实践，比如他曾经有过 100 次投篮经历，其中命中 70 次，两者的比值叫做**频率**，以频率来估计概率，其依据就比较充分，投篮次数越多，这个概率就越可靠．可见概率的背后应该有大量的试验，这是支撑概率的条件．

一般地，随机现象在一次试验中无法断言其结果，但经过大量的试验，会呈现出某种规律性．历史上有人做过抛掷硬币的试验，结果如表 7-1 所示，容易看出，随着抛掷次数的增加，正面朝上的频率围绕着一个确定的常数 0.5 作幅度越来越小的摆动并逐渐稳定于 0.5，这叫做**频率的稳定性**．这种建立在大量试验基础上的规律称为**统计规律**．概率的实质就是统计规律，可能性大小要与大量的试验相联系．

表 7-1　历次抛掷硬币试验的记录

试验者	抛掷次数 N	正面朝上的次数 M	正面朝上的频率 M/N
蒲丰	4 040	2 048	0.506 9
皮尔逊	12 000	6 019	0.501 6
皮尔逊	24 000	12 012	0.500 5
维尼	30 000	14 994	0.499 8

以上从合理性与可靠性两方面说明能够用频率来估算概率，因而有了**概率的统计定义**：

$$P(A)=\lim_{N\to\infty}\frac{M}{N} \tag{7.6}$$

式中 N 是在相同条件下重复试验的次数，M 是在 N 次试验中事件 A 出现的次数，比值 M/N 称为事件 A 出现的**频率**．频率的稳定性不仅被皮尔逊等人的实验所证明，而且后来又有数学家从理论上证明了这一事实，因此（7.6）式是计算概率的普遍适用的公式．

不过用公式（7.6）计算概率也有一定的困难，比如要做大量的试验，而且得到的仅仅是概率的近似值，又没有简便的误差估计方法．但这些困难丝毫不会影响公式（7.6）的重要意义，它的最大作用在于确立了概率的统计观点．

概率从哪里来？概率来自于统计规律，概率的取值需要有统计的支撑．如果一个从未打过枪的人，声称他的射击命中率是 0.7，那么他不是在吹牛，便是对概率一无所知，或者仅是开开玩笑而已．类似的例子很多，比如“明天下雨的可能性是 60%”，同样一句话，出自于气象部门，往往背后有大量的统计资料，而出自于其他人，则多半是一句不必负责任的空话、套话．

概率到哪里去？概率对实践的指导意义正是在于它需要面对大量的统计试验．还是以射击为例，命中率 0.7，对于一次射击意义不大，因为 0.7 不能保证命中目标，即使打不中，也不能否定这个 0.7．概率等于 0.7 的意义在于：若进行多次射击，他将有 70%左右的次数会击中目标；反之，命中频率与 70%差异很大，就有理由怀疑这个 0.7．再以投币为例，正面朝上的概率是 0.5，其依据是硬币的质地均匀（等可能性），那么均匀的依据又是什么呢？也许可以用精密的仪器来证明金属内部的均匀性，但是硬币两侧图案的不同已经造成了不均匀，等可能性该用什么来保证呢？正确的答案也许让人始料不及：硬币的均匀性应该通过大量的试验来证明，如果按公式（7.6）计算出的概率不是 0.5，就可以怀疑硬币的均匀性．在这里，因果关系颠倒过来了．

概率对于一次试验意义不大，但是当概率很大（超过 0.9）或很小（小于 0.1）时，对一次试验还是有指导意义的．可以认为小概率事件在一次试验中基本上不会发生，这就是**小概率原理**．比如飞机失事的报道很多，但是人们仍然向往坐飞机出行，而且不会有人在登机前与家人作生死话别，这是因为发生空难的概率太小了，仅为百万分之几．又比如人们在做决策时，有 90%以上的把握，都会断言“不出意外的话肯定成功”．不过应当指出的是：小概率原理不能保证没有风险，以概率的观点看问题，凡有随机因素，便不应该指望有绝对的把握，对此要有清醒的认识．此外，小概率原理面对大量的试验反而不适用，比如航空公司安排的航班数以千百计，万万不能因小概率原理而对飞行安全掉以轻心．

7.3　事件的独立性

7.3.1　条件概率

设 A，B 是两个事件，在已知事件 A 发生的条件下，求事件 B 发生的概率，称为**条件概率**，记为 $P(B|A)$，相应地把 $P(B)$ 称为**原概率**，两者的概率意义不同.

在计算条件概率 $P(B|A)$ 时，因为 A 已发生，排除了 A 之外的样本点，所以总的可能数应该是 m_A（参看图 7-1），而对事件 B 有利的可能数也要限制在 A 之内，应该是 m_{AB}，于是根据（7.5）式，可得

$$P(B|A)=\frac{m_{AB}}{m_A}. \tag{7.7}$$

显然这与 $P(B)=m_B/n$ 在数值上是不一定相等的．在（7.7）式右端分式中，分子分母同除以样本空间的容量 n，立得

$$P(B|A)=\frac{P(AB)}{P(A)}. \tag{7.8}$$

公式（7.7）和（7.8）都可以用来计算条件概率，当然要求分母非零即 $P(A)>0$.

例 7.8　一批种子的发芽率为 0.9，播种后能成长为活苗的概率为 0.72．当你看到一粒种子发了芽时，对它成活的可能性有何估算？

解　设 $A=$“种子发芽”，$B=$“种子成活”，则 $P(A)=0.9$；由于种子成为活苗必须先发芽，因此另一个概率实际上是 $P(AB)=0.72$（如果换一个角度理解为 $P(B)=0.72$，那么从 $B\subset A$ 知 $AB=B$，也可以推得 $P(AB)=0.72$）．现在已知种子发了芽，求它成活的概率，即求 $P(B|A)$，根据公式（7.8）计算

$$P(B|A)=\frac{P(AB)}{P(A)}=\frac{0.72}{0.9}=0.8,$$

你对发芽种子应抱有 80%的成活期望.

7.3.2　乘法公式

将公式（7.8）稍作变形，可得

$$P(AB)=P(A)P(B|A)\ (\ P(A)>0\ ). \tag{7.9}$$

事件 A，B 的地位是对等的，因此将它们互换位置，即得

$$P(AB)=P(B)P(A|B)\ (\ P(B)>0\ ). \tag{7.10}$$

公式（7.9）和（7.10）称为概率的**乘法公式**．乘法公式表明，事件乘积的概率等于各事件概率的乘积，不过后一个概率要添加条件.

乘法公式可推广到 3 个事件．先利用结合律将 3 个事件看作两个事件，得到 $P(ABC)=$

$P(A)P(BC|A)$，再对后一个概率应用乘法公式并注意添加条件，于是

$$P(ABC)=P(A)P(B\mid A)P(C\mid AB)\quad(P(AB)>0). \tag{7.11}$$

推广到更多事件的**乘法规则**是：事件乘积的概率等于各事件概率的乘积，不过后面的概率要不断地添加前款事件作为条件.

例 7.9 袋中有 52 个球，其中有 13 个红球，从中随机地依次取 3 个球（无放回）.

（1）求 3 个都是红球的概率；

（2）求前 2 个是红球，第 3 个不是红球的概率.

解 （1）设 $A_i=$"第 i 次取到红球"（$i=1,2,3$）. 3 个都是红球，意为 A_1,A_2,A_3 同时发生，即求概率 $P(A_1A_2A_3)$，利用乘法公式（7.11）得到

$$P(A_1A_2A_3)=P(A_1)P(A_2\mid A_1)P(A_3\mid A_1A_2)=\frac{13}{52}\times\frac{12}{51}\times\frac{11}{50}=0.01294 .$$

这里条件概率是利用公式（7.7）计算的，如 $P(A_3\mid A_1A_2)$ 是在前两次都取到红球的条件下第 3 次取到红球的概率，因为第 3 次面对着 50 个球，其中只有 11 个红球，所以这时取到红球的概率当然是 11/50. 本例也可以把"依次"抽取当作"同时"抽取，按照例 7.7 的做法计算概率

$$P(A_1A_2A_3)=\frac{C_{13}^3}{C_{52}^3}=\frac{13\times12\times11}{52\times51\times50}=0.01294 .$$

得到同样的结果应在意料之中，这是因为无放回抽样具有同一性，"同时"抽取和"依次"抽取并无本质的不同.

（2）所求概率是 $P(A_1A_2\overline{A}_3)$，运用乘法规则，

$$P(A_1A_2\overline{A}_3)=P(A_1)P(A_2\mid A_1)P(\overline{A}_3\mid A_1A_2)=\frac{13}{52}\times\frac{12}{51}\times\frac{39}{50}=0.04588 .$$

本例的事件与次序有关，但仍然可以当作"同时"抽取来对待. 引入另一个事件 $B=$"恰有 2 次抽到红球"，则

$$P(B)=\frac{C_{13}^2C_{39}^1}{C_{52}^3}=\frac{13\times12\times39\times3}{52\times51\times50} .$$

显然 $B=\overline{A}_1A_2A_3+A_1\overline{A}_2A_3+A_1A_2\overline{A}_3$，此式右端是 3 个事件的和，这 3 个事件互不相容且机会均等，根据加法公式可知

$$P(A_1A_2\overline{A}_3)=\frac{1}{3}P(B)=\frac{13\times12\times39}{52\times51\times50}=0.04588 ,$$

得到同样的结果应该顺理成章. 当然，对于与次序有关的事件，利用乘法规则计算概率比较方便一些.

7.3.3 事件的独立性

如果两个事件 A 和 B，其中任何一个事件是否发生都不影响另一个事件发生的概率

（如烧香和下雨），则称事件 A， B **相互独立**. 所谓不影响概率，当然指的是

$$P(B\mid A)=P(B)\text{，}\quad P(A\mid B)=P(A)\text{，}\tag{7.12}$$

即条件概率中的条件不起作用，条件概率等于原概率. 在这种情况下乘法公式变成

$$P(AB)=P(A)P(B)\text{.}\tag{7.13}$$

两个事件不独立，称为**相依**. 公式（7.13）称为**独立条件下的乘法公式**. 不难看出，从（7.13）式出发通过公式（7.9）和（7.10）可推得（7.12）式，所以（7.13）式是事件 A，B 相互独立的充分必要条件，有的书上干脆用（7.13）式来定义独立性.

根据独立性的概念可知，事件 A， B 相互独立，等价于事件 A， $\bar{B}$ 相互独立，也等价于事件 $\bar{A}$， B 相互独立，还等价于事件 $\bar{A}$， $\bar{B}$ 相互独立.

公式（7.13）可以推广到多个事件，比如 3 个事件 A， B， C 相互独立，则乘法公式（7.11）就成了

$$P(ABC)=P(A)P(B)P(C)\text{.}\tag{7.14}$$

独立条件下的乘法规则是：相互独立事件乘积的概率等于各事件概率的乘积. 独立性为计算乘积概率带来了很大的便利. 比如当事件 A， B 相互独立时，加法公式（7.2）就成了

$$P(A+B)=P(A)+P(B)-P(A)P(B)\text{.}$$

例 7.10 两个射手射击同一目标，已知甲射中目标的概率为 0.9，乙射中目标的概率为 0.8，求两人各射一次而目标被击中的概率.

解 设 $A=$“甲击中目标”， $B=$“乙击中目标”，则所求的概率是 $P(A+B)$. 一般情况下，两射手的射击互不影响，即 A， B 相互独立. 已知 $P(A)=0.9$， $P(B)=0.8$，所以

$$P(A+B)=P(A)+P(B)-P(AB)=0.9+0.8-0.9\times0.8=0.98\text{.}$$

事件的独立性往往可以像本例那样根据经验来判断，即把不存在明显影响的若干事件看作是相互独立的. 当然这在特殊情况下也许会出现偏差，比如本例中两人先后射击，后一射手心理压力很重以至不能正常发挥，这时 A， B 就不独立了. 应该指出的是，在随机试验中，事件的独立性是很普遍的现象，一般情况下实际经验的判断大多是有效的；反之，若按独立性计算得到的概率与实际情况有较大的差异，则应怀疑原先的独立性判断，这正是数理统计中独立性检验的理论依据.

例 7.9 中的摸球试验是无放回抽样，即每次摸出的球不再放回. 如果每次摸出一个球后放回袋中，经充分混合后再作下一次摸球，那么就成了**有放回抽样**. 在无放回抽样中，因为每次摸球的结果直接影响到剩余球的构成状况，所以前后两次摸球是相依的（不独立）；而有放回抽样时，球的构成状况始终相同，因此前后两次摸球相互独立.

摸球试验是很重要的随机试验，几乎所有的随机试验都可以用摸球试验来模拟，所以对于无放回抽样和有放回抽样的独立性要有清醒的认识. 在实际问题中，如果袋中球的数目相对于抽样次数而言非常庞大，那么每次无放回抽样对袋中球的构成状况影响甚微，这时无放回抽样可视作有放回抽样. 比如抽样检验产品，尽管是无放回的，但计算概率时通常都应用独立性条件.

例 7.11 3 台设备同时开动，在一小时内它们不出现故障的概率分别为 0.9，0.8 和 0.8，求在一小时内至少有一台设备发生故障的概率.

解 设 A，B，C 分别表示一小时内这 3 台设备不出现故障，则 $P(A)=0.9$，$P(B)=0.8$，$P(C)=0.8$．至少有 1 台设备发生故障是 $\overline{A}+\overline{B}+\overline{C}$，该事件的对立事件是 ABC，即 3 台设备都不出现故障．3 台设备的运行显然互不影响，即 A，B，C 相互独立，所以

$$P(\overline{A}+\overline{B}+\overline{C})=1-P(ABC)=1-P(A)P(B)P(C)=1-0.9\times0.8\times0.8=0.434.$$

计算结果表明，虽然单个设备的可靠性都很好，无故障概率均不小于 80%，但整体的风险却高达 42.4%，这是在可靠性设计中具有广泛应用的概率原理.

在本例的计算中，应注意事件 $\overline{A}$，$\overline{B}$，$\overline{C}$ 并非互不相容，所以不能应用加法公式(7.4)．若将事件 $\overline{A}+\overline{B}+\overline{C}$ 分解成互不相容的事件之和，则会产生 7 项之多，由此可见，利用逆事件求概率既简便又能保证思路的清晰，当涉及的事件较多时，这种简便性尤为突出.

这里特别要强调互不相容和相互独立这两个概念的区别．不相容是指不能同时发生，简称"不相交"，而相互独立并不排除同时发生，而是指发生与否互不影响，简称"不影响"，两者不能混为一谈．一般地，当 $P(A)>0$，$P(B)>0$ 时，若 A，B 不相容则必相依（不独立），反之，若 A，B 相互独立则必相容，即 $P(AB)=0$ 和 $P(AB)=P(A)P(B)$ 不可能同时成立.

例 7.12 将 4 个电器元件按图 7-2 连接，然后接入电路．每个元件的可靠度（正常工作的概率）均为 r（$0<r<1$），元件发生故障则出现断路．求图 7-2 电路能正常工作不出现断路的概率.

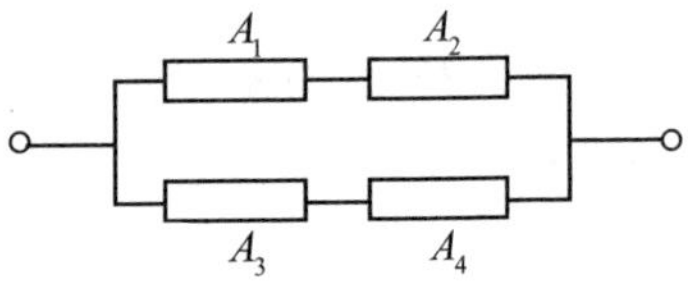

图 7-2 电器元件的串并联

解 以 A_i $(i=1,2,3,4)$ 分别表示 4 个元件正常工作，则 $P(A_i)=r$ $(i=1,2,3,4)$．串联电路正常工作意味着电路中各部分同时正常，而并联电路正常工作则意味着电路中各分路至少有一个正常，所以图 7-2 电路正常工作即事件 $A_1A_2+A_3A_4$．4 个元件是否出现故障应该相互独立，因此

$$\begin{aligned}P(A_1A_2+A_3A_4)&=P(A_1A_2)+P(A_3A_4)-P(A_1A_2A_3A_4)\\&=P(A_1)P(A_2)+P(A_3)P(A_4)-P(A_1)P(A_2)P(A_3)P(A_4)\\&=r^2+r^2-r^4=r^2(2-r^2).\end{aligned}$$

本例的计算过程表明，串联电路会降低可靠性，而并联电路能提高可靠性.

7.3.4 全概率公式

1. 全概率公式

如图 7-3 所示，将样本空间 Ω 分为 4 块 A_1,A_2,A_3,A_4，事件 B 也同时被分割．计算图中各块的样本点数，不难得到

$$P(B)=P(A_1B)+P(A_2B)+P(A_3B)+P(A_4B)$$
$$=P(A_1)P(B|A_1)+P(A_2)P(B|A_2)$$
$$+P(A_3)P(B|A_3)+P(A_4)P(B|A_4).$$

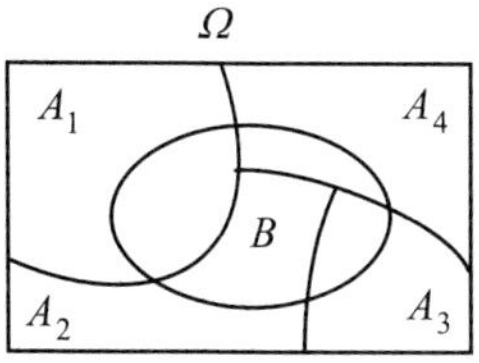

图 7-3　全概率公式示意图

类似地可以推广到一般情况：设 B 为任一事件，$A_1, A_2,\cdots, A_n$ 是把样本空间 Ω 分为 n 份的完备事件组，即满足 $A_1, A_2,\cdots, A_n$ 两两互不相容，$P(A_i)>0\ (i=1,2,\cdots,n)$，而且 $A_1+A_2+\cdots+A_n=\Omega$，则

$$P(B)=\sum_{i=1}^{n}P(A_i)P(B|A_i). \tag{7.15}$$

公式（7.15）称为**全概率公式**．特别地，取 $n=2$，有

$$P(B)=P(A)P(B|A)+P(\bar{A})P(B|\bar{A}). \tag{7.16}$$

当不容易直接求概率 $P(B)$ 时，全概率公式往往很有效．全概率公式（7.15）、（7.16）体现了转移难点、分类计算概率的方法．

例 7.13　设仓库内有 10 箱产品，分别来自于甲厂 5 箱，乙厂 3 箱，丙厂 2 箱，而三个厂的次品概率依次为 0.1，0.07，0.05．从这 10 箱产品中任取一箱，再从此箱中取一件产品，求取得正品的概率．

解　本例分层次给出概率条件，用全概率公式最为恰当．设 B＝“取得正品”，A_1＝“甲厂生产”，A_2＝“乙厂生产”，A_3＝“丙厂生产”，则 $P(A_1)=0.5$，$P(A_2)=0.3$，$P(A_3)=0.2$；$P(B|A_1)=1-0.1=0.9$，$P(B|A_2)=0.93$，$P(B|A_3)=0.95$．于是根据全概率公式：

$$P(B)=P(A_1)P(B|A_1)+P(A_2)P(B|A_2)+P(A_3)P(B|A_3)$$
$$=0.5\times0.9+0.3\times0.93+0.2\times0.95=0.919.$$

2. 贝叶斯（Bayes）公式

在全概率公式中，关于事件 A_i 的信息是已知的，所以 $P(A_i)\ (i=1,2,\cdots,n)$ 称为**先验概率**．有时需反过来由结果事件 B 的信息来估计或验证原先的信息，即求概率 $P(A_i|B)$，这个概率称为**后验概率**．为了避免下标的混乱，将后验概率记作 $P(A_k|B)$．利用乘法公式（7.9）、（7.10），再结合全概率公式（7.15）可得

$$P(A_k|B)=\frac{P(A_kB)}{P(B)}=\frac{P(A_k)P(B|A_k)}{\sum_{i=1}^{n}P(A_i)P(B|A_i)}\ (k=1,2,\cdots,n), \tag{7.17}$$

这个公式称为**贝叶斯公式**．在贝叶斯公式中，分母是 n 项之和，分子恰为这 n 项中的第 k 项．

例 7.14　在例 7.13 中，如果实际抽到的产品是正品，问所抽到的该产品是甲、乙、丙厂生产的概率各为多少？

解 本例是求后验概率 $P(A_k \mid B)\ (k=1,2,3)$，例 7.13 中计算 $P(B)$ 的 3 项之和为 $P(B)=0.45+0.279+0.19=0.919$，所以按贝叶斯公式，可算得：

$$P(A_1 \mid B)=\frac{0.45}{0.919}=0.4897,\quad P(A_2 \mid B)=\frac{0.279}{0.919}=0.3036,\quad P(A_3 \mid B)=\frac{0.19}{0.919}=0.2067.$$

后验概率往往被看作是在得到新的信息（B 已发生）后，对原概率 $P(A_1)=0.5$，$P(A_2)=0.3$，$P(A_3)=0.2$ 的一种修正.

习 题 七

1．设 A，B，C 表示 3 个事件，利用 A，B，C 及其运算表示下列事件.

（1）A 发生，B，C 都不发生；（2）A，B 都发生，C 不发生；（3）所有 3 个事件都发生；

（4）3 个事件中至少有 1 个发生；（5）3 个事件都不发生；（6）只有 B 发生；

（7）只有 B 不发生；（8）不多于 1 个事件发生；（9）不多于 2 个事件发生；

（10）3 个事件中至少有 2 个发生.

2．向指定的目标射击 3 枪，以 A_1，A_2，A_3 分别表示事件“第一、二、三枪击中目标”，试用 A_1，A_2，A_3 及其运算表示以下事件.

（1）只击中第 1 枪；（2）只击中 1 枪；（3）3 枪都未击中；（4）至少击中 1 枪.

3．某村有 200 户人家，34 户没有孩子，98 户有 1 个孩子，49 户有 2 个孩子，19 户有多于 2 个孩子. 从中任选 1 户人家，这户人家只有 1 个孩子的概率为多少？这户人家有至少 1 个孩子的概率为多少？

4．从一批由 37 件正品，3 件次品组成的产品中任取 3 件产品，求：

（1）3 件中恰有 1 件次品的概率；（2）3 件全是次品的概率；（3）3 件全是正品的概率；

（4）3 件中至少有 1 件次品的概率；（5）3 件中至少有 2 件次品的概率.

又，如果抽取方式改为分 3 次抽取，每次无放回地取一件产品，则上述概率如何求？

5．某城市有 50%的住户订日报，有 65%的住户订晚报，有 85%的住户至少订这两种报纸中的一种. 记者随机采访该城市的一家住户，发现其同时订两种报纸的概率是多少？

6．一大型超市声称，进入商店的小偷有 60%可以被电视监测器发现，有 40%被保安人员发现，有 20%被监测器和保安人员同时发现，试求小偷被发现的概率.

7．某公司有职工 210 名，对他们进行调查发现有 160 人会使用计算机，其中 78 人受过高等教育，而不会使用计算机的人中有 43 人未受过高等教育. 现从所有职工中任选一人，求：

（1）他受过高等教育的概率；

（2）他不会使用计算机的概率；

（3）已知他没有受过高等教育，求他会使用计算机的概率；

（4）已知他会使用计算机，求他受过高等教育的概率；

（5）求他既会使用计算机又受过高等教育的概率；

（6）求他既不会使用计算机，又没有受过高等教育的概率.

8．对 100 家企业 2001 年、2002 年的经营情况进行调查，得到的结果是：有 55 家企业两年都盈利，有 15 家企业两年都亏损，其余的企业都为一年盈利、一年亏损，其中先盈后亏的企业有 20 家，现从中任选一家企业，求：

（1）它在 2002 年是盈利的概率；　　（2）它在 2001 年是亏损的概率；

（3）它连续两年是盈利的概率；　　（4）它连续两年是亏损的概率；

（5）已知它在 2001 年是盈利，求它在 2002 年是盈利的概率；

（6）已知它在 2001 年是亏损，求它在 2002 年是亏损的概率．

9．甲、乙两城市都位于长江下游，根据一百余年来气象的记录，知道甲、乙两城市一年中雨天占的比例分别为 20%和 18%，两地同时下雨的比例为 12%，问：

（1）乙市为雨天时，甲市为雨天的概率是多少？

（2）甲市为雨天时，乙市为雨天的概率是多少？

（3）甲、乙两城市至少有一个为雨天的概率是多少？

10．某种动物从出生活到 20 岁的概率为 0.8，活到 25 岁的概率为 0.4，问现年 20 岁的这种动物活到 25 岁的概率是多少？

11．一批零件共 100 件，其中次品 10 个，从这批零件中每次任取一个零件，取出的零件不再放回，求第 3 次才取到正品的概率．

12．两个电池 A 和 B 并联后再与电池 C 串联，构成一个复合电源接入电路，各电池是否发生故障相互独立，设电池 A，B，C 损坏的概率分别是 0.3，0.2，0.1，求电路因电池故障而无法供电的概率．

13．加工某一零件共需 4 道工序，设第 1、2、3、4 道工序的次品率分别是 2%、3%、5%、2%，假定各道工序是互不影响的，求加工出来的零件的次品率．

14．甲、乙、丙 3 人向同一飞机射击，设甲、乙、丙射中的概率分别为 0.4、0.5、0.7．

（1）求只有 1 人射中飞机的概率；

（2）求恰有 2 人射中飞机的概率；

（3）求 3 人都射中飞机的概率．

15．某人投篮的命中率仅为 0.3，有一天他去练习投篮，打算投不中接着投，投中为止．

（1）他在第 4 次才投中的概率是多少？

（2）他投篮不超过 4 次就结束练习的概率是多少？

16．有 6 个电子元件，它们工作时发生故障的概率都是 r（$0<r<1$），若发生故障则出现断路．

（1）将 6 个元件两两串联形成 3 个组合件，然后把这 3 个组合件并联起来接入电路，求电路工作时出现断路的概率；

（2）将 6 个元件 3 个一组并联形成 2 个组合件，然后把这 2 个组合件串联起来接入电路，求电路工作时不出现断路能正常工作的概率．

17．某工厂由甲、乙、丙 3 个车间生产同一种产品，每个车间的产量分别占全厂的 25%、35%、40%，各车间产品的次品率分别为 5%、4%、2%，求全厂产品的次品率．

18．上题中，如果从全厂总产品中抽取一件产品抽得的是次品，求它依次是甲、乙、丙车间生产的概率．

19．2 台车床加工同样的零件，第 1 台加工后的废品率为 0.03，第 2 台加工后的废品率为 0.02，加工出来的零件放在一起，已知这批加工后的零件中，由第 1 台车床加工的占 2/3，由第 2 台车床加工的占 1/3，从这批零件中任取一件，求这件是合格品的概率．

20．单项选择题

（1）设有 3 个事件 A，B，C，用 A，B，C 表示“至多有 3 个事件发生”为　　（　　）

A．$\overline{A}+\overline{B}+\overline{C}$；　B．$\overline{ABC}$；　C．$\overline{A}\,\overline{B}C+\overline{A}B\overline{C}+A\overline{B}\,\overline{C}$；　D．$\Omega$．

（2）在某学校学生中任选一名学生，设 A =“选出的学生是男生”，B =“选出的学生是三年级学生”，C =“选出的学生是篮球运动员”，则 ABC 的含义是　　（　　）

A．选出的学生是三年级男生；　B．选出的学生是三年级男子篮球运动员；

C．选出的学生是男子篮球运动员；　D．选出的学生是三年级篮球运动员．

（3）掷一颗骰子的试验，观察其出现的点数，记 A =“掷出偶数点”，B =“掷出奇数点”，C =“掷出的点数小于 5”，D =“掷出 1 点”，则下述关系错误的是　　（　　）

A．$B=\overline{A}$；　B．A 与 D 互不相容；　C．$C=\overline{D}$；　D．$\Omega=A+B$．

（4）某事件的概率为 0.2，如果试验 5 次，则该事件　　（　　）

A．一定会出现 1 次；B．一定出现 5 次；　C．至少出现 1 次；　D．出现的次数不确定．

（5）对一个有限总体进行有放回抽样时，各次抽样的结果　　（　　）

A．相互独立；　B．是相容的；　C．互为逆事件；　D．不相容但非逆事件．

（6）若 $P(A)=0.5$，$P(B)=0.5$，则 $P(A+B)=$　　（　　）

A．0.25；　B．1；　C．0.75；　D．不确定．

（7）已知 $P(A)=0.4$，$P(B)=0.3$，$P(A+B)=0.6$，则事件 A 和 B　　（　　）

A．相容但不独立；　B．独立但不相容；　C．独立且相容；　D．不独立也不相容．

（8）玩 3 种电脑游戏，都有机会获得小奖品，各种游戏是否获奖相互独立，获奖概率分别是 0.2、0.3、0.4．某人打算把 3 种游戏都玩一遍，则他获奖的概率是　　（　　）

A．0.024；　B．0.664；　C．0.876；　D．0.900．

（9）3 人抽签决定谁可以得到惟一的一张足球票．现制作 2 张假票与真票混在一起，3 人依次抽取，则　　（　　）

A．第 1 人获得足球票的机会最大；　B．第 2 人获得足球票的机会最大；

C．第 3 人获得足球票的机会最大；　D．3 人获得足球票的机会相同．

（10）已知 $P(A)=0.5$，$P(B)=0.4$，$P(A+B)=0.6$，则 $P(A|B)=$　　（　　）

A．0.2；　B．0.45；　C．0.6；　D．0.75．

第 8 章　随机变量及其概率分布

8.1　离散型随机变量及其分布律

8.1.1　随机变量

随机试验的结果往往表现为数量，如抛掷骰子出现的是点数，摸球试验摸出的是红球数（参看例 7.9），射击目标的结果是击中次数，观测潮位看到的是水位高度．有些随机试验的结果并不直接表现为数量，但可以将其数量化，如抽牌试验中将牌张编号(参看例 7.3)，抽出的便是编号数．又如观察婴儿的性别，用 0 表示出生女婴，用 1 表示出生男婴，则观察到的就是数 0 或数 1．

用字母 X 表示试验的数值结果，X 可能取许多不同的数值，因此 X 是变量．另一方面，试验之前无法断定 X 取什么值，试验之后可以观察到它的取值，即变量 X 具有随机性，其取值有一定的概率表现，所以将随机试验的数值结果称为**随机变量**．随机变量通常用大写字母 X,Y,Z 等表示．

例 8.1　投币试验．抛出一枚硬币，X 为“出现正面的次数”，则 X 的可能取值为 1，0，即 $(X=1)$ =“正面朝上”，$(X=0)$ =“反面朝上”，显然 X 是随机变量，并且 $P(X=1)=P(X=0)=0.5$．

例 8.2　抽牌试验．将 52 张牌按例 7.3 的方式编号，随机地抽一张牌，设 X 为“抽得牌张的编号”．显然 X 是随机变量，它有 52 个可能的取值，其中$(14\leqslant X\leqslant 26)$=“抽到红心”，并且 $P(14\leqslant X\leqslant 26)=0.25$．

从以上两例看出，随机变量的取值或取值范围表示随机事件，并且有对应的概率．随机变量本身并不是事件，记号 $P(X)$ 是没有意义的．研究随机变量最主要的是分析它的概率特征，即研究随机变量各种取值情况的概率．随机变量的全部概率特征称为随机变量的**概率分布**．

8.1.2　离散型随机变量

如果随机变量 X 的取值可以一一列出，则称 X 是**离散型随机变量**．离散型随机变量并不排除可能取无穷多个数值，只是要求这些取值可以按某种顺序一一列出而不是连成一片的．设 X 的可能取值为 x_k（$k=1,2,\cdots$），并且相应的概率

$$P(X=x_k)=p_k \quad (k=1,2,\cdots) \tag{8.1}$$

都已知道，则该随机变量的概率特征就完全搞清楚了．所以将（8.1）式称为离散型随机变量 X 的**分布律**，写成矩阵（表格）形式为

$$X \sim \begin{pmatrix} x_1 & x_2 & \cdots & x_k & \cdots \\ p_1 & p_2 & \cdots & p_k & \cdots \end{pmatrix}. \tag{8.2}$$

这里“～”号表示“服从于”的意思，矩阵的第 1 行是 X 的所有可能取值，第 2 行是这些取值所对应的概率．分布律有形象化的矩阵形式（8.2），故又称作**分布列**．

在分布律中，所有的概率均应非负，另一方面根据可加性，所有概率之和表示必然事件的概率，应该等于 1，因此分布律具有以下性质：

（1）**非负性** $p_k \geqslant 0$（$k=1,2,\cdots$）；

（2）**完备性** $\sum\limits_k p_k = 1$．

例 8.3 一种有奖储蓄，20 万户为一开奖组．设特等奖 20 户，每户奖金 4000 元；一等奖 120 户，每户奖金 400 元；二等奖 1200 户，每户奖金 40 元；末等奖 4 万户，每户奖金 4 元．求一个储蓄户得奖额 X 的分布律．

解 注意 X 是“得奖额”（不是“奖等”），它的所有可能取值为 4000，400，40，4，0（最后一个值 0 不可遗漏）．对应的概率是获奖名额与总户数（20 万）之比，容易求得分布律为

$$X \sim \begin{pmatrix} 4000 & 400 & 40 & 4 & 0 \\ 0.0001 & 0.0006 & 0.006 & 0.2 & 0.7933 \end{pmatrix},$$

其中最后一个概率 0.7933 利用分布律的完备性求得．可见绝大多数储户是不中奖的，这是各种摸奖、抽奖、彩票活动的共同特点．

例 8.4 10 件产品中，有 3 件次品，7 件正品．现从这 10 件产品中任取 2 件产品，记 X 是“抽得的次品数”，求 X 的分布律．

解 求分布律首先要认清 X 的确切含义，正确地分析其所有的可能取值．本例中，抽得的次品数 X 可能取值为 0，1，2．对应的概率可参照例 7.7，利用组合数求得：

$$P(X=0)=\frac{C_7^2}{C_{10}^2}=\frac{7}{15}，\quad P(X=1)=\frac{C_3^1 C_7^1}{C_{10}^2}=\frac{7}{15}，\quad P(X=2)=\frac{C_3^2}{C_{10}^2}=\frac{1}{15},$$

于是 X 的分布律为 $X \sim \begin{pmatrix} 0 & 1 & 2 \\ \frac{7}{15} & \frac{7}{15} & \frac{1}{15} \end{pmatrix}$．这个分布律显然满足非负性和完备性的要求．

例 8.5 求 a 的值，使 X 的分布律为 $P(X=k)=a(0.4)^k$（$k=1,2,\cdots$）．

解 这里 X 的可能取值有无限多个，因而完备性表现为无穷级数之和．由

$\sum_{k=1}^{\infty} a(0.4)^k = a \times \frac{0.4}{1-0.4} = 1$，推出 $a = 1.5$．

离散型随机变量的分布律可以列表（如例 8.3，例 8.4），也可用公式（8.1）表示（如例 8.5）．这两种不同的表现形式，其本质是相同的，都给出了一个以概率为函数值，自变量取离散值的离散型函数．这个函数作为分布律刻画了随机变量的概率特征，描述出离散型随机变量的概率分布，因而不同的随机变量有不同的分布律．

以下讨论三种常见的分布：两点分布、二项分布、泊松分布．

8.1.3　两点分布

若随机变量 X 的可能取值仅两点 0 和 1，且 $P(X=1)=p$，则 X 的分布律为

$$X \sim \begin{pmatrix} 1 & 0 \\ p & q \end{pmatrix}, \tag{8.3}$$

其中 $q=1-p$，X 具有这样的分布律，就称 X 服从参数为 p 的**两点分布**，两点分布又称为 **0－1 分布**．两点分布的分布律可用公式表示为

$$P(X=k)=p^k(1-p)^{1-k}=p^k q^{1-k} \quad (k=0,1).$$

例 8.6　袋中有 6 只白球和 4 只红球，从中任取一只，X 为"取得的白球数"，求 X 的分布律．

解　显然 X 只能取 1（取得白球）和 0（取得红球），并且 $P(X=1)=0.6$，所以 X 服从参数为 0.6 的两点分布，其分布律为 $X \sim \begin{pmatrix} 1 & 0 \\ 0.6 & 0.4 \end{pmatrix}$．

两点分布是最简单的分布，同时又是很重要的分布，因为任何随机试验都与两点分布相联系：设 A 是试验中的某一事件，X 是"一次试验中 A 出现的次数"，显然 $(X=1)$ 表示 A 发生而 $(X=0)$ 表示 A 不发生，若 $P(A)=p$，则 X 的分布律由矩阵（8.3）给出，即 X 服从参数为 p 的两点分布．

以后还会看到，将一个复杂的随机变量分解成两点分布之和，可以在相关的概率分析中起到事半功倍的作用．

8.1.4　二项分布

1．伯努利（Bernoulli）试验

将随机试验在相同的条件下独立地重复 n 次，观察事件 A 出现的次数，称为**伯努利试验**，或 **n 次重复独立试验**，事件 A 出现 k 次的概率记为 $P_n(k)$．这里的"独立"是指前后各次试验互不干扰、互不影响．

伯努利试验是很常见的试验，如投篮 n 次观察投中多少次，有放回地抽样 n 次（抽牌、摸球、检验产品等）观察抽中的次数等.

例 8.7 产品次品率为 0.2，从中有放回地抽取 5 次，每次取一个，求出现 2 次次品的概率.

解 有放回抽样具有独立性，属于伯努利试验，本例即求 $P_5(2)$. 设 A_i = “第 i 次抽样中出现次品”，有放回抽样中单次概率都相同，即

$$P(A_i)=0.2,\quad P(\overline{A_i})=0.8\ (i=1,2,3,4,5).$$

5 次抽样情况可以是

$$A_1A_2\overline{A_3}\,\overline{A_4}\,\overline{A_5}\ ,\ A_1\overline{A_2}A_3\overline{A_4}\,\overline{A_5}\ ,\ \overline{A_1}\,\overline{A_2}A_3\overline{A_4}A_5\ ,\cdots,$$

相当于在 5 个位置中安放 2 个次品位置，这样的情况共有 C_5^2 种，互不相容，其概率按独立性条件计算都是 $0.2^2\times 0.8^3$，所以由加法公式得 $P_5(2)=C_5^2 0.2^2 0.8^3$.

一般地，在伯努利试验中，A 出现的概率是 p，则

$$P_n(k)=C_n^k p^k(1-p)^{n-k}\ (k=0,1,2,\cdots,n). \tag{8.4}$$

这种概率模型称为**伯努利概型**.

2. 二项分布

如果随机变量 X 的分布律由公式（8.4）给出，即

$$P(X=k)=C_n^k p^k(1-p)^{n-k}=C_n^k p^k q^{n-k}\quad (k=0,1,2,\cdots,n), \tag{8.5}$$

式中 $q=1-p$，则称 X 服从参数为 n 和 p 的**二项分布**（或**伯努利分布**），记为 $X\sim B(n,p)$. 这里的 B 是 Bernoulli（伯努利）的第一个字母. 二项分布的名称来源于牛顿二项展开式

$$1=(p+q)^n=\sum_{k=0}^{n}C_n^k p^k q^{n-k},$$

公式（8.5）给出的 $n+1$ 个概率值恰是上述二项展开式的各项，二项分布的完备性也同时由此得以验证.

结合（8.4）式和（8.5）式可知，当 X 是 n 次重复独立试验中事件 A 出现的次数，且 $P(A)=p$ 时，X 服从二项分布，其中 n 是重复试验的总次数，p 是单次试验中事件 A 的概率. 当 $n=1$ 时，二项分布退化为两点分布，因此两点分布可记为 $X\sim B(1,p)$.

例 8.8 某篮球运动员投篮命中率的统计值是 0.7，现投篮 10 次，问他投中 7 次的概率是多少？

解 投篮属于重复独立试验，所以投中次数 X 服从二项分布. 其中参数 $n=10$ 是投篮总次数，$p=0.7$ 是单次投中的概率，所求概率按公式（8.5）计算为

$$P(X=7)=C_{10}^7 p^7 q^3=120\times 0.7^7\times 0.3^3=0.2668.$$

可见“命中率为 0.7”与“10 投 7 中”相去甚远，后者只有不到 27%的可能性，发生的概

率是很小的.

二项分布的概率计算有现成的公式（8.5），遇到实际问题要注重分析是否属于具有“重复、独立”特征的伯努利概型，以便应用二项分布的现成结论. 下面是几个二项分布的典型环境：

（1）固定总次数的射击、投篮等独立运作；

（2）有放回抽样问题；

（3）总量庞大的无放回抽样问题（近似于有放回抽样）；

（4）多台同类仪器或设备并联使用中的故障问题.

这里将设备运行问题归入伯努利概型是因为其实质上相当于总量庞大的无放回抽样问题.

例 8.9 日光灯管正常使用一个月，会有 1%的损坏率. 一个教室内安装了 16 支日光灯，问一个月内有 3 支或 3 支以上灯管不亮的概率是多少？

解 这是设备并联使用问题，可按伯努利概型来对待. 试验次数是日光灯总数 $n=16$，单独一根灯管损坏的概率是 $p=1\%=0.01$，设 X 是损坏的灯管数，则 $X\sim B(16,0.01)$. 所求的概率是 $P(X\geqslant 3)$，利用逆事件求概率比较简便，因为

$$\begin{aligned}P(X\leqslant 2)&=P(X=0)+P(X=1)+P(X=2)\\&=C_{16}^{0}p^{0}(1-p)^{16}+C_{16}^{1}p^{1}(1-p)^{15}+C_{16}^{2}p^{2}(1-p)^{14}\\&=0.85156+0.13761+0.01042=0.99949,\end{aligned}$$

所以 $P(X\geqslant 3)=1-P(X\leqslant 2)=0.00051$. 计算表明，除非有人为的非正常因素，3 支以上灯管不亮几乎是不可能的.

例 8.10 一批螺丝次品率为 0.05，商店将 10 个螺丝包成一包出售，并承诺其中多于一个次品即可退货. 问商店将承受多大的退货率？

解 设 X 是一包螺丝中次品的个数，退货率即概率 $P(X>1)$. 本例是任取 10 个螺丝（一包）的无放回抽样问题，因为一批螺丝总量庞大，所以可视作伯努利概型，即 $X\sim B(10,0.05)$. 利用逆事件求概率比较简便：

$$P(X>1)=1-P(X\leqslant 1)=1-P_{10}(0)-P_{10}(1)=1-0.95^{10}-10\times 0.05\times 0.95^{9}=0.0861,$$

即退货率约为 8.6 %.

8.1.5 泊松（Poisson）分布

如果随机变量 X 的可能取值为 $0,1,2,\cdots,k,\cdots$（无穷），且分布率为

$$P(X=k)=\frac{\lambda^{k}}{k!}\mathrm{e}^{-\lambda}\quad(\lambda>0,\ \ k=1,2,\cdots),\tag{8.6}$$

则称 X 服从参数为 λ 的**泊松分布**，记为 $X\sim P(\lambda)$. 这里的 P 是 Poisson（泊松）的第一个字母. 验证泊松分布（8.6）的完备性需要用到幂级数知识，此处从略.

泊松分布来源于“排队现象”，刻画稀有事件出现的概率．如某时间段的电话呼叫、机器纺织的纱线断头、大型商店的顾客到来、交通路口的车辆通过等，都可以用泊松分布来描述．

理论推导表明，当 n 很大，p 很小而 np 大小适中时，二项分布近似于泊松分布，即有近似式

$$P_n(k) \approx \frac{\lambda^k}{k!}e^{-\lambda} \quad (\lambda = np), \qquad C_n^k p^k (1-p)^{n-k} \approx \frac{(np)^k}{k!}e^{-np}.$$

这个近似式为计算二项分布的概率提供了方便，尤其是当 n 很大时，计算组合数 C_n^k 有困难，而利用 $\lambda = np$ 转换成泊松公式就比较容易．

为了使计算更为方便，人们专门编制了泊松分布数值表以备查阅（见附表 2）．泊松分布数值表通常给出向后累计的概率，求单个概率或者向前累计的概率应注意还要另外做减法．

例 8.11 某厂有同类设备 80 台，发生故障的概率都是 0.01，当一台设备发生故障时需要有一个工人来维修处理．现考虑用两种方式进行管理：

（1）由 1 名工人负责维修 20 台设备；

（2）由 3 名工人负责维修 80 台设备．

试分别求出设备发生故障而需要等待维修的概率．

解 （1）设 X 是 20 台设备中发生故障的设备数，由于 X 面对一个维修工人，所以当 $X>1$ 时即出现等待维修的现象，所求的概率显然是 $P(X>1)$．设备运行问题服从二项分布，即 $X \sim B(20,0.01)$，但 $n=20$ 较大，$p=0.01$ 较小而 $\lambda = np = 0.2$ 适中，所以可认为近似地有 $X \sim P(0.2)$，查附表 2 可直接得到概率为 $P(X>1)=P(X \geqslant 2)=0.0175$．

（2）设 X 是 80 台设备中发生故障的设备数，X 面对 3 个维修工人，故所求的概率是 $P(X>3)$，由于 $X \sim B(80,0.01)$ 而 $\lambda = 80 \times 0.01 = 0.8$ 大小适中，所以近似地有 $X \sim P(0.8)$，查附表 2 可直接得到概率为 $P(X>3)=P(X \geqslant 4)=0.0091$．

经比较发现，后一种管理方式不仅每人平均负责维修的设备数有所增加，而且维修等待的概率大大降低，因此由多人共同看管设备的管理经济效益要好于单人分别看管设备．由此可见，用概率论知识建立模型，能够解决某些有效运用人力、物力资源的问题．

8.2 连续型随机变量及其概率密度

8.2.1 连续型随机变量

1. 概率密度函数

若随机变量 X 的所有可能取值不能一一列出，而是连成一片形成区间，则 X 就可成为

连续型随机变量. 如测量零件尺寸、检验电池寿命、观察降雨量等，都要归结为连续型随机变量.

由于 X 要面对一大片的取值，单点取值的概率 $P(X=x)$ 必然微乎其微，而且无法一一列出，所以不能用建立分布律的方法来对待连续型随机变量，应该转而研究随机变量取值范围的概率 $P(a<X\leqslant b)$.

离散型随机变量取值范围的概率曾在例 8.9 中涉及，那是一些概率的累计值，即

$$P(a<X\leqslant b)=\sum_{x_k\in(a,b]}P(X=x_k)=\sum_{x_k\in(a,b]}p_k\ ,$$

其中 $p_k=P(X=x_k)$ 是由（8.1）式确定的反映随机变量特征的离散型函数. 由此引申出去，连续型随机变量取值范围的概率应当是一个“连续”的累计过程. 按照微积分的观点，连续的累计过程是和的推广，含有无限分割、无穷积累的思想，需要用积分来表现，而被积函数与上面和式中的 p_k 相类似，应该是反映该随机变量特征的连续型函数，即

$$P(a<X\leqslant b)=\int_a^b f(x)\mathrm{d}x\ . \tag{8.7}$$

式中体现随机变量特征的函数 $f(x)$ 称为随机变量 X 的**概率密度函数**，简称**密度函数**或**密度**. 注意（8.7）式中大写字母 X 表示随机变量，小写字母 x 表示积分变量，两者切勿相混，尤其是 $(a<x\leqslant b)$ 不能表示随机事件，因而 $P(a<x\leqslant b)$ 是没有意义的.

知道概率密度函数 $f(x)$ 就可以通过积分计算有关随机变量 X 的各种概率，所以密度 $f(x)$ 全面描述了连续型随机变量 X 的概率特征，因而不同的随机变量有不同的密度函数.

2. 密度函数的性质

根据概率的非负性和完备性可知，密度函数具有如下和离散型随机变量的分布律类似的性质：

（1）**非负性**　$f(x)\geqslant 0$;　　　（2）**完备性**　$\int_{-\infty}^{+\infty}f(x)\mathrm{d}x=1$.

例 8.12　设 $f(x)=\begin{cases}k(3x-x^2), & 0\leqslant x\leqslant 3\\ 0, & \text{其他}\end{cases}$ 是随机变量 X 的概率密度函数，求 k 的值及 $P(1<X\leqslant 5)$，$P(X\leqslant 1)$.

解　由完备性（注意分段函数的积分处理）知，

$$1=\int_{-\infty}^{+\infty}f(x)\mathrm{d}x=\int_0^3 k(3x-x^2)\mathrm{d}x=k\left[\frac{3}{2}x^2-\frac{1}{3}x^3\right]_0^3=\frac{9}{2}k\ ,$$

所以 $k=2/9$. 计算连续型随机变量的概率要做积分，根据（8.7）式，

$$P(1<X\leqslant 5)=\int_1^5 f(x)\mathrm{d}x=\int_1^3\frac{2}{9}(3x-x^2)\mathrm{d}x=\frac{20}{27}\ ,$$

$$P(X \leqslant 1) = 1 - P(1 < X \leqslant 5) = \frac{7}{27}.$$

后一个概率也可以通过积分计算，结果是一样的.

3. 概率的几何意义

定积分的几何意义是面积，而概率表现为积分，所以概率（8.7）的几何意义是密度函数曲线与坐标横轴之间、介于两直线 $x=a$ 和 $x=b$ 范围内的面积，如图 8-1 所示. 简言之：**概率值等于密度曲线下方的面积**.

令图 8-1 中的两直线分别向左、右无限伸展，就得到

$$P(X \leqslant b) = \int_{-\infty}^{b} f(x)\mathrm{d}x, \quad P(X > a) = \int_{a}^{+\infty} f(x)\mathrm{d}x,$$

$$P(-\infty < X < +\infty) = \int_{-\infty}^{+\infty} f(x)\mathrm{d}x = 1,$$

其中前两式分别表示密度曲线下方，直线 $x=b$ 左侧的所有面积和直线 $x=a$ 右侧的所有面积，第三式正是密度的完备性公式，即整个密度曲线下方的面积等于 1.

概率的几何意义很重要，因为许多常见随机变量的密度表达式都很复杂，积分计算难度较大，往往需要通过面积的关系来理解概率原理、把握计算方法.

4. 单点概率

在图 8-1 中，设想直线 $x=a$ 和 $x=b$ 无限靠近，最后变成一条线，如图 8-2 所示，由此可知，单点取值 $(X=x)$ 的概率等于密度曲线下方线段的面积. 因为线段的宽度为零，所以单点概率为零，即

$$P(X=x)=0.$$

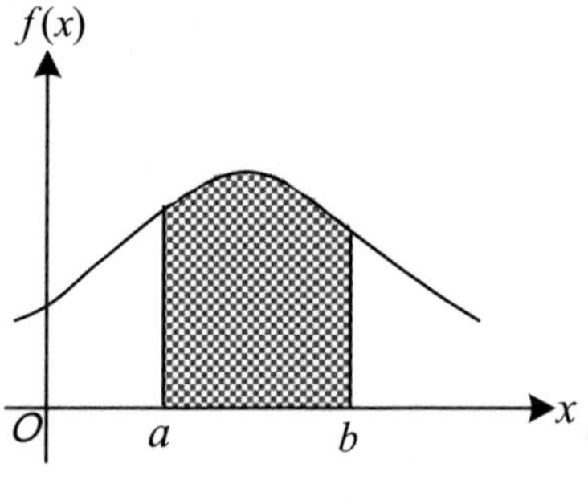

图 8-1 概率的几何意义

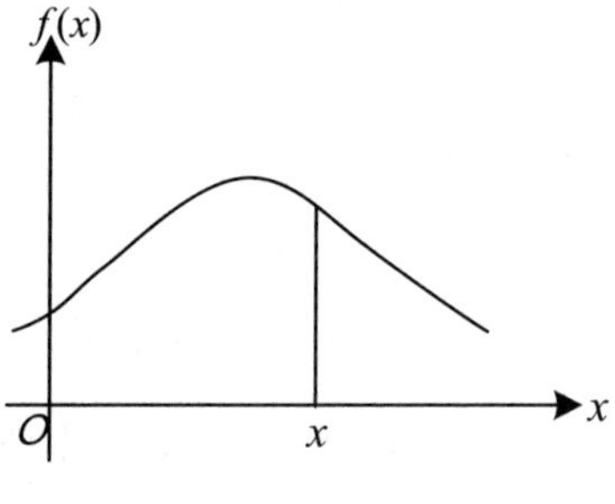

图 8-2 单点概率

这是连续型随机变量的重要特征，因此对于连续型随机变量来说，增减个别的点并不影响概率的计算，如

$$P(a \leqslant X < b) = P(a < X < b) = P(a < X \leqslant b) = P(a \leqslant X \leqslant b).$$

单点概率为零还透现出一个重要的概率原理：不可能事件的概率为零，但概率为零的事件未必是不可能事件.

利用无穷小的概念，可以更加深入地理解单点概率．在图 8-2 中，将曲线下方的线段看成具有无穷小的宽度 dx，则单点概率为

$$P(X = x) = f(x)dx, \tag{8.8}$$

即单点概率不再简单地等于 0，而是一个无穷小量，其内涵要丰富得多.（8.8）式表明，密度函数值 $f(x)$ 本身并不是概率，但它表示各点概率之间的比例，密度的称呼因此而名副其实．单点概率虽然都等于 0，但它们作为无穷小可以进行比较，不同点处的密度曲线的起伏，正是反映了随机变量不同取值可能性的相对大小关系.

8.2.2　均匀分布

如果随机变量 X 的概率密度函数是

$$f(x) = \begin{cases} \dfrac{1}{b-a}, & a \leqslant x \leqslant b \\ 0, & \text{其他} \end{cases}, \tag{8.9}$$

则称 X 服从区间 $[a,b]$ 上的**均匀分布**，记为 $X \sim U(a,b)$．均匀分布的密度曲线如图 8-3 所示.

服从均匀分布的随机变量 X，其所有可能取值分布在区间 $[a,b]$ 上，而且在该区间上所有取值的可能性都相同（密度曲线无起伏)，由此冠名为均匀分布．均匀分布的密度曲线下方的图形是一个矩形（参看图 8-3)，完备性要求该矩形的面积为 1，所以矩形的高度等于矩形长度 $b-a$ 的倒数.

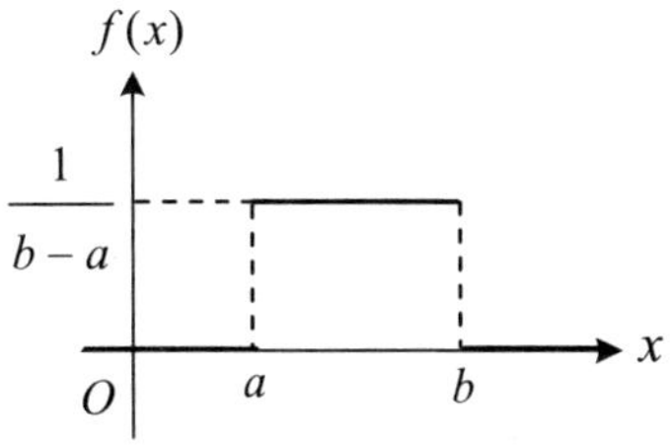

图 8-3　均匀分布密度曲线

均匀分布的概率总是等于图 8-3 中矩形的某一部分面积．由于矩形的高度恒定，所以计算均匀分布的概率时，只需考虑对应的矩形宽度是多少即可．比如当 $a < x < b$ 时，区间 $(-\infty, x]$ 在矩形中切割到的宽度是 $x-a$，因此

$$P(X \leqslant x) = \frac{x-a}{b-a}.$$

在估计误差时常常用到均匀分布．假设在数值计算中，数据都只保留到小数点后第 5 位，第 6 位以后的数字按四舍五入处理，则误差 X 是服从区间 $[-0.5\times10^{-5}, 0.5\times10^{-5}]$ 上均匀分布的随机变量．这样，对大量运算后产生的舍入误差进行分析就有章可循了.

8.2.3 指数分布

如果随机变量 X 的概率密度函数是

$$f(x)=\begin{cases}\lambda \mathrm{e}^{-\lambda x}, & x\geqslant 0\\ 0, & x<0\end{cases}\quad(\lambda>0), \tag{8.10}$$

则称 X 服从参数为 λ 的**指数分布**，记为 $X\sim \mathrm{e}(\lambda)$．这里的字母 e 通常被用来代表指数函数．指数分布的完备性不难通过积分予以验证，即函数（8.10）的积分为

$$\int_{-\infty}^{+\infty} f(x)\mathrm{d}x=\int_0^{+\infty}\lambda \mathrm{e}^{-\lambda x}\mathrm{d}x=-\mathrm{e}^{-\lambda x}\Big|_0^{+\infty}=1 .$$

指数分布也来自于“排队现象”，往往与泊松分布紧密联系．在实际问题中，诸如动植物的寿命、随机服务系统中的服务时间等，都可用指数分布来描述．

8.3 分布函数与函数的分布

8.3.1 分布函数

设 X 是随机变量，x 是一个数，则概率 $P(X\leqslant x)$ 与 x 有关，随 x 的变化而变化，因而是 x 的函数．称 $F(x)=P(X\leqslant x)$ 为 X 的**分布函数**．与密度函数不同，分布函数 $F(x)$ 的取值本身就是一个概率值，$F(x)$ 的定义域为整个实数域．

分布函数 $F(x)$ 是在区间 $(-\infty,x]$ 上的“累积概率”，不要与单点概率相混淆．对于离散型随机变量，累积概率表现为求和，即

$$F(x)=\sum_{x_k\leqslant x} p_k , \tag{8.11}$$

其中 $p_k=P(X=x_k)$ 是 X 的分布律．对于连续型随机变量，累积概率表现为积分，即

$$F(x)=\int_{-\infty}^{x} f(x)\mathrm{d}x , \tag{8.12}$$

其中 $f(x)$ 是 X 的概率密度函数．利用积分上限函数的求导法则，可以得到

$$F'(x)=f(x),$$

在 $f(x)$ 的连续点成立．这表明连续型随机变量的分布函数和密度函数恰好构成一对原函数与导函数．

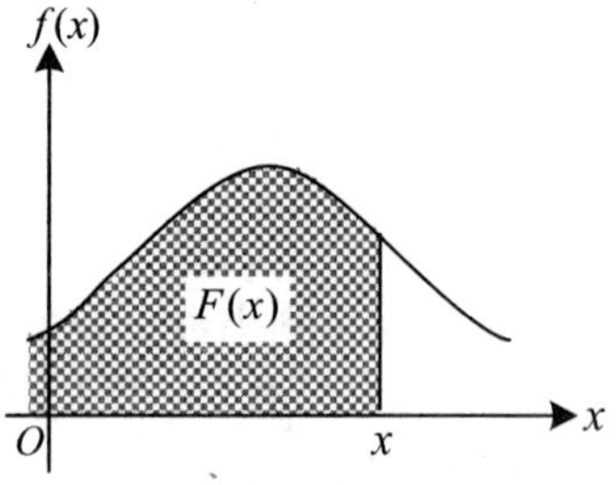

图 8-4 分布函数的几何意义

从（8.11）式可以看出，离散型随机变量的分布函数是具有跳跃性的阶梯函数，应用起来不甚方便，所以下面主要针对连续型随机变量研究分布函数．根据（8.12）式可知，$F(x)$ 的几何意义是密度曲线之下、x 左

方的所有面积，如图 8-4 所示．由此不难得到分布函数的如下性质：

（1）**有界性**　$0 \leqslant F(x) \leqslant 1$；

（2）**单调性**　$F(x)$ 是 x 的单调不减函数；

（3）**完备性**　$F(+\infty) = \lim\limits_{x \to +\infty} F(x) = 1$，$F(-\infty) = \lim\limits_{x \to -\infty} F(x) = 0$；

（4）**互补性**　$P(X > x) = 1 - F(x)$．

此外，结合图 8-1 和图 8-4 不难发现

$$P(a < X \leqslant b) = F(b) - F(a)\,. \tag{8.13}$$

以上性质对离散型随机变量也适用．公式（8.13）可以用来计算概率，不需要积分，比用公式（8.7）方便得多．可惜的是在多数情况下，分布函数不易求得，即使求得也不是简单的初等形式，所以处理概率问题还是多以密度函数为主．

例 8.13　设 $X \sim U(a,b)$（均匀分布），求分布函数 $F(x)$．

解　可以按照公式（8.12）计算积分，但在上节中已提到：对于均匀分布来说，求概率不必做积分，只需求相应的矩形面积即可．当 $x < a$ 时，区间 $(-\infty, x]$ 未切割到矩形面积，当 $x \geqslant b$ 时，切割到整个矩形（参看图 8-3），因此 $F(x)$ 的值（面积）分别是 0 和 1；而当 $a \leqslant x < b$ 时，切割到宽度为 $x-a$ 的矩形．综合起来得到

$$F(x) = \begin{cases} 0, & x < a \\ \dfrac{x-a}{b-a}, & a \leqslant x < b \\ 1, & x \geqslant b \end{cases}.$$

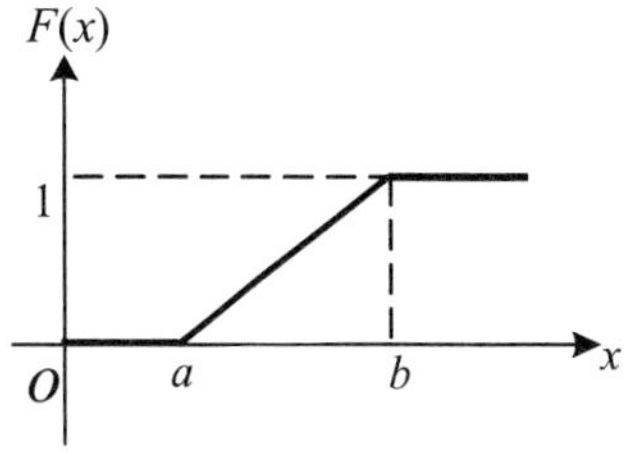

图 8-5　均匀分布函

均匀分布的分布函数 $F(x)$的图形如图 8-5 所示，$F(x)$ 的图形连续，尖点处无导数，恰为密度函数 $f(x)$ 的间断点（参看图 8-3）．

8.3.2　函数的分布

设 X 是随机变量，则 X 的函数 $Y = g(X)$ 也是随机变量．现在已知 X 的分布，希望由此求出函数 $Y = g(X)$ 的分布．

当 X 是离散型随机变量时，求函数的分布比较容易．

例 8.14　已知 X 的分布律为 $\begin{pmatrix} -1 & 0 & 1 & 2 & 5 \\ 0.1 & 0.2 & 0.3 & 0.1 & 0.3 \end{pmatrix}$，求 $Y = X^2$ 的分布律．

解　$Y = X^2$ 的可能取值显然是 $(-1)^2, 0^2, 1^2, 2^2, 5^2$．由于事件 $(Y = 4)$ 和事件 $(X = 2)$ 相同，所以概率也相等，其他的概率情况相类似，于是 Y 的分布律为

$$Y \sim \begin{pmatrix} 1 & 0 & 1 & 4 & 25 \\ 0.1 & 0.2 & 0.3 & 0.1 & 0.3 \end{pmatrix}.$$

将取值相同的概率合并得到

$$Y \sim \begin{pmatrix} 0 & 1 & 4 & 25 \\ 0.2 & 0.4 & 0.1 & 0.3 \end{pmatrix}.$$

一般地，若 X 的分布律为 $P(X=x_k)=p_k$（$k=1,2,\cdots$），则 $Y=g(X)$ 的所有可能取值为 $y_k=g(x_k)$（$k=1,2,\cdots$），并且概率值不变，即 Y 的分布律为 $P(Y=y_k)=p_k$（$k=1,2,\cdots$）.

当 X 是连续型随机变量时，求函数的分布往往比较复杂．设 X 的概率密度是 $f_X(x)$，求 $Y=g(X)$ 的概率密度 $f_Y(y)$，需要先求出 Y 的分布函数 $F_Y(y)=P(Y\leqslant y)$，然后求导得到 $f_Y(y)=F_Y'(y)$．在求概率 $P(Y\leqslant y)$ 时，要通过不等式变形或者积分换元计算积分，有时还要分各种情况进行讨论，总之颇费周折，此处从略．不过应该强调的是，随机变量函数的分布，其数学表达式有一定的复杂性，绝不能简单地、想当然地随意描画.

8.4 正 态 分 布

8.4.1 正态分布的定义与性质

1. 正态分布的定义

如果随机变量 X 的概率密度函数为

$$f(x)=\frac{1}{\sqrt{2\pi}\sigma}\mathrm{e}^{-\frac{(x-\mu)^2}{2\sigma^2}} \quad (\sigma>0), \tag{8.14}$$

则称 X 服从参数为 μ 和 σ^2 的正态分布，记为 $X\sim N(\mu,\sigma^2)$.

正态分布是最重要的分布．一方面，在自然界中取值受众多微小独立因素综合影响的随机变量，一般都服从正态分布，如测量误差、质量指标、身高体重、考试成绩、用电数量、炮弹落点等．可见随机变量服从正态分布是非常普遍的现象；另一方面，许多其他分布又可以用正态分布来近似或导出．无论在理论上还是在实践中，正态分布都有着极其广泛的应用.

2. 正态曲线的性质

正态密度函数（8.14）的图像是钟形的曲线，如图 8-6 所示，称为**正态曲线**，又称**高斯**（Gauss）**曲线**．正态曲线有如下性质：

（1）正态曲线关于直线 $x=\mu$ 对称；

（2）$x=\mu$ 处正态曲线达到最高点 $f(\mu)=(1/\sqrt{2\pi}\sigma)$，两侧逐渐降低，并以 x 轴为渐近线；

（3）在对应于 $x=\mu\pm\sigma$ 处，正态曲线有两个拐点；

（4）整个正态曲线下方的面积为 1，即

$$\int_{-\infty}^{+\infty}\frac{1}{\sqrt{2\pi}\sigma}\mathrm{e}^{-\frac{(x-\mu)^2}{2\sigma^2}}\mathrm{d}x=\int_{-\infty}^{+\infty}\frac{1}{\sqrt{2\pi}}\mathrm{e}^{-\frac{t^2}{2}}\mathrm{d}t=1,$$

式中 $x=\sigma t+\mu$．这个积分称为**概率积分**，又称**高斯积分**．高斯积分的计算过程要用到较多的微积分知识，此处从略．不过高斯积分的结果作为概率常识应当牢记．

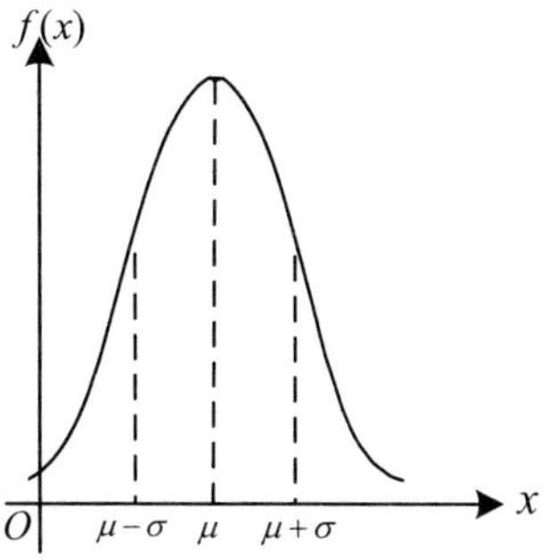

图 8-6　正态曲线

（5）若 σ 固定，μ 变动，则曲线会向左或向右平移，几何形状不变，即 μ 是曲线的位置参数；若 μ 固定，σ 变动，则因面积恒定为 1 而最高点和拐点位置发生变化，故 σ 越大（小），曲线越平坦（陡峭），即 σ 是曲线的形状参数．

3．标准正态分布

当 $\mu=0,\sigma=1$ 时，称 X 服从**标准正态分布**，记为 $X\sim N(0,1)$．标准正态分布的概率密度是

$$\varphi(x)=\frac{1}{\sqrt{2\pi}}\mathrm{e}^{-\frac{x^2}{2}}．$$

本书将 $\varphi(x)$ 作为专用记号，以后不再说明．标准正态曲线的对称性、最高点、拐点、渐近线、面积（积分）情况与一般正态分布类似，不再赘述．

8.4.2　正态分布的概率计算

1．标准正态分布的概率计算

标准正态分布的分布函数为

$$\Phi(x)=\int_{-\infty}^{x}\varphi(t)\mathrm{d}t=\int_{-\infty}^{x}\frac{1}{\sqrt{2\pi}}\mathrm{e}^{-\frac{t^2}{2}}\mathrm{d}t,\tag{8.15}$$

这里 $\Phi(x)$ 也作为专用记号，以后不再说明．积分（8.15）表示标准正态曲线之下、x 左方的面积，如图 8-7 所示．

计算积分（8.15）之值的工作量很大，为方便起见，人们编制了 $\Phi(x)$ 的数值表，称为**标准正态分布表**（见附表 1），这样，计算概率只要查表就行了．不过表中只有 $x\geqslant 0$ 的数值，若遇到负值，则要利用图形的对称性和完备性，按公式 $\Phi(-x)=1-\Phi(x)$ 进行非负化换算．

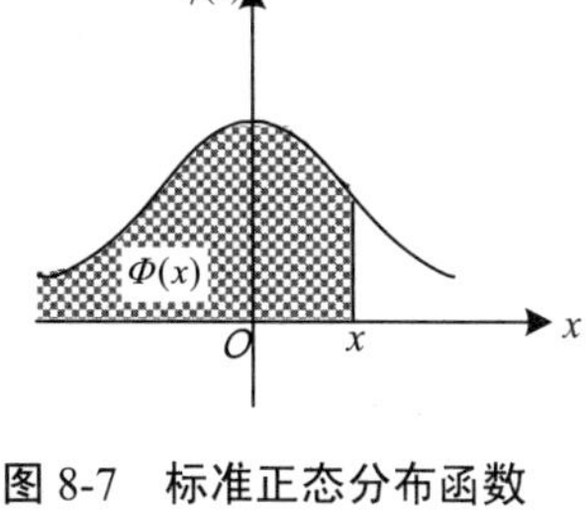

图 8-7　标准正态分布函数

例 8.15 设 $X \sim N(0,1)$，求以下概率：

（1）$P(1<X<2)$；（2）$P(-1<X\leqslant 2)$；

（3）$P(|X|<1.2)$；（4）$P(|X|\geqslant 1.8)$；

（5）$P(X<-1.3)$；（6）已知 $P(|X|>a)=0.05$．求 a 的值．

解 （1）利用公式（8.13）并查附表 1，得

$$P(1<X<2)=\Phi(2)-\Phi(1)=0.9772-0.8413=0.1359;$$

（2）遇到负值，要作非负化换算：

$$\begin{aligned}P(-1<X\leqslant 2)&=\Phi(2)-\Phi(-1)=\Phi(2)-[1-\Phi(1)]\\&=0.9772+0.8413-1=0.8185;\end{aligned}$$

（3）含绝对值的不等式要作等价变形：

$$\begin{aligned}P(|X|<1.2)&=P(-1.2<X<1.2)=\Phi(1.2)-[1-\Phi(1.2)]\\&=2\times 0.8849-1=0.7698;\end{aligned}$$

（4）利用对称性及互补性，

$$P(|X|\geqslant 1.8)=2P(X\geqslant 1.8)=2[1-\Phi(1.8)]=2(1-0.9641)=0.0718;$$

（5）这是直接的分布函数值，作非负化换算即可：

$$P(X<-1.3)=\Phi(-1.3)=1-\Phi(1.3)=1-0.9032=0.0968;$$

（6）利用对称性得到 $P(X>a)=0.025$，再从互补性求得 $\Phi(a)=0.975$，由此倒查附表 1 得 $a=1.96$．

2. 一般正态分布的概率计算

对于非标准正态分布，可通过线性变换化为标准正态分布来处理．设 $X \sim N(\mu,\sigma^2)$，则通过积分换元不难证明有以下重要结论：

$$Y=\frac{X-\mu}{\sigma}\sim N(0,1). \tag{8.16}$$

这个结论叫做正态分布的**标准化**．对不等式作等价变形并根据结论（8.16）可以得到

$$P(X<x)=P\left(\frac{X-\mu}{\sigma}<\frac{x-\mu}{\sigma}\right)=P\left(Y<\frac{x-\mu}{\sigma}\right)=\Phi\left(\frac{x-\mu}{\sigma}\right).$$

这说明非标准正态分布的概率计算，仍然可以直接利用标准正态分布的分布函数 $\Phi(x)$，只是在填写自变量时，先要进行标准化变换．

例 8.16 设 $X \sim N(1,4)$，求以下概率：

（1）$P(X<3)$；（2）$P(0<X<1.6)$；

（3）$P(X>1.7)$；　　　　（4）$P(|X|>1)$.

解　本例中 $\mu=1$，$\sigma=2$，于是

（1）$P(X<3)=\Phi\left(\dfrac{3-1}{2}\right)=\Phi(1)=0.8413$；

（2）$P(0<X<1.6)=\Phi\left(\dfrac{1.6-1}{2}\right)-\Phi\left(\dfrac{0-1}{2}\right)=\Phi(0.3)-\Phi(-0.5)$

$$=\Phi(0.3)-[1-\Phi(0.5)]=0.6179+0.6915-1=0.3094;$$

（3）$P(X>1.7)=1-\Phi\left(\dfrac{1.7-1}{2}\right)=1-\Phi(0.35)=1-0.6368=0.3632$；

（4）这里的绝对值不适用对称性，

$$P(|X|>1)=P(X>1)+P(X<-1)=\left[1-\Phi\left(\frac{1-1}{2}\right)\right]+\Phi\left(\frac{-1-1}{2}\right)$$

$$=1-\Phi(0)+[1-\Phi(1)]=0.5+1-0.8413=0.6587.$$

例 8.17　设 $X\sim N(\mu,\sigma^2)$，求概率

$$P(|X-\mu|<\sigma),\quad P(|X-\mu|<2\sigma),\quad P(|X-\mu|<3\sigma).$$

解　注意到结论（8.16）及标准正态分布的对称性，可得

$$P(|X-\mu|<\sigma)=P\left(\left|\frac{X-\mu}{\sigma}\right|<1\right)=2\Phi(1)-1=0.6826;$$

$$P(|X-\mu|<2\sigma)=2\Phi(2)-1=0.9544;$$

$$P(|X-\mu|<3\sigma)=2\Phi(3)-1=0.9974.$$

计算表明，正态变量有 99.74%的机会落入以 3σ 为半径的区间 $(\mu-3\sigma,\mu+3\sigma)$ 内，因此可以说，正态变量几乎都在该区间内取值. 这就是统计工作者经常使用的“3σ”规则，尤其在统计实践的快速分析中应用频繁.

习 题 八

1. 将一枚硬币连续抛两次，以 X 表示所抛两次中出现正面的次数，试写出随机变量 X 的分布律.

2. 若 X 服从二点分布，且 $P(X=1)=2P(X=0)$，求 X 的分布律.

3. 设随机变量 X 分布律为 $P(X=k)=\dfrac{2A}{n}$（$k=1,2,\cdots,n$），试确定常数 A.

4. 在 8 根灯管中混有 2 根坏灯管，现从中任取 3 根灯管，X 为取得的好灯管数，试在下列两种情况下求 X 的分布律.

（1）无放回地取 3 根灯管；　　　　（2）有放回地每次取一根，共 3 次取 3 根灯管.

5. 某射手有 5 发子弹，射一次命中的概率为 0.8，如果命中了就停止射击，如果不命中就一直射到子弹用尽，求射击次数 X 的概率分布.

6．轮胎厂检验产品质量的方法是对每批轮胎随机抽取 10 个逐个检验，若次品在一个或一个以内就检验通过．若某批轮胎的次品率为 0.2，则该批轮胎验收通过的概率有多大？

7．根据经验数据，自学考试某课程的通过率为 60%．若 10 个人相互独立地参加考试，有 4 人通过的概率是多少？有 6 人或 6 人以上通过的概率是多少？

8．某车间有 12 台相同的车床，每台车床由于工艺上的原因，时常需要停车，设每台车床停车（或开车）是相互独立的，每台车床在任一时刻处于停车状态的概率为 1/3．计算在任一指定时刻，车间里恰有 2 台车床处于停车状态的概率．

9．电视机厂要求该厂产品次品率不超过 0.1%，在每日生产线完成的电视机中随机抽选检查，发现次品立即停产．如果该企业希望当次品率为 0.1%时停产的概率不超过 0.05，则每天应检查多少台电视机？

10．某航线的航班常常有旅客预定票后又临时取消，每班平均为 4 人．若预定票而取消的人数服从以平均人数为参数的泊松分布，求

（1）正好有 4 人取消的概率；（2）不超过 3 人（含 3 人）取消的概率；

（3）超过 6 人（含 6 人）取消的概率；（4）无人取消的概率．

11．某商店出售某种高档商品，根据以往经验，每月销售量 X 服从 $\lambda=3$ 的泊松分布，问在月初进货时要库存此商品多少件，才能以不低于 99%的概率满足顾客的需要？

12．一台仪表以 0.2 为一个刻度，读数时选取与指针靠近的刻度值．实际测量值是均匀分布的，求实际测量值（指针值）与读数之间的偏差

（1）小于 0.04 的概率；（2）大于 0.05 的概率．

13．某城市每天用电量不超过 100 万 kW·h，以 X 表示每天的耗电率（即用电量除以 100 万 kW·h 所得之商），它的概率密度函数为 $f(x)=\begin{cases}ax(1-x)^2, & 0<x<1\\ 0, & \text{其他}\end{cases}$．

（1）求 a 的值；

（2）若该城市发电厂每天供电量为 80 万 kW·h，求供电不能满足需要（即耗电率大于 0.8）的概率．

14．某种型号的电子管寿命 X (h)作为随机变量，其概率密度函数为 $f(x)=\begin{cases}\dfrac{100}{x^2}, & x\geqslant 100\\ 0, & \text{其他}\end{cases}$．

（1）求 X 的分布函数并作出其图形；

（2）若一无线电器材配有 3 个这样的电子管，试计算该器材使用 150h 内不需要更换电子管的概率．

15．设 $X\sim N(\mu,\sigma^2)$，X 的概率密度函数为 $f(x)=a\mathrm{e}^{-4(x^2-4x+b)}$，试确定 a,b,μ,σ 的值．

16．设 $X\sim N(0,1)$，求概率：

$$P(X<2.2),\quad P(X>1.76),\quad P(X<-0.76),\quad P(|X|<1.55),\quad P(|X|>2.5).$$

17．设 $X\sim N(3,4)$．

（1）求概率 $P(2<X\leqslant 5)$，$P(X>-1.5)$，$P(X<2)$，$P(|X|<1)$，$P(|X|>0.5)$；

（2）确定 c 使 $P(X>c)=P(X\leqslant c)$．

18．设成年男子身高 X（cm）$\sim N(170,36)$，某种公交车车门的高度是按成年男子碰头的概率在 1%以下来设计的，问车门的高度最少应为多少？

19. 某班一次数学考试成绩 $X \sim N(70,100)$，若规定低于60分为“不及格”，高于85分为“优秀”，问该班级：

（1）数学成绩“优秀”的学生占总人数的百分之几？

（2）数学成绩“不及格”的学生占总人数的百分之几？

20. 单项选择题

（1）随机变量的取值总是　（　）

A. 正的数；　B. 整数；　C. 有限个数；　D. 实数.

（2）下面哪一个符合概率分布的要求.　（　）

A. $P(X=x)=\dfrac{x}{6}$（$x=1,2,3$）；　B. $P(X=x)=\dfrac{x}{4}$（$x=-1,2,3$）；

C. $P(X=x)=\dfrac{x}{10}$（$x=1,2,3$）；　D. $P(X=x)=\dfrac{x^2}{15}$（$x=-1,2,3$）.

（3）离散型随机变量 X 的分布律为 $P(X=k)=ak$（$k=1,2,3,4$），则 $a=$　（　）

A. 0.05；　B. 0.1；　C. 0.2；　D. 0.25.

（4）随机猜测“选择题”的答案，每道题猜对的概率为0.25，则4道选择题相互独立地猜对2道及2道以上的概率约为　（　）

A. 0.1；　B. 0.3；　C. 0.5；　D. 0.7.

（5）某厂生产的零件合格率约为99%，零件出厂时每200个装一盒，设每盒中的不合格数为 X，则 X 通常服从　（　）

A. 正态分布；　B. 均匀分布；　C. 泊松分布；　D. 二项分布.

（6）已知 n 个随机变量 X_i（$i=1,2,\cdots,n$）相互独立且都服从参数为 a 的两点分布，则 $X=X_1+X_2+\cdots+X_n$ 服从　（　）

A. 两点分布；　B. 二项分布；　C. 泊松分布；　D. 正态分布.

（7）设连续型随机变量 X 的分布函数是 $F(x)$，密度函数是 $f(x)$，则 $P(X=x)=$　（　）

A. $F(x)$；　B. $f(x)$；　C. 0；　D. 以上都不对.

（8）设连续型随机变量 X 的分布函数是 $F(x)$，密度函数是 $f(x)$，则对于一个固定的 x，下列说法正确的是　（　）

A. $f(x)$ 不是概率值，$F(x)$ 是概率值；　B. $f(x)$ 是概率值，$F(x)$ 不是概率值；

C. $f(x)$ 和 $F(x)$ 都是概率值；　D. $f(x)$ 和 $F(x)$ 都不是概率值.

（9）设 $X \sim N(10,25)$，则 $P(X<5)$ 和 $P(X>20)$ 的概率分别为　（　）

A. 0.0228，0.1587；B. 0.3413，0.4772；　C. 0.1587，0.0228；D. 0.4772，0.3413.

（10）随机变量 X 服从区间 $[a,b]$ 上的均匀分布是指　（　）

A. X 的取值是个常数；

B. X 取区间 $[a,b]$ 上任何值的概率都等于同一个正的常数；

C. X 落在区间 $[a,b]$ 的任何子区间内的概率都相同；

D. X 落在区间 $[a,b]$ 的任何子区间内的概率都与子区间的长度成正比.

第 9 章　随机变量的数字特征

9.1　数 学 期 望

9.1.1　数学期望的概念与计算公式

例 9.1　某工人加工零件的统计结果为：全天不出废品的日子占 30%，出 1 个废品的日子占 40%，出 2 个废品占 20%，出 3 个废品占 10%.（1）设 X 为一天中的废品数，求 X 的分布律；（2）这个工人平均每天出几个废品？

解　（1）X 的可能取值为 0，1，2，3，对应的概率即统计频率，因此分布律为

$$X \sim \begin{pmatrix} 0 & 1 & 2 & 3 \\ 0.3 & 0.4 & 0.2 & 0.1 \end{pmatrix}.$$

（2）考虑工作 1000 天，其中约 300 天不出废品，400 天中每天出 1 个废品，200 天中每天出 2 个，100 天中每天出 3 个，每天平均废品数是

$$\frac{\text{废品总数}}{\text{天数}} = \frac{0\times300+1\times400+2\times200+3\times100}{1000}$$

$$=0\times0.3+1\times0.4+2\times0.2+3\times0.1=1.1\text{（个/天）}.$$

这个平均数正是随机变量 X 的平均取值，是以概率为权重的**加权平均**.

一般地，设 X 为随机变量，X 可能取许多数值，这些取值以概率为权重的加权平均数，称为 X 的**数学期望**，记为 $E(X)$. 这里的符号“E”含有加权平均的意思，加权平均往往简称为**平均**，因此数学期望又简称为**期望**或**均值**. 应该注意的是，数学期望 $E(X)$ 是一个实数，不再是随机变量. 从几何角度理解，数学期望是随机变量取值的不偏不倚的中心位置.

如果 X 是离散型随机变量，它的分布律是 $P(X=x_k)=p_k$（$k=1,2,\cdots$），那么 X 的数学期望是以概率 p_k 为权重的加权平均，即

$$E(X)=\sum_{k=1}^{\infty} x_k p_k = \sum_{k} x_k p_k , \tag{9.1}$$

即 X 的数学期望等于 X 的取值与相应的概率“**两两相乘再相加**”.

如果 X 是连续型随机变量，它的概率密度是 $f(x)$，则 X 的某一取值 x 所对应的概率由（8.8）式给出，等于 $f(x)\mathrm{d}x$，然后对两者的乘积 $xf(x)\mathrm{d}x$ 取“和”，这个“和”是连续的积累，应该用积分表示，因此连续型随机变量的数学期望是通过积分实现的加权平均，即

$$E(X)=\int_{-\infty}^{+\infty} x f(x)\mathrm{d}x\ . \qquad (9.2)$$

公式（9.1）和（9.2）分别是离散型和连续型随机变量数学期望的计算公式，当然要求公式中的级数和广义积分绝对收敛，否则数学期望不存在.

例 9.2　工人甲、乙加工同一种零件，设 X,Y 分别是甲乙两人一天中产生的废品件数，X,Y 的概率分布如下，已知两人的产量相同，试问谁的技术较高？

$$X\sim\begin{pmatrix}0 & 1 & 2 & 3\\ 0.35 & 0.30 & 0.15 & 0.20\end{pmatrix},\quad Y\sim\begin{pmatrix}0 & 1 & 2 & 3\\ 0.30 & 0.35 & 0.25 & 0.10\end{pmatrix}.$$

解　分别比较四个废品数对应的概率，发现高低交错，甲乙两人各有优缺点. 因此比较数学期望是最公平的，按公式（9.1）计算加权平均得

$$E(X)=0\times0.35+1\times0.30+2\times0.15+3\times0.20=1.20\ （件/天）;$$

$$E(Y)=0\times0.30+1\times0.35+2\times0.25+3\times0.10=1.15\ （件/天）.$$

计算结果表明，乙出废品的平均值较小，所以乙的技术略高.

从本例看出，在处理实际问题时，数学期望是评价随机变量的一个重要指标，应予以充分的关注.

本例中，$E(X)=1.20$（件/天）在一次试验中是得不到的，任何一天出现的废品数都不可能是 1.20 件，只有经过大量的试验才有“期望”接近这个平均值，这就是“数学期望”名称的由来.

例 9.3　设在规定的时间段内，某电气设备承受最大负荷的时间 X (h)是一个随机变量，其概率密度为

$$f(x)=\begin{cases}0.0016x, & 0\leqslant x\leqslant 25\\ 0.0016(50-x), & 25<x\leqslant 50\\ 0, & \text{其他}\end{cases}.$$

试求设备承受最大负荷的平均时间.

解　承受最大负荷的平均时间即 X 的数学期望 $E(X)$，按公式（9.2）计算平均时间，注意分段积分处理，得

$$\begin{aligned}E(X)&=\int_{-\infty}^{+\infty} x f(x)\mathrm{d}x\\ &=\int_0^{25} x\cdot 0.0016x\mathrm{d}x+\int_{25}^{50} x\cdot 0.0016(50-x)\mathrm{d}x\\ &=0.0016\left[\frac{1}{3}x^3\Big|_0^{25}+\left(25x^2-\frac{1}{3}x^3\right)\Big|_{25}^{50}\right]=25\ （\mathrm{h}）.\end{aligned}$$

9.1.2 常用分布的数学期望

1. 两点分布的数学期望

设 $X \sim \begin{pmatrix} 0 & 1 \\ 1-p & p \end{pmatrix}$，则 $E(X)=0\times(1-p)+1\times p=p$．即两点分布的数学期望等于 X 取 1 时的概率值．

2. 二项分布的数学期望

设 $X \sim B(n,p)$，则根据 X 的分布律（8.5）可得

$$E(X)=\sum_{k=0}^{n} kC_n^k p^k (1-p)^{n-k}=np .$$

计算这个和式比较麻烦，此处略去计算过程，因为以后有更好的方法来求二项分布的数学期望．得到的这个结果很简洁，也符合常理：n 次重复独立试验的均值等于单次试验均值的 n 倍．通俗地说，1 次试验得到 1 份收获，n 次试验得到 n 份收获．

3. 泊松分布的数学期望

设 $X\sim P(\lambda)$，则根据 X 的分布律（8.6）可得

$$E(X)=\sum_{k=0}^{\infty} k\frac{\lambda^k}{k!}\mathrm{e}^{-\lambda}=\lambda .$$

这里涉及无穷级数的求和，我们略去它的计算过程，关注它的计算结果：泊松分布的参数 λ 正是泊松变量取值的平均数．这个结论明确了泊松分布中参数的概率意义，在实际应用中可以帮助确定泊松分布的参数值．

4. 均匀分布的数学期望

设 $X \sim U(a,b)$，则利用均匀分布密度函数（8.9）的分段特性，可得

$$E(X)=\int_{-\infty}^{+\infty} x f(x)\mathrm{d}x=\int_a^b \frac{x}{b-a}\mathrm{d}x=\left.\frac{x^2}{2(b-a)}\right|_a^b=\frac{a+b}{2},$$

即均匀分布的数学期望等于分布区间的中点．这个结果也在情理之中：概率处处相同，权重失去了意义，加权平均就成了简单平均．

进一步分析数学期望的计算公式（9.2）可以发现，对于连续型随机变量来说，数学期望的几何意义特别明显：$E(X)$ 等于 X 的密度曲线与 x 轴之间图形的几何中心的横坐标．

5. 指数分布的数学期望

设 $X \sim e(\lambda)$，X 的概率密度（8.10）也是分段函数，则

$$E(X)=\int_{-\infty}^{+\infty} x f(x)\mathrm{d}x=\int_{0}^{+\infty} x\lambda \mathrm{e}^{-\lambda x}\mathrm{d}x=-\left(x+\frac{1}{\lambda}\right)\mathrm{e}^{-\lambda x}\Big|_{0}^{+\infty}=\frac{1}{\lambda},$$

这里求原函数用到分部积分法. 这个计算结果透射出指数分布与泊松分布之间的密切联系：如果 λ 表示单位时间内到来的顾客平均数，那么 $1/\lambda$ 就表示每到来一个顾客所花时间的平均值，即两个先后到来顾客之间的平均间隔时间.

6. 正态分布的数学期望

设 $X \sim N(\mu,\sigma^2)$，则 X 的概率密度由（8.14）式给出，于是

$$\begin{aligned}E(X)&=\int_{-\infty}^{+\infty} x\frac{1}{\sqrt{2\pi}\sigma}\mathrm{e}^{-\frac{(x-\mu)^2}{2\sigma^2}}\mathrm{d}x\\&=\int_{-\infty}^{+\infty}(\sigma t+\mu)\frac{1}{\sqrt{2\pi}}\mathrm{e}^{-\frac{t^2}{2}}\mathrm{d}t=\int_{-\infty}^{+\infty}\mu\frac{1}{\sqrt{2\pi}}\mathrm{e}^{-\frac{t^2}{2}}\mathrm{d}t=\mu.\end{aligned}$$

计算积分时运用了积分换元 $x=\sigma t+\mu$ 以及积分的对称性，最后一个等号用到了高斯积分的结果. 这个计算结果明确了正态分布的第一个参数的概率意义：参数 μ 恰是正态变量取值的平均数，这与几何上 $x=\mu$ 是正态曲线的中心位置完全吻合.

9.1.3 数学期望的运算规则

1. 常数不变规则

设 c 为常数，则 $E(c)=c$. 这是因为常数没有变化，其均值仍是常数本身.

2. 常数提取规则

设 c 是常数，X 是随机变量，则 $E(cX)=cE(X)$. 这是因为求和与积分都有常数提取规则.

3. 逐项期望规则

设 X,Y 都是随机变量，则

$$E(X+Y)=E(X)+E(Y), \tag{9.3}$$

即随机变量和的期望等于期望的和. 这是因为求和与积分都有逐项运算规则. 公式（9.3）不难推广到多个随机变量：求多个随机变量之和的数学期望可以逐项进行.

4. 独立乘积规则

设 X,Y 是两个随机变量，如果 X,Y 相互独立，则

$$E(XY)=E(X)E(Y). \tag{9.4}$$

随机变量的独立概念与事件的独立性相类似：如果一个随机变量的取值不影响另一个随机变量取值的概率，则称这两个随机变量**相互独立**．判断随机变量的独立性也可联系到随机试验：如果若干个产生随机变量的随机试验之间互不干扰、互不影响，那么这些随机变量就是相互独立的．比如抽牌得到的编号（参看例 8.2）与观察明天的气候温度是相互独立的．

数学期望的加法规则和乘法规则在形式上有类似之处，但两者前提不一样．逐项期望规则（9.3）是无条件的，而独立乘积规则（9.4）需要有独立性的前提条件．否则若 X,Y 之间相依、纠葛，则不能将它们直接分离而形成公式（9.4）.

例 9.4 计算二项分布 $X\sim B(n,p)$ 的数学期望 $E(X)$.

解 二项分布来自于伯努利试验，设 X 是 n 次重复独立试验中事件 A 出现的次数，$P(A)=p$ ．引入 n 个随机变量 X_i（$i=1,2,\cdots,n$），X_i 是第 i 次试验中 A 出现的次数．显然 X_i 只取 0 或 1 两个值，$X_i=0$ 表示第 i 次试验中 A 不发生，$X_i=1$ 表示第 i 次试验中 A 发生．由此可见 X_i 服从参数为 p 的两点分布，即 $X_i\sim B(1,p)$，因此 $E(X_i)=p$（$i=1,2,\cdots,n$）.

随机变量 X_i 实际上起到了计数的作用，如果第 i 次试验 A 出现则记数 1，若 A 未出现则记数 0，最后的结果当然是所有计数的和，即

$$X=X_1+X_2+\cdots+X_n. \tag{9.5}$$

对（9.5）式求数学期望，并运用逐项期望规则，得

$$E(X)=E(X_1)+E(X_2)+\cdots+E(X_n)=np.$$

虽然这和前面得到的结果相一致，但是这个推导方法有明显的概率特征，比纯粹的数学演算要深刻得多．关于两点分布和二项分布之间的联系，以前可能只理解到第一个层面，即两点分布是二项分布的特例，二项分布是两点分布的推广．现在（9.5）式给出了更深层次的联系，即二项分布是由两点分布合成的，或者说二项分布可以分解为两点分布之和．再推广开去可以想见，简单的随机变量能够合成复杂的、多种多样的随机变量；反之，复杂的随机变量分解成简单的随机变量后进行处理，能够起到事半功倍的效果.

例 9.5 某种传染病患病率约为 10%，为了确认患者，学校决定对全校 1000 名师生进行抽血化验．现有两种方案：

（1）逐个化验；

（2）按 4 个人一组，分成 250 组，每组 4 个人的血样混合在一起化验，如果发现问题再对这 4 个人逐个化验.

考虑到化验的时间与成本，希望化验的次数少一些，试比较这两种方案哪个好？

解　方案（1）显然要化验 1000 次．方案（2）的化验次数 X 是随机变量，由于人数众多，所以实际化验的次数接近于数学期望 $E(X)$，然而 X 的分布是非常难求的，为此对 X 进行分解．引入随机变量 X_i， X_i 表示第 i 组化验的次数（$i=1, 2, \cdots, 250$），则总的化验次等于各组化验次数之和，即

$$X = X_1 + X_2 + \cdots + X_{250}.$$

显然 X_i 只取 1 和 5 两个值，$X_i = 1$ 表示混合血样经过化验未发现问题，$X_i = 5$ 表示混合血样发现问题后又对 4 个人每人化验一次，共化验 5 次．由于 4 个人是否患病是相互独立的，所以 $P(X_i = 1) = (1-10\%)^4 = 0.9^4$，从而 $P(X_i = 5) = 1 - P(X_i = 1) = 1 - 0.9^4$，则

$$E(X_i) = 1\times 0.9^4 + 5\times(1-0.9^4) = 2.3756 \quad (i=1,2,\cdots,250),$$

$$E(X) = E(X_1) + E(X_2) + \cdots + E(X_{250}) = 250 \times 2.3756 = 594.$$

这说明采用方案（2）只需化验约 594 次，比方案（1）要少得多，所以方案（2）较好．

9.1.4　随机变量函数的数学期望

设 X 是离散型随机变量，其分布律是 $P(X = x_k) = p_k$ （$k=1,2,\cdots$），则 X 的函数 $Y = g(X)$ 的分布律（参看 8.3 节）为 $P(Y = g(x_k)) = p_k$ （$k=1,2,\cdots$），于是

$$E(Y) = E[g(X)] = \sum_{k=1}^{\infty} g(x_k) p_k, \tag{9.6}$$

即随机变量函数的数学期望等于函数值的加权平均．比较公式（9.1）和（9.6）可以发现，两者的形式是相统一的．在公式（9.1）中将 X 换成函数 $g(X)$ 的同时，将 x_k 换成同样的函数 $g(x_k)$，便得到了公式（9.6）．比如

$$E(X^2) = \sum_k x_k^2 p_k .$$

可以说公式（9.6）是公式（9.1）的推广，而公式（9.1）是公式（9.6）在 $g(X) = X$ 时的特例．

从离散过渡到连续并不困难．如果 X 是连续型随机变量，则采用本节第一段中从公式（9.1）过渡到公式（9.2）的方法，只需将公式（9.6）中的求和号改为积分号，p_k 换成单点概率 $f(x)\mathrm{d}x$，并略去 x_k 的下标，便得到

$$E(g(X)) = \int_{-\infty}^{+\infty} g(x) f(x) \mathrm{d}x, \tag{9.7}$$

即连续型函数的加权平均是通过积分来实现的，式中 $f(x)$ 是随机变量 X 的概率密度函数．公式（9.7）是公式（9.2）的推广，其中等式两边的 $g(X)$ 和 $g(x)$ 是同样的函数，只是自变量的符号不同而已．

我们知道，对于连续型随机变量 X 来说，求函数 $g(X)$ 的分布很困难，但现在看到，求它的数学期望却很方便，只需应用公式（9.7），无须多费周折．

例 9.6 设圆的半径 X 服从均匀分布 $X \sim U(0, a)$，求 $E(X)$ 及圆面积 $Y = \pi X^2$ 的数学期望.

解 $E(X)$ 等于均匀分布区间的中点，即 $E(X) = a/2$. X 的密度函数按（8.9）式应为

$$f(x)=\begin{cases}1/a, & 0\leqslant x\leqslant a\\ 0, & 其他\end{cases}.$$

运用公式（9.7），立得

$$E(Y)=E(\pi X^2)=\int_{-\infty}^{+\infty}\pi x^2 f(x)\mathrm{d}x=\int_0^a \pi x^2\frac{1}{a}\mathrm{d}x=\frac{\pi}{3a}x^3\Big|_0^a=\frac{\pi}{3}a^2.$$

显然 $E(Y)$ 和 $E(X)$ 不是简单的圆面积与圆半径的关系.

9.2 方差与标准差

9.2.1 方差的概念与计算公式

例 9.7 某门课程进行了 5 次考试，学生甲的成绩为 73，70，75，72，70，学生乙的成绩为 60，90，65，95，50，试评价这两个学生的学习状况.

解 如果每次考试的权重相同，则两个学生的平均成绩都是 72 分，按平均成绩的标准来看，两个学生的学习水平相同. 但是学生甲的成绩比较稳定，而学生乙的波动很大，即他的成绩对平均值的偏差太大，所以可认为学生甲的学习效果较好.

从本例可以看出，评价一个随机变量，除了数学期望这一重要指标外，还应该有反映波动性的指标.

随机变量的波动程度就是随机变量对于中心位置（数学期望）偏离的大小程度. 设 X 是随机变量，单个数值的偏离是 $X-E(X)$，众多的单个偏离有正有负，直接相加会产生正负抵消而达不到积累偏差的效果. 为了消除符号影响，取平方得到 $[X-E(X)]^2$，对众多的偏离平方作加权平均，可以起到度量偏离程度的作用，称之为**方差**，记为 $D(X)$，即

$$D(X)=E[(X-E(X))^2]. \tag{9.8}$$

上式表明，方差是随机变量对其中心位置偏离平方的数学期望. 简言之，方差是偏离平方的均值，方差 $D(X)$ 是一个非负的实数，不再是随机变量.

方差是描述随机变量波动大小和离散程度的数字特征，是评价随机变量的第二个重要指标. 方差大，意味着随机变量的波动大，稳定性差，离散程度大，集中程度小. 数学期望反映随机变量的中心位置，是位置性指标，方差反映随机变量的集中程度，是稳定性指标，两者评价的角度不同，不要相互混淆.

结合公式（9.7）和（9.8），可以建立方差的计算公式. 为了强调数学期望是一个常数，

记 $\mu = E(X)$，于是当 X 是离散型随机变量时，

$$D(X) = E[(X-\mu)^2] = \sum_k (x_k - \mu)^2 p_k \text{，} \tag{9.9}$$

式中 $p_k = P(X = x_k)$（$k = 1,2,\cdots$）是 X 的分布律．当 X 是连续型随机变量时，

$$D(X) = E[(X-\mu)^2] = \int_{-\infty}^{+\infty} (x-\mu)^2 f(x)\mathrm{d}x \text{，} \tag{9.10}$$

式中 $f(x)$ 是 X 的概率密度函数．这两个公式中若出现级数或广义积分，自然要求其绝对收敛，否则方差不存在．

将（9.8）式变形，可以得到另一个计算方差的公式．仍记 $\mu = E(X)$，则

$$\begin{aligned} D(X) &= E[(X-\mu)^2] = E(X^2 - 2\mu X + \mu^2) \\ &= E(X^2) - 2\mu E(X) + \mu^2 = E(X^2) - \mu^2 . \end{aligned}$$

上式表明，方差等于**平方的期望减去期望的平方**，即

$$D(X) = E(X^2) - [E(X)]^2 \text{，} \tag{9.11}$$

其中 $E(X^2)$ 可利用公式（9.6）或公式（9.7）求得．注意 X 和 X 的关系密切（不独立），X 若非常数，必然有 $E(X \cdot X) \neq E(X) \cdot E(X)$．

例 9.8　计算例 9.2 中两个随机变量的方差．

解　利用公式（9.11）比较方便，已求得 $E(X)$=1.20，$E(Y)$=1.15，则

$$E(X^2) = 0^2 \times 0.35 + 1^2 \times 0.30 + 2^2 \times 0.15 + 3^2 \times 0.20 = 2.7 \text{，}$$

$$E(Y^2) = 0^2 \times 0.30 + 1^2 \times 0.35 + 2^2 \times 0.25 + 3^2 \times 0.10 = 2.25 \text{，}$$

$$D(X) = E(X^2) - [E(X)]^2 = 2.7 - 1.20^2 = 1.26 \text{，}$$

$$D(Y) = E(Y^2) - [E(Y)]^2 = 2.25 - 1.15^2 = 0.9275 .$$

计算结果表明，乙的方差小，工作稳定性较好．

从（9.8）式看出，方差的计量单位是原随机变量计量单位的平方，在实际应用中，有时会因此产生数量概念模糊不清的感觉，为此引入 $\sqrt{D(X)}$，称之为随机变量 X 的**标准差**．标准差是方差的平方根，其大小同样反映随机变量的波动大小与离散程度，而且计量单位与随机变量的计量单位一致，便于实际应用．

9.2.2　方差的运算规则

1．常数零偏规则

设 c 为常数，则 $D(c) = 0$．其原因是常数没有波动，常数不产生偏离，方差自然等于零，这与数学期望的相关规则截然不同．

2. 平方提取规则

设c是常数，X是随机变量，则$D(cX)=c^2D(X)$．这是因为在公式（9.8）中，常数c在作加权平均之前已经被施行平方运算了．

平方提取规则必定消除负号的影响，例如$D(-X)=(-1)^2D(X)=D(X)$，$D(-2X)=(-2)^2D(X)=4D(X)$，所以方差永远无负值，这与数学期望的相关规则有很大差别，对此要有清醒的认识．

3. 独立方差规则

设X，Y是两个随机变量，如果X，Y相互独立，则

$$D(X+Y)=D(X)+D(Y) \tag{9.12}$$

证 记$E(X)=a$，$E(Y)=b$，则

$$E[(X+Y)^2]=E(X^2+Y^2+2XY)=E(X^2)+E(Y^2)+2ab.$$

这里用到了期望的独立乘积规则（9.4），于是运用公式（9.11）可得

$$\begin{aligned}D(X+Y)&=E[(X+Y)^2]-[E(X+Y)]^2=E(X^2)+E(Y^2)+2ab-(a+b)^2\\&=E(X^2)-a^2+E(Y^2)-b^2=D(X)+D(Y).\end{aligned}$$

从证明中看出，独立方差规则来自于期望的独立乘积规则，两者相辅相成，都不可缺少独立性条件．

方差的加法规则和数学期望的加法规则在形式上几乎完全相同，但两者的前提不一样．逐项期望规则（9.3）是无条件的，而独立方差规则（9.12）需要有独立性的前提条件，对这一区别务必予以重视．

结合方差的3条运算规则，可得到公式（9.12）的2个容易引起疏忽的特殊情形：

$$D(X+c)=D(X)\ （c\text{ 是常数}），$$

$$D(X-Y)=D(X)+D(Y)\ （X,Y\text{ 相互独立}）.$$

这与数学期望的运算大不相同，数学期望的类似运算是$E(X+c)=E(X)+c$，$E(X-Y)=E(X)-E(Y)$．公式（9.12）不难推广到多个随机变量：求多个相互独立的随机变量之和的方差，可以逐项进行．

9.2.3 常用分布的方差

1. 两点分布的方差

设$X\sim B(1,p)$，则$E(X)=p$，$E(X^2)=0^2\times(1-p)+1^2\times p=p$，由公式（9.11）得

$$D(X)=E(X^2)-[E(X)]^2=p-p^2=pq\qquad(p+q=1),$$

即两点分布的方差等于分布律中两个概率的乘积．

2. 二项分布的方差

设 $X \sim B(n, p)$，用公式（9.9）计算方差非常麻烦，现采用（9.5）式的分解简化法．X 可分解为

$$X = X_1 + X_2 + \cdots + X_n ,$$

其中 X_i 是第 i 次试验的计数变量，都服从两点分布 $B(1, p)$，故 $D(X_i) = pq$（$i = 1,2,\cdots,n$），这里 $p + q = 1$．对于独立重复试验来说，X_i（$i = 1,2,\cdots,n$）之间是相互独立的，所以根据独立方差规则可得

$$D(X) = D(X_1) + D(X_2) + \cdots + D(X_n) = npq ,$$

即 n 次重复独立试验的方差等于单次试验方差的 n 倍．

3. 泊松分布的方差

设 $X \sim P(\lambda)$，利用公式（9.11）可得

$$D(X) = \sum_{k=0}^{\infty} k^2 \frac{\lambda^k}{k!} \mathrm{e}^{-\lambda} - \lambda^2 = \lambda .$$

无穷级数求和的计算过程很复杂，此处从略．结果很简单：泊松分布的方差与期望在数值上相等，当然应注意它们的计量单位不同．

4. 均匀分布的方差

设 $X \sim U(a,b)$，则由公式（9.10）可得

$$D(X) = \int_a^b \left(x - \frac{a+b}{2} \right)^2 \frac{1}{b-a} \mathrm{d}x = \frac{1}{3(b-a)} \left(x - \frac{a+b}{2} \right)^3 \Bigg|_a^b = \frac{(b-a)^2}{12} ,$$

即均匀分布的方差与分布区间长度的平方成正比．

5. 指数分布的方差

设 $X \sim \mathrm{e}(\lambda)$，则由公式（9.11）可得

$$D(X) = \int_0^{+\infty} x^2 \lambda \mathrm{e}^{-\lambda x} \mathrm{d}x - \left(\frac{1}{\lambda} \right)^2 = -\left(x^2 + \frac{2}{\lambda} x + \frac{2}{\lambda^2} \right) \mathrm{e}^{-\lambda x} \Bigg|_0^{+\infty} - \frac{1}{\lambda^2} = \frac{1}{\lambda^2} ,$$

这里求原函数用了两次分部积分．结果很简单：指数分布的标准差等于它的数学期望．

6. 正态分布的方差

设 $X \sim N(\mu, \sigma^2)$，则由公式（9.10）可得

$$D(X)=\int_{-\infty}^{+\infty}(x-\mu)^2\frac{1}{\sqrt{2\pi}\sigma}\mathrm{e}^{-\frac{(x-\mu)^2}{2\sigma^2}}\mathrm{d}x$$

$$=\frac{\sigma^2}{\sqrt{2\pi}}\int_{-\infty}^{+\infty}t^2\mathrm{e}^{-\frac{t^2}{2}}\mathrm{d}t=\frac{\sigma^2}{\sqrt{2\pi}}\left[-t\,\mathrm{e}^{-\frac{t^2}{2}}\Big|_{-\infty}^{+\infty}+\int_{-\infty}^{+\infty}\mathrm{e}^{-\frac{t^2}{2}}\mathrm{d}t\right]=\sigma^2 .$$

计算积分时运用了积分换元 $x=\sigma t+\mu$ 以及分部积分法，最后一个等号用到了高斯积分的结果. 这个计算结果明确了正态分布的第二个参数的概率意义：参数 σ^2 恰是描述正态变量波动大小的方差，而参数 σ 则是正态变量的标准差. σ 越大，变量的偏离程度就越大，正态曲线应越平坦；反之，σ 越小，变量的集中程度就越高，正态曲线应越陡峭. 8.4 节中得到的关于正态曲线的几何性质，在这里通过概率特性的分析再一次得到了证实.

例 9.9 设 $X\sim N(\mu,\sigma^2)$，$Y\sim N(\mu,3\sigma^2)$，这里 $\mu\neq 0$，$\sigma\neq 0$，X,Y 相互独立. 试确定常数 a 和 b，使得随机变量 $Z=aX+bY$ 满足 $E(Z)=\mu$，并且 $D(Z)$ 达到最小值.

解 根据期望的运算规则可得 $\mu=E(Z)=aE(X)+bE(y)=(a+b)\mu$，因此 $a+b=1$. 根据方差的运算规则可得 $D(Z)=a^2D(X)+b^2D(Y)=a^2\sigma^2+b^2 3\sigma^2$，以 $a=1-b$ 代入得

$$D(Z)=[(1-b)^2+3b^2]\sigma^2=(4b^2-2b+1)\sigma^2 .$$

显然当 $b=0.25$ 时，括号内的二次函数取最小值，于是 $a=0.75$，$b=0.25$.

为了便于查找，将几个常用分布的数学期望和方差汇集于表 9-1.

表 9-1 常用分布的数学期望与方差

分布名称	简略记号	参数要求	数学期望	方差
两点分布	$B(1,p)$	$0<p<1$	p	$pq\quad(p+q=1)$
二项分布	$B(n,p)$	n 是自然数，$0<p<1$	np	$npq\quad(p+q=1)$
泊松分布	$P(\lambda)$	$\lambda>0$	λ	λ
均匀分布	$U(a,b)$	$[a,b]$ 是分布区间	$\frac{a+b}{2}$	$\frac{(a-b)^2}{12}$
指数分布	$\mathrm{e}(\lambda)$	$\lambda>0$	$\frac{1}{\lambda}$	$\frac{1}{\lambda^2}$
正态分布	$N(\mu,\sigma^2)$	μ 是实数，$\sigma^2>0$	μ	σ^2

9.2.4 协方差与相关系数

独立乘积规则（9.4）指出，若随机变量 X,Y 相互独立，则乘积的期望 $E(XY)$ 等于期望的乘积 $E(X)E(Y)$. 但是两者在 X,Y 不独立时未必相等，它们的差值称为随机变量 X,Y 的**协方差**，记为 $\mathrm{COV}(X,Y)$，即

$$\mathrm{COV}(X,Y)=E(XY)-E(X)E(Y). \tag{9.13}$$

协方差也可等价地表示成

$$\mathrm{COV}(X,Y)=E[(X-E(X))(Y-E(Y))]. \tag{9.14}$$

将（9.14）式右端的数学期望展开成 4 项，合并同类项后即得（9.13）式.

协方差 $\mathrm{COV}(X,Y)$ 可以用来度量 X,Y 之间的相关程度. 若 $\mathrm{COV}(X,Y)>0$，则（9.14）式右端两个括号取相同符号的成分较大，所以 X 增加时，Y 也有增加的趋向，这叫做 X,Y 之间是**正相关**；$\mathrm{COV}(X,Y)<0$ 表明 X,Y 之间是**负相关**，即 X 增加时，Y 有减少的趋向；$\mathrm{COV}(X,Y)=0$ 称为 X 和 Y **不相关**.

如果 X,Y 相互独立，则由（9.13）式知协方差为零，即 X 和 Y 一定不相关，但反之不然. 比如 $X\sim N(0,1)$ 时，$Y=X^2$ 和 X 关系密切，相互不独立，然而 $E(X)=0$，同时

$$E(XY)=E(X^3)=\int_{-\infty}^{+\infty}x^3\varphi(x)\mathrm{d}x=0.$$

这里用到了奇函数的积分对称性，从而 $E(XY)=E(X)E(Y)=0$，说明 X 与 Y 不相关. 可见独立与不相关这两个概念是有区别的.

进一步的研究表明，这里的"相关"实际上指的是"线性相关"，即协方差 $\mathrm{COV}(X,Y)$ 度量的是 X,Y 之间的线性相关程度. 这与确定性变量的情况大不相同，两个确定性变量 x 和 y 之间如果有函数关系的话，不是线性关系就是非线性关系，不存在中间状态. 而两个随机变量 X 和 Y 之间如果相依的话，则多多少少含有线性关系的成分，这种成分的大小即线性相关程度的大小，用协方差来度量.

为了增强线性相关程度的可比性，将协方差标准化，即除以两个标准差，令

$$\rho_{XY}=\frac{\mathrm{COV}(X,Y)}{\sqrt{D(X)}\sqrt{D(Y)}}. \tag{9.15}$$

ρ_{XY} 称为随机变量 X,Y 的**相关系数**. 可以证明，必有 $|\rho_{XY}|\leqslant 1$. $|\rho_{XY}|$ 越小，则 X,Y 间的线性相关程度越弱，在极端情况下 $\rho_{XY}=0$，则 X,Y 不相关；$|\rho_{XY}|$ 越大，则 X,Y 间的线性相关程度越强，在极端情况下 $|\rho_{XY}|=1$，则线性相关达到最强程度，X,Y 间几乎处处呈线性关系.

9.3　大数定律与中心极限定理

在 7.2 节中曾经对概率的统计意义做过一番定性的论述，指出概率的实质是统计规律. 所谓统计规律指的是随机现象在一次试验中无法断言其结果，但经过大量的试验，会呈现出某种规律性.

本节将用定理的形式揭示统计规律的定量表现. 这些定理都是经过几代数学家的艰苦努力而创立的，定理的证明往往要涉及一些新的数学概念和数学工具，所以我们略去定理的证明，着重解释定理的概率原理和应用方法.

定理 9.1（伯努利大数定律） 设 X 是 n 次重复独立试验中事件 A 发生的次数，p（$0<p<1$）是在一次试验中事件 A 发生的概率，则对于任意正数 ε，以下极限式成立：

$$\lim_{n\to\infty} P\left(\left|\frac{X}{n}-p\right|\geqslant\varepsilon\right)=0 . \tag{9.16}$$

上式中的 X/n，实际上就是事件 A 发生的频率. 定理 9.1 表明，当试验次数 n 越来越大时，频率将在相应的概率附近作微小摆动，摆动较大（大于 ε）的可能性随着 n 的增大而无限地缩小到零，即当 n 很大时，摆动偏大几乎是不可能的. 定理 9.1 以严格的数学形式表达了频率的稳定性，从而使概率的统计定义（参看 7.2 节）有了理论上的依据.

定理 9.2（辛钦大数定理） 设随机变量 $X_1, X_2, \cdots, X_n, \cdots$ 相互独立，并且具有相同的数学期望和方差，记 $E(X_i)=\mu$（$i=1,2,\cdots$），则对于任意正数 ε，以下极限式成立：

$$\lim_{n\to\infty} P\left(\left|\frac{1}{n}\sum_{i=1}^{n}X_i-\mu\right|<\varepsilon\right)=1 . \tag{9.17}$$

上式绝对值中是前 n 个随机变量的算术平均与它们公共的数学期望之差. 定理 9.2 表明，在大量的随机试验中，平均结果具有稳定性，即无论个别随机现象的结果如何，多个随机变量的平均结果接近于它们的数学期望 μ 几乎是必然的. 从这种接近程度的任意性（ε 任意）可知，当随机变量的个数 n 越来越大时，算术平均几乎成为一个常数了，这时“期望”变成了现实. 这样，求数学期望不再是理论推导、心中期望，而是有了切实的计算途径.

定理 9.3（同分布的中心极限定理） 设随机变量 $X_1, X_2, \cdots, X_n, \cdots$ 相互独立，服从同一分布且 $E(X_i)=\mu$，$D(X_i)=\sigma^2$（$i=1,2,\cdots$），则对于任意实数 x，以下极限式成立：

$$\lim_{n\to\infty} P\left(\frac{\sum_{i=1}^{n}X_i-n\mu}{\sqrt{n}\sigma}\leqslant x\right)=\int_{-\infty}^{x}\frac{1}{\sqrt{2\pi}}\mathrm{e}^{-\frac{t^2}{2}}\mathrm{d}t . \tag{9.18}$$

若记 $Y_n=X_1+X_2+\cdots+X_n$，则不难推得 $E(Y_n)=n\mu$，$D(Y_n)=n\sigma^2$，在 Y_n 的基础上，减去它的均值 $n\mu$，再除以它的标准差 $\sqrt{n}\sigma$，这是所谓的标准化过程，即随机变量

$$Z_n=\frac{Y_n-n\mu}{\sqrt{n}\sigma}$$

已经具备了 $E(Z_n)=0$，$D(Z_n)=1$ 的标准化特征.（9.18）式左端的概率 $P(Z_n\leqslant x)$ 实际上是随机变量 Z_n 的分布函数，而（9.18）式右端的积分，正是标准正态分布的分布函数 $\Phi(x)$，

因此（9.18）式表明，当 n 越来越大时，这两个分布函数将无限接近．用另一种方式表述，即当 n 充分大时（比如 $n>50$），渐近地有正态分布

$$\sum_{i=1}^{n} X_i \sim N(n\mu, n\sigma^2).$$

由此可见，定理 9.3 揭示出这样一个事实：若一个随机变量由多个独立同分布的微小随机变量合成，则无论这些随机变量原先具有怎样的分布，只要变量个数 n 足够大，它们的合成就近似地服从正态分布．

进一步的研究还发现，定理 9.3 中“同分布”这一条件可以去掉，这样，定理的适用性更加广泛了．事实上，一个随机变量之所以“随机”，往往是因为它受到了许多相互独立的随机因素的影响，只要这些随机因素都不占主导地位，那么它们叠加的结果就一定是渐近的正态变量．在实际问题中，有许多随机变量符合这一特征，如测量误差、质量指标、身高体重、考试成绩、用电数量等，都服从正态分布，这就是为什么正态随机变量在概率论中具有重要地位的基本原因．

定理 9.4（棣莫弗－拉普拉斯中心极限定理） 设 $X \sim B(n, p)$，则对任意实数 x，以下极限式成立：

$$\lim_{n\to\infty} P\left(\frac{X-np}{\sqrt{np(1-p)}} \leqslant x\right) = \int_{-\infty}^{x} \frac{1}{\sqrt{2\pi}} e^{-\frac{t^2}{2}} dt. \tag{9.19}$$

定理 9.4 是定理 9.3 的特例．由（9.5）式可知，二项分布变量 X 是由 n 个相互独立的两点分布变量叠加合成的，因此根据定理 9.3，当 n 很大时，二项分布变量近似地服从正态分布．（9.19）式中的 np 和 $np(1-p)$ 正是 X 的期望与方差．定理 9.4 的另一种表示方式是：若 $X \sim B(n, p)$，则当 n 充分大时（比如 $n>50$），渐近地有正态分布

$$X \sim N(E(X), D(X)).$$

例 9.10 某工厂有 150 台机床，开工率为 0.85，每台机床在一个工作日内正常耗电 10 kW·h，每台机床开工与否相互独立．试问供电部门至少供应多少电力，才能以 95%的概率保证不因供电不足而影响生产？

解 设备运行问题属于伯努利概型，设 X 是 150 台机床中开工的台数，则 $X \sim B(150, 0.85)$，按表 9-1 计算 $E(X)=150\times0.85=127.5$，$D(X)=150\times0.85\times0.15=19.125$．由于 $n=150$ 已足够大，所以根据定理 9.4，近似地有 $X \sim N(127.5, 19.125)$．工厂的用电量是 $10X$，现在需要求出供应的电力 a，使得 $P(10X \leqslant a) \geqslant 95\%$，按正态分布的概率求法，即

$$0.95 \leqslant P(X \leqslant a/10) = \Phi\left(\frac{a/10-127.5}{\sqrt{19.125}}\right).$$

倒查附表 1 得到 $\dfrac{a/10-127.5}{\sqrt{19.125}} \geqslant 1.645$，由此解出 $a \geqslant 1347$.

答：供电部门至少要向该厂供电 1347kW·h，才能以 95%的概率保证不因供电不足而

影响生产.

例 9.11 设有 30 个电子器件，依次在电子设备上使用，第 1 个损坏了，立即使用第 2 个，第 2 个损坏立即使用第 3 个，依此类推．这些电子器件的寿命都是服从参数 $\lambda=0.1$ 的指数分布的随机变量．问这些电子器件使用的总时间超过 350h 的概率是多少？

解 设 X_i（$i=1,2,\cdots,30$）是 30 个电子器件的实际寿命，按已知条件 $X_i\sim \mathrm{e}(\lambda)$（指数分布），则 $E(X_i)=1/\lambda=10$，$D(X_i)=1/\lambda^2=100$（参看表 9-1）．30 个电子器件使用的总时间显然是

$$X=X_1+X_2+\cdots+X_{30}.$$

每个电子器件是否损坏应该相互独立，因此按照均值和方差的加法规则，得到 $E(X)$=30×10=300，$D(X)$=30×100=3000．本例 $n=30$，可以算相当大了，根据定理 9.3，近似地有 $X\sim N(300,3000)$．现在求概率 $P(X>350)$，按正态分布的概率求法，可查表得到

$$P(X>350)=1-\varPhi\left(\frac{350-300}{\sqrt{3000}}\right)=1-\varPhi(0.913)=1-0.8186=0.1814,$$

即总时间超过 350 小时的概率为 0.1814．仅有 18.14%的可能性，不能抱很大的希望，应该进一步增加备用电子器件的个数．

例 9.12 对敌人的防御地段进行 100 次轰炸，每次轰炸命中目标的炸弹数是一个随机变量，其期望值为 2，方差为 1.69．求在 100 次轰炸中，有 180 颗到 220 颗炸弹命中目标的概率．

解 设 X_i 是第 i 次命中目标的炸弹数量，已知 $E(X_i)=2$，$D(X_i)=1.69\ (i=1,2,\cdots,100)$，这 100 次轰炸中，命中目标的炸弹总数显然是各次命中数量之和，即

$$X=X_1+X_2+\cdots+X_{100}.$$

按照均值和方差的加法规则计算 $E(X)$=100×2=200，$D(X)$=100×1.69=169．由于 $n=100$ 已足够大，所以根据定理 9.3，近似地有 $X\sim N(200,169)$，现在通过查表求概率

$$\begin{aligned}P(180\leqslant X\leqslant 220)&=\varPhi\left(\frac{220-200}{\sqrt{169}}\right)-\varPhi\left(\frac{180-200}{\sqrt{169}}\right)\\&=\varPhi(1.54)-\varPhi(-1.54)=2\varPhi(1.54)-1\\&=2\times 0.9382-1=0.8764.\end{aligned}$$

所求概率是 0.8764，可见 100 次轰炸中有 180 颗到 220 颗炸弹击中目标的可能性是很大的．

习 题 九

1．设随机变量 X 的分布律为 $X\sim\begin{pmatrix}-1 & 0 & 0.5 & 1 & 2\\ 0.35 & 0.15 & 0.10 & 0.15 & 0.25\end{pmatrix}$.

（1）求 $2X-1$ 和 X^2 的分布律； （2）求 $E(X)$，$E(2X-1)$，$E(X^2)$.

2．在 7 台仪器中，有 2 台是次品．现从中任取 3 台，X 为取得的次品台数，求取得次品的期望台数

$E(X)$.

3．设随机变量 X 的概率密度函数为 $f(x)=\begin{cases}x, & 0\leqslant x<1\\ 2-x, & 1\leqslant x\leqslant 2\\ 0, & 其他\end{cases}$，求 $E(X)$.

4．一场射击比赛，每人射 4 次，每次射一发，约定全都不中得 0 分，只中 1 弹得 15 分，中 2 弹得 30 分，中 3 弹得 55 分，中 4 弹得 100 分．甲每次射击命中率为 0.6，问他的期望得分是多少?

5．共有 10 把看上去样子相同的钥匙，其中只有一把能打开门上的锁．随机地取一把去试开门上的锁，打不开即除去，再取另一把试开，直至把门打开．求试开次数 X 的数学期望．

6．对球的直径作近似测量，设其值均匀地分布在区间 $[a,b]$ 上，求球的体积的平均值．

7．某篮球运动员投篮 3 次，第 1 次投中的概率为 0.6，第 2 次投中的概率为 0.7，第 3 次投中的概率为 0.9．设投篮是相互独立的，X 表示投中的次数，试将 X 分解成若干个简单随机变量之和，并由此求该运动员 3 次投篮平均投中的次数．

8．求第 1 题、第 2 题、第 3 题中 X 的方差．

9．一工厂生产的电子管寿命 X（以小时计算），服从期望值为 $\mu=160$ 小时的正态分布，若要求 $P(120<X<200)\geqslant 0.80$，允许标准差 σ 最大为多少？σ 的计量单位是什么？

10．某公司估计在 k（$k=1,2,3,4,5$）天内完成某项任务的概率依次为 0.05，0.20，0.35，0.30，0.10．

（1）求该任务能在 3 天之内完成的概率；

（2）求完成该任务的期望天数；

（3）该任务的费用由两部分组成：20 000 元的固定费用加每天 2000 元，求整个项目费用的期望值；

（4）求完成天数的方差和标准差．

11．设随机变量 X 的概率密度为 $f(x)=\begin{cases}a+bx, & 0<x<1\\ 0, & 其他\end{cases}$，$E(X)=0.6$，求常数 a,b 及 $D(X)$.

12．已知 X,Y,Z 是相互独立的随机变量，且 $E(X)=9$，$E(Y)=20$，$E(Z)=12$，$E(X^2)=83$，$E(Y^2)=401$，$E(Z^2)=148$．试求 $X-2Y+5Z$ 的数学期望和方差．

13．设 X,Y 是两个随机变量，$E(X)=E(Y)=0$，$D(X)=1$，$D(Y)=4$，$D(X+Y)=6$，求 $\mathrm{COV}(X,Y)$，并回答：X,Y 是否相互独立？X,Y 是否不相关？

14．设各零件的重量都是随机变量，它们相互独立，且服从相同的分布，其数学期望为 0.5kg，标准差为 0.1kg．问 5000 只零件的总重量超过 2510kg 的概率是多少？

15．有一批建筑房屋用的木柱，其中 80%的长度不小于 3m．现从木柱中随机地取出 100 根，问其中至少有 30 根短于 3m 的概率是多少？

16．某车间有同型号机床 200 部，每部开动的概率为 0.7，假定各机床开停是独立的，开动时每部要消耗电能 15 个单位．问电厂最少要供应这个车间多少电能，才能以 95%的概率，保证不致因供电不足而影响生产？

17．计算机进行加法时，对每个加数取整（即取最接近于它的整数）．设所有的取整误差是相互独立的，且它们都在 $(-0.5,0.5)$ 上服从均匀分布．

（1）若将 1500 个数相加，问误差总和的绝对值超过 15 的概率是多少？

（2）几个数加在一起，可使得误差总和的绝对值小于 10 的概率为 0.90？

18. 某个单位设置一电话总机，共有 200 个电话分机. 设每个电话分机有 5%的时间要使用外线通话，假定每个分机是否使用外线通话是相互独立的. 问总机要多少外线才能以 90%的概率保证每个分机要使用外线时可供使用.

19. 一个复杂系统，由 n 个相互独立起作用的部件组成. 每个部件的可靠性（即部件工作的概率）为 0.90，且必须至少有 80%的部件工作才能使整个系统工作.

（1）当 $n=100$ 时，要求不少于 85 个部件工作，求达到这个条件的概率；

（2）问 n 至少为多少，才能使系统的可靠性为 0.95？

20. 单项选择题

（1）描述随机变量波动大小的量为 （　　）

A. 数学期望 $E(X)$； B. 方差 $D(X)$； C. 分布函数值 $F(x)$； D. 密度函数值 $f(x)$.

（2）设 X,Y 分别表示甲乙两个人完成某项工作所花费的时间，如果有 $E(X)<E(Y)$，并且 $D(X)>D(Y)$，则说明 （　　）

A. 甲的工作效率较高，但稳定性较差； B. 甲的工作效率较低，但稳定性较好；

C. 甲的工作效率及稳定性都比乙好； D. 甲的工作效率及稳定性都不如乙.

（3）一个二项分布的随机变量，其方差与数学期望之比为 3:4，则该分布的参数 p 等于 （　　）

A. 0.25； B. 0.5； C. 0.75； D. 不能确定.

（4）设随机变量 $X\sim N(\mu,\sigma^2)$，在下列哪种情况下 X 的概率密度曲线 $y=f(x)$ 的形状比较平坦. （　　）

A. μ 较小； B. μ 较大； C. σ 较小； D. σ 较大.

（5）设随机变量 X 和 Y 的关系为 $Y=2X+2$，如果 $D(X)=2$，则 $D(Y)=$ （　　）

A. 4； B. 6； C. 8； D. 10.

（6）设随机变量 X 和 Y 的关系为 $Y=2X+2$，如果 $E(X)=2$，则 $E(Y)=$ （　　）

A. 4； B. 6； C. 8； D. 10.

（7）已知 $X\sim B(n,p)$，且 $E(X)=8$，$D(X)=4.8$，则 $n=$ （　　）

A. 10； B. 15； C. 20； D. 25.

（8）设 X,Y 为两个独立的随机变量，已知 X 的均值为 2，标准差为 10，Y 的均值为 4，标准差为 20，则与 $Y-X$ 的标准差最接近的数是 （　　）

A. 10； B. 17； C. 20； D. 22.

（9）已知 $E(X)=\mu$，$D(X)=\sigma^2$，为了将随机变量标准化，应作如下哪个变换？ （　　）

A. $Y=\dfrac{X+\mu}{\sigma^2}$； B. $Y=\dfrac{X+\mu}{\sigma}$； C. $Y=\dfrac{X-\mu}{\sigma^2}$； D. $Y=\dfrac{X-\mu}{\sigma}$.

（10）n 个随机变量 X_i（$i=1,2,\cdots,n$）相互独立并具有相同的分布，而且 $E(X_i)=a$，$D(X_i)=b^2$，则它们的算术平均值 $\bar{X}=\dfrac{1}{n}\sum_{i=1}^{n}X_i$ 的数学期望和方差分别为 （　　）

A. $a,\dfrac{b^2}{n}$； B. $a,\dfrac{b^2}{n^2}$； C. $\dfrac{a}{n},b^2$； D. $\dfrac{a}{n},\dfrac{b^2}{n}$.

第 10 章　统计量与参数估计

10.1　样本与统计量

10.1.1　总体与样本

从本章开始，介绍数理统计知识．数理统计就是以概率论为基础，根据试验所得到的数据，对研究对象的客观规律性做出合理的估计与推断．

运用数理统计方法进行研究的对象往往是由许多**个体**组成的**总体**．例如欲了解一批灯泡的寿命分布情况，这批灯泡就是总体，其中每个灯泡就是个体．在研究中，我们关心的往往是总体的某个数量指标，比如灯泡的寿命，这个数量指标用 X 表示．X 有许多可能的取值，这些取值应该有其特定的概率分布状况，所以 X 是随机变量．以后提到总体，都是指这样的随机变量，研究总体就是研究随机变量 X 的概率分布状况．相应地，提到个体也是指该个体的数量指标，即总体 X 的一个取值．

欲了解总体 X 的分布状况，不可能对每个个体进行测试．一方面总体数量庞大，逐个测试不现实；另一方面有些测试是破坏性的，如测试灯泡寿命，全面测试断不可行，所以通常采取抽样测试的方法．为了使抽样具有充分的代表性，要求每个个体被抽到的机会均等而且每次抽取是独立的．满足这两个条件的抽样叫做**简单随机抽样**．一般的抽样都是无放回的，无放回抽样不具有独立性，但当总体很庞大时，可以认为独立性得到满足．

在总体中抽取 n 个个体，称为总体的一个**样本**，记为 $(X_1, X_2, \cdots, X_n)$，加上括号的意思是把样本当作一个整体来对待，即认为它是一个样本而不是 n 个样本．样本中的个体数目 n 称为该**样本的容量**．

通过简单随机抽样得到的样本叫做**简单随机样本**，今后凡提到样本都是指简单随机样本．样本中的每次抽样，事前不能断定其测试结果是什么，事后可以观察到它的结果，所以 X_i（$i=1,2,\cdots,n$）也都是随机变量，而且由抽样的独立性可知，它们是相互独立的．

由于随机变量 X_i 来自于总体，它的概率分布由总体所决定，并且反映总体的分布状况，所以 X_i（$i=1,2,\cdots,n$）与总体 X 有相同的概率分布．由此可知，样本是一组具有**独立同分布**的随机变量．

样本的测试结果记为 $(x_1, x_2, \cdots, x_n)$，这是一组数据，称为**样本观察值**，简称**样本值**．在容易产生误会时，表示样本及其观察值的字母大小写要分清，尤其在作理论分析时，一般都取大写，以便作为随机变量处理．数理统计的任务就是建立一系列由抽样结果推断总体特性的理论与方法．

10.1.2 统计量及其分布

了解总体的概率特性，最先想到的就是它的数字特征（均值、方差、标准差），这些信息当然会包含在样本的数字特征中．样本$(X_1, X_2, \cdots, X_n)$的算术平均称为**样本均值**，记为$\bar{X}$，即

$$\bar{X} = \frac{1}{n}\sum_{i=1}^{n} X_i \ . \tag{10.1}$$

每次抽样的地位均等，权重也相同，所以均值采用简单平均．**样本方差**仍取“对均值偏离平方的平均值”之意，记为S^2，即

$$S^2 = \frac{1}{n-1}\sum_{i=1}^{n}(X_i - \bar{X})^2 \ . \tag{10.2}$$

取平均值原本要除以容量n，但是经过理论分析发现，除以$n-1$更好一些．样本方差的平方根称为**样本标准差**，记为S，即

$$S = \sqrt{S^2} = \sqrt{\frac{1}{n-1}\sum_{i=1}^{n}(X_i - \bar{X})^2} \ . \tag{10.3}$$

样本均值、样本方差、样本标准差统称为**样本数字特征**，它们都是n个随机变量$X_1, X_2, \cdots, X_n$的函数表达式，而且不含有其他未知参数，这样一旦有了样本观察值就可以算出它们的数值来．

在样本数字特征中，样本均值的计算比较简单，而样本方差的计算量很大，如果利用函数计算器的统计功能，则可以极其快捷地得到计算结果．具体方法大致是：

（1）利用上档键 2nd f 进入统计功能；

（2）利用 DATA 键逐个输入样本值$x_1, x_2, \cdots, x_n$；

（3）按 $\bar{x}$ 键即显示样本均值$\bar{x}$；

（4）按 s 键即显示样本标准差s；

（5）再按 x^2 键做平方运算即显示样本方差s^2．

例 10.1 已知一组 10 个样本观察值为 1050，1100，1080，1120，1200，1250，1040，1130，1300，1200，求样本均值、样本方差及样本标准差．

解 打开计算器的统计功能，逐个输入这 10 个数据．每输入一个数据，显示屏上会出现一个序号，输入完毕，显示屏上的序号为 10．按 $\bar{x}$ 键得$\bar{x}=1147$，按 s 键得$s=87.05681414$，作平方运算得$s^2=7578.888889$．

类似于样本数字特征的函数表达式还可以构造出许许多多来．一般地，凡是含有样本$X_1, X_2, \cdots, X_n$的一个数学表达式，并且式中不含有未知参数，都叫做**统计量**．不同的统计量有各自特定的作用，所以开展对统计量的研究，成为数理统计中的一个重要课题．

数学表达式实际上就是一个函数，因此统计量是样本的一个不含未知参数的函数．既然样本是随机变量，当然统计量也是随机变量．从另一个角度理解，在抽样之前无法断定统计量的取值，抽样之后可以算出它的数值，这便说明统计量是随机变量，是样本派生出来的随机变量．

作为随机变量，每个统计量都有各自特定的概率分布，这种概率分布统称为**抽样分布**．鉴于正态分布的普遍性，往往假定总体 X 服从正态分布，有了这个假定，抽样分布就容易得到了．为了得出样本均值 $\bar{X}$ 的分布，我们不加证明地引用一个重要结论：**正态变量的线性函数仍然服从正态分布**．这个结论不是显然的，因为推导随机变量函数的分布并非易事（参看 8.3 节），而且其他分布未必有这个性质，比如两点分布的和却成了二项分布（参看例 9.4）．

设总体 $X \sim N(\mu,\sigma^2)$，根据独立同分布原理，每次抽样同样地有 $X_i \sim N(\mu,\sigma^2)$（$i=1,2,\cdots,n$）．作为线性函数（10.2），样本均值 $\bar{X}$ 也服从正态分布．运用期望与方差的常数提取规则和加法规则，可得 $E(\bar{X})=\mu$，$D(\bar{X})=\sigma^2/n$，所以

$$\bar{X} \sim N\left(\mu,\frac{\sigma^2}{n}\right), \tag{10.4}$$

即样本均值的期望与总体相同，而方差却缩小了 n 倍．特别地，标准化以后得

$$U=\frac{\bar{X}-\mu}{\sigma/\sqrt{n}} \sim N(0,1). \tag{10.5}$$

标准正态分布统计量（10.5）称为 U **统计量**．当总体标准差 σ 未知时，U 不是统计量，这时可用样本标准差 S 代替，但得到的统计量不再服从正态分布，而是一种新的分布：

$$T=\frac{\bar{X}-\mu}{S/\sqrt{n}} \sim t(n-1), \tag{10.6}$$

叫做服从于自由度为 $n-1$ 的 t **分布**，（10.6）式给出的统计量 T 称为 t **统计量**．t 分布的密度函数表达式比较复杂，此处从略．t 分布的密度曲线与标准正态曲线相类似，如图 10-1 所示，曲线关于 $x=0$ 中心对称，当 $n\to\infty$ 时渐近于标准正态曲线，曲线下方的面积始终等于 1．

为了将样本方差 S^2 和总体方差 σ^2 相比较，构造出联系两者的另一个统计量

$$\chi^2=\frac{(n-1)S^2}{\sigma^2} \sim \chi^2(n-1). \tag{10.7}$$

这又是一种新的分布，称为 χ^2 **分布**．（10.7）式表示统计量 χ^2 服从自由度为 $n-1$ 的 χ^2 分布，（10.7）式给出的统计量 χ^2 自然叫做 χ^2 **统计量**．χ^2 分布的密度函数表达式也比较复杂，此处从略．χ^2 分布的密度曲线在原点右侧呈单边状态，如图 10-2 所示，这是因为 χ^2 变量总是取非负的值．χ^2 分布的密度曲线过原点，且以 x 轴为渐近线，曲线下方的面积等于 1．

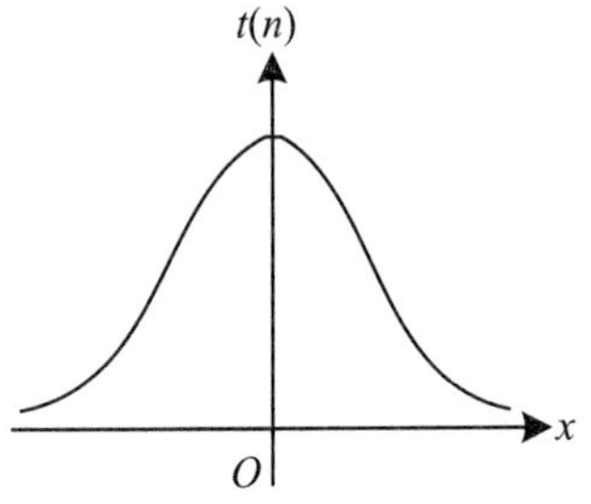

图 10-1　t 分布的密度曲线

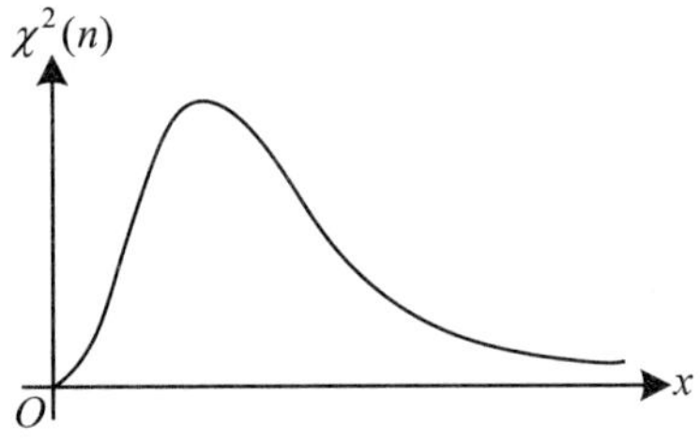

图 10-2　χ^2 分布的密度曲线

t 分布和 χ^2 分布都不是惟一的，不同的自由度对应不同的 t 分布和 χ^2 分布．所谓**自由度**，是指一个平方和式中，能够独立自由地变化的有多少项．（10.7）式给出的 χ^2 表达式中含有 S^2，而 S^2 按（10.2）式所示有 n 个平方项，但这些平方项中都含有 1 个根据样本算得的均值 $\bar{X}$，因此它们会有 1 个约束条件（不自由因素）．比如将各平方项的底数相加，可得到与 $\bar{X}$ 的算式（10.1）相吻合的约束条件：

$$(X_1-\bar{X})+(X_2-\bar{X})+\cdots+(X_n-\bar{X})=0,$$

所以 S^2 的自由度要扣除 1，成为 $n-1$，因而（10.7）式给出的 χ^2 统计量的自由度是 $n-1$，而（10.6）式给出的 t 统计量的自由度 $n-1$ 则来自于其表达式中 S 的自由度．

有了自由度的概念，对样本方差（10.2）可以有进一步的认识：样本方差等于偏差平方和除以自由度．这一认识将在第 12 章中有充分的表现．

公式（10.5）～（10.7）给出的 U，T，χ^2 是继 $\bar{X}$，S^2，S 后第二轮组合而成的统计量，可以更有利于实际的应用．

10.1.3　临界值的概念及其概率意义

设 $U\sim N(0,1)$，有关 U 的概率可查表．如果反过来，已知概率 α，求实数 λ 使 $P(U>\lambda)=\alpha$ 或 $P(U\leqslant\lambda)=1-\alpha$，倒查表得到的 λ 称为标准正态分布的**右侧 α 临界值**，意为 λ 右侧的概率是 α，又叫 α **分位点**，记为 U_α，其概率意义是 $P(U>U_\alpha)=\alpha$，几何表现如图 10-3 所示．这里要注意分清记号的含义，不加下标（U）表示随机变量，加了下标（U_α）表示临界值（一个实数），后面的各种记号都按此原则编制．

若求 λ 使 $P(|U|>\lambda)=\alpha$，则查表得到的是 $\lambda=U_{\alpha/2}$，称为**双侧 α 临界值**，意为对称两侧的概率之和是 α，$U_{\alpha/2}$ 的概率意义是 $P(|U|>U_{\alpha/2})=\alpha$ 或 $P(U>U_{\alpha/2})=\alpha/2$，几何表现如图 10-4 所示．例如 $U_{0.05}=1.645$，$U_{0.025}=1.96$．

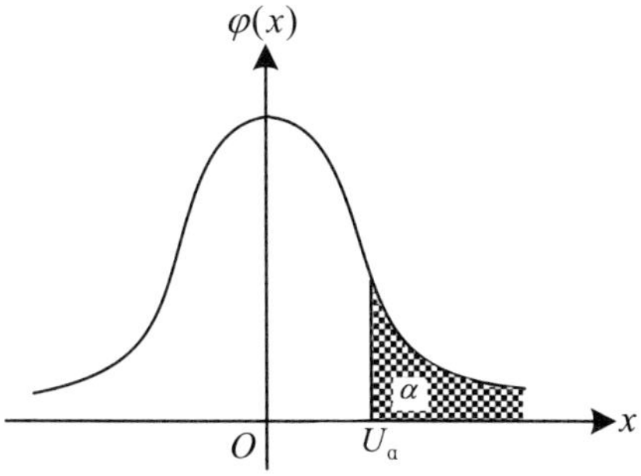

图 10-3　$N(0, 1)$右侧临界值

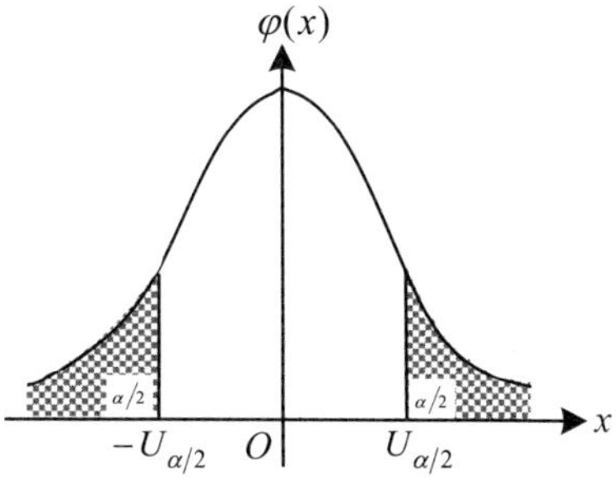

图 10-4　$N(0, 1)$双侧临界值

自由度为n的t分布和χ^2分布的右侧临界值分别记为$t_\alpha(n)$和$\chi_\alpha^2(n)$，括号内的n是自由度，不要与样本容量相混淆．例如$t_{0.01}(15)=2.6025$，$\chi_{0.05}^2(7)=14.067$，它们的概率意义分别为$P(t(15)>2.6025)=0.01$和$P(\chi^2(7)>14.067)=0.05$，其中$t(15)$表示服从t分布（自由度为15）的随机变量，$\chi^2(7)$表示服从χ^2分布（自由度为7）的随机变量，它们的几何表现分别如图10-5和图10-6所示．t分布表和χ^2分布表已直接编为临界值表（见附表3和附表4），不必“倒查表”，上述$t_{0.01}(15)=2.6025$和$\chi_{0.05}^2(7)=14.067$都是从临界值表中直接查到的．

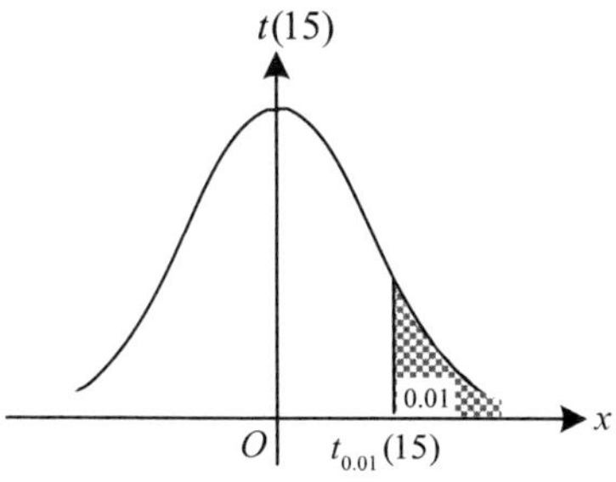

图 10-5　t分布右侧临界值

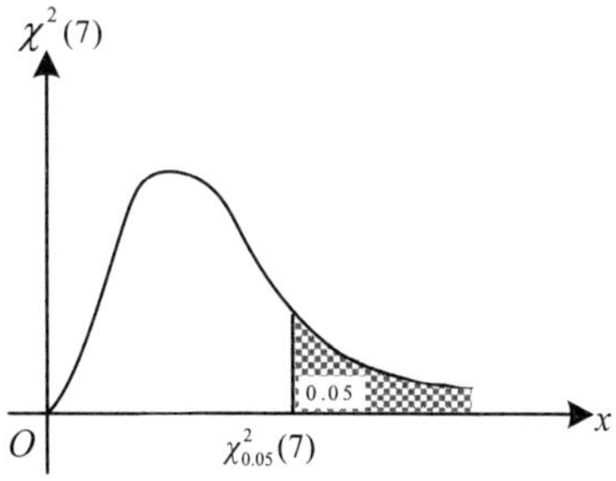

图 10-6　χ^2分布右侧临界值

标准正态分布和t分布的**左侧临界值**是对称值$-U_\alpha$和$-t_\alpha(n)$，不必另行查表，其概率意义是该临界值左侧的概率为α，即$P(U<-U_\alpha)=\alpha$和$P(t(n)<-t_\alpha(n))=\alpha$．

χ^2分布无对称性，其左侧临界值是$\chi_{1-\alpha}^2(n)$，这个记号表示其右侧概率是$1-\alpha$，所以左侧概率是α，几何表现如图10-7所示．求$\chi_{1-\alpha}^2(n)$需要另行查表．

χ^2分布的双侧临界值是$\chi_{1-\alpha/2}^2(n)$（左）和$\chi_{\alpha/2}^2(n)$（右），其概率意义是$P(\chi^2(n)<\chi_{1-\alpha/2}^2(n))=\alpha/2$，$P(\chi^2(n)>\chi_{\alpha/2}^2(n))=\alpha/2$，几何表现如图10-8所示．

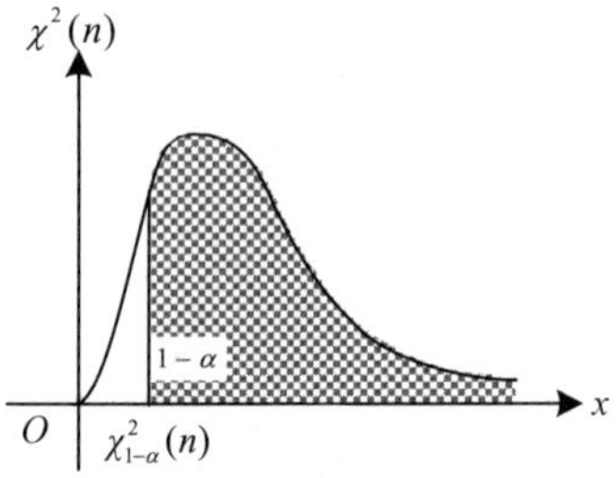

图 10-7 χ^2 分布左侧临界值

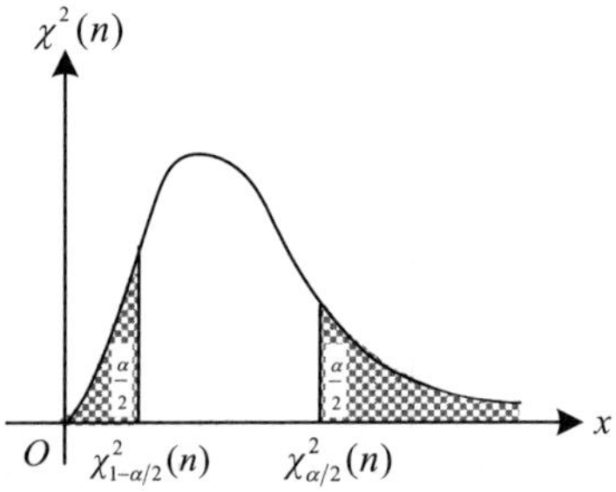

图 10-8 χ^2 分布双侧临界值

临界值的概念和记号繁多，很容易相互混淆. 借助于图 10-3～图 10-8 能够对临界值的基本概念、查找方法、概率意义取得清晰的认识，所以应重视几何图形在处理临界值问题中的重要作用，切不可死记硬背.

例 10.2 查表求满足以下概率式的临界值 λ，并给出对应的记号.

（1） $P(\chi^2(14)<\lambda)=0.05$，查附表 4， $\lambda=\chi^2_{0.95}(14)=6.517$；

（2） $P(t(8)<\lambda)=0.05$，查附表 3， $\lambda=-t_{0.05}(8)=-1.8595$；

（3） $P(|t(8)|>\lambda)=0.05$，查附表 3， $\lambda=t_{0.025}(8)=2.3060$；

（4） $P(U<\lambda)=0.05$，倒查附表 1， $\lambda=-U_{0.05}=-1.645$；

（5） $P(|U|>\lambda)=0.05$，倒查附表 1， $\lambda=U_{0.025}=1.96$.

例 10.3 对于查表得到的 $t_{0.01}(10)=2.7638$ 和 $\chi^2_{0.025}(10)=20.483$，给出它们的概率意义.

解 第一个值 2.7638 的概率意义是 $P(t(10)>2.7638)=0.01$，或 $P(t(10)<-2.7638)=0.01$，或 $P(|t(10)|>2.7638)=0.02$.

第二个值 20.483 的概率意义是 $P(\chi^2(10)>20.483)=0.025$ 或 $P(\chi^2(10)<20.483)=0.975$.

10.2 点 估 计

10.2.1 点估计的概念

总体 X 的分布类型往往是已知的，但其中含有未知参数，比如已知 X 服从正态分布 $N(\mu,\sigma^2)$，但是它的参数 μ 和 σ^2 都不知道，需要通过样本来估计参数的值，这就是**点估计**. 一般地，设 θ 为总体 X 分布中的未知参数，$(X_1,X_2,\cdots,X_n)$ 为总体 X 的样本，利用样本来估计 θ 的值，总要对样本做一番“加工”，当然首先要确定一个“加工”的程序，这种“加工程序”的实质就是寻找一个样本的函数，即找一个统计量

$$\hat{\theta}=\hat{\theta}(X_1, X_2, \cdots, X_n), \tag{10.8}$$

一旦有了样本观察值，便可据此算出 $\hat{\theta}=\hat{\theta}(x_1, x_2, \cdots, x_n)$ 作为 θ 的估计值．统计量（10.8）称为参数 θ 的**估计量**，显然估计量也是随机变量，不同的样本值会得到不同的估计值．估计量的记号中加上“帽子”是为了表明 $\hat{\theta}$ 是随机变量（估计量），而未加“帽子”的 θ 是一个未知常数（不是随机变量），$\hat{\theta}$ 仅仅是 θ 的估计值而非 θ 的实际真值．

10.2.2　点估计的方法

构造一个估计量（10.8）并不难，但构造一个“好”的估计量却非易事．人们往往从某种合理性出发去寻找估计量．由于考虑的角度不同，所以形成了各种各样的估计方法，其中较有代表性的是**矩估计法**和**最大似然估计法**，这两种估计方法都涉及较多的数学知识．下面介绍一种直观自然而且实用性强的方法——样本数字特征法．

顾名思义，**样本数字特征法**就是用样本数字特征估计对应的总体数字特征，同名称量值的计算原理相同，数值相近应在情理之中．由于总体的数字特征中往往含有未知参数，所以未知参数的估计问题便可以迎刃而解．

比如总体 $X \sim N(\mu,\sigma^2)$，用样本均值 $\bar{X}$ 估计总体均值 $E(X)=\mu$，便得到

$$\hat{\mu}=\bar{X}=\frac{1}{n}\sum_{i=1}^{n}X_i . \tag{10.9}$$

用样本方差 S^2 估计总体方差 $D(X)=\sigma^2$，便得到

$$\hat{\sigma}^2=S^2=\frac{1}{n-1}\sum_{i=1}^{n}(X_i-\bar{X})^2 . \tag{10.10}$$

正态总体两个参数的估计量都已得到．

又比如总体 $X \sim B(n, p)$（二项分布），用样本均值 $\bar{X}$ 估计总体均值 $E(X)=np$，用样本方差 S^2 估计总体方差 $D(X)=np(1-p)$，即令 $np=\bar{X}$，$np(1-p)=S^2$，由此解得

$$\hat{p}=1-\frac{S^2}{\bar{X}}, \quad \hat{n}=\frac{\bar{X}^2}{\bar{X}-S^2} .$$

二项分布两个参数的估计量也已得到．

再比如总体 $X \sim P(\lambda)$（泊松分布），用样本均值 $\bar{X}$ 估计总体均值 $E(X)=\lambda$，立得 $\hat{\lambda}=\bar{X}$，这就是泊松分布参数的估计量．

例 10.4　某果园有 1000 株果树，在采摘前欲估计果树的产量，随机抽选了 10 株，产量（kg）分别为 161，85，45，102，38，87，100，92，76，90．假设果树的产量服从正态分布，试求果树产量的均值与标准差的估计值，由此估计总产量以及一株果树产量超过 100 kg 的概率．

解　利用计算器的统计功能，输入产量样本后，直接读得样本的均值 $\bar{x}$ 和标准差 s，所

以一株果树产量 X 的均值的估计值为 $\hat{\mu}=\bar{x}=85.9\,\text{kg}$，标准差的估计值为 $\hat{\sigma}=s=34.22\,\text{kg}$．总产量可依据均值计算，即总产量估计为 $1000\hat{\mu}=85900\,\text{kg}$．

利用参数的估计值得到总体的具体分布 $X\sim N(85.9,34.22^2)$，于是所求概率为

$$P(X>100)=1-\Phi\left(\frac{100-85.9}{34.22}\right)=1-\Phi(0.41)=0.3409,$$

其中 $\Phi(0.41)=0.6591$ 从附表 1 查得．计算表明，一株果树产量超过 100 kg 的可能性为 34%．

10.2.3 估计量的评价标准

对于同一个未知参数，各种估计方法的出发点不同，往往会得到不同的估计量，应该制定一套统一的评价标准来评价它们的优劣．评判标准有许多种，下面介绍两种常用的评价标准．

1. 无偏性

设 $\hat{\theta}$ 是未知参数 θ 的估计量，若 $E(\hat{\theta})=\theta$，则称 $\hat{\theta}$ 是 θ 的**无偏估计量**，否则就称为是**有偏**的．无偏估计的统计意义是随机变量 $\hat{\theta}$ 的波动中心（期望）等于 θ，即经过多轮抽样，$\hat{\theta}$ 的众多观察值将围绕着 θ 变动，没有系统误差，当然是比较好的．

利用期望和方差的运算规则，可以推得样本均值 $\bar{X}$ 和样本方差 S^2 分别是总体均值 $E(X)$ 和总体方差 $D(X)$ 的无偏估计，即无论总体 X 服从何种分布，只要它的期望和方差都存在，则必有

$$E(\bar{X})=E(X),\quad E(S^2)=D(X).$$

这说明样本数字特征法的确是较好的方法．具体到正态总体 $X\sim N(\mu,\sigma^2)$，上式就成了 $E(\bar{X})=\mu$，$E(S^2)=\sigma^2$，可见估计量（10.9）和（10.10）都是所估计参数的无偏估计量．

在 S^2 的表达式（10.10）中，n 项平方之和除以 $n-1$ 而不是除以 n 就是为了满足无偏性要求，否则就成为有偏估计量了．

应该指出的是，对于同一个未知参数，无偏估计量往往不是惟一的，例如对于泊松分布 $P(\lambda)$，$\hat{\lambda}_1=\bar{X}$ 和 $\hat{\lambda}_2=S^2$ 都是 λ 的无偏估计．因此仅有无偏性要求是不够的，还须建立其他评判标准．

2. 有效性

对于多个无偏估计量，方差小的波动小，稳定性好，因此总希望方差越小越好．设 $\hat{\theta}_1,\hat{\theta}_2$ 都是参数 θ 的无偏估计，即 $E(\hat{\theta}_1)=E(\hat{\theta}_2)=\theta$，如果 $D(\hat{\theta}_1)<D(\hat{\theta}_2)$，则称 $\hat{\theta}_1$ 比 $\hat{\theta}_2$ **有效**．有效性表明 $\hat{\theta}_1$ 与真值 θ 之间的偏差较小．

可以证明，对于正态总体 $X \sim N(\mu,\sigma^2)$ 而言，样本均值 $\bar{X}$ 是参数 μ 的所有无偏估计中最有效的估计量.

10.3　区间估计

10.3.1　置信度与置信区间

点估计只是给出了参数的近似值，并未涉及误差分析和误差估计. 误差估计的实质是找一个尽可能小的区间来包含待估的未知参数，这就是**区间估计**.

具体实施区间估计，必须确立概率统计的观点，即凡涉及随机因素，便不应该指望有绝对的把握. 区间估计也不例外，要用概率去描述，要与概率相联系，所以区间估计的完整提法是：设 θ 为总体的未知参数，$(X_1, X_2, \cdots, X_n)$ 是总体 X 的一个样本，根据样本确定一个区间 $(\hat{a}, \hat{b})$，希望它包含 θ 真值的把握足够大，写成概率式即 $P(\hat{a} < \theta < \hat{b}) = 1-\alpha$. 若取 $\alpha = 0.05$，则把握是 95%　. α 往往事先取定，$1-\alpha$ 称为**置信度**，$(\hat{a}, \hat{b})$ 称为参数 θ 的 $1-\alpha$ **置信区间**，$\hat{a}$ 称为**置信下限**，$\hat{b}$ 称为**置信上限**.

从上述区间估计的概念可知，区间 $(\hat{a}, \hat{b})$ 的长度给出了误差估计的精确程度，而置信度 $1-\alpha$ 则给出了参数估计的可信程度. 根据样本确定置信区间 $(\hat{a}, \hat{b})$，实际上就是根据样本确定区间的端点 $\hat{a}$ 和 $\hat{b}$，所以 $\hat{a}$，$\hat{b}$ 都是统计量（样本的函数），概率式 $P(\hat{a} < \theta < \hat{b}) = 1-\alpha$ 中，$\hat{a}$，$\hat{b}$ 是随机变量而 θ 不是，θ 是一个未知的常数.

寻找置信区间的方法通常是从已知抽样分布的统计量如 U，t，χ^2 统计量入手，这是因为区间估计要落实到概率式 $P(\hat{a} < \theta < \hat{b}) = 1-\alpha$，既然概率 $1-\alpha$ 已知，那就是确定临界值的问题，联系到一个分布已知且有相应临界值表的统计量，落实上述概率式就不难了. 比如正态总体参数 μ 的区间估计要联系到含有 μ 及其估计量 $\bar{X}$ 的 U 统计量或 t 统计量，正态总体参数 σ^2 的区间估计要联系到含有 σ^2 及其估计量 S^2 的 χ^2 统计量.

因为正态分布是最普遍的分布，所以本节讨论正态总体的参数区间估计.

10.3.2　正态总体的区间估计

首先考虑正态总体 $X \sim N(\mu,\sigma^2)$ 中，参数 μ 的区间估计. 按照（10.9）式，μ 的估计量是样本均值 $\bar{X}$，误差估计的数量表现是不等式 $|\bar{X}-\mu| < \delta$，这个不等式与以下不等式等价：

$$|U| = \left|\frac{\bar{X}-\mu}{\sigma/\sqrt{n}}\right| < \lambda ,$$

其中$\lambda = \delta\sqrt{n}/\sigma$，这样把区间估计与$U$统计量（10.5）联系起来了. 因为$U \sim N(0,1)$，所以根据置信度要求$P(|U| < \lambda) = 1-\alpha$，很容易得到双侧临界值$\lambda = U_{\alpha/2}$. 把这个临界值代入上面的不等式并将其变形为

$$\bar{X} - U_{\alpha/2}\frac{\sigma}{\sqrt{n}} < \mu < \bar{X} + U_{\alpha/2}\frac{\sigma}{\sqrt{n}} , \tag{10.11}$$

这就是正态总体均值μ的$1-\alpha$置信区间. 写成区间形式即

$$\left(\bar{X} - U_{\alpha/2}\frac{\sigma}{\sqrt{n}} ,\ \bar{X} + U_{\alpha/2}\frac{\sigma}{\sqrt{n}}\right).$$

例 10.5 设总体$X \sim N(\mu, 0.09)$，测得一组样本值为 12.6，13.4，12.8，13.2. 求总体均值μ的 95%置信区间.

解 计算$\bar{x}=13$. 因为$\sigma = 0.3$，$n = 4$，$1-\alpha = 0.95$，查附表 1 得双侧临界值$U_{\alpha/2} = U_{0.025} = 1.96$，所以根据公式（10.11），参数$\mu$的置信上、下限为

$$\bar{x} \pm U_{\alpha/2}\frac{\sigma}{\sqrt{n}} = 13 \pm 1.96 \times \frac{0.3}{\sqrt{4}} = 13 \pm 0.294 ,$$

于是总体均值μ的 0.95 置信区间为$(12.706, 13.294)$.

利用公式（10.11）求μ的置信区间，前提是总体方差σ^2已知. 如果σ^2未知，就要以样本方差S^2来代替σ^2，这时相应的概率式变为

$$P\left(\left|\frac{\bar{X}-\mu}{S/\sqrt{n}}\right| < \lambda\right) = 1-\alpha ,$$

联系到的是t统计量（10.6），要查t分布表（附表 3），得到双侧临界值为$\lambda = t_{\alpha/2}(n-1)$. 类似地将不等式变形得到

$$\bar{X} - t_{\alpha/2}(n-1)\frac{S}{\sqrt{n}} < \mu < \bar{X} + t_{\alpha/2}(n-1)\frac{S}{\sqrt{n}} . \tag{10.12}$$

这就是当总体方差σ^2未知时，正态总体均值μ的$1-\alpha$置信区间. 写成区间形式即

$$\left(\bar{X} - t_{\alpha/2}(n-1)\frac{S}{\sqrt{n}} ,\ \bar{X} + t_{\alpha/2}(n-1)\frac{S}{\sqrt{n}}\right).$$

例 10.6 设总体$X \sim N(\mu, \sigma^2)$，σ^2未知，按照例 10.5 给出的样本观测值，求参数μ的置信区间（取$\alpha = 0.05$）.

解 利用计算器的统计功能计算得$\bar{x}=13$，$s = 0.3651$. 本例中$n = 4$，$\alpha = 0.05$，查附表 3 得双侧临界值$t_{\alpha/2}(n-1) = t_{0.025}(3) = 3.1824$，于是根据公式（10.12），$\mu$的置信上下限为

$$\overline{x} \pm t_{\alpha/2}(n-1)\frac{s}{\sqrt{n}} = 13 \pm 3.1824 \times \frac{0.3651}{\sqrt{4}} = 13 \pm 0.581,$$

所以总体均值 μ 的 0.95 置信区间为 $(12.419, 13.581)$.

本例的信息量比例 10.5 少（ σ^2 未知），在同样的置信度下，置信区间比较宽，精度比较小是很自然的.

其次考虑正态总体 $X \sim N(\mu,\sigma^2)$ 中，参数 σ^2 的区间估计．按照（10.10）式，σ^2 的估计量是样本方差 S^2 ，利用 S^2 将反映置信区间的不等式 $\hat{a} < \sigma^2 < \hat{b}$ 等价变形为

$$\lambda_1 < \frac{(n-1)S^2}{\sigma^2} < \lambda_2,$$

其中 $\lambda_1 = (n-1)S^2/\hat{b}$ ，$\lambda_2 = (n-1)S^2/\hat{a}$ ，这样把置信区间与 χ^2 统计量（10.7）联系起来了. 因为该统计量 $\chi^2 \sim \chi^2(n-1)$ ，所以根据置信度要求 $P(\lambda_1 < \chi^2(n-1) < \lambda_2) = 1-\alpha$ ，不难确定临界值 λ_1 和 λ_2 . 为了方便起见，习惯上按照两侧概率相等，即 $P(\chi^2(n-1) > \lambda_2) = P(\chi^2(n-1) < \lambda_1) = \alpha/2$ 来确定双侧临界值，由此得到 $\lambda_1 = \chi^2_{1-\alpha/2}(n-1)$ 和 $\lambda_2 = \chi^2_{\alpha/2}(n-1)$ ，把这些临界值代入上面的不等式，并将其变形为

$$\frac{(n-1)S^2}{\chi^2_{\alpha/2}(n-1)} < \sigma^2 < \frac{(n-1)S^2}{\chi^2_{1-\alpha/2}(n-1)}. \tag{10.13}$$

这就是正态总体方差 σ^2 的 $1-\alpha$ 置信区间．写成区间形式即

$$\left(\frac{(n-1)S^2}{\chi^2_{\alpha/2}(n-1)}, \frac{(n-1)S^2}{\chi^2_{1-\alpha/2}(n-1)}\right).$$

对公式（10.13）开平方，便得到正态总体标准差 σ 的 $1-\alpha$ 置信区间：

$$S\sqrt{\frac{n-1}{\chi^2_{\alpha/2}(n-1)}} < \sigma < S\sqrt{\frac{n-1}{\chi^2_{1-\alpha/2}(n-1)}}. \tag{10.14}$$

例 10.7　设零件长度（mm） X 服从正态分布，抽取 $n=16$ 个零件测量，经计算得样本均值 $\overline{x}$ =12.078mm，样本方差 s^2 =0.00507mm^2，求零件长度的均值与标准差的置信区间（ $\alpha = 0.05$).

解　设 $X \sim N(\mu,\sigma^2)$ ，σ 未知，求 μ 的置信区间应采用 t 统计量，查附表 3 得双侧临界值为 $t_{0.025}(15) = 2.1315$ ，按公式（10.12）计算置信上下限为

$$\overline{x} \pm t_{0.025}(15)\frac{s}{\sqrt{n}} = 12.087 \pm 2.1315 \times \sqrt{\frac{0.00507}{16}} = 12.087 \pm 0.038,$$

所以零件长度的均值 μ 的 95%置信区间为 $(12.049, 12.125)$.

求 σ 的置信区间采用 χ^2 统计量，查附表 4 得双侧临界值 $\chi^2_{0.025}(15) = 27.488$ ，$\chi^2_{0.975}(15)$ =6.262，将这些临界值及 $n=16$ ，s^2 =0.00507 代入公式（10.14)，可得总体标准差

σ 的 0.95 置信区间为

$$\left(\sqrt{\frac{15\times 0.00507}{27.488}}\ ,\ \sqrt{\frac{15\times 0.00507}{6.262}}\right)=(0.0526, 0.1102)\ .$$

10.3.3 置信度的选择

在进行区间估计时，置信度$1-\alpha$往往事先选定．置信度体现区间估计的可信程度，当然越高越好，但是置信度的选择并非随心所欲．从公式（10.11）～（10.14）可以看出，置信上限和置信下限中都含有临界值，临界值与α的取值密切相关，因此置信度$1-\alpha$通过临界值影响置信区间的大小．

通过计算分析不难发现，对于同一个样本，如果提高置信度，则双侧临界值将向左右两侧伸展，从而置信区间的长度增大，区间估计的精度降低；置信度提高到极端值 100%，得到的置信区间便是具有零精度的毫无用处的$\mu\in(-\infty,+\infty)$或$\sigma\in(0,+\infty)$；反之，想提高区间估计的精度就需减小置信度，两者不能兼顾．出现这种现象的深层次原因是样本不变时，信息量是固定的，要想提高可信度，必然会损失精确度，反之亦然，这叫做“有得必有失”．如果希望同时提高区间估计的置信度和精确度，那么必须增加信息量，即增加样本的容量．当然增加样本容量就会加大抽样的成本，这又是一种“有得必有失”的局面．总之，在选择置信度时，务必遵循上述客观规律，对置信度、精确度和抽样成本作通盘考虑，才能做出正确的决策．

区间估计和点估计的不同之处在于它有置信度这一概率要求，所以区间估计要与三个重要的分布相联系，在进行区间估计时，首先要选择合适的统计量（参看例 10.5～例 10.7），这不仅关系到查哪一张表，用哪一个置信区间公式的问题，还为下一章学习假设检验打下必要的基础．

习 题 十

1．在总体 $N(52, 6.3^2)$ 中随机抽取一容量为 36 的样本，求样本均值 $\overline{X}$ 落在 50.8 至 53.8 之间的概率．

2．在总体 $N(80, 20^2)$ 中随机抽取一容量为 100 的样本，求样本均值与总体均值之差的绝对值大于 3 的概率．

3．查表求临界值，并说明它们的概率意义：

（1）$t_{0.05}(30)$；　（2）$t_{0.025}(16)$；　（3）$\chi^2_{0.05}(9)$；　（4）$\chi^2_{0.99}(21)$；

（5）求 $\lambda=t_{0.01}(34)$，并求概率 $P(t(34)<\lambda)$，$P(t(34)>\lambda)$，$P(t(34)<-\lambda)$，$P(|t(34)|>\lambda)$；

（6）求 $\lambda=\chi^2_{0.9}(18)$，并求概率 $P(\chi^2(18)>\lambda)$ 和 $P(\chi^2(18)<\lambda)$．

4．已知某种白炽灯泡的使用寿命服从正态分布．在某星期内所生产的该种灯泡中随机抽取 10 只，测得其寿命（以 h 计）为：

1067　919　1196　785　1126　936　918　1156　920　948．

试用样本数字特征法，求出寿命总体的均值 μ 和方差 σ^2 的估计值，并估计这种灯泡的寿命大于 1300 h 的概率.

5. 一部件包括 10 个部分，每部分的长度是随机变量，它们相互独立且都服从正态分布，其数学期望均为 2 mm，标准差均为 0.05 mm．规定该部件的总长度为 20 mm ± 0.1 mm 时产品合格，试求产品合格的概率.

6. 设总体 X 有数学期望 $\mu = E(X)$ 和方差 $\sigma^2 = D(X)$，(X_1, X_2) 为样本．试考察 μ 的下列估计量的无偏性与有效性：

$$\hat{\mu}_1 = \frac{1}{3}X_1 + \frac{2}{3}X_2,\quad \hat{\mu}_2 = \frac{2}{3}X_1 + \frac{1}{4}X_2,\quad \hat{\mu}_3 = \frac{1}{4}X_1 + \frac{3}{4}X_2.$$

7. 已知某机关办公室的电话，单位时间内接到的呼叫次数 X 服从以 n, p 为参数的二项分布．今在一个工作日内抽样记录 100 个数据，将呼叫次数出现的频数统计如下，试用样本数字特征法求 n, p 的估计值.

呼叫次数	0	1	2	2	4	5	6	7
频数	2	17	30	30	14	9	7	1

8. 某厂检验科在月末从生产的滚珠中随机抽取 9 个，测得它们的直径（mm）为

14.6　14.7　15.1　14.9　14.8　15.0　15.1　15.2　14.8.

（1）试估计该厂当月生产的滚珠直径的均值；

（2）另设滚珠直径 $X \sim N(\mu, \sigma^2)$ 且 $\sigma = 0.15$ mm，试求直径均值 μ 的置信度为 0.95 的置信区间.

9. 某车间生产的螺杆，其直径服从正态分布，今随机抽取 5 只，测得直径（mm）为

22.5　21.5　22.0　21.8　21.4.

（1）已知总体标准差 $\sigma = 0.3$ mm，求总体均值 μ 的 0.95 置信区间；

（2）σ 未知，求 μ 的 0.95 置信区间.

10. 从一大批同型号的金属线中，随机选取 10 根，测得它们的直径（mm）为：

1.23　1.24　1.26　1.29　1.20　1.32　1.23　1.23　1.29　1.28.

（1）设金属线直径 $X \sim N(\mu, 0.04^2)$，试求平均直径 μ 的置信度为 0.95 的置信区间.

（2）设金属线直径 $X \sim N(\mu, \sigma^2)$，其中 σ 是未知参数，试求平均直径 μ 的置信度为 0.95 的置信区间.

11. 为管理的需要，银行要测定在业务柜台上每笔业务平均所需的时间．假设每笔业务所需时间服从正态分布，现随机抽取容量为 16 的样本，测得平均时间为 $\bar{x}$ =13 min，标准差 s =5.6 min，要求以 99%的置信度确定置信界限．若置信度改为 90%，则其置信界限有什么区别？

12. 电话公司要确定电杆的平均高度，每隔一定距离抽取一根，共抽了 12 根电杆，测得数据为：

10.94　10.91　11.03　11.09　11.16　11.03　11.91　10.94　10.97　11.00　10.94　10.97.

（1）以 0.95 的置信度构造所有电杆平均高度的置信区间；

（2）在构造上述置信区间时做了什么假设？

13. 随机地从一批钉子中抽取 16 枚，测得其长度（cm）为：

2.14　2.10　2.13　2.15　2.13　2.12　2.13　2.10　2.15　2.12　2.14　2.10　2.13　2.11　2.14　2.11.

设钉长分布为正态的，试求总体均值 μ 的 90%置信区间：

（1）若已知总体标准差 $\sigma = 0.1\text{ cm}$； （2）若 σ 为未知.

14．随机地取某种炮弹 9 发做试验，得炮口速度的样本标准差为 11m/s．设炮口速度是正态分布的，求这种炮弹炮口速度的标准差 σ 的 95%置信区间.

15．从一批同类保险丝中随机抽取 10 根，测试其熔化时间（min），其结果为

42 65 75 78 71 59 57 68 54 55.

设熔化时间 $X \sim N(\mu, \sigma^2)$，求 σ^2 和 σ 的置信度为 0.95 的置信区间.

16．设一批钢件的屈服点（近似地）服从正态分布，现测得 20 个样品的屈服点（t/cm^2）为

4.98 5.11 5.20 5.20 5.11 5.00 5.61 4.88 5.27 5.38

5.46 5.27 5.23 4.96 5.35 5.15 5.35 4.77 5.38 5.54.

（1）求屈服点总体均值 μ 的 95%置信区间；

（2）求屈服点总体标准差 σ 的 95%置信区间.

17．从正态总体 X 中抽取了 26 个样品，它们的观测值是：

3100 3480 2520 2520 3700 2800 3800 3020 3260 3140 3100 3160 2860

3100 3560 3320 3200 3420 2880 3440 3200 3260 3400 2760 3280 3300.

试求随机变量 X 的期望和方差的置信区间（$\alpha = 0.05$）.

18．某商店为了解居民对某种商品的需要，调查了 100 家住户，得出每户每月平均需要量为 10 个单位，方差为 9. 如果这个商店供应 10 000 户，试就居民对该种商品的平均需求量进行区间估计（$\alpha = 0.01$），并由此考虑最少要准备多少这种商品才能以 0.99 的概率满足需要？

19．从某地居民收支调查的 90 户样本中，获得平均花于服装的支出为 810 元，标准差为 85 元．试构造该地区居民户平均用于服装消费支出的置信区间，置信度

（1）90%； （2）95%； （3）99% .

20．单项选择题

（1）对某批零件的耐用度进行检测，如果临时决定将样本容量增加到原来的 4 倍，则样本均值的标准差将 （　　）

A．不受影响； B．为原来的 4 倍； C．为原来的 1/4； D．以上都错误.

（2）设 $\chi^2 \sim \chi^2(n)$，则临界值 $\chi^2_{1-\alpha/2}(n)$ 的概率意义是 （　　）

A．$P(\chi^2 > \chi^2_{1-\alpha/2}(n)) = \alpha$； B．$P(\chi^2 < \chi^2_{1-\alpha/2}(n)) = \alpha$；

C．$P(\chi^2 > \chi^2_{1-\alpha/2}(n)) = \alpha/2$； D．$P(\chi^2 < \chi^2_{1-\alpha/2}(n)) = \alpha/2$.

（3）样本容量为 n 时，样本方差 S^2 是总体方差 σ^2 的无偏估计量，这是因为 （　　）

A．$E(S^2) = \sigma^2$； B．$E(S^2) = \sigma^2/n$； C．$S^2 \approx \sigma^2$； D．$S^2 = \sigma^2$.

（4）估计量的有效性是指 （　　）

A．估计量的方差比较大； B．估计量的置信区间比较宽；

C．估计量的方差比较小； D．估计量的置信区间比较窄.

（5）置信度 $1-\alpha$ 表示区间估计的 （　　）

A．精确度； B．准确度； C．显著性； D．可靠性.

（6）设总体 $X \sim N(\mu,\sigma^2)$，σ^2 已知而 μ 为未知参数，（$X_1,X_2,\cdots,X_n$）为样本，$\bar{X}$ 是样本均值．又 $\Phi(x)$ 表示标准正态分布 $N(0,1)$ 的分布函数，且 $\Phi(1.96)=0.975$，$\Phi(1.64)=0.95$．若 μ 的置信水平为 0.95 的置信区间为（$\bar{X}-\lambda\sigma/\sqrt{n}$，$\bar{X}+\lambda\sigma/\sqrt{n}$），则 $\lambda=$　（　）

A．0.95；　B．0.975；　C．1.64；　D．1.96．

（7）设总体 $X \sim N(\mu,\sigma^2)$，作区间估计时，在以下何种情况下，要选用 t 统计量？　（　）

A．μ 已知，求 σ 的置信区间；　B．μ 未知，求 σ 的置信区间；

C．σ 已知，求 μ 的置信区间；　D．σ 未知，求 μ 的置信区间．

（8）利用 χ^2 统计量 $\chi^2=(n-1)S^2/\sigma^2$ 对总体方差作区间估计，则置信区间由以下哪个不等式确定．　（　）

A．$|\chi^2|<\chi^2_{\alpha/2}(n-1)$；　B．$\chi^2_{1-\alpha/2}(n-1)<\chi^2<\chi^2_{\alpha/2}(n-1)$；

C．$|\chi^2|<\chi^2_{1-\alpha/2}(n-1)$；　D．$\chi^2_{\alpha/2}(n-1)<\chi^2<\chi^2_{1-\alpha/2}(n-1)$．

（9）在作区间估计时，对于同一个样本，若置信度设置得越高，则置信区间的宽度就　（　）

A．越窄；　B．越宽；　C．不变；　D．随机变动．

（10）在抽样方式与样本容量不变的条件下，置信区间越大，则使　（　）

A．可靠性越大；　B．可靠性越小；　C．估计效率越高；　D．估计效率越低．

第 11 章 假设检验

11.1 单个正态总体的参数检验

11.1.1 假设检验的一般步骤

例 11.1 某产品用自动包装机装箱，额定标准为$\mu_0 = 100$ kg，设每箱重量 X 服从正态分布 $X \sim N(\mu, \sigma^2)$，已知标准差$\sigma = 1.15$ kg．某日开工后，随机抽取 $n = 10$ 箱，称得重量（kg）为：

99.8，99.4，102.0，101.5，100.1，99.2，102.7，101.3，100.3，101.4.

问包装机工作是否正常？

额定标准并不排除随机波动，所以本例实际上是问该日装箱的平均重量μ是否符合额定标准，即检验结论H_0： $\mu = \mu_0$是否成立．H_0代表实际问题的一个结论，将其符号化便于简称．通常先假设H_0为真，然后根据对样本的数据处理和分析比较，考虑拒绝还是接受H_0，这是用数理统计原理解决推断问题的基本方法，称为**假设检验**．其中H_0叫做**原假设**，与H_0相反的结论记为H_1，称为**备择假设**．本例的H_1为$\mu \ne \mu_0$．

本例中总体期望μ未知，可用样本均值$\bar{X}$近似代替（计算值是$\bar{x} = 100.77$）．显然不能以$\bar{X} \ne \mu_0$来否定H_0，只有当误差$|\bar{X} - \mu_0|$大到一定程度，超过了某个界限k时，才能认为效应H_1显著而否定原假设H_0．由于我们面对随机问题，所以这里的“一定程度”要用概率来描述：一旦认定效应H_1显著（否定H_0），要有很大的把握，犯错误的概率很小，即H_0成立时，犯错误否定H_0的概率为$P(|\bar{X} - \mu_0| > k) = \alpha$，$\alpha$是事先设定的很小的数，比如$\alpha = 0.05$．这个概率式涉及$\bar{X}$，而且$\sigma$已知，所以应与含$\bar{X}$的$U$统计量（10.5）相联系，即将上述概率式等价变形后成为

$$P\left(\left|\frac{\bar{X} - \mu_0}{\sigma/\sqrt{n}}\right| > \lambda\right) = \alpha .$$

当H_0成立时，统计量

$$U = \frac{\bar{X} - \mu_0}{\sigma/\sqrt{n}} \sim N(0,1) \qquad (11.1)$$

是分布已知的标准正态变量，故可得到双侧临界值 $\lambda = U_{\alpha/2}$. 这样，“一定程度”就确定下来了，不等式 $|U| > U_{\alpha/2}$ 成为拒绝还是接受原假设 H_0 的判断依据，因而称为**拒绝不等式**. 拒绝不等式界定了一个范围，故又称之为**拒绝域**. 当统计量（11.1）的计算值满足拒绝不等式，便拒绝 H_0（接受 H_1），否则接受 H_0. 拒绝域反映了备择假设 H_1 的显著性，所以拒绝不等式的方向应与 H_1 的形态相适配.

根据以上分析，例 11.1 的求解可按如下步骤进行：

（1）检验假设 H_0： $\mu = \mu_0$， H_1： $\mu \neq \mu_0$；

（2）因为 H_0 是关于正态总体均值的假设，且总体方差 $\sigma = 1.15$ 已知，所以选用 U 统计量（11.1）；

（3）备择假设 H_1 的形态是 $\mu \neq \mu_0$，注意到 $\bar{X} \approx \mu$，效应 H_1 显著时，统计量 U 的绝对值应偏大，即拒绝域的形式为 $|U| > \lambda$，然后根据概率式 $P(|U| > \lambda) = \alpha = 0.05$，倒查附表 1 确定双侧临界值 $\lambda = U_{0.025} = 1.96$；

（4）计算样本均值 $\bar{x} = 100.77$，进而计算统计量的值 $U = \dfrac{\bar{x} - \mu_0}{\sigma/\sqrt{n}} = \dfrac{100.77 - 100}{1.15/\sqrt{10}} = 2.12$，因为 $|U| = 2.12 > 1.96 = U_{\alpha/2}$，样本值落入拒绝域，所以拒绝 H_0，即认为箱重的均值与额定标准有显著性差异，包装机工作不正常.

本例中，因为发现备择假设 H_1 所描述的效应显著，所以否定了原假设 H_0，而临界值则起到了界定显著性与否的作用. 可见，假设检验实际上是在检验效应 H_1 的显著性.

通过对例 11.1 的分析可归纳出**假设检验的一般步骤**如下：

（1）根据实际问题的特性认定检验对象，设立原假设 H_0 和备择假设 H_1，H_1 是需要检验显著性的效应；

（2）选择一个与检验对象及相关条件相联系的合适的统计量，找出对应的临界值表；

（3）写出拒绝域的形式，拒绝域通常是关于所选统计量的含有临界值的不等式，不等式的方向应与备择假设 H_1 的形态相适配，然后令拒绝不等式的概率等于 α（事先给定），查表确定临界值；

（4）计算统计量的值，视其是否落入拒绝域而决定拒绝还是接受原假设 H_0，并给出相应的统计结论.

这些步骤简记为：**设立原假设→选择统计量→确定拒绝域→计算比较作推断**.

例 11.2　在例 11.1 中，若方差 σ^2 未知，检验包装机工作是否正常（取 $\alpha = 0.05$）.

解　（1）检验假设 H_0： $\mu = \mu_0$， H_1： $\mu \neq \mu_0$；

（2）因为方差未知，所以考虑与 t 统计量（10.6）相联系，即在统计量（11.1）中，以样本标准差 S 代替 σ，当 H_0 成立时，

$$T=\frac{\bar{X}-\mu_0}{S/\sqrt{n}}\sim t(n-1) \tag{11.2}$$

是分布已知的t统计量，本例$n=10$，应查$t(9)$分布表；

（3）与例 11.1 相仿，拒绝域的形式是$|T|>\lambda$，令$P(|T|>\lambda)=0.05$，查附表 3 得双侧临界值$\lambda=t_{0.025}(9)=2.2622$；

（4）利用计算器的统计功能，算得样本均值$\bar{x}=100.77$，样本标准差$s=1.174$，进而计算统计量的值$T=\dfrac{100.77-100}{1.174/\sqrt{10}}=2.074$，因为$|2.074|<2.2622$，不满足拒绝不等式，所以接受$H_0$，即认为包装机工作正常，箱重的均值与额定标准无显著性差异.

尽管面对同一样本，但本例的信息量比例 11.1 少（σ未知），因此各种数据相对粗糙，由此得到不同的推断结果在所难免.

11.1.2 正态总体均值与方差的假设检验

鉴于正态分布的普遍性，本节着重讨论正态总体的参数检验. 对于正态总体的均值与方差的假设检验，关键是要处理好统计量的选择和拒绝域的确定.

1. 统计量的选择

设总体$X\sim N(\mu,\sigma^2)$，则统计量有 3 种不同的选择：

（1）总体方差σ^2已知，H_0是关于总体均值μ的假设，选用U统计量（11.1），式中μ_0是μ的检验标准；

（2）总体方差σ^2未知，H_0是关于总体均值μ的假设，选用t统计量（11.2），式中μ_0是μ的检验标准；

（3）H_0是关于总体方差σ^2或总体标准差σ的假设，选用类似于（10.7）式的χ^2统计量

$$\chi^2=\frac{(n-1)S^2}{\sigma_0^2}, \tag{11.3}$$

式中σ_0^2是σ^2的检验标准，查$\chi^2(n-1)$分布表.

在统计学中，这 3 种情况分别称作 ***U* 检验**、***t* 检验**和 **χ^2 检验**. 不难看出，统计量的选择与区间估计相仿.

例 11.3 某种电子元件的寿命服从正态分布，要求其标准差不超过$\sigma_0=130\,\text{h}$，现从一批电子元件中任取$n=25$只，测试后计算得到寿命的样本均值$\bar{x}=1950\,\text{h}$，样本标准差$s=162\,\text{h}$，问这批元件是否合格（取$\alpha=0.05$）？

解　（1）合格与否看标准差，即检验假设 H_0： $\sigma \leqslant \sigma_0$， H_1： $\sigma > \sigma_0$；

（2）对于标准差的检验，应选用 χ^2 统计量（11.3），查 $\chi^2(n-1)=\chi^2(24)$ 分布表；

（3）备择假设 H_1 的形态是 $\sigma > \sigma_0$，注意到 $S \approx \sigma$，效应 H_1 显著时，统计量 χ^2 应偏大（分子偏大），即拒绝域的形式为 $\chi^2 > \lambda$，令 $P(\chi^2(24) > \lambda) = \alpha = 0.05$，查附表 4 得单侧临界值 $\lambda = \chi^2_{0.05}(24)$ =36.415；

（4）计算统计量的值 $\chi^2 = 24 \times (162/130)^2$ =37.27，因为 37.27＞36.415，满足拒绝不等式，所以拒绝 H_0，即认为这批元件不合格，标准差明显超标.

2. 双侧检验与单侧检验

例 11.3 中，原假设 H_0 和备择假设 H_1 都以不等式给出，所以是**单侧检验**. 与单侧检验相对应，拒绝域只含一个不等式（如 $\chi^2 > \lambda$），且与 H_1 有相同的不等式方向，查表得到的是单侧临界值. 如果原假设 H_0 以等式给出，则是**双侧检验**. 双侧检验的拒绝域含两个不等式，如例 11.2 的拒绝域 $|T| > \lambda$，实际上是两个不等式 $T > \lambda$ 和 $T < -\lambda$，查表得到的是双侧临界值. 由此可见，明确单侧还是双侧检验，对确定拒绝域有很大帮助. 为了便于查找，将原假设的 6 种不同形态所对应的拒绝域汇集于表 11-1.

表 11-1　单个正态总体参数检验的拒绝域

原假设 H_0	备择假设 H_1	检 验 类 型	拒 绝 域
$\mu = \mu_0$	$\mu \neq \mu_0$	双侧 U 检验（σ 已知）	$\lvert U\rvert > U_{\alpha/2}$
		双侧 t 检验（σ 未知）	$\lvert T\rvert > t_{\alpha/2}(n-1)$
$\mu \leqslant \mu_0$	$\mu > \mu_0$	单侧 U 检验（σ 已知）	$U > U_\alpha$
		单侧 t 检验（σ 未知）	$T > t_\alpha(n-1)$
$\mu \geqslant \mu_0$	$\mu < \mu_0$	单侧 U 检验（σ 已知）	$U < -U_\alpha$
		单侧 t 检验（σ 未知）	$T < -t_\alpha(n-1)$
$\sigma = \sigma_0$	$\sigma \neq \sigma_0$	双侧 χ^2 检验	$\chi^2 < \chi^2_{1-\alpha/2}(n-1)$ 和 $\chi^2 > \chi^2_{\alpha/2}(n-1)$
$\sigma \leqslant \sigma_0$	$\sigma > \sigma_0$	单侧 χ^2 检验	$\chi^2 > \chi^2_\alpha(n-1)$
$\sigma \geqslant \sigma_0$	$\sigma < \sigma_0$	单侧 χ^2 检验	$\chi^2 < \chi^2_{1-\alpha}(n-1)$

例 11.4　在例 11.3 中，若合格要求是总体标准差恰好等于 σ_0，问这批元件是否合格？

解　（1）按照合格要求，应检验假设 H_0： $\sigma = \sigma_0$， H_1： $\sigma \neq \sigma_0$，是双侧检验；

（2）与例 11.3 相同，仍选用 χ^2 统计量（11.3），即 $\chi^2 = \dfrac{(n-1)S^2}{\sigma_0^2} \sim \chi^2(n-1) = \chi^2(24)$；

（3）双侧检验表明，χ^2 统计量（11.3）偏小或者偏大都反映效应 H_1 的显著性，所以拒绝域是 $\chi^2<\lambda_1$ 和 $\chi^2>\lambda_2$，习惯上双侧检验采用对称概率，即令 $P(\chi^2<\lambda_1)=P(\chi^2>\lambda_2)=\alpha/2=0.025$，查附表 4 得双侧临界值 $\lambda_1=\chi^2_{0.975}(24)=12.401$，$\lambda_2=\chi^2_{0.025}(24)=39.364$；

（4）计算 $\chi^2=37.27$，因为 12.401＜37.27＜39.364，样本未落入拒绝域，所以接受 H_0，即认为该批产品合格，其标准差与 $\sigma_0=130$ 无显著性差异.

例 11.3 和例 11.4 虽然样本相同，但合格标准不同，得到不同的结果并不奇怪.

例 11.5 设一批木材的小头直径 X 服从正态分布，X 的均值不小于 13 cm 为合格，今抽取 $n=12$ 根，测得小头直径的样本均值 $\bar{x}=12.2$ cm，样本方差 $s^2=1.44$ cm^2，问该批木材的小头直径是否明显偏小（$\alpha=0.05$）？

解 （1）本例关心 X 的均值 μ 偏小的显著性，即检验假设 H_0：$\mu\geqslant 13$，H_1：$\mu<13$；

（2）因为样本方差未知，故选用 t 统计量 $T=\dfrac{\bar{X}-13}{S/\sqrt{n}}$，查 $t(n-1)=t(11)$ 分布表；

（3）备择假设 H_1 的形态是 μ 偏小，统计量 T 偏小与之适配，故拒绝域为 $T<\lambda$，令 $P(t(11)<\lambda)=\alpha=0.05$，查附表 3 得左侧临界值 $\lambda=-t_{0.05}(11)=-1.7959$；

（4）计算统计量的值

$$T=\frac{12.2-13}{\sqrt{1.44/12}}=-2.3094,$$

因为−2.3094＜−1.7959，样本落入拒绝域，所以拒绝 H_0，即认为该批木材的小头直径明显偏小，不合格.

从例 11.1、例 11.2、例 11.4 及表 11-1 不难看出，双侧假设检验的**接受域**（拒绝域的逆事件）正是区间估计中的置信区间，由此可知，假设检验与区间估计在实质上是相通的，只是从不同的角度分析和使用样本的信息.

11.1.3 显著性原理

从前面介绍假设检验的一般步骤以及例 11.1～例 11.5 可以看出，假设检验实际上是检验备择假设 H_1 所描述的效应的显著性，拒绝域则反映了对这种效应显著性的认可．当统计量的计算值未落入拒绝域时，应认为效应 H_1 “不显著”，在必须做选择时，只能选择接受原假设 H_0，这在一定程度上体现了对原假设的保护．由此可见，接受原假设时，并不意味着 H_0 的成立有多大把握，而仅仅是其相反效应 H_1 不显著而已．基于这种认识，统计推断的常用措辞以“是（否）显著不合格”、“有（无）显著性差异”、“明显偏大”、“无明显提高”等为宜．这就是假设检验所依据的原理，称之为**显著性原理**．因而假设检验也常常被叫做**显著性检验**.

在假设检验中，事先设定的值 α 起到了确定临界值的作用，从而确定了拒绝域的大小．若 α 的取值小，则拒绝域变小，拒绝原假设 H_0 就相对困难，这反映了对效应 H_1 显著性的要求提高．可见 α 的大小可以调节对显著性要求的高低，所以称之为**显著性水平**，有时简称**检验水平**，α 越小，对显著性的要求越高．一般用 α 的 3 个取值 $\alpha=0.1$，$\alpha=0.05$，$\alpha=0.01$ 来体现显著性水平的档次．在这里，显著性的程度被定量化了，成为显著性原理的数量化标志．

例 11.6　某厂生产一种灯管，它的寿命 X 服从正态分布，标准差总是 $\sigma=200$ h．从过去经验看，均值 $\mu\leqslant 1500$ h，今采用新工艺进行生产后，从产品中随机抽取 $n=25$ 只进行测试，得到寿命的平均值为 1590 h，在 $\alpha=0.05$ 和 $\alpha=0.01$ 水平之下，问灯管质量是否提高？

解　本例实际上是要检验质量提高的显著性．

（1）检验假设 H_0：$\mu\leqslant\mu_0=1500$ h，H_1：$\mu>\mu_0$；

（2）因为 $\sigma=200$ 为已知，故选用 U 统计量（11.1）；

（3）拒绝域为 $U>\lambda$（与 H_1 的形态相一致），令 $P(U>\lambda)=\alpha$，倒查附表 1 得 $\lambda=U_{0.05}=1.645$ 或 $\lambda=U_{0.01}=2.327$；

（4）利用已知的 $\bar{x}=1590$，计算统计量的值 $U=\dfrac{1590-1500}{200/\sqrt{25}}=2.25$．

因为 $U>U_{0.05}$，所以在 $\alpha=0.05$ 水平下拒绝 H_0，即认为灯管质量有显著提高；因为 $U<U_{0.01}$，所以在 $\alpha=0.01$ 水平下接受 H_0，即认为灯管质量无显著提高．

本例中，从 $\alpha=0.05$ 到 $\alpha=0.01$，显著性要求提高了，按前一个标准是显著的效应，在后一个标准看来并不明显．如果用“显著”和“特别显著”来形容这两个显著标准，那么可以说本例的新工艺使灯管质量有了显著的提高，但尚未达到特别显著的效果．

按照概率的观点，假设检验作为一种涉及随机变量的统计推断，不可能得到绝对正确的结论，可能犯**两类错误**．一类是“弃真”，即当原假设 H_0 为真时，却拒绝 H_0，称为犯**第一类错误**；另一类是“纳伪”，即当原假设 H_0 为假时，却接受 H_0，称之为犯**第二类错误**．不难发现，犯第一类错误的概率正是显著性水平 α，即

$$\alpha=P(\text{拒绝域}|\,H_0\text{为真});$$

犯第二类错误的概率通常记为 β，即

$$\beta=P(\text{接受域}|\,H_0\text{为假}).$$

α 和 β 作为条件概率，它们的条件不同，所以没有互补性，即 $\alpha+\beta\neq 1$．假设检验的主要目的是控制第一类错误的概率 α．当然希望 β 也小一些，但是和区间估计的情况相同，对于同一个样本来说，“有得必有失”：减小 α 会使 β 增大，若取极端值 $\alpha=0$，则拒绝域就成了空集，只有接受，没有拒绝，检验失去了意义，错误概率 β 达到 100%；反之，欲减小 β，则必然导致 α 的增大，两者不能兼顾．只有增大样本容量，即增加信息量，才能使 α 和 β 同时减小（至少是一个减小一个不变），而这时抽样成本就增加了．

根据显著性原理，假设检验的目标是检验效应的显著性，所以设立原假设应体现显著

性方向，要避免随意性．比如在例 11.6 中，如果改变原假设的方向，即改为H_0：$\mu \geqslant \mu_0$，H_1：$\mu < \mu_0$，则拒绝域变为$U < \lambda$，查表得$\lambda = -U_{0.01} = -2.327$，由于计算值$U = 2.25 > -2.327$，所以在$\alpha = 0.01$ 水平下接受原假设H_0，即认为灯管质量有了提高——得到了与例 11.6 相反的结论．事实上，例 11.6 的目标是检验“新工艺是否明显地提高了灯管的质量”，而改变原假设等于是将检验目标改为“新工艺是否明显降低了灯管的质量”，这是两个完全不同的目标，不可随意更换．

由此可知，设立原假设要慎重，尤其是单侧检验，不等式的方向要根据实际问题的特性选定，切忌盲目性．正确设立原假设的依据是显著性原理，具体可参照下面的三条原则，由于原假设H_0和备择假设H_1呈相反形态，所以只要确定其中之一即可．

（1）想检验哪种效应的显著性，就设该效应为备择假设H_1．比如采用一个新工艺，应该以新工艺好为备择假设H_1；再比如要检验某参数是否偏大或明显偏大，就将“偏大”置于备择假设H_1．

（2）事实上成立可能性大的结论，应作为原假设H_0，以体现保护性作用．比如在日常生产中做检验，应设生产正常为原假设H_0；在正常供货的情况下，应设商品合格为原假设H_0．

（3）想以大的把握检验某结论（效应），就设该结论为备择假设H_1．比如要检验某产品的次品率，是否有 95%的把握小于 1%，就将次品率小于 1%置于备择假设H_1，并取显著性水平为$\alpha = 0.05$．

应该指出的是，假设检验虽然与数学推论中的反证法有相似之处，都是先作假设，但两者有本质的区别，切不可混为一谈．这是因为反证法假设不可能成立的结论成立，假设的目的是为了推翻它；而假设检验则假设一个事实上成立可能性大的结论成立，假设的目的是为了保护它．反证法在作假设前就存在一个既定的确定性结论，接下来刻意留心搜寻各种途径、千方百计动用一切手段去找出假设的破绽，而假设检验即使在设立原假设之后仍不能预见结论，尤其应排除先入为主的倾向，否则将难以保证统计推断的客观性与公正性．

11.2 两个正态总体的参数检验

11.2.1 两个样本的统计量及其分布

设X, Y是两个总体，并且$X \sim N(\mu_1, \sigma_1^2)$，$Y \sim N(\mu_2, \sigma_2^2)$．$(X_1, X_2, \cdots, X_m)$是来自于总体$X$的样本，容量为$m$，样本均值为$\bar{X}$，样本方差为$S_1^2$；$(Y_1, Y_2, \cdots, Y_n)$是来自于总体$Y$的样本，容量为$n$，样本均值为$\bar{Y}$，样本方差为$S_2^2$，两个样本相互独立．显然，$\bar{X} - \bar{Y}$是样本的线性函数，仍服从正态分布，并且根据期望和方差的运算规则不难推得$E(\bar{X} - \bar{Y}) = \mu_1 - \mu_2$，$D(\bar{X} - \bar{Y}) = \sigma_1^2/m + \sigma_2^2/n$，于是

$$\bar{X}-\bar{Y} \sim N\left(\mu_1-\mu_2, \frac{\sigma_1^2}{m}+\frac{\sigma_2^2}{n}\right).$$

如果 $\mu_1=\mu_2$，则标准化后有

$$U=\frac{\bar{X}-\bar{Y}}{\sqrt{\frac{\sigma_1^2}{m}+\frac{\sigma_2^2}{n}}} \sim N(0,1). \tag{11.4}$$

这个统计量仍称为 U 统计量．当总体方差 σ_1^2 和 σ_2^2 未知时，U 不是统计量，但不能用 S_1^2 和 S_2^2 直接代替 σ_1^2 和 σ_2^2，需要用一个混合的样本方差代替它们．由 10.1 节的（10.2）式可知，样本方差等于偏差平方和除以自由度，因此两个样本的混合方差是

$$S^2=\frac{(m-1)S_1^2+(n-1)S_2^2}{m+n-2}, \tag{11.5}$$

式中分子是所有的偏差平方和，分母是两个方差的自由度之和．可以证明，如果 $\mu_1=\mu_2$ 且 $\sigma_1^2=\sigma_2^2$，则以方差（11.5）代替（11.4）式中的 σ_1^2 和 σ_2^2，便得到 t 统计量

$$T=\frac{\bar{X}-\bar{Y}}{S\sqrt{\frac{1}{m}+\frac{1}{n}}} \sim t(m+n-2). \tag{11.6}$$

这里 $\sigma_1^2=\sigma_2^2$ 称为**方差齐性**．当 $m=n$ 时，（11.6）式容易化简为

$$T=\frac{\bar{X}-\bar{Y}}{\sqrt{\frac{S_1^2+S_2^2}{n}}} \sim t(2n-2), \tag{11.7}$$

相当于分别以 S_1^2 和 S_2^2 直接代替（11.4）式中的 σ_1^2，σ_2^2．

为了比较总体的方差，将两个样本方差 S_1^2 和 S_2^2 相比，构造出另一个统计量．可以证明，当 $\sigma_1^2=\sigma_2^2$ 时

$$F=\frac{S_1^2}{S_2^2} \sim F(m-1, n-1). \tag{11.8}$$

这又是一种新的分布，称为 ***F* 分布**．（11.8）式表示统计量 F 服从第一自由度为 $m-1$，第二自由度为 $n-1$ 的 F 分布，其中 $m-1$ 是分子的自由度，$n-1$ 是分母的自由度，相应地，统计量（11.8）称为 ***F* 统计量**，F 统计量的密度曲线与 χ^2 分布的密度曲线类似，如图 11-1 所示．F 分布的临界值已编成表格（见附表 5），临界值的记号与概率意义是

$$P(F(n_1,n_2)>F_\alpha(n_1,n_2))=\alpha \text{ 或 } P(F(n_1,n_2)<F_{1-\alpha}(n_1,n_2))=\alpha,$$

其中 n_1, n_2 分别是 F 分布的第一自由度和第二自由度．

进一步的观察可以发现，F 统计量（11.8）的分子分母都是样本方差．因为样本方差等于偏差平方和除以自由度（参看 10.1 节），所以 F 统计量的构造模式总是将两个偏差平

方和除以各自的自由度后再相比，这个构造模式将在第 12 章方差分析中大量地运用.

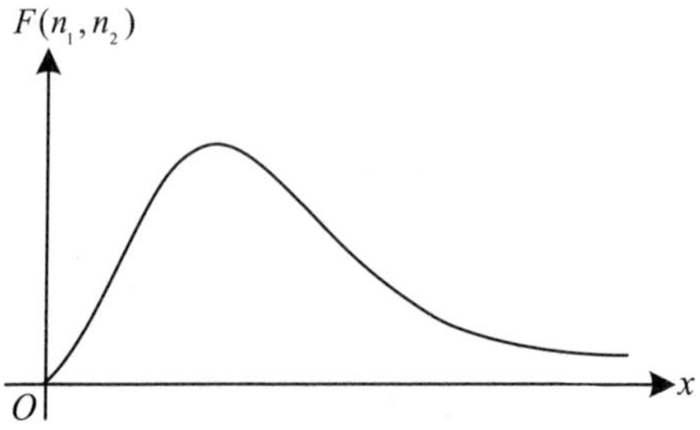

图 11-1　F 分布的密度曲线

11.2.2　两个正态总体的均值与方差的假设检验

两个正态总体的参数检验仍须遵循假设检验的一般步骤进行，即

设立原假设 → 选择统计量 → 确定拒绝域 → 计算比较作推断，

只是选择的统计量与单个正态总体不同，下面列出常用的 3 种情况：

(1)总体方差 σ_1^2 和 σ_2^2 都已知，H_0 是关于总体均值 μ_1,μ_2 的假设，选用 U 统计量(11.4)，称为 U 检验.

(2) 总体方差 σ_1^2 和 σ_2^2 都未知，但已知 $\sigma_1^2=\sigma_2^2$，即具有方差齐性，H_0 是关于总体均值 μ_1,μ_2 的假设，选用 t 统计量（11.6）（样本容量不同）或 t 统计量（11.7）（样本容量相同），称为 t 检验.

(3) H_0 是关于总体方差 σ_1^2 和 σ_2^2 的假设，选用 F 统计量（11.8），称为 **F 检验**.

除此之外，两个正态总体的参数检验，各步骤的操作原则与单个正态总体相同. 为了便于查找，将原假设的 4 种不同形态所对应的拒绝域汇集于表 11-2. 表 11-2 中未列入 H_0：$\mu_1\geqslant\mu_2$ 以及 H_0：$\sigma_1^2\geqslant\sigma_2^2$ 的情形，实际上在这两种情况下，只需将两个样本的位置对换，即可归入表 11-2 的第 2、第 4 种情形.

表 11-2　两个正态总体参数检验的拒绝域

原假设 H_0	备择假设 H_1	检验类型	拒绝域
$\mu_1=\mu_2$	$\mu_1\neq\mu_2$	双侧 U 检验，σ_1^2，σ_2^2 已知	$\lvert U\rvert>U_{\alpha/2}$
		双侧 t 检验，σ_1^2，σ_2^2 未知	$\lvert T\rvert>t_{\alpha/2}(m+n-2)$
$\mu_1\leqslant\mu_2$	$\mu_1>\mu_2$	单侧 U 检验，σ_1^2，σ_2^2 已知	$U>U_\alpha$
		单侧 t 检验，σ_1^2，σ_2^2 未知	$T>t_\alpha(m+n-2)$

（续表）

原假设 H_0	备择假设 H_1	检验类型	拒绝域
$\sigma_1^2=\sigma_2^2$	$\sigma_1^2\neq\sigma_2^2$	双侧 F 检验	$F<F_{1-\alpha/2}(m-1,n-1)$ 和 $F>F_{\alpha/2}(m-1,n-1)$
$\sigma_1^2\leqslant\sigma_2^2$	$\sigma_1^2>\sigma_2^2$	单侧 F 检验	$F>F_{\alpha}(m-1,n-1)$

例 11.7　为了研究一种新化肥对种植小麦的效力，选用 13 块条件相同面积相等的土地进行试验，施肥的土地有 6 块，产量分别为 34，35，30，33，34，32；未施肥的土地有 7 块，产量分别为 29，27，32，28，32，31，31．问这种化肥是否能提高小麦的产量（$\alpha=0.05$）？

解　用 X，Y 分别表示在一块土地上施肥与不施肥两种情况下的小麦产量，并设 $X\sim N(\mu_1,\sigma_1^2)$，$Y\sim N(\mu_2,\sigma_2^2)$．两个样本的容量分别是 $m=6$ 和 $n=7$，利用计算器的统计功能，分别输入两个样本后，可直接读得样本均值为 $\bar{x}=33$，$\bar{y}=30$，样本方差为 $s_1^2=3.2$，$s_2^2=4$．本例应分两步做两个假设检验．

第一步检验方差齐性，即检验假设 H_0：$\sigma_1^2=\sigma_2^2$，H_1：$\sigma_1^2\neq\sigma_2^2$；选用 F 统计量（11.8），查 $F(5,6)$ 分布表；拒绝域是 $F>F_{0.025}(5,6)=5.99$ 和 $F<F_{0.975}(5,6)=1/F_{0.025}(6,5)=1/6.98=0.143$，由于附表 5 中不能直接查到 $F_{0.975}(5,6)$，所以需要通过倒数换算，即按下面的公式换算：

$$F_{1-\alpha}(n_1,n_2)=\frac{1}{F_{\alpha}(n_2,n_1)};$$

按（11.8）式计算 F 统计量的值，得

$$F=\frac{s_1^2}{s_2^2}=\frac{3.2}{4}=0.8,$$

因为 0.143<0.8<5.99，样本值未落入拒绝域，所以接受 H_0，即认为有方差齐性 $\sigma_1^2=\sigma_2^2$．

第二步检验施肥后小麦产量是否显著地大于未施肥的小麦产量，即检验假设 H_0：$\mu_1\leqslant\mu_2$，H_1：$\mu_1>\mu_2$；因为有方差齐性，所以可选用 t 统计量（11.6），查 $t(13-2)=t(11)$ 分布表；拒绝域是 $T>t_{0.05}(11)=1.7959$；计算统计量 T 的值，先按（11.5）式计算混合方差

$$s^2=\frac{5\times3.2+6\times4}{6+7-2}=\frac{40}{11},$$

再按（11.6）式计算统计量的值

$$T=\frac{33-30}{\sqrt{\frac{40}{11}\times\left(\frac{1}{6}+\frac{1}{7}\right)}}=2.828,$$

因为 2.828>1.7959，满足拒绝不等式，所以拒绝 H_0，即认为这种化肥能显著地提高小麦的产量．

11.3 非参数检验

上面两节中的参数检验是在已知总体分布类型的情况下,对未知参数进行假设检验.**非参数检验**是指在总体分布未知的情况下，对总体的有关特性进行假设检验，如分布拟合检验、相同性检验、独立性检验等．本节介绍直方图法、皮尔逊检验及秩和检验.

11.3.1 直方图法

直方图法是根据样本数据的频率分布画出直方图，形象地体现总体概率分布状况的一种方法．下面通过一个实例来说明它的操作过程.

例 11.8 对某种化纤产品的强度进行强力试验，抽取 100 个样品，测试的数据记录如下：

$$6.1，7.1，6.2，7.6，5.1，\cdots，4.2，\cdots，8.9，\cdots，5.4，6.6，6.3，$$

这里隐略了中间的 90 个数据．查找出其中数据的最小值是 $m=4.2$，最大值是 $M=8.9$，**极差**为 $R=M-m=4.7$，样本容量是 $n=100$.

把数据所在的区间 $[4.2, 8.9]$ 等分为 k 个小区间，通常取 $k\approx\sqrt{n}$，本例取 $k=10$，每个小区间的长度称为**组距**．组距等于 $R/k=0.47\approx 0.5$，四舍五入以保持组距与原始数据的小数位数相一致.

将区间 $[4.2, 8.9]$ 稍作扩张成为 $[4.05, 9.05]$，使其长度等于组距的 k 倍（或 $k+1$ 倍），于是小区间的端点依次为

表 11-3 样本的分组频率统计表

组序 i	区间范围	组中值 x_i	频数 v_i	频率 f_i
1	4.05～4.55	4.3	2	0.02
2	4.55～5.05	4.8	5	0.05
3	5.05～5.55	5.3	10	0.10
4	5.55～6.05	5.8	13	0.13
5	6.05～6.55	6.3	22	0.22
6	6.55～7.05	6.8	19	0.19
7	7.05～7.55	7.3	16	0.16
8	7.55～8.05	7.8	8	0.08
9	8.05～8.55	8.3	3	0.03
10	8.55～9.05	8.5	2	0.02

4.05，4.55，5.05，5.55，6.05，6.55，7.05，7.55，8.05，8.55，9.05.

区间的端点值要比数据位数多取半个测量单位，这样可以避免数据刚好落在边界上.

统计 n 个数据落在各区间的**频数** v_i，并计算**频率** $f_i = v_i/n$（$i=1,2,\cdots,k$），显然频数之和等于 n. 统计频数是一项单调枯燥的工作，工作量大而且容易出差错，因此一定要耐心细致. 可以用“唱票”划“正”字的方法进行统计，也可以用逐个区间分拣数据的方法进行统计，当样本容量很大时，就要借助于计算机来统计频数. 本例的统计结果列于表 11-3，表内的**组中值** x_i 是第 i 个小区间的中心值（$i=1,2,\cdots,k$）.

以各小区间为底边，以频数为高度作矩形，这 k 个矩形构成的图就是**频数直方图**，简称**直方图**，本例的直方图如图 11-2 所示.

直方图近似地描述了总体 X 的概率分布，可以据此大致判别出总体服从何种分布类型. 本例的直方图中间高两边低，与正态曲线基本吻合.

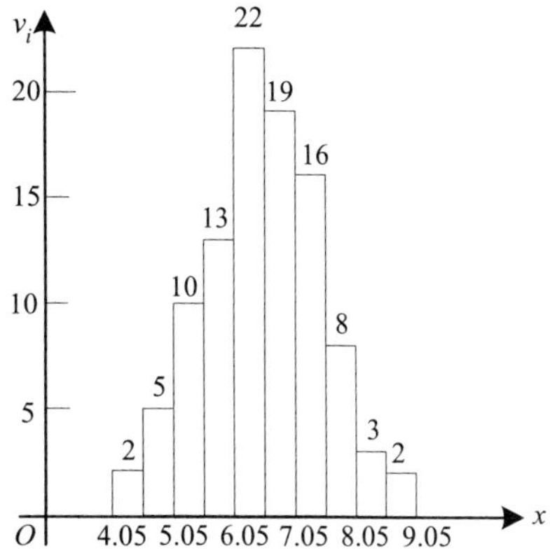

图 11-2　频数直方图

11.3.2　皮尔逊检验

皮尔逊检验是利用 χ^2 统计量对总体 X 是否服从于某一已知分布进行检验. 下面仍通过例子加以说明.

例 11.9　根据表 11-3 的资料，检验假设 H_0：化纤强度 X 服从正态分布（取 $\alpha = 0.10$）.

解　因为质量指标通常服从正态分布，而且例 11.8 的直方图对此已进行了初步的验证，所以 H_0 成立的可能性很大，应将其作为原假设. 首先利用组中值 x_i（$i=1,2,\cdots,k$）计算样本均值 $\bar{x}$ 和样本方差 s^2

$$\bar{x} = \frac{1}{n}\sum_{i=1}^{k} v_i x_i \,,\quad s^2 = \frac{1}{n-1}\sum_{i=1}^{k} v_i (x_i - \bar{x})^2 \,,$$

这里的和式以频数作为权重，应视为 n 项之和. 仍可利用计算器的统计功能，输入一次 $x_i \times v_i$ 相当于输入 v_i 个数据. 依次输入表 11-3 的数据 4.3×2，4.8×5，…，8.5×2，输入完毕，显示屏上显示序号 100. 然后分别按 $\boxed{\bar{x}}$ 键和 $\boxed{s}$ 键，能直接读出

$$\bar{x} = 6.505 \,,\quad s = 0.9616 \,.$$

于是原假设可具体化，成为 H_0： $X \sim N(6.505, 0.9616^2)$. 当 H_0 成立时，按正态分布的概率求法，查表计算 X 落入各区间的概率 p_i（$i=1,2,\cdots,10$）：

$$p_1 = P(X < 4.55) = \Phi\left(\frac{4.55 - 6.505}{0.9616}\right) = 0.0212,$$

$$p_2 = P(4.55 < X < 5.05) = \Phi\left(\frac{5.05 - 6.505}{0.9616}\right) - \Phi\left(\frac{4.55 - 6.505}{0.9616}\right) = 0.0443,$$

$p_3 \sim p_9$ 的求法与 p_2 相仿，

$$p_{10} = P(X > 8.55) = 1 - \Phi\left(\frac{8.55 - 6.505}{0.9616}\right) = 0.0166.$$

将所有计算结果列于表 11-4 的“理论概率”栏.

表 11-4　化纤强度实际频数与理论频数对照表

组序 i	频数 v_i	理论概率 p_i	合并频数	
			实际频数 v_i	理论频数 np_i
1	2	0.0212		
2	5	0.0443	7	6.55
3	10	0.0956	10	9.56
4	13	0.1581	13	15.81
5	22	0.2007	22	20.07
6	19	0.1958	19	19.58
7	16	0.1464	16	14.64
8	8	0.0842	8	8.42
9	3	0.0371	5	5.37
10	2	0.0166		

检验假设 H_0 须选用皮尔逊 χ^2 统计量

$$\chi^2 = \sum_{i=1}^{k} \frac{(v_i - np_i)^2}{np_i} \sim \chi^2(k - r - 1). \qquad (11.9)$$

这是近似的 χ^2 统计量，因此要求 $n > 50$，其中 r 是被估计参数的个数，k 是组数，v_i 是**实际频数**，np_i 是**理论频数**. 注意理论频数小于 5 的组要予以适当合并，合并以后，组数 k 应重新核定. 本例的合并情况见表 11-4，合并后组数为 8，计算过程中，用样本估计了 2 个参数（均值与方差），故 $r = 2$，自由度为 8−2−1=5，查 $\chi^2(5)$ 分布表.

若 H_0 不成立即总体不服从正态分布，则实际频数与理论频数的差异大，从而 χ^2 统计量（11.9）的值就偏大，所以皮尔逊检验的拒绝域是 $\chi^2 > \chi^2_\alpha(k - r - 1)$. 本例的拒绝域是 $\chi^2 > \chi^2_{0.10}(5) = 9.236$.

采用表 11-4 的最后两列数据，利用计算器计算统计量的值：

$$\chi^2=\frac{(7-6.55)^2}{6.55}+\frac{(10-9.56)^2}{9.56}+\cdots+\frac{(5-5.37)^2}{5.37}=0.9262 .$$

因为 0.9262<9.236，样本未落入拒绝域，所以接受原假设 H_0，即认为总体 X 服从正态分布．本例的 $\alpha=0.10$ 较大，犯第二类错误的概率 β 应比较小．

皮尔逊检验实际上是检验图 11-2 所示的样本分布曲线是否和理论分布的正态曲线相吻合，所以又称为**分布拟合检验**．皮尔逊检验也可用于离散型总体的假设检验．

例 11.10　一颗骰子掷了 120 次，掷出 1～6 点的次数分别是 23，26，21，20，15，15．试在水平 $\alpha=0.05$ 下检验这颗骰子是否均匀、对称．

解　题中给出的是骰子掷出各点的频数 v_i（$i=1,2,\cdots,6$），$n=120$．检验假设 H_0：掷出的点数 X 服从离散型均匀分布 $p_i=P(X=i)=1/6$（$i=1,2,\cdots,6$）．H_0 成立时，理论频数均为 $120\times1/6=20$.

选用 χ^2 统计量（11.9），本例不需要估计参数，即 $r=0$，故自由度为 $6-1$=5，查 $\chi^2(5)$ 分布表．拒绝域是 $\chi^2>\chi^2_{0.05}(5)=11.071$．计算统计量（11.9）的值：

$$\chi^2=\frac{(23-20)^2}{20}+\frac{(26-20)^2}{20}+\frac{(21-20)^2}{20}+\frac{(20-20)^2}{20}+\frac{(15-20)^2}{20}+\frac{(15-20)^2}{20}=4.8.$$

因为 4.8<11.071，不满足拒绝不等式，所以接受 H_0，即认为这颗骰子均匀、对称，未发现明显的异常情况．

11.3.3　秩和检验

秩和检验可以既有效又方便地解决两个总体分布是否相同的检验问题，“秩”指的是序号．下面通过例子来描述秩和检验的方法．

例 11.11　设实验观察得Ⅰ、Ⅱ两组样本如下：

Ⅰ：19.8，19.7，20.4，20.1，20.0，19.8；

Ⅱ：19.7，20.5，19.8，19.4，20.6.

试检验两组样本是否来自于同一总体（α=0.05）？

解　两个样本的容量分别为 6 和 5，记 n_1=5，n_2=6，要求保证 $n_1\leqslant n_2$．将两个样本的数据混合后从小到大排序，得到

$\underline{19.4}$，$\underline{19.7}$，19.7，$\underline{19.8}$，19.8，19.8，20.0，20.1，20.4，$\underline{20.5}$，$\underline{20.6}$，

其中带下划线的数据来自于容量较小的样本（样本Ⅱ）．这些数据的排列序号依次为 1～11，每个数据的**秩数**即它所对应的序号，比如 19.4 的秩数是 1，20.0 的秩数是 7，20.5 的秩数是 10，等等．但相等数据的秩数应取它们序号的平均值，如 19.7 的序号为 2 和 3，它们的秩数都是(2＋3)÷2=2.5，19.8 的序号为 4，5，6，它们的秩数都是(4＋5＋6)÷3=5.

对容量较小的样本，把其中每个个体的秩数加起来记为 R_1，称为该样本的**秩和**，另一个样本的秩和记为 R_2．本例中，带下划线的个体秩数之和为 R_1．两个秩和的计算值为

$$R_1=1+2.5+5+10+11=29.5,$$

$$R_2=2.5+5+5+7+8+9=36.5.$$

显然两者相加必为常数，等于所有序号（$1,2,\cdots,n_1+n_2$）之和，即有

$$R_1+R_2=\frac{1}{2}(n_1+n_2)(n_1+n_2+1).$$

现在检验假设 H_0：两个样本的总体无差异．选择秩和统计量 R_1．如果两个总体有差异，则两个秩和 R_1 与 R_2 就有差异，由于两者之和是常数，因而这时 R_1 不是偏小就是偏大，即拒绝域为

$$R_1<T_1 \quad 与 \quad R_1>T_2.$$

临界值 T_1，T_2 可以在秩和检验临界值表（附表 6）中查到．本例中 $n_1=5$，$n_2=6$，$\alpha=0.05$，查附表 6 得 $T_1=20$，$T_2=40$．因为 $20<29.5<40$，即 $T_1<R_1<T_2$，样本未落入拒绝域，所以接受 H_0，即两个总体无显著性差异，可认为它们来自于同一个总体．

秩和检验临界值表中，样本容量都不超过 10．如果样本容量很大，则可以考虑近似的正态分布检验．能够证明在 $n_1>10$，$n_2>10$ 的情况下，当 H_0 成立时，近似地有

$$R_1\sim N\left(\frac{n_1(n_1+n_2+1)}{2},\frac{n_1n_2(n_1+n_2+1)}{12}\right), \tag{11.10}$$

将其标准化后形成 U 统计量，便可用双侧 U 检验法进行检验．

习 题 十一

1．已知某器件组装时间（min）$X\sim N(\mu,\sigma^2)$，$\mu_0=7$ 为 μ 的标准值，$\sigma=0.43$．现从中抽测 9 件，其组装时间为

6.9　7.0　7.5　6.4　5.8　5.6　5.8　8.1　7.3.

试问这批器件的平均组装时间是否就是 7 min？检验用两个不同的显著性水平：

（1）$\alpha=0.05$；　　（2）$\alpha=0.01$．

2．某切割机正常工作时，切割的金属棒长度（mm）服从正态分布 $N(100,12^2)$．今从中抽取 15 根，测得它们的长度为

99　101　96　103　100　98　102　95　97　104　101　99　102　97　100.

试在显著性水平 $\alpha=0.05$ 下，考察下列问题：

（1）若已知方差 σ^2 不变，则切割机工作是否正常？

（2）若无法确定总体方差 σ^2 是否变化，则该切割机工作是否正常？

3．某批矿砂的 5 个样品中的镍含量（%）经测定为

3.25　3.27　3.24　3.26　3.24.

设测定值服从正态分布，问在 $\alpha = 0.01$ 下能否认为这批矿砂的镍含量均值为 3.25%？

4．正常人的脉搏平均 72 次/min．某医生测得 10 例慢性四乙基铅中毒者的脉搏（次/min）如下：

54　67　68　78　70　66　67　70　65　69．

问患者和正常人的脉搏有无明显差异（患者的脉搏可视为服从正态分布，取 $\alpha = 0.05$）？

5．从正态总体 $N(\mu, \sigma^2)$ 中抽样 5 次，测得它们的数据为

9.4　11.3　8.7　10.6　9.7．

试在显著性水平 $\alpha = 0.01$ 下检验假设 H_0：$\sigma = 1$．

6．工厂生产的某种钢索的断裂强度服从 $N(\mu, \sigma^2)$ 分布，其中 $\sigma = 40$（$\mathrm{kg/cm^2}$）．现抽测这批钢索的容量为9的一个样本，得到平均断裂强度为 $\bar{x}$，它与以往正常生产时的均值 μ_0 相比，较 μ_0 大20（$\mathrm{kg/cm^2}$）．设总体方差不变，问在 $\alpha = 0.01$ 下能否认为这批钢索的质量有显著提高？

7．某种导线，要求其电阻的标准差不超过 $0.05\,\Omega$．今在生产的一批导线中取样品 9 根进行检测，得到样本标准差为 s =0.07 Ω．设总体为正态分布，问在水平 $\alpha = 0.05$ 下能认为这批导线的标准差显著地偏大吗？

8．用户要求某种元件的平均寿命不低于 1200 h，标准差不超过 50 h．今在一批这种元件中抽取 9 只，测得平均寿命 $\bar{x}$ =1178 h、标准差 s =54 h．已知元件寿命服从正态分布，试在水平 $\alpha = 0.05$ 下从平均寿命指标和稳定性两方面检验这批元件是否合乎要求．

9．某汽车轮胎厂广告声称它的产品可以平均行驶 24 000 km．现随机抽选 20 个轮胎作试验，得到平均里程为 23 200 km、标准差为 2880 km．用 $\alpha = 0.05$ 检验该厂广告是否真实．

10．有一家餐馆准备转让，店主声称该餐馆每天平均销售额为 850 元．有一个想购买者，查看了过去 150 天的账面记录，平均销售额为 800 元、标准差为 275 元．用 $\alpha = 0.05$ 能否证明该店主高估了平均销售额？在这里应用假设检验方法有什么问题？加以讨论．

11．甲、乙两台车床生产同一规格的产品，假设它们各自产品的直径分别服从 $N(\mu_1, 8)$ 与 $N(\mu_2, 6)$．今各抽取 7 件，测得它们的直径（cm）为

甲车床样本：26　25　23　25　29　21　26；

乙车床样本：30　26　32　28　28　30　29．

试问甲乙两车床生产的产品直径有无显著性差异？显著性水平 $\alpha = 0.05$．

12．使用了 A（电学法）与 B（混合法）两种方法来研究冰的潜热，样本都是 −0.72°C 的冰，下列数据是每克冰从 −0.72°C 变为 0°C 水的过程中的热量变化（cal/g）[①]：

方法 A　79.98，80.04，80.02，80.04，80.03，80.03，80.04，79.97，80.05，80.03，80.02，80.00，80.02；

方法 B　80.02，79.94，79.97，79.98，79.97，80.03，79.95，79.97．

假定用每种方法测得的数据都具有正态分布，并且它们的方差相等．试在 $\alpha = 0.05$ 下检验假设 H_0：两种方法的总体均值相等．

13．测得两批电子器材的样本的电阻（Ω）为

第一批：0.140　0.138　0.143　0.142　0.144　0.137；

第二批：0.135　0.140　0.142　0.136　0.138　0.140．

设这两批器材的电阻都服从正态分布，且样本相互独立．

（1）试检验这两批器材的电阻是否具有方差齐性；

① 1cal=4.184 J

（2）问这两批器材电阻的均值有无显著性差异？

14．某建筑构件厂使用两种不同的砂石生产混凝土预制块，各在一星期生产出的产品中取样分析比较．取使用甲种砂石的试块 20 块，测得平均强度为 $310\,\text{kg/cm}^2$，标准差为 $4.2\,\text{kg/cm}^2$；取使用乙种砂石的试块 16 块，测得平均强度为 $308\,\text{kg/cm}^2$，标准差为 $3.6\,\text{kg/cm}^2$．设两个总体都服从正态分布，问在 $\alpha=0.1$ 下：

（1）能否认为两个总体方差相等；

（2）能否认为使用甲种砂石的混凝土预制块的强度显著地高于使用乙种砂石的混凝土预制块的强度．

15．对某件物品在处理前与处理后分别作了 9 次抽样测试，其含脂率的平均值分别为 $\bar{x}_1=0.24$，$\bar{x}_2=0.13$；其标准差分别为 $s_1=0.095$，$s_2=0.062$．假定处理前后的含脂率都服从正态分布，且方差不变．试在水平 $\alpha=0.05$ 下确定处理后的含脂率是否比处理前的低．

16．观察一个连续型随机变量，抽到 100 株豫农一号玉米的穗位（单位 cm），得到如下数据：

127 118 121 113 145 125 87 94 118 111 102 72 113 76 101 134 107
118 114 128 118 114 117 120 128 94 124 87 88 105 115 134 89 141
114 119 150 107 126 95 137 108 129 136 98 121 91 111 134 123 138
104 107 121 94 126 108 114 103 129 103 127 93 86 113 97 122 86
94 118 109 84 117 112 112 125 94 73 93 94 102 108 158 89 127
115 112 94 118 114 88 111 111 104 101 129 144 128 131 142．

（1）试将数据合理分组，列出频数统计表并画直方图；

（2）检验豫农一号玉米的穗位是否服从正态分布．

17．某市自发售体育彩票以来，摇奖 13 期的对奖号码中，诸号码频数汇总如下：

号码	0	1	2	3	4	5	6	7	8	9	总数
频数	21	28	37	36	31	45	30	37	33	52	350

试运用皮尔逊拟合检验法考察该市使用的摇奖机工作是否正常．显著性水平分别用 $\alpha=0.05$，$\alpha=0.01$ 处理．

18．在某公路道口实测单位时间段内通过汽车的数量，汇总数据为

汽车辆数	0	1	2	3	4	5	6	7
频数	24	67	58	35	10	4	2	0

试用皮尔逊 χ^2 统计量检验该公路上单位时间段内通过的汽车数量是否服从泊松分布．检验水平取 $\alpha=0.05$．

19．某工厂欲测试在装配线上男工和女工的机械技能有何差别，抽取了 9 个男工和 5 个女工进行测试评分，取得数据如下：

男工：1400 1500 570 700 1000 700 1220 1050 500；

女工：1300 1100 680 1250 790．

用 $\alpha=0.05$ 检验这两个评分样本是否来自于同一总体，即男工和女工有无显著差别.

20. 单项选择题

（1）设总体 $\boldsymbol{X}\sim N(\mu,\sigma^2)$，（$X_1,X_2,\cdots,X_n$）是样本，$\bar{X}$，$S^2$ 分别是样本均值与方差，则检验假设 H_0：$\sigma=\sigma_0$，应该采用统计量　（　　）

A. $\dfrac{(\bar{X}-\mu)\sqrt{n}}{\sigma_0}$；　B. $\dfrac{(\bar{X}-\mu)\sqrt{n}}{S}$；　C. $\dfrac{1}{\sigma_0^2}\sum_{i=1}^{n}(X_i-\bar{X})^2$；　D. $\dfrac{nS^2}{\sigma_0^2}$.

（2）比较两个总体均值的 t 检验适用于　（　　）

A．两个正态总体，方差已知；　B．两个非正态总体，方差已知；

C．两个正态总体，方差未知；　D．两个正态总体，方差未知但相等.

（3）规定显著性水平为 $\alpha=0.05$，检验原假设 H_0（备择假设为 H_1），下面的表述哪一个是正确的？　（　　）

A．接受 H_0 时的可靠性为 95%；　B．接受 H_1 时的可靠性为 95%；

C．H_0 为假时被接受的概率是 0.05；　D．H_1 为真时被拒绝的概率是 0.05.

（4）设总体 $X\sim N(\mu,\sigma^2)$，检验假设 H_0：$\mu\geqslant\mu_0$，H_1：$\mu<\mu_0$ 若用 t 统计量 $T=(\bar{X}-\mu_0)\sqrt{n}/S$，则在显著性水平 α 下的拒绝域为　（　　）

A．$|T|<t_{1-\alpha/2}(n-1)$；　B．$|T|>t_{1-\alpha/2}(n-1)$；　C．$T>t_{1-\alpha}(n-1)$；　D．$T<-t_{1-\alpha}(n-1)$.

（5）在某一次假设检验中，当显著性水平 $\alpha=0.01$ 时原假设 H_0 被拒绝，则取 $\alpha=0.05$ 时，H_0（　　）

A．一定会被拒绝；　B．一定不会被拒绝；

C．可能会被拒绝；　D．需要重新查表计算.

（6）在以 H_0 为原假设的假设检验中，犯第一类错误指的是　（　　）

A．当 H_0 为假时，接受了 H_0；　B．当 H_0 为假时，拒绝了 H_0；

C．当 H_0 为真时，接受了 H_0；　D．当 H_0 为真时，拒绝了 H_0.

（7）在假设检验中，如果接受了原假设 H_0，则　（　　）

A．可能犯第一类错误，但不会犯第二类错误；　B. 可能犯第二类错误，但不会犯第一类错误；

C．可能犯第一类错误，也可能犯第二类错误；　D. 不会犯第一类错误，也不会犯第二类错误.

（8）在假设检验中，显著性水平 α 是表示　（　　）

A．原假设为真时，被拒绝的概率；　B．原假设为假时，被接受的概率；

C．原假设为真时，被接受的概率；　D．原假设为假时，被拒绝的概率.

（9）作假设检验时，若增大样本容量，则犯两类错误的概率　（　　）

A．都增大；　B．都减小；　C．都不变；　D. 一个增大，一个减小.

（10）某食品厂规定其袋装食品的平均重量不得低于 500 g，否则不能出厂. 现对一批产品进行出厂检验，要求有 99%的可靠性实现其规定. 如果袋装食品重量服从正态分布 $N(\mu,\sigma^2)$，则原假设应该是（　　）

A．H_0：$\mu=500$；　B．H_0：$\mu\geqslant500$；　C．H_0：$\mu\leqslant500$；　D．H_0：$\sigma\geqslant500$.

第 12 章　方差分析与回归分析

12.1　方 差 分 析

12.1.1　单因素方差分析

影响试验结果的**因素**可能有许多，例如在化工生产中，需要考察原料剂量、反应温度、催化剂种类等因素对化工产品收率的影响．每个因素通常都有多个状态，如反应温度可取50℃,60℃,70℃,80℃做试验，这些状态称为因素的**水平**．

为了考察某一因素 A 对试验影响的大小，让该因素变化，其他因素保持不变，这样的试验叫做**单因素试验**．在试验中，取因素 A 的 r 个不同水平，记为 $A_1, A_2, \cdots, A_r$．固定某个水平 A_i（$1 \leqslant i \leqslant r$）进行试验，得到一组容量为 n_i 的样本

$$x_{i1}, x_{i2}, \cdots, x_{in_i}, \tag{12.1}$$

（为简便起见，以后我们对样本及其观察值不再用大、小写字母加以区分）该样本的均值和方差分别记为

$$\overline{x}_i = \frac{1}{n_i}\sum_{j=1}^{n_i} x_{ij}, \quad s_i^2 = \frac{1}{n_i - 1}\sum_{j=1}^{n_i}(x_{ij} - \overline{x}_i)^2,$$

其中均值 $\overline{x}_i$ 反映了水平 A_i 对试验结果的贡献；$(n_i - 1)s_i^2$ 是偏差平方和，反映样本（12.1）内部个体的差异，这种差异纯粹由随机波动引起，不含有水平之间的差异．

取 $i = 1, 2, \cdots, r$，得到 r 个样本（12.1），同时可算得 r 个均值 $\overline{x}_i$ 和 r 个方差 s_i^2（$i = 1, 2, \cdots, r$），将反映样本内部差异的平方和累加起来，记为

$$Q_e = \sum_{i=1}^{r}[(n_i - 1)s_i^2]. \tag{12.2}$$

Q_e 称为**组内偏差平方和**，简称**组内平方和**．组内平方和 Q_e 体现试验的随机波动大小，因此又称为**误差平方和**．反映各水平贡献的均值也构成数组，不过每个均值 $\overline{x}_i$（$1 \leqslant i \leqslant r$）实际上代表着 n_i 个原始数据（12.1），所以它们构成加权数组

$$\overline{x}_1 \times n_1, \overline{x}_2 \times n_2, \cdots, \overline{x}_r \times n_r. \tag{12.3}$$

计算数组（12.3）的均值 $\overline{x}$ 与方差 S_A^2 应带有权重，即

$$\bar{x}=\frac{1}{n}\sum_{i=1}^{r}n_i\bar{x}_i\text{，}\quad S_A^2=\frac{1}{n-1}\sum_{i=1}^{r}n_i(\bar{x}_i-\bar{x})^2\text{，}$$

式中 $n=n_1+n_2+\cdots+n_r$ 是所有样本中个体数据的总数目．记

$$Q_A=\sum_{i=1}^{r}n_i(\bar{x}_i-\bar{x})^2=(n-1)S_A^2\,. \tag{12.4}$$

Q_A 称为**组间偏差平方和**，简称**组间平方和**．组间平方和来自于反映各水平贡献的均值数组（12.3），因此 Q_A 体现不同水平之间的差异程度，如果因素 A 对试验结果影响不大，则各水平之间差异不大，从而 Q_A 就偏小，反之则 Q_A 偏大．

以上各种均值和方差包括 $\bar{x}_i$，s_i^2（$i=1,2,\cdots,r$），$\bar{x}$，S_A^2 都可利用计算器的统计功能直接读出．

观察（12.4）式发现，组间平方和中不相同的项有 r 项，而其中 $\bar{x}$ 由数组（12.3）算得，因此组间平方和 Q_A 的自由度是 $r-1$．由（12.2）式可知，组内平方和 Q_e 的自由度等于各方差 s_i^2（$i=1,2,\cdots,r$）的自由度之和，即为

$$\sum_{i=1}^{r}(n_i-1)=\sum_{i=1}^{r}n_i-r=n-r\,.$$

方差分析就是通过对偏差平方和（12.2）及（12.4）的分析进行假设检验，原假设是 H_0：因素 A 对试验结果无显著影响．所用的统计量是

$$F=\frac{Q_A/(r-1)}{Q_e/(n-r)}\sim F(r-1,n-r)\text{，}$$

式中的分子、分母都是偏差平方和除以对应的自由度，即都是经过综合整理的“样本方差”．当 H_0 不成立时，反映各水平之间差异的组间平方和 Q_A 应偏大．但这里的大小需要与反映随机偏差的组内平方和 Q_e 比较才有实际意义，上述 F 统计量就是基于这种考虑构造出来的，因此拒绝域是单侧的 $F>F_\alpha(r-1,n-r)$．

方差分析的计算步骤比较多，为了体现计算结果的综合性，通常都要填写方差分析表．方差分析表如表 12-1 所示．表中总和 $Q=Q_A+Q_e$，其自由度满足 $n-1=(r-1)+(n-r)$，“显著性”栏的填写方式是：若 $F\leqslant F_{0.05}$，则不填写；若 $F_{0.05}<F\leqslant F_{0.01}$，则填“*”，表示因素 A 对试验结果影响显著；若 $F>F_{0.01}$，则填“**”，表示因素 A 的影响特别显著．

表 12-1　单因素方差分析表

方差来源	平方和	自由度	F 值	临界值	显著性
因素	Q_A	$r-1$			
随机误差	Q_e	$n-r$	F	$F_\alpha(r-1,n-r)$	
总和	Q	$n-1$			

总平方和Q的另一个计算公式是

$$Q=\sum_{i=1}^{r}\sum_{j=1}^{n_i}(x_{ij}-\overline{x})^2=(n-1)S^2,$$

即所有数据的偏差平方和，式中S^2是在计算器中输入所有原始数据后得到的方差. 这个计算公式可以用来做验算. 等式$Q=Q_A+Q_e$称为**平方和分解**，在方差分析理论中起着重要的作用. 因为Q_e是在总平方和Q中扣除Q_A得到的结果，所以Q_e又叫做**剩余平方和**.

例 12.1 某灯泡厂用 4 种不同配料方案制成的灯丝，生产了 4 批灯泡，在每批灯泡中随机抽取若干灯泡测得其寿命（h）如下：

方案甲：1600，1610，1650，1680，1700，1720，1800；

方案乙：1500，1640，1640，1700，1750；

方案丙：1460，1550，1600，1620，1640，1660，1740，1820；

方案丁：1510，1520，1530，1570，1600，1680.

试问这 4 种灯丝生产的灯泡使用寿命有无显著性差异？

解 配料是因素A，配料方案甲乙丙丁是 4 个水平，水平数$r=4$. 4 个样本容量依次是$n_1=7$，$n_2=5$，$n_3=8$，$n_4=6$，个体总数为$n=26$. 利用计算器的统计功能，分别输入 4 个样本的数据后，读出各自的均值与方差. 其中各方差构成组内平方和（12.2），在计算器中直接算得偏差平方和$(n_i-1)s_i^2$（$i=1,2,3,4$）为 28 600，16 880，85 187.5，20 683.33，则

$$Q_e=28600+16880+85187.5+20683.33=151350.83.$$

读得的各均值$\overline{x}_i$（$i=1,2,3,4$）构成加权数组（12.3），即

$$1680\times7,\ 1662\times5,\ 1636.25\times8,\ 1568.33\times6.$$

打开计算器的统计功能，逐一输入这些带权均值. 输入完毕，显示屏上显示个体总数目 26，然后按[s]键，读出均值数组的标准差S_A，在计算器中可直接算得组间偏差平方和$Q_A=(n-1)S_A^2$=44363.46. 计算F统计量的值：

$$F=\frac{44363.46/(4-1)}{151350.83/(26-4)}=2.15.$$

查附表 5 得到临界值$F_{0.05}(3,22)=3.05$，$F_{0.01}(3,22)=4.82$. 将以上计算结果填入方差分析表，如表 12-2 所示. 因为$F<F_{0.05}(3,22)$，所以认为灯丝的配料对灯泡的寿命无显著性影响. 虽然看起来方案甲的效果较好（平均寿命 1680 h 最大），但本例的检验表明，因素的影响不显著，即差异的存在并非水平的贡献，不能排除这仅仅反映随机波动，不是方案甲真的最好，还是应该进一步考虑其他因素的影响.

表 12-2　灯丝配料方案的方差分析表

方差来源	平方和	自由度	F 值	临界值	显著性
因素 A	443 63.46	3	2.15	$F_{0.05}=3.05$ $F_{0.01}=4.82$	
随机误差	151 350.83	22			
总和	195 714.29	25			

12.1.2　双因素方差分析

1. 无重复双因素试验

同时考察两个因素对试验的影响，称为**双因素试验**．设因素 A 取 m 个水平 $A_1,A_2,\cdots,A_m$，因素 B 取 n 个水平 $B_1,B_2,\cdots,B_n$，固定水平 A_i（$1\leqslant i\leqslant m$）和 B_j（$1\leqslant j\leqslant n$）进行一次试验，所得的试验数据记为 x_{ij}．这样的水平搭配共有 $m\times n$ 种（全面搭配），因而可得到 $m\times n$ 个数据，这些数据列成矩阵为

$$\boldsymbol{M}=\begin{pmatrix} x_{11} & x_{12} & \cdots & x_{1n} \\ x_{21} & x_{22} & \cdots & x_{2n} \\ \vdots & \vdots & & \vdots \\ x_{m1} & x_{m2} & \cdots & x_{mn} \end{pmatrix}. \tag{12.5}$$

矩阵 $\boldsymbol{M}$ 的每一行都处于因素 A 的同一水平，$\boldsymbol{M}$ 的每一列都处于因素 B 的同一水平．利用计算器的统计功能，输入矩阵 $\boldsymbol{M}$ 的每一行数据，都可读得相应的均值与方差，分别记为

$$\bar{x}_{i\cdot}=\frac{1}{n}\sum_{j=1}^{n}x_{ij}\,,\quad s_{i\cdot}^2=\frac{1}{n-1}\sum_{j=1}^{n}(x_{ij}-\bar{x}_{i\cdot})^2\quad(i=1,2,\cdots,m).$$

输入矩阵 $\boldsymbol{M}$ 的每一列数据，也都可以读得相应的均值与方差，分别记为

$$\bar{x}_{\cdot j}=\frac{1}{m}\sum_{i=1}^{m}x_{ij}\,,\quad s_{\cdot j}^2=\frac{1}{m-1}\sum_{i=1}^{m}(x_{ij}-\bar{x}_{\cdot j})^2\quad(j=1,2,\cdots,n).$$

上述矩阵 $\boldsymbol{M}$ 的各行元素的均值

$$\bar{x}_{1\cdot},\bar{x}_{2\cdot},\cdots,\bar{x}_{m\cdot} \tag{12.6}$$

代表因素 A 各水平的贡献，由这组数据产生的方差 S_A^2 当然反映因素 A 的不同水平之间的差异，令

$$Q_A=n[(m-1)S_A^2]. \tag{12.7}$$

显然上式方括号内是偏差平方和，式中乘以系数 n 是因为每一个均值都代表着矩阵 $\boldsymbol{M}$ 某一行的 n 个原始数据，也可理解为：产生方差 S_A^2 的数组（12.6）中，每个数据都带有同样的权重 n．Q_A 是因素 A 的组间平方和，其自由度与由 m 个数据（12.6）产生的方差 S_A^2 相同，

等于 $m-1$．同样，矩阵 $\boldsymbol{M}$ 各列元素的均值

$$\overline{x}_{\cdot 1}, \overline{x}_{\cdot 2}, \cdots, \overline{x}_{\cdot n} \tag{12.8}$$

代表因素 B 各水平的贡献，由这组数据产生的方差 S_B^2 则反映因素 B 的不同水平之间的差异．类似于（12.7）式，注意到数据（12.8）带有权重 m，令

$$Q_B = m[(n-1)S_B^2]. \tag{12.9}$$

Q_B 是因素 B 的组间平方和，其自由度与 Q_A 类似，显然是 $n-1$．（12.7）、（12.9）式中的 S_A^2 和 S_B^2 可利用计算器的统计功能，分别输入均值数组（12.6）、（12.8）后直接读得．

矩阵 $\boldsymbol{M}$ 的第 i 行元素产生的方差 $s_{i\cdot}^2$（$1 \leqslant i \leqslant m$）反映同一水平 A_i 内部的差异，所以不含有因素 A 的不同水平间的差异，但其中并未排除因素 B 的水平差异，为此采用剔除法，令

$$Q_e = \sum_{i=1}^{m}[(n-1)s_{i\cdot}^2] - Q_B. \tag{12.10}$$

这样 Q_e 就成了仅仅反映随机误差的平方和，其自由度等于所有方差 $s_{i\cdot}^2$（$i=1,2,\cdots,m$）的自由度（都等于 $n-1$）之和减去 Q_B 的自由度，即 $m(n-1)-(n-1)=(m-1)(n-1)$.

当然误差平方和 Q_e 也可以利用矩阵 $\boldsymbol{M}$ 各列元素产生的方差来构造：

$$Q_e = \sum_{j=1}^{n}[(m-1)s_{\cdot j}^2] - Q_A. \tag{12.11}$$

不难证明（12.10）式和（12.11）式的计算结果必定相同．

检验因素 A 对试验结果影响的显著性，用 F 统计量

$$F_A = \frac{Q_A/(m-1)}{Q_e/(m-1)(n-1)} \sim F(m-1,(m-1)(n-1)),$$

式中的分子、分母仍然都是偏差平方和除以对应的自由度．当 $F_A > F_\alpha(m-1,(m-1)(n-1))$ 时，认为因素 A 的影响显著．检验因素 B 对试验结果的显著性，用 F 统计量

$$F_B = \frac{Q_B/(n-1)}{Q_e/(m-1)(n-1)} \sim F(n-1,(m-1)(n-1)),$$

式中的分子、分母也都是偏差平方和除以对应的自由度．当 $F_B > F_\alpha(n-1,(m-1)(n-1))$ 时，认为因素 B 的影响显著．双因素方差分析表如表 12-3 所示，表中 $w=(m-1)(n-1)$.

表 12-3　无重复双因素方差分析表

方差来源	平方和	自由度	F 值	临界值	显著性
因素 A	Q_A	$m-1$	F_A	$F_\alpha(m-1,w)$	
因素 B	Q_B	$n-1$	F_B	$F_\alpha(n-1,w)$	
随机误差	Q_e	w			
总和	Q	$mn-1$			

例 12.2　试验某种钢的不同含铜量在各种温度下的冲击值，表 12-4 列出了试验的数据（冲击值），试检验含铜量与温度对冲击值的影响是否显著？

表 12-4　钢的冲击值试验数据

试验温度（℃） 铜含量	20	0	−20	−40
0.2%	10.6	7.0	4.2	4.2
0.4%	11.6	11.1	6.8	6.3
0.8%	14.5	13.3	11.5	8.7

解　设含铜量为因素 A，试验温度为因素 B，这里 $m=3$，$n=4$．利用计算器的统计功能求得表 12-4 中各行及各列冲击值数据的均值分别为 6.5，8.95，12 和 12.233，10.467，7.5，6.4．再利用计算器的统计功能，将这两组均值分别输入计算器，可直接算得偏差平方和为 $(m-1)S_A^2=15.185$，$(n-1)S_B^2=21.524$，于是按（12.7）、（12.9）式得

$$Q_A=4\times 15.185=60.74,\quad Q_B=3\times 21.524=64.57.$$

与表 12-4 的各行均值同时得到的各行偏差平方和 $(m-1)s_{i\cdot}^2$（$i=1,2,3$）为 27.64，23.29，19.08（在计算器中直接算得），于是按（12.10）式得

$$Q_e=27.64+23.29+19.08-64.57=5.44\,.$$

计算 F 统计量的值：

$$F_A=\frac{60.74/2}{5.44/6}=33.50\,,\quad F_B=\frac{64.57/3}{5.44/6}=23.74\,.$$

查临界值表（附表 5）得 $F_{0.05}(2,6)=5.14$，$F_{0.01}(2,6)=10.92$；$F_{0.05}(3,6)=4.76$，$F_{0.01}(3,6)=9.78$．方差分析表如表 12-5 所示．从表 12-5 看出，两个因素对钢的冲击值影响都特别显著．

表 12-5　冲击值试验的方差分析表

方差来源	平方和	自由度	F 值	临界值	显著性
铜含量 A	60.74	2	33.50	$F_{0.05}=5.14$，$F_{0.01}=10.92$	**
试验温度 B	64.57	3	23.74	$F_{0.05}=4.76$，$F_{0.01}=9.78$	**
随机误差	5.44	6			
总和	130.75	11			

2. 等重复双因素试验

如果仅仅考察两个因素独自对试验影响的显著性，那么完全可以分别做两个单因素试验，因此在许多情况下，双因素试验更需要考虑**交互作用**．例如有时会出现这样的现象：试验表明因素 A 对结果的影响显著，当因素 B 固定在水平 B_1 时，因素 A 的诸水平中水平 A_1 的效果最佳，然而当因素 B 固定在水平 B_2 时，水平 A_1 的效果却最差，这就是交互作用在对试验产生影响．因素 A，B 的交互作用记为 $A\times B$．

考察交互作用必须对各水平组合进行重复试验．现在考虑重复试验次数相同的**等重复双因素试验**．对水平 A_i（$1\leqslant i\leqslant m$）和 B_j（$1\leqslant j\leqslant n$）的搭配进行 r 次重复试验，得到样本

$$x_{ij1},x_{ij2},\cdots,x_{ijr}\ .$$

利用计算器的统计功能容易求得这组样本的均值与方差，分别记为

$$x_{ij}=\frac{1}{r}\sum_{k=1}^{r}x_{ijk}\ ,\quad s_{ij}^2=\frac{1}{r-1}\sum_{k=1}^{r}(x_{ijk}-x_{ij})^2\quad(i=1,2,\cdots,m\ ,\quad j=1,2,\cdots,n\ ).$$

这些均值 x_{ij} 同样列成矩阵（12.5），不过此时矩阵 $\boldsymbol{M}$ 中每个元素都代表着 r 个原始数据，$\boldsymbol{M}$ 的各行代表着 nr 个原始数据；又上述方差 s_{ij}^2 累加起来成为误差平方和

$$Q_e=\sum_{i=1}^{m}\sum_{j=1}^{n}[(r-1)s_{ij}^2]\ ,\tag{12.12}$$

式中方括号内显然是 r 次重复试验的偏差平方和．Q_e 的自由度等于所有 $m\times n$ 个方差 s_{ij}^2 的自由度（都等于 $r-1$）之和，即 $mn(r-1)$．对矩阵（12.5）作同样的运算，令

$$Q_A=rn[(m-1)S_A^2]\ ,\quad Q_B=rm[(n-1)S_B^2]\ ,\tag{12.13}$$

这里比（12.7）、（12.9）式多了系数 r 是因为有 r 次重复试验．式中 S_A^2,S_B^2 仍是分别由矩阵 $\boldsymbol{M}$ 的各行均值（12.6）和各列均值（12.8）产生的方差，这些均值的权重恰为（12.13）式中的系数 rn 和 rm，Q_A 的自由度为 $m-1$，Q_B 的自由度为 $n-1$．反映交互作用的平方和是

$$Q_{A\times B}=r\sum_{i=1}^{m}[(n-1)s_{i\cdot}^2]-Q_B=r\sum_{j=1}^{n}[(m-1)s_{\cdot j}^2]-Q_A\ .\tag{12.14}$$

这与（12.10）、（12.11）式相仿，只是多了重复试验系数（数据权重）r，式中 $s_{i\cdot}^2$（$i=1,2,\cdots,m$）和 $s_{\cdot j}^2$（$j=1,2,\cdots,n$）仍是分别由矩阵 $\boldsymbol{M}$ 的各行、各列数据产生的方差．$Q_{A\times B}$ 的自由度为 $(m-1)(n-1)$．检验因素 A，B 和交互作用 $A\times B$ 的统计量分别是

$$F_A=\frac{Q_A/(m-1)}{Q_e/[mn(r-1)]}\sim F(m-1,mn(r-1))\ ,\quad F_B=\frac{Q_B/(n-1)}{Q_e/[mn(r-1)]}\sim F(n-1,mn(r-1))\ ,$$

$$F_{A\times B}=\frac{Q_{A\times B}/[(m-1)(n-1)]}{Q_e/[mn(r-1)]}\sim F((m-1)(n-1),mn(r-1))\ ,$$

式中的分子、分母依然都是偏差平方和除以对应的自由度．各统计量大于相应的临界值，则认为该因素影响显著．方差分析表如表 12-6 所示，表中 $w=(m-1)(n-1)$，$v=mn(r-1)$．

表 12-6　等重复双因素方差分析表

方差来源	平方和	自由度	F 值	临界值	显著性
因素 A	Q_A	$m-1$	F_A	$F_\alpha(m-1,v)$	
因素 B	Q_B	$n-1$	F_B	$F_\alpha(n-1,v)$	
交互作用 $A\times B$	$Q_{A\times B}$	w	$F_{A\times B}$	$F_\alpha(w,v)$	
随机误差	Q_e	v			
总和	Q	$mnr-1$			

在公式（12.14）中令 $r=1$，就得到了公式（12.10）与（12.11）．由此可见，在单因素试验中，平方和（12.10）与（12.11）实际上反映的是因素 A, B 的交互作用，只是在交互作用不显著的情况下，把它当作误差平方和来使用．在方差分析中，当交互作用不显著时，通常把反映交互作用的平方和合并到误差平方和中去，以便提高分析精度．

例 12.3　表 12-7 记录了 3 位操作工分别在 4 台机器上操作 3 天的产量，试检验操作工之间以及机器之间的差别是否显著？交互作用影响是否显著？

表 12-7　操作工在四台机器上的产量记录

机器	操作工		
	甲	乙	丙
第一台	15，15，17	19，19，16	16，18，21
第二台	17，17，17	15，15，15	19，22，22
第三台	15，17，16	18，17，16	18，18，18
第四台	18，20，22	15，16，17	17，17，17

解　设机器为因素 A，操作工为因素 B，这里 $m=4$，$n=3$，$r=3$，利用计算器的统计功能求得表 12-7 中各种搭配的均值和方差，由此构成均值矩阵 $\boldsymbol{M}$ 和偏差平方和矩阵 $(r-1)\boldsymbol{S}^2$，它们是

$$\boldsymbol{M}=\begin{pmatrix}15.67 & 18 & 18.33\\ 17 & 15 & 21\\ 16 & 17 & 18\\ 20 & 16 & 17\end{pmatrix},\quad (r-1)\boldsymbol{S}^2=\begin{pmatrix}2.67 & 6 & 12.67\\ 0 & 0 & 6\\ 2 & 2 & 0\\ 8 & 2 & 0\end{pmatrix}.$$

按（12.12）式计算（将上面第二个矩阵的所有元素相加）得 Q_e=41.34，自由度为 4×3×

2=24．矩阵 $\boldsymbol{M}$ 的各行均值为 17.33，17.67，17，17.67；各列均值为 17.17，16.5，18.58．利用计算器的统计功能求出这两组均值的方差后，按（12.13）式算得 $Q_A=3\times3\times0.309=2.78$，$Q_B=3\times4\times2.25=27.05$，自由度分别为 3 和 2．利用计算器计算矩阵 $\boldsymbol{M}$ 的各列均值的同时，还得到偏差平方和依次为 11.66，5，8.75，由此按（12.14）式的右端算式算得 $Q_{A\times B}=3\times(11.66+5+8.75)-2.78=73.45$，自由度为 $3\times2=6$．

计算 F 统计量的值：

$$F_A=\frac{2.78/3}{41.34/24}=0.538\text{，}\quad F_B=\frac{27.05/2}{41.34/24}=7.852\text{，}\quad F_{A\times B}=\frac{73.45/6}{41.34/24}=7.107\ .$$

查临界值表（附表 5）得 $F_{0.05}(3,24)=3.01$，$F_{0.01}(3,24)=4.72$；$F_{0.05}(2,24)=3.40$，$F_{0.01}(2,24)=5.61$；$F_{0.05}(6,24)=2.51$，$F_{0.01}(6,24)=3.67$．方差分析表如表 12-8 所示．从表 12-8 看出，机器对产量无显著影响，操作工之间的差别特别显著，而且操作工与机器之间的交互作用特别显著，即操作工对机器的适应性不容忽视．

表 12-8　操作工与机器因素的方差分析表

方差来源	平方和	自由度	F 值	临界值	显著性
机器 A	2.78	3	0.538	3.01，4.72	
操作工 B	27.05	2	7.852	3.40，5.61	**
交互作用 $A\times B$	73.45	6	7.107	2.51，3.67	**
随机误差	41.34	24			
总和	144.62	35			

12.2　一元回归分析

方差分析是考察因素对指标影响的显著性，而在实际问题中常常需要了解因素变动时指标的变化规律，也就是要寻找指标与因素这两个变量之间的定量表达式．

变量之间的关系大体可分为两类：

（1）确定性关系，即在分析数学中进行过充分讨论的函数关系；

（2）非确定性关系，其特征是变量之间虽然存在着密切关系，但由一个变量的取值不能精确计算另一个变量的取值．例如人的身高与体重、农作物的施肥量与产量、商品的需求量与价格、居民的收入与消费量等．这类关系叫做**相关关系**．

需要指出的是，在实际问题中，由于存在测量误差等原因，所以即使是确定性关系也往往会通过相关关系表现出来．

回归分析就是处理变量之间的相关关系的一种数理统计方法，包括建立数学模型进行统计分析以及解决预测、控制、优化等问题.

12.2.1　最小二乘法

假定两个变量 x，y 之间存在线性关系

$$y = a + bx . \tag{12.15}$$

为了确定系数 a 和 b，经试验得到变量 (x, y) 的 n 个数据对 (x_i, y_i)（$i = 1, 2, \cdots, n$），它们构成了**双值样本**. 数据对的几何意义是**观测点**的坐标，把这 n 个观测点描在坐标平面上，形成**散点图**，如图 12-1 所示. 确定数据 a 和 b，相当于在平面上配置一条直线（12.15）. 由于随机因素的影响，这些观测点不可能处于同一直线上，我们的目的当然是希望配置直线与散点有最佳的拟合. 应该用偏差的累计来度量拟合程度，观测点 (x_i, y_i) 与直线（12.15）的偏差可以用垂直距离的平方 $(a + bx_i - y_i)^2$（$i = 1, 2, \cdots, n$）来表示，平方运算是为了消去符号的影响. 将这些偏差累计起来，得

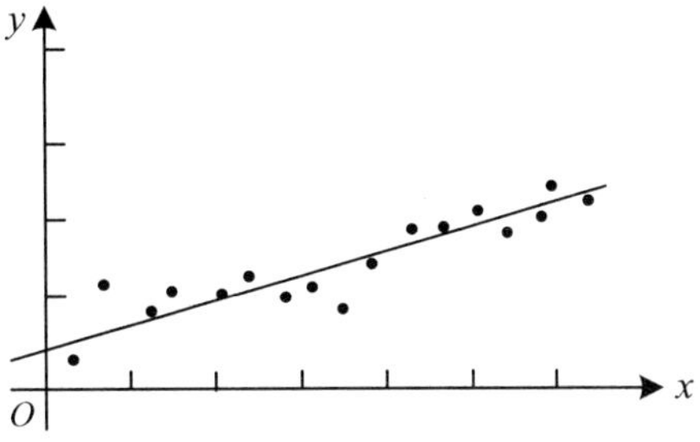

图 12-1　散点图与配置直线

$$Q = Q(a, b) = \sum_{i=1}^{n} (a + bx_i - y_i)^2 . \tag{12.16}$$

这个函数是 n 项平方和，因而叫做**二乘函数**. 现在需要选择 a 和 b，使目标值 Q 达到最小，即求二元函数的极值. 利用微分法，令两个偏导数等于零，即

$$\begin{cases} \dfrac{\partial Q}{\partial a} = \displaystyle\sum_{i=1}^{n} 2(a + bx_i - y_i) = 0 \\ \dfrac{\partial Q}{\partial b} = \displaystyle\sum_{i=1}^{n} 2(a + bx_i - y_i)x_i = 0 \end{cases} .$$

这是以 a，b 为未知量的线性方程组（二元一次方程组），叫做**正规方程（组）**. 为了求解正规方程，引入以下的记号与算式：

$$\begin{cases} L_{xx} = \displaystyle\sum_{i=1}^{n} (x_i - \overline{x})^2 = (n-1)S_x^2 \\ L_{xy} = \displaystyle\sum_{i=1}^{n} (x_i - \overline{x})(y_i - \overline{y}) = \sum_{i=1}^{n} x_i y_i - n\overline{x}\,\overline{y} \\ L_{yy} = \displaystyle\sum_{i=1}^{n} (y_i - \overline{y})^2 = (n-1)S_y^2 \end{cases} . \tag{12.17}$$

其中$\overline{x}$，$\overline{y}$与S_x^2，S_y^2分别是两个数组x_i（$i=1,2,\cdots,n$）和y_i（$i=1,2,\cdots,n$）产生的均值与方差，可利用计算器的统计功能直接读出．利用（12.17）式的记号化简正规方程，可解得

$$\hat{b}=\frac{L_{xy}}{L_{xx}}，\quad \hat{a}=\overline{y}-\hat{b}\overline{x}\,. \tag{12.18}$$

这里把a，b改记作$\hat{a}$，$\hat{b}$表示它们是真值a，b的估计量，称为**最小二乘估计**．由此得到x，y间的关系式

$$\hat{y}=\hat{a}+\hat{b}x \tag{12.19}$$

称为**线性回归方程**，简称**回归方程**．回归方程的图形称为**回归直线**，系数$\hat{b}$称为**回归系数**．这里把y改记作$\hat{y}$也是表示由回归方程计算得到的$\hat{y}$是真值y的估计量．记号的改动正是为了体现相关关系的特征：当x的值确定时，并不能由此精确计算y的真值，而只能估计它的期望值．

回归方程来自于已知观测点，所以公式（12.19）又称作**经验公式**．从双值样本出发，通过最小化二乘函数得到最小二乘估计，进而建立经验公式的方法叫做**最小二乘法**，从几何角度考虑，最小二乘法可以为散点配置最佳直线．最小二乘法是根据已知数据建立数学模型的常用方法．

例 12.4 合成纤维抽丝工段第一导丝盘的速度y是影响丝的质量的重要参数，今发现它和电流的周波x有密切关系，生产中测量数据如下，求x，y之间的经验公式．

x	49.2	50.0	49.3	49.0	49.0	49.5	49.8	49.9	50.2	50.2
y	16.7	17.0	16.8	16.6	16.7	16.8	16.9	17.0	17.0	17.1

解 利用计算器的统计功能，分别输入x和y的各10个数据，可直接得到$\overline{x}$=49.61，$\overline{y}$=16.86，L_{xx}=1.989，L_{yy}=0.244．L_{xy}的计算稍微麻烦一些，先要计算10对数据的乘积之和，再按公式（12.17）计算为L_{xy}=8364.92−10×49.61×16.86=0.674．将这些数值代入公式（12.18）得

$$\hat{b}=0.674/1.989=0.33886\,,\quad \hat{a}=16.86-0.33886\times 49.61=0.049.$$

于是导丝盘速度y对电流周波x的回归方程为

$$\hat{y}=0.049+0.33886x\,.$$

12.2.2 线性化方法

图12-1的散点虽然不在一条直线上，但它们仍基本上分布在直线附近，即大致“凝聚”成直线状．我们之所以能够假定变量间存在线性关系（12.15），是因为除了依据必要的理

论分析和专业知识外，往往还与观察散点的凝聚状况有关.

如果散点凝聚成一条曲线状，比如我们应该假定变量的关系是双曲线型 $\frac{1}{y}=a+\frac{b}{x}$，那么该如何确定 a，b 之值呢？

为此可令 $Y=1/y$，$X=1/x$，则上式化为 $Y=a+bX$，然后由数据对 (x_i,y_i)（$i=1,2,\cdots,n$）计算出新的数据对

$$(X_i,Y_i)=\left(\frac{1}{x_i},\frac{1}{y_i}\right)\ (i=1,2,\cdots,n).$$

根据新的数据对，利用最小二乘法估计得到 $\hat{a}$，$\hat{b}$，于是 x 与 y 间的经验公式就是

$$\frac{1}{\hat{y}}=\hat{a}+\frac{\hat{b}}{x}.$$

像这样通过适当换元，把非线性关系转化为线性关系，叫做**线性化**. 以下是几种常见的线性化换元.

（1）**双曲线型**　$y^{-1}=a+bx^{-1}$：令 $Y=y^{-1}$，$X=x^{-1}$，即化为 $Y=a+bX$；

（2）**幂函数型**　$y=ax^b$：取对数 $\ln y=\ln a+b\ln x$，令 $Y=\ln y$，$X=\ln x$，$A=\ln a$，即化为 $Y=A+bX$，求出 $\hat{A}$，$\hat{b}$ 后返回即得 $\hat{y}=\mathrm{e}^{\hat{A}}x^{\hat{b}}$；

（3）**指数型**　$y=a\mathrm{e}^{bx}$：取对数后，令 $Y=\ln y$，$A=\ln a$，即化为 $Y=A+bx$；

（4）**对数型**　$y=a+b\ln x$：令 $X=\ln x$，即化为 $y=a+bX$；

（5）**S 曲线型**　$y=\frac{1}{a+b\mathrm{e}^{-x}}$：令 $Y=y^{-1}$，$X=\mathrm{e}^{-x}$，即化为 $Y=a+bX$.

例 12.5　一种商品的需求量与其价格有一定关系. 现对一定时期内的商品价格 x 与需求量 y 进行观察，取得样本数据如下：

x	2	3	4	5	6	7	8	9	10	11
y	58	50	44	38	34	30	29	26	25	24

试判断商品价格与需求量之间回归函数的类型，并求回归方程.

解　商品的需求量与价格应呈反向走势，即价格提高，需求量减少. 因为存在最基本的需求量，所以需求量不会无限制减少，最后将趋于稳定，从散点图 12-2 也能看出这一点. 因此可选用双曲线函数

$$y=a+\frac{b}{x}.$$

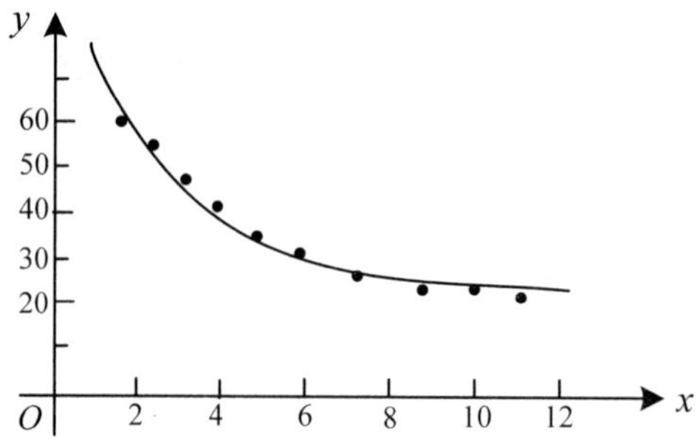

图 12-2 商品价格与需求的回归

令 $X=1/x$，即化为 $y=a+bX$．计算新的数据 $X_i=1/x_i$（i=1,2,…,10）为：0.5，0.333 3，0.25，0.2，0.166 7，0.142 9，0.125，0.111 1，0.1，0.090 9．利用计算器的统计功能，输入这组数可直接得到 $\bar{X}$=0.201 98，L_{XX}=0.150 048；输入 y 的 10 个数据 y_i（i=1,2,…,10），可直接得到 $\bar{y}$=35.8，L_{yy}=1201.6．按公式（12.17）、（12.18）计算 L_{Xy} 和 $\hat{b}$，$\hat{a}$ 如下：

$$L_{Xy}=\sum_{i=1}^{10}X_iy_i-10\bar{X}\,\bar{y}=85.415-10\times0.20199\times35.8=13.1026,$$

$$\hat{b}=13.1026/0.150030=87.33,\quad \hat{a}=35.8-87.33\times0.20199=18.16.$$

于是商品价格 x 与需求量 y 之间的回归方程为

$$\hat{y}=18.16+\frac{87.35}{x}.$$

12.2.3 相关性检验

将最小二乘估计（12.18）代入二乘函数（12.16）得到最小偏差累计 Q_e，经整理化简可得

$$Q_e=Q(\hat{a},\hat{b})=L_{yy}(1-\rho^2). \tag{12.20}$$

Q_e 称为**剩余平方和**或**残差平方和**，式中

$$\rho=\frac{L_{xy}}{\sqrt{L_{xx}L_{yy}}}. \tag{12.21}$$

Q_e 是观测点与最佳配置直线之间的偏差累计．Q_e 越小，说明散点向回归直线集中、凝聚的程度越高，从而变量 x，y 间的线性关系越密切；反之若 Q_e 很大，则观测点离回归直线很远，散点很分散，于是变量 x，y 间的线性相关关系很弱，这时配置直线便没有实

用价值了.

显然也可以用（12.21）式的 ρ 来度量变量间的相关关系，从（12.20）式容易看出，当 $|\rho|$ 接近于 1 时，Q_e 接近于零，x，y 间的线性相关关系显著；当 $|\rho|$ 接近于 0 时，Q_e 取值较大，x，y 间的线性相关关系不显著．ρ 称为**样本相关系数**，简称**相关系数**．相关系数必定满足 $|\rho| \leqslant 1$.

比较（12.18）式与（12.21）式可知，回归系数 $\hat{b}$ 和相关系数 ρ 取相同的符号．当 $\rho > 0$ 时，回归直线有正的斜率，称 x，y **正相关**，表明当 x 增加时，y 也有增加的趋向；当 $\rho < 0$ 时，回归直线有负的斜率，称 x，y **负相关**，表明当 x 增加时，y 相反有减小的趋向.

相关系数绝对值 $|\rho|$ 的“大”与“小”，依据临界值 ρ_α 来判定，“相关系数临界值表”（附表 7）给出了对应不同样本容量 n 和不同显著性水平 α 的临界值 ρ_α．如果 $|\rho| \leqslant \rho_{0.05}$，则 x，y 的线性相关关系不显著；如果 $|\rho| > \rho_{0.05}$，则 x，y 的线性相关关系显著；如果 $|\rho| > \rho_{0.01}$，则 x，y 的线性相关关系特别显著．线性相关关系显著，意味着回归效果显著，从而说明回归方程有效.

例 12.6　在例 12.4 和例 12.5 的条件下，分别检验 x，y 间的相关性.

解　利用例 12.4 的结果，按（12.21）式计算相关系数的值为

$$\rho = \frac{L_{xy}}{\sqrt{L_{xx}L_{yy}}} = \frac{0.674}{\sqrt{1.989 \times 0.244}} = 0.9675 .$$

利用例 12.5 的结果，按（12.21）式计算相关系数的值为

$$\rho = \frac{L_{Xy}}{\sqrt{L_{XX}L_{yy}}} = \frac{13.1026}{\sqrt{0.150030 \times 1201.6}} = 0.9759 .$$

两例的样本容量相同，根据 $n-2=8$，查附表 7 得 $\rho_{0.05}$=0.6319，$\rho_{0.01}$=0.7646，因为上述相关系数都满足 $|\rho| > \rho_{0.01}$，所以认为两例变量间的相关关系都特别显著，回归方程是有效的.

12.2.4　预测与控制

设 x，y 的线性相关关系显著，则回归方程（12.19）有效，可以用它来做预测和控制.

所谓**预测**就是对 x 的一个取值 x_0，估计 y 的取值 y_0．利用回归方程可以直接作出点估计

$$\hat{y}_0 = \hat{a} + \hat{b} x_0 . \tag{12.22}$$

区间估计则是针对置信度 $1-\alpha$ 求 y_0 的置信区间.

剩余平方和 Q_e 来自于二乘函数(12.16)，同样由 n 个平方项构成，而它的表达式(12.20)中，含有 2 个估计参数 $\hat{a}$ 和 $\hat{b}$，故 Q_e 的自由度为 $n-2$，平方和除以自由度是样本方差，所以样本标准差

$$\hat{\sigma}=\sqrt{\frac{Q_e}{n-2}} \tag{12.23}$$

可视作散点对回归直线的平均偏离，纯粹反映随机误差，称之为**标准误差**．用$\hat{\sigma}$代替未知的总体标准差，要涉及t统计量（参看 4.3 节区间估计的有关内容），考虑到x_0的位置及y_0的随机因素，这里的置信区间比 4.3 节中的公式稍微复杂一些，y_0的置信上、下限为

$$\hat{y}_0 \pm \hat{\sigma} t_{\alpha/2}(n-2)\sqrt{1+\frac{1}{n}+\frac{(x_0-\overline{x})^2}{L_{xx}}}\ , \tag{12.24}$$

式中的$\hat{y}_0$，$\hat{\sigma}$由（12.22）、（12.23）式给出，$t_{\alpha/2}(n-2)$是t分布的双侧临界值.

在大样本（n较大）情况下，可略去（12.24）式根号内的后两项，并以正态临界值$U_{\alpha/2}$代替t分布临界值，即y_0的置信上、下限可简化为

$$\hat{y}_0 \pm \hat{\sigma} U_{\alpha/2}\ . \tag{12.25}$$

例 12.7 在例 12.4 的条件下，对x_0=50.5，求y_0的预测区间.

解 按（12.22）式计算$\hat{y}_0$=0.049＋0.33886×50.5=17.16．结合（12.20）和（12.21）式，计算样本标准差

$$\hat{\sigma}=\sqrt{\frac{Q_e}{n-2}}=\sqrt{\frac{L_{xx}L_{yy}-L_{xy}^2}{(n-2)L_{xx}}}=\sqrt{\frac{1.989\times 0.244-0.674^2}{8\times 1.989}}=0.04417\ .$$

查附表 3 得$t_{0.025}(8)=2.306$，于是根据（12.24）式计算y_0的置信上、下限为

$$17.16\pm 0.04417\times 2.306\times\sqrt{1+\frac{1}{10}+\frac{(50.5-49.61)^2}{1.989}}\ =17.16\pm 0.125\ ,$$

即y_0的预测区间为（17.035 , 17.285)．本例的$n=10$并不大，不适合用公式（12.25）计算预测区间.

控制是预测的反问题．即给定一个区间(y_1, y_2)，欲求一个对应的范围(x_1, x_2)，使x在区间(x_1, x_2)内取值时，能以$1-\alpha$的置信度控制y在区间(y_1, y_2)内取值．解决控制问题的思路是先从预测出发：根据（12.24）式，区间(x_1, x_2)内任一点x都会产生（对应）一个y的置信区间$(\hat{y}-\delta\,,\hat{y}+\delta)$．这样的置信区间有无数个，它们相互叠加形成一个较宽的总区间，这个总区间就是由区间(x_1, x_2)产生的“置信区间”．当然希望这个总区间正是需要控制的区间(y_1, y_2)，从而要求x_1产生的置信下限恰好等于y_1，x_2产生的置信上限恰好等于y_2，即

$$y_1=\hat{y}_1-\delta_1\,,\quad y_2=\hat{y}_2+\delta_2\ .$$

从这两个方程中分别解出x_1, x_2，便可得到控制区间(x_1, x_2)．但是由于方程中的$\hat{y}_1, \delta_1$和$\hat{y}_2, \delta_2$均需参照（12.22）～（12.24）式列出，其中都分别含有x_1和x_2，而且δ_1, δ_2的表达式很复杂，所以从方程中解出x_1, x_2比较困难．不过当n很大时，利用（12.25）式解决控制问

题就比较简单，这时上述两个方程简化为

$$\begin{cases} y_1 = \hat{y}_1 - \hat{\sigma}U_{\alpha/2} = \hat{a} + \hat{b}\,x_1 - \hat{\sigma}U_{\alpha/2} \\ y_2 = \hat{y}_2 + \hat{\sigma}U_{\alpha/2} = \hat{a} + \hat{b}\,x_2 + \hat{\sigma}U_{\alpha/2} \end{cases}. \tag{12.26}$$

对于已知的 y_1, y_2，它们都是一元一次方程，从中解出 x_1, x_2 可谓举手之劳．但是要注意给定的区间必须满足 $y_2 - y_1 > 2\hat{\sigma}U_{\alpha/2}$，这从(12.25)式来看是很明显的，否则无法实现控制．此外，从方程组（12.26）不难看出，当回归系数 $\hat{b} > 0$ 时解出来的 x_1, x_2 满足 $x_1 < x_2$，当 $\hat{b} < 0$ 时解出来的 x_1, x_2 则满足 $x_1 > x_2$，控制区间成了 (x_2, x_1)．

如在例 12.4 的条件下，若希望导丝盘的速度 y 有 95%的把握控制在 16.9～17.1 之内，则电流周波 x 应要求限制在范围 (x_1, x_2) 之内，其中 x_1, x_2 是待定值．利用(12.26)式求 x_1, x_2，是根据例 12.4 和例 12.7 中求得的 $\hat{a}$=0.049，$\hat{b}$=0.33886，$\hat{\sigma}$=0.04417 以及查表得到的 $U_{0.025}$=1.96，将方程组（12.26）具体化为

$$\begin{cases} 16.9 = 0.049 + 0.33886\,x_1 - 0.04417 \times 1.96 \\ 17.1 = 0.049 + 0.33886\,x_2 + 0.04417 \times 1.96 \end{cases},$$

由此解得 x_1=49.98，x_2=50.06，即电流周波 x 应限制在范围（49.98 , 50.06）之内．当然这里的 $n = 10$ 并不大，应用（12.26）式求解有一定的误差．

12.3　正交试验设计

12.3.1　多因素试验与正交表

在生产实践和科学实验中经常要做许多试验，试验要花费人力、物力、财力和时间，这就有一个合理安排试验的问题．在 12.1 节方差分析中讨论双因素试验，是以全面搭配方式来安排试验的，即每个因素各种水平间所有可能搭配全部逐一进行试验，称为**全面试验**．对于多因素试验来说，全面试验的次数显得太多，例如 6 个因素，每个因素取 5 个水平，全面试验要做 5^6=15625 次，这是很难实现的．因此就要考虑能否从这么多次试验中科学合理地选出具有代表性的试验，既能大大减少试验次数，又能获得足够的信息．解决这个问题需要运用正交试验设计．

正交试验设计就是用正交表安排试验方案并进行结果分析．它适用于多因素、多指标、具有随机误差的试验，通过对正交试验结果的分析，可以确定各因素及其交互作用对试验指标影响的大小关系，找出对试验指标的最优工艺条件或最佳搭配方案．

正交表是正交试验设计的基本工具，它是根据数学理论编制成型的规格化表．正交表有许多种，常用的正交表可在附表 8 中查到．每张正交表都有一个用数字符号表示的名称，

表 12-9 就是一张名为$L_9(3^4)$的正交表．其中“L”表示正交；“9”表示有 9 个横行，说明要做 9 次试验；“4”表示有 4 个纵列，说明利用该表最多可安排 4 个因素的试验；“3”表示每列有 3 个不同的字码 1，2，3，说明在试验中每个因素都取 3 个水平．如果把括号内的指数式计算出来即 $3^4=81$，则正好是 4 因素 3 水平全面试验的试验次数，而使用该正交表只需试验 9 次，减少了 89%的工作量．

$L_9(3^4)$是等水平正交表．也有混合水平的正交表，如$L_{16}(4^3\times 2^6)$具有 16 行，3＋6=9 列，其中前 3 列各有 4 个字码（1，2，3，4），可安排 4 水平的因素，其余 6 列各有 2 个字码（1 和 2），可安排 2 水平的因素．全面试验对应的试验次数是 $4^3\times 2^6=4096$ 次，用该正交表只需试验 16 次，节约工作量 99.6%．

表 12-9　正交表 $L_9(3^4)$

列号 / 试验号	1	2	3	4
1	1	1	1	1
2	1	2	2	2
3	1	3	3	3
4	2	1	2	3
5	2	2	3	1
6	2	3	1	2
7	3	1	3	2
8	3	2	1	3
9	3	3	2	1

正交表有下面两个特点：

（1）每一列中，不同字码出现的次数相同．如$L_9(3^4)$中，字码 1，2，3 在每列中都各出现 3 次．

（2）**任意**两列中，横向形成的有序字码对无一遗漏且出现的次数相同．如$L_9(3^4)$中，字码对(1,1)，(1,2)，(1,3)，(2,1)，(2,2)，(2,3)，(3,1)，(3,2)，(3,3) 都各出现 1 次．

这两个特点叫做正交表的**正交性**．正交性能保证各种水平的均衡搭配，从而充分体现试验方案的代表性．

12.3.2　正交表的应用

用正交表进行多因素的正交试验设计，一般分 3 个步骤：

（1）表头设计；

（2）试验安排；

（3）结果分析.

下面通过例子说明这 3 个步骤的操作过程.

例 12.8 为了提高某化工产品的收率，考察 3 个有关因素：加碱量、反应温度和催化剂种类，并确定它们的试验范围分别为 35 kg～55 kg、80℃～90℃和甲乙丙 3 种催化剂，试制定试验方案，找出最优工艺条件.

解 （1）表头设计. 根据因素和水平的数目，选择合适的正交表，将需考察的因素放在正交表表头的不同列上. 本例选用正交表 $L_9(3^4)$（参看表 12-9），将 3 个因素依次简记为 A， B， C，放在表头的前 3 列，第 4 列空着不用.

表 12-10 化工产品的因素水平表

因素 / 水平	A 加碱量（kg）	B 温度（℃）	C 催化剂种类
1	55	80	甲
2	48	85	乙
3	35	90	丙

（2）试验安排. 确定各因素水平的具体内容并对水平加以编号，本例各因素水平的具体内容及其编号如表 12-10 所示. 这样，正交表的字码与水平的编号相对应（空列除外），已经表示具体的试验水平. 正交表的每一行都代表一个试验方案，例如表 12-9 的第 4 行表示第 4 号试验条件是 $A_2B_1C_2$，即加碱 48 kg、反应温度控制在 80℃、采用乙种催化剂. 为了便于查找，可将各水平的具体内容加注在正交表的对应字码旁边，或者干脆将字码替换掉. 于是正交表中各行的试验条件均已清晰，据此逐次进行试验，并将试验的指标结果填入正交表右侧，参见表 12-11，本例的试验指标是收率.

（3）结果分析. 首先计算指标均值和极差. 对于因素 A，取第 1 水平 A_1 对应的 3 次试验（第 1，2，3 号）的收率（试验指标）之和为 $K_1=51+82+77=210$；取第 2 水平 A_2 对应的 3 次试验（第 4，5，6 号）的收率之和为 $K_2=71+69+85=225$；取第 3 水平 A_3 对应的 3 次试验（第 7，8，9 号）的收率之和为 $K_3=58+59+84=201$.

由于正交表具有均衡搭配性，所以在 A_1 对应的 3 次试验中，因素 B，C 各水平出现的次数相同，从而可以认为因素 B，C 对 K_1 的影响大致相同，即可以认为 K_1 反映了水平 A_1 对试验结果的贡献. 同样地可认为 K_2， K_3 分别反映了水平 A_2， A_3 对试验结果的贡献.

用 k_1， k_2， k_3 分别表示水平 A_1， A_2， A_3 的试验**指标均值**，即

$$k_1=\frac{K_1}{3}=70,\quad k_2=\frac{K_2}{3}=75,\quad k_3=\frac{K_3}{3}=67.$$

注意，这里的除数 3 不是水平数，而是各水平在正交表中出现的次数. 指标均值 k_1，

k_2，k_3 也分别反映水平 A_1，A_2，A_3 对试验结果的贡献，而且具有横向可比性，指标之和 K_1，K_2，K_3 在混合水平试验中不具有横向可比性．指标均值中最大数减去最小数叫做**极差**，记为 R．本例中对于因素 A，$R=k_2-k_3=8$．

类似地，对于因素 B，C，计算出相应的指标和 K_1，K_2，K_3，指标均值 k_1，k_2，k_3 以及极差 R，将它们填入表 12-11 的下方．

表 12-11 化工产品的正交试验分析表

试验号 \ 因素	A 加碱量（kg）	B 温度（°C）	C 催化剂种类	收率（%）
1	1（55）	1（80）	1（甲）	51
2	1（55）	2（85）	2（乙）	82
3	1（55）	3（90）	3（丙）	77
4	2（48）	1（80）	2（乙）	71
5	2（48）	2（85）	3（丙）	69
6	2（48）	3（90）	1（甲）	85
7	3（35）	1（80）	3（丙）	58
8	3（35）	2（85）	1（甲）	59
9	3（35）	3（90）	2（乙）	84
K_1	210	180	195	
K_2	225	210	237	
K_3	201	246	204	
k_1	70	60	65	
k_2	75	70	79	
k_3	67	82	68	
R	8	22	14	

其次对计算数值进行直观分析．某因素的极差 R 大，意味着各水平对试验结果的贡献差异大，这说明该因素对试验结果的影响大，是重要的因素．比较本例 3 个因素的极差，B 的极差最大，C 次之，A 的极差最小，因此可按极差的大小决定因素的重要性顺序，即 3 个因素的重要性从左到右递减排列为

$$B \to C \to A.$$

如果试验指标越大越好，那么某因素指标均值最大的水平就是该因素的最佳水平．本例的试验指标是产率，越大越好．从表 12-11 看出，因素 A 的指标均值中，k_2 最大，所以第 2 水平 A_2 最好．同样地可选出因素 B，C 的最好水平 B_3，C_2，从而组成最优的工艺条

件 $A_2B_3C_2$．这一水平组合在原来的试验方案中并没有出现，但通过正交试验设计把它找出来了，一般来说，它要比原来 9 次试验中的最好条件 $A_2B_3C_1$（即第 6 号试验）还要好．在最优组合 $A_2B_3C_2$ 中，因为 A 是对试验影响较小的因素，所以将 A_2 改为加碱量较小的 A_3 可能更好些，即工艺条件 $A_1B_3C_2$ 和 $A_3B_3C_2$ 可使产率减少不多而试验成本较低，是综合考虑下来较好的方案．

指标均值还能显示出优化趋势．如对于因素 B（反应温度），从 80 ℃上升到 90 ℃的过程中，指标均值从 k_1=60 逐步提高到 k_3=82，这表明提高反应温度有希望进一步提高收率，可取温度高于 90 ℃继续试验．

12.3.3　考虑交互作用的正交试验设计

试验中的各因素除了单独对试验结果产生影响外，还通过交互作用对试验产生影响，因此正交试验设计往往还要考虑交互作用的影响，找出联合搭配的最佳方式．下面通过例子加以说明．

例 12.9　在梳棉机上纺粘棉混纺纱，为了提高质量，选了 3 个因素，每个因素选 2 个水平作试验，因素水平的具体情况如表 12-12 所示．需考虑 3 个因素之间的交互作用，试验指标是棉结粒数（单位：%），越小越好，试进行正交试验的设计．

表 12-12　混纺纱的因素水平表

因素 \ 水平	A 金属针布	B 产量（kg）	C 锡林速度（r/min）
1	甲地产品	6	238
2	乙地产品	10	320

表 12-13　$L_8(2^7)$ 两列间的交互作用

列号 \ 列号	1	2	3	4	5	6
7	6	5	4	3	2	1
6	7	4	5	2	3	
5	4	7	6	1		
4	5	6	7			
3	2	1				
2	3					

解 考虑的交互作用有 $A\times B$，$B\times C$，$A\times C$，每个交互作用都要在正交表中占用一列，因此采用正交表 $L_8(2^7)$ 安排试验．交互作用不能随意占用哪一列，应按照专门编制好的交互作用表进行表头设计．表 12-13 是与 $L_8(2^7)$ 配套的交互作用安排表．表中两个列号的横竖相交处就是交互作用列．比如将 A,B 放在 $L_8(2^7)$ 表中的第 1, 2 列，查表 12-13，第 1 行列号 1 与第 1 列列号 2 的横竖相交处是 3，故交互作用 $A\times B$ 应安排在 $L_8(2^7)$ 表的第 3 列．因素 C 可放在第 4 列（第 3 列已被占用），再查表 12-13 可知，$A\times C$ 和 $B\times C$ 应分别放在 $L_8(2^7)$ 表的第 5，第 6 列．这个表头设计如表 12-14 所示．表 12-14 既是 $L_8(2^7)$ 正交表，也是正交试验设计的分析表，试验结果及指标之和、指标均值、极差都已在表中列出．

表 12-14 混纺纱的正交试验分析表

因素 / 试验号	1 A	2 B	3 $A\times B$	4 C	5 $A\times C$	6 $B\times C$	7	棉结粒数
1	1（甲）	1（6）	1	1（238）	1	1	1	30
2	1（甲）	1（6）	1	2（320）	2	2	2	35
3	1（甲）	2（10）	2	1（238）	1	2	2	20
4	1（甲）	2（10）	2	2（320）	2	1	1	30
5	2（乙）	1（6）	2	1（238）	2	1	2	15
6	2（乙）	1（6）	2	2（320）	1	2	1	50
7	2（乙）	2（10）	1	1（238）	2	2	1	15
8	2（乙）	2（10）	1	2（320）	1	1	2	40
K_1	115	130	120	80	140	115		
K_2	120	105	115	155	95	120		
k_1	28.75	32.5	30	20	35	28.75		
k_2	30	26.25	28.75	38.75	23.75	30		
R	1.25	6.25	1.25	18.75	11.25	1.25		

有一点需要说明，交互作用列的字码不表示试验条件，只在计算指标均值时才起作用．比如第 3 行中对应 A，B，C 的 3 个字码是 1，2，1，则第 3 号试验条件是 $A_1B_2C_1$．

各因素按极差 R 的大小排列重要性顺序为

$$C\to A\times C\to B\to A，\ A\times B，\ B\times C.$$

选择最佳工艺条件主要取决于对试验有较大影响的前 3 个因素即 C，$A\times C$，B，因素 C，B 的最好水平显然是 C_1 和 B_2（指标均值较小）．对于交互作用 $A\times C$（第 5 列），因 k_2=23.75 较小，故应选择字码“2”对应的试验条件，它们是第 2，4，5，7 号试验，其中第 2，4 号试验的 $A\times C$ 搭配都是 A_1C_2，指标均值为(35＋30)÷2=32.5；第 5，7 号试验的 $A\times C$

搭配都是 A_2C_1，指标均值为(15＋15)÷2=15，指标均值较小者即 A_2C_1 是最佳搭配．综合以上分析，得到最佳工艺条件为 $A_2B_2C_1$，即用乙地产品、产量 10 kg、锡林速度 238 r/min，将会取得最好效果．

虽然本例的正交试验相当于全面试验（各因素水平的所有搭配均已出现），但是通过正交试验分析，明确了各因素和交互作用影响大小的状况，为进一步的试验设计提供了信息支持，这个效果是全面试验所不能达到的．

12.3.4 正交试验的方差分析

直观分析的依据是指标均值的直观大小，其优点是简单直观、计算量小，但是直观分析法并未考虑随机波动的影响，不能给出误差大小的估计，也无法合理地界定因素的主次．方差分析法可以弥补这一缺陷．

正交试验的方差分析要求表头设计至少有一个空列．方差分析的方法类似于 12.1 节中双因素方差分析的方法，即求出各因素的偏差平方和以及误差平方和，用 F 统计量进行显著性检验．设 n 是试验的总次数，r 是水平数，$a=n/r$ 是水平重复数，类似于 12.1 节中的公式（12.7），因素 A 的偏差平方和是

$$Q_A = a[(r-1)S_A^2], \tag{12.27}$$

其中 S_A^2 是因素 A 各水平的指标均值 $k_1, k_2, \cdots, k_r$（共 r 个数据，每个数据的权重为 a）所产生的方差，可利用计算器的统计功能直接读得，Q_A 的自由度是 $r-1$．如果水平数 $r=2$，则上式不难化简为

$$Q_A = \frac{a}{2}(k_1-k_2)^2 = \frac{a}{2}R^2. \tag{12.28}$$

其他因素的偏差平方和可类似地求得．为了计算误差平方和，先要引入总平方和

$$Q = (n-1)S^2, \tag{12.29}$$

其中 S^2 是 n 次试验得到的 n 个指标结果所产生的方差，可利用计算器的统计功能直接读得，Q 的自由度是 $n-1$．误差平方和 Q_e 等于总平方和 Q 减去各因素（包括交互因素）平方和所得的差值．如果表头设计中没有空列，则 Q_e=0，方差分析便不能进行．Q_e 的自由度等于 Q 的自由度 $n-1$ 减去各因素的自由度所得的差值．

下面利用表 12-14 的数据，对例 12.9 的正交试验进行方差分析，这里 $n=8$，$r=2$，$a=4$．先利用计算器的统计功能，将表 12-14 右侧的 8 个试验指标输入计算器，按（12.29）式直接算得总平方和为

$$Q = 7S^2 = 1071.875.$$

再按公式（12.28）计算各因素的平方和

$$Q_A = 2\times 1.25^2 = 3.125, \qquad Q_B = 2\times 6.25^2 = 78.125,$$

$$Q_{A\times B}=2\times1.25^2=3.125\,,\qquad Q_C=2\times18.75^2=703.125\,,$$

$$Q_{A\times C}=2\times11.25^2=253.125\,,\quad Q_{B\times C}=2\times1.25^2=3.125\,,$$

它们的自由度都是 2-1=1．为了提高精度，把明显偏小的交互作用平方和$Q_{A\times B}$，$Q_{B\times C}$合并到误差平方和Q_e中去，即不把属于次要因素的交互作用列入方差分析范围．于是

$$Q_e=Q-Q_A-Q_B-Q_C-Q_{A\times C}=34.375\,,$$

Q_e的自由度是 7-4=3．将上述结果列成方差分析表 12-15，其中因素A的F值为

$$F_A=\frac{Q_A/1}{Q_e/3}=\frac{3.125\times3}{34.375}=0.273\,,$$

式中的分子、分母都是平方和除以对应的自由度，其余因素的F值以此类推．临界值都查$F(1,3)$分布表（附表 5）．

表 12-15　正交试验的方差分析表

方差来源	平方和	自由度	F 值	显著性	临界值
A	3.125	1	0.27		
B	78.125	1	6.82	(*)	$F_{0.1}$=5.54
C	703.125	1	61.36	**	$F_{0.05}$=10.13
$A\times C$	253.125	1	22.09	*	$F_{0.01}$=34.12
随机误差	34.375	3			
总和	1671.875	7			

从表 12-15 看出，因素C即锡林速度对棉结粒数的影响特别显著；交互作用$A\times C$即金属针布品种与锡林速度的联合搭配对棉结粒数的影响是显著的；因素B即产量对棉结粒数的影响比较显著（其F值介于临界值$F_{0.1}$和$F_{0.05}$之间）；因素A即金属针布的品种对棉结粒数的单独影响不显著．

同时，试验的随机误差可以用

$$\hat{\sigma}=\sqrt{\frac{Q_e}{3}}=\sqrt{\frac{34.375}{3}}=3.385$$

来估计，这种估计方法与 12.2 节回归分析中公式（12.23）的原理是相同的，这里的$\hat{\sigma}$仍然称为试验的**标准误差**．标准误差$\hat{\sigma}$等于误差平方和Q_e与其自由度之比的平方根．

当然这种误差估计方法也可用于 12.1 节的方差分析之中．如例 12.1 中，已算得Q_e=151350.83，其自由度为$n-r=22$，则试验的标准误差是

$$\hat{\sigma}=\sqrt{\frac{Q_e}{n-r}}=\sqrt{\frac{151350.83}{22}}=82.94\,.$$

而 4 个水平的均值为 1680，1662，1636.25，1568.33，它们最大差距的一半是（1680−1568.33）÷2=55.835，尚在 $\hat{\sigma}$ 体现的误差范围之内，这说明水平间的差异是由随机误差引起的，并非水平 A_1 对应的方案甲真的最好.

习 题 十二

1．某粮食加工厂用 4 种方法储藏粮食．在一段时间后分别抽样化验，测得含水率（%）为

方法一：5.8，7.4，7.1；　　方法二：7.3，8.3，7.6，8.4，8.3；

方法三：7.9，9.0；　　方法四：8.1，6.4，7.0．

试问不同储藏方法对粮食含水率的影响是否显著？

2．下面给出了小白鼠在接种 3 种不同菌型伤寒杆菌后的存活天数：

菌型一：2，4，3，2，4，7，7，2，5，4；

菌型二：5，6，8，5，10，7，12，6，6；

菌型三：7，11，6，6，7，9，5，10，6，3，10．

试问这 3 种菌型对小白鼠存活的危害有无显著差异？

3．抽查某地区 3 所小学五年级男学生的身高（cm），得数据如下：

第一小学：128.1，134.1，133.1，138.9，140.8，127.4；

第二小学：150.3，147.9，136.8，126.0，150.7，155.8；

第三小学：140.6，143.1，144.5，143.7，148.5，146.4．

试问该地区 3 所小学五年级男学生的平均身高有无显著差别？

4．人造纤维中通常都掺入一定比例的棉花，纤维的抗拉强度是否受棉花比例的影响是有疑问的．现确定棉花百分比的 5 个水平：15%，20%，25%，30%，35%．在每个水平下测得 5 个样品的抗拉强度的值为

15%：7，7，15，11，9；　　20%：12，17，12，18，18；　　25%：14，18，18，19，19；

30%：19，25，22，19，23；　　35%：7，10，11，15，11．

问抗拉强度是否受掺入棉花比例的影响？

5．使用 3 种推进器、4 种燃料作火箭射程试验，每一种组合情况做一次试验，得到火箭射程（海里）的数据列于矩阵 $\boldsymbol{M}=\begin{pmatrix}582 & 491 & 601 & 758\\ 562 & 541 & 709 & 582\\ 653 & 516 & 392 & 487\end{pmatrix}$．矩阵 $\boldsymbol{M}$ 的第 i 行（$i=1,2,3$）、第 j 列（$j=1,2,3,4$）元素表示第 i 种推进器和第 j 种燃料组合情况的试验数据．试分析推进器与燃料对火箭射程有无显著影响．

6．某地 4 个产粮户在过去 4 年中的小麦平均亩产量列于矩阵 $\boldsymbol{M}=\begin{pmatrix}146 & 200 & 148 & 151\\ 258 & 303 & 282 & 290\\ 415 & 461 & 431 & 413\\ 454 & 452 & 453 & 415\end{pmatrix}$．矩阵 $\boldsymbol{M}$ 的第 i 行（$i=1,2,3,4$）、第 j 列（$j=1,2,3,4$）元素表示第 i 年、第 j 个产粮户的小麦产量．试检验：（1）各产粮户之间的差异是否显著；（2）逐年产量的增长是否显著？

7. 在某橡胶配方中，考虑了 3 种不同的促进剂和 4 种不同分量的氧化锌，同样的配方各重复一次，测得 300%定伸强力数据，列成矩阵为$\begin{pmatrix} 31,33 & 34,36 & 35,36 & 39,38 \\ 33,34 & 36,37 & 37,39 & 38,41 \\ 35,37 & 37,38 & 39,40 & 42,44 \end{pmatrix}$，矩阵的第 i 行（$i=1,2,3$）、第 j 列（$j=1,2,3,4$）位置表示第 i 种促进剂与第 j 种分量的氧化锌进行配方得到的两次重复试验数据. 问促进剂、氧化锌以及它们的交互作用对橡胶的定伸强力有无显著影响？

8. 为了研究毛纱与股线的不同捻度对某种毛织物强力的影响，特选这两种捻度各 3 个水平，相互搭配形成 9 种方案. 每个方案试验 3 次，经过织造与后处理，测得强力值（kg），并将结果列成矩阵

$$\begin{pmatrix} 61,62,61 & 60,60,61 & 60,60,62 \\ 60,61,62 & 60,59,61 & 63,64,63 \\ 61,61,61 & 62,60,61 & 60,60,61 \end{pmatrix}$$

矩阵的第 i 行（$i=1,2,3$）、第 j 列（$j=1,2,3$）位置表示将第 i 种毛纱捻度与第 j 种股线捻度相搭配，进行 3 次重复试验所得到的数据.

（1）检验这两种捻度对毛织物的强力有无显著影响；

（2）如果有影响的话，两种捻度应以怎样的水平进行搭配为好？

9. 在一根弹簧下面挂上不同重量 x（g）的重物后，测量其长度 y（cm），所得数据如下：

重量 x	5	10	15	20	25	30
长度 y	7.24	8.12	8.95	9.9	10.9	11.8

（1）求 y 对 x 的回归直线方程；

（2）检验 x， y 间线性关系的显著性.

10. 某地区一条河的径流量 y 与该地区的降雨量 x 有关，多次测得数据如下：

x	110	184	122	165	143	78	129	62	130	168
y	25	81	33	70	54	20	44	14	41	75

（1）求 y 对 x 的回归直线方程；

（2）计算样本相关系数和标准误差.

11. 根据理论分析，在实用范围内，筒子纱的电阻 R（MΩ）与筒子纱回潮率 M（%）两者的关系式是$10^M=aR^b$，其中 a， b 是待定值. 在 20°C 条件下，对 14 号纱的筒子纱的实测结果如下：

M	4.42	6.14	6.43	7.07	7.28	8.52	9.16
R	41000	1790	852	331	266	33.2	11.1

（1）试确定 a 和 b 的值，并求经验公式；

（2）检验经验公式的有效性.

12. 人的身高与腿长有密切关系. 测量 16 名成年女子的身高 x（cm）与腿长 y（cm），得到数据对 (x_i, y_i)

（$i=1,2,\cdots,16$）. 经计算得到平均身高为 $\overline{x}=153.625$，平均腿长为 $\overline{y}=94.4375$，又

$$\sum_{i=1}^{16}(x_i-\overline{x})^2=609.75,\quad \sum_{i=1}^{16}(y_i-\overline{y})^2=339.9375,\quad \sum_{i=1}^{16}x_i y_i=232566.$$

（1）求 y 对 x 的回归直线方程以及样本相关系数；

（2）某女子的身高为 $x_0=170$ cm，试预测她的腿长 y_0 以及腿长的 95%置信区间.

13. 为了研究纱的品质指标 y 与支数 x 间的数量关系，进行了有关试验，得到 20 对数据 (x_i, y_i)（$i=1,2,\cdots,20$）. 经计算得到支数的平均值为 $\overline{x}=35.353$，品质指标的平均值为 $\overline{y}=2211.2$，又

$$\sum_{i=1}^{20}(x_i-\overline{x})^2=2642.6078,\quad \sum_{i=1}^{20}(y_i-\overline{y})^2=690549.2,\quad \sum_{i=1}^{20}x_i y_i=1521233.5.$$

（1）求 y 对 x 的回归直线方程以及样本相关系数；

（2）试在支数为 $x_0=40$ 时，预测相应的品质指标 y_0 及其 0.95 置信区间.

14. 炼钢基本上是个氧化脱碳的过程，钢液原来的含碳量是多少直接影响到冶炼时间的长短. 现有某平炉 34 炉的钢液含碳量 x（%）与精炼时间 y（min）的生产记录 (x_i, y_i)（$i=1,2,\cdots,34$）. 经计算得到平均含碳量为 $\overline{x}=1.5009$，平均精炼时间为 $\overline{y}=158.23$，又

$$\sum_{i=1}^{34}(x_i-\overline{x})^2=2.54627,\quad \sum_{i=1}^{34}(y_i-\overline{y})^2=50094,\quad \sum_{i=1}^{34}x_i y_i=8397.825.$$

（1）求 y 对 x 的回归直线方程以及样本相关系数；

（2）若希望精炼时间有 95%的把握控制在 100～170 min 之内，则钢液含碳量应要求限制在什么范围之内？

15. 为提高烧结矿的质量，进行 6 种成分（因素）的配料试验，质量好坏的试验指标为含铁量，越高越好. 各因素及其水平如下表：

水平编号	A（精矿）	B（生矿）	C（焦粉）	D（石灰）	E（白云石）	F（铁屑）
1	8.0	5.0	0.8	2.0	1.0	0.5
2	9.5	4.0	0.9	3.0	0.5	1.0

用正交表 $L_8(2^7)$ 安排试验，各因素依次放在正交表的第 1～6 列上. 8 次试验所得到的含铁量（%）依次为 50.9，47.1，51.4，51.8，54.3，49.8，51.5，51.3. 试对结果进行分析，比较因素的重要性，并找出最优配料方案.

16. 某厂用车床加工轴杆. 为提高工效，对转速（r/min）、走刀量（mm/r）和吃刀深度（mm）进行正交试验，试验指标为工时，越短越好. 各因素及其水平如下表：

水平编号	A（转速）	B（走刀量）	C（吃刀深度）
1	480	0.33	2.5
2	600	0.20	1.7
3	765	0.15	2.0

用正交表 $L_9(3^4)$ 安排试验，将各因素依次放在正交表的第 1，2，3 列上．9 次试验所得工时（min）依次为 1.47，2.42，3.23，1.17，1.95，2.58，0.95，1.55，2.05．试对结果进行分析，比较因素的重要性，并找出最佳工艺．

17．检查癌细胞，用到一种碘化钠晶体，要求其应力越小越好．在该晶体的生产中，退火工艺是影响质量的一个重要环节．现在通过正交试验，希望能找到降低应力的工艺条件．考察升温速度（°C/h）、恒温温度（°C）、恒温时间（h）和降温速度共 4 个因素，其水平如下表：

水平编号	A（升温速度）	B（恒温温度）	C（恒温时间）	D（降温速度）
1	30	600	4	慢速
2	50	450	6	快速
3	100	500	2	等速

用正交表 $L_9(3^4)$ 安排试验，将因素 A，B，C，D 分别放在正交表的第 2，1，4，3 列上．9 次试验所得的晶体应力（度）依次为 6，7，15，8，0.5，7，1，6，13．试对结果进行分析，比较因素的重要性，并找出最优工艺条件．

18．为了提高橡胶成品的质量，考虑配方中的促进剂、炭墨和硫磺 3 个因素进行正交试验，试验指标为弯曲次数，越多越好．各因素水平如下表：

水平编号	A（促进剂）	B（炭墨）	C（硫磺）
1	1.5	甲种	2.5
2	2.5	乙种	2.0

为了考虑交互作用，用正交表 $L_8(2^7)$ 安排试验，将因素 A，B，C 分别放在正交表的第 1，2，4 列上．8 次试验得到的橡胶成品的弯曲次数（万次）依次为 1.5，2.0，2.0，1.5，2.0，3.0，2.5，2.0．

（1）比较因素的重要性，并找出最佳配方；

（2）对各因素以及主要的交互作用进行方差分析．

19．单项选择题

（1）在单因素方差分析中，每个水平对应一个样本，应该采用下面哪个量来体现因素影响的大小？（　　）

A．各样本产生的偏差平方和；　　B．各样本产生的偏差平方和的累加值；

C．各样本的均值产生的偏差平方和；　　D．各样本均值的加权数组产生的偏差平方和．

（2）在方差分析中，由一个数组产生的偏差平方和，反映该数组的（　　）

A．大小程度；　B．离散程度；　C．可靠程度；　D．随机误差．

（3）为了考虑某一因素对试验指标的影响，取 4 个水平各做 10 次试验，得到了 40 个观察值 x_{ij}（$i=1,2,3,4$，$j=1,2,\cdots,10$），设 $A=10\sum_{i=1}^{4}(\overline{x}_i-\overline{x})^2$，$B=\sum_{i=1}^{4}\sum_{j=1}^{10}(x_{ij}-\overline{x}_i)^2$，其中 $\overline{x}_i$ 为每个水平对应的均值（$i=1,2,3,4$），$\overline{x}$ 是总平均值，则检验因素对试验指标有无显著影响，判断的依据是（　　）

A. $\dfrac{A/3}{B/36} > F_\alpha(3, 36)$；　　B. $\dfrac{B/36}{A/3} > F_\alpha(36, 3)$；

C. $\dfrac{A/3}{(A+B)/39} > F_\alpha(3, 39)$；　　D. $\dfrac{B/36}{(A+B)/39} > F_\alpha(36, 39)$.

（4）对两个因素 A 和 B 进行方差分析，因素 A 取 3 个水平，这 3 个水平对应的试验数据所产生的偏差平方和分别记为 A_1, A_2, A_3，若不考虑交互作用，则 $A_1 + A_2 + A_3$ （　　）

A. 仅反映因素 A 对试验的影响大小；　　B. 反映试验的随机误差大小；

C. 反映随机误差和因素 A 影响的大小；　　D. 反映随机误差和因素 B 影响的大小.

（5）如果相关系数 $\rho = 0$，则表明两个变量之间 （　　）

A. 相关程度很低；　　B. 不存在任何关系；

C. 不存在线性相关关系；　　D. 存在非线性相关关系.

（6）在回归方程 $\hat{y} = \hat{a} + \hat{b}x$ 中，回归系数 $\hat{b}$ 的实际意义是 （　　）

A. 当 $x = 0$ 时，y 的期望值；　　B. 当 x 变动一个单位时，y 的平均变动数额；

C. 当 x 变动一个单位时，y 增加的总数额；　　D. 当 y 变动一个单位时，x 的平均变动数额.

（7）设两个相关变量 x，y 的一组双值样本是 (x_i, y_i)（$i = 1, 2, \cdots, n$），回归方程是 $\hat{y} = \hat{a} + \hat{b}x$，则 $\sum_{i=1}^{n}(\hat{a} + \hat{b}x_i - y_i)^2$ 之值体现 （　　）

A. 样本数据的离散程度大小；　　B. x，y 间相关程度的大小；

C. 回归直线倾斜程度的大小；　　D. 样本数据随机误差的大小.

（8）采用正交表 $L_{36}(2^{11} \times 3^{12})$ 进行正交试验设计，最多可以安排 （　　）

A. 11 个因素；　　B. 12 个因素；　　C. 23 个因素；　　D. 36 个因素.

（9）在正交试验的结果分析中，计算出各水平对应的指标之和以后，是否还要计算指标均值？（　　）

A. 必须计算；　　B. 不必计算；

C. 各因素的水平数相同时不必计算；　　D. 各因素的水平数不相同时不必计算.

（10）对正交试验的结果进行方差分析，要求表头设计至少有一个空列，其理由是 （　　）

A. 要考虑随机误差；　　B. 要考虑交互作用；

C. 要考虑主要因素；　　D. 要考虑次要因素.

第三篇　建 模 应 用

线性代数是研究大规模离散数据的运算处理与内在性状的数学学科. 科学技术离不开数据处理与数据分析，因此线性代数具有非常广泛的应用. 概率统计是研究随机现象规律性的数学学科. 现实生活中随机现象无处不在，机会与风险时刻在影响着人们的思维与行为，因此概率统计从一开始就与实际应用密切地相联系. 关于线性代数与概率统计的应用，在许多学科的专业理论中都有详细的讨论，本篇不打算多加重复，我们在这里只就有关的思维方式作一些介绍.

数学建模是数学理论和实际问题之间的桥梁. 通俗地讲，数学建模就是先把实际问题归结为数学问题，叫做**建立数学模型**，然后再用数学方法进行求解，并将结果用于实际. 从本质上讲，数学的应用就是数学建模. 对于数学模型，我们并不陌生，前面各章介绍的各种公式与方法都是数学模型，可以说数学模型比比皆是，无处不在. 但是反过来就不那么简单了，一个实际问题该用什么样的数学模型去表述呢？现实问题千差万别，对应的模型也千姿百态，甚至同一个问题可用多个数学模型去描述. 如何建立数学模型没有固定的程式，虽然有许多现成的模型可供参考，但事先没有人告诉我们该选用何种模型. 由此可见，建立数学模型既享受灵活性，又面临挑战性，需要我们有强烈的创新意识和迎接困难的思想准备.

熟悉并运用数学建模，有利于培养我们分析和解决实际问题的能力，有利于提高我们综合运用各种专业知识的技巧，更有利于锻炼我们的创造性思维.

第 13 章　线性代数的应用

13.1　矩阵的简化作用

线性代数的一个突出优点就是将大规模的数据排列成矩阵进行处理，在建立了一系列矩阵运算的理论后，数据处理就变得简单明了，规则有序. 矩阵表现的是离散数据，但矩阵的元素可以是连续的函数，连续的函数也可以离散化为函数值．最典型的离散化就是电视图像，每一幅电视画面都是一个矩阵．离散化与矩阵化是线性代数应用的一个主要特征，尤其是计算机技术迅速发展的今天，矩阵化数据处理已经成了最有生命力的技术之一．我们应该时时牢记矩阵的简化作用．

例 13.1　偏导数的管理．

n 元函数 $y=f(x_1,x_2,\cdots,x_n)$ 有 n 个偏导数，其二阶偏导数则更多．求偏导数并不难，而“管理”偏导数却常常要出偏差，现将偏导数作矩阵化处理，记

$$\nabla f=\begin{pmatrix} f_1\\ f_2\\ \vdots\\ f_n\end{pmatrix},\quad \boldsymbol{H}=\begin{pmatrix} f_{11} & f_{12} & \cdots & f_{1n}\\ f_{21} & f_{22} & \cdots & f_{2n}\\ \vdots & \vdots & & \vdots\\ f_{n1} & f_{n2} & \cdots & f_{nn}\end{pmatrix},$$

其中 $f_i=\dfrac{\partial f}{\partial x_i}$（$i=1,2,\cdots,n$），$f_{ij}=\dfrac{\partial^2 f}{\partial x_i\partial x_j}$（$i,j=1,2,\cdots,n$），$\nabla f$ 称为**偏导向量**，$\boldsymbol{H}$ 称为**海赛**（Hesse）**矩阵**．这样，偏导数可以集中管理了．求函数 f 的极值，只需令 $\nabla f=\boldsymbol{0}$，即可求出驻点．函数的微分可表示为内积

$$\mathrm{d}y=(\nabla f)^{\mathrm{T}}\mathrm{d}\boldsymbol{x},$$

其中 $\mathrm{d}\boldsymbol{x}=(\mathrm{d}x_1,\ \mathrm{d}x_2,\ \cdots,\ \mathrm{d}x_n)^{\mathrm{T}}$ 是自变量的微分向量．在高等数学中，微分式可推广为泰勒（Taylor）公式，对 n 元函数有类似形式，泰勒公式展开至第三项为

$$f(\boldsymbol{x}+\mathrm{d}\boldsymbol{x})=f(\boldsymbol{x})+(\nabla f)^{\mathrm{T}}\mathrm{d}\boldsymbol{x}+\frac{1}{2}(\mathrm{d}\boldsymbol{x})^{\mathrm{T}}\boldsymbol{H}(\mathrm{d}\boldsymbol{x}),$$

其中 $\boldsymbol{x}=(x_1,\ x_2,\ \cdots,\ x_n)^{\mathrm{T}}$ 是自变量向量，第三项是二次型．于是在驻点处（$\nabla f=\boldsymbol{0}$）讨论极值存在的充分性，可以研究上式第三项的符号，这涉及线性代数中矩阵正定性、负定性的有关结论．

例 13.2　编制运输计划．

某物资有 3 个产地 A_1,A_2,A_3，产量依次为 50,20,30 个单位．有 4 个销地 B_1,B_2,B_3,B_4，需求量依次为 30,20,30,20 个单位．从 A_1 运到各销地的单位运价依次为 3,7,6,4，从 A_2 运到各销地的单位运价依次为 2,4,3,2，从 A_3 运到各销地的单位运价依次为 4,3,8,5．现在要求编制一个运输方案，使总的运费最小．

解　运价可以用运价矩阵 $\boldsymbol{C}$ 表示：

$$\boldsymbol{C}=\begin{pmatrix} 3 & 7 & 6 & 4\\ 2 & 4 & 3 & 2\\ 4 & 3 & 8 & 5\end{pmatrix}.$$

编制运输方案就是确定从 A_i 到 B_j 的运输量 x_{ij}（$i=1,2,3$；$j=1,2,3,4$）．运输量也可列成

矩阵，比如

$$X=\begin{pmatrix}10 & 0 & 20 & 20\\ 20 & 0 & 0 & 0\\ 0 & 20 & 10 & 0\end{pmatrix}$$

便表示一个运输方案，称为**运量矩阵**，运量矩阵的第 1 行表示从 A_1 运到各销地的运输量，第 2、第 3 行亦然，当然这里的 $\boldsymbol{X}$ 不是最好的方案．有了矩阵，运输方案就非常清晰，运价的计算也很简便，只要将矩阵 $\boldsymbol{C}$ 和 $\boldsymbol{X}$ 作内积（所有对应元素两两相乘再相加）即可，而且还可以在矩阵中进行运量调整（具体调整方法可参看参考文献[13]）．调整后得到最优的运输方案为

$$X^*=\begin{pmatrix}20 & 0 & 10 & 20\\ 0 & 0 & 20 & 0\\ 10 & 20 & 0 & 0\end{pmatrix},$$

最小运输费用为 $f^*=20\times3+10\times6+20\times4+20\times3+10\times4+20\times3=360$．

本例为了便于理解，所列的数据比较简短．在实际问题中，产销地往往很多，产销量和运价也很复杂，这时矩阵化显得更为重要．矩阵化还为编制计算机程序创造了有利条件．

例 13.3 税款计算．

我国税法规定：个人的工资、薪金收入应缴纳个人所得税，其应税额为每月工资、薪金中超过 1600 元的部分，采取累进税率、分段计算的办法．具体分段税率见表 13-1．若某人的月工资、薪金为 x 元，试列出他应缴税款 y 与 x 之间的函数关系．

表 13-1 个人所得税税率表

级数	全月应税额分段范围（元）	税率（%）
1	(0, 500]	5
2	(500, 2000]	10
3	(2000, 5000]	15
4	(5000, 20 000]	20
5	(20 000, 40 000]	25
6	(40 000, 60 000]	30
7	(60 000, 80 000]	35
8	(80 000, 100 000]	40
9	(100 000, ∞)	45

解 包括 $0<x\leqslant1600$ 元在内，这是个分 10 段的分段函数，可用向量

$$\boldsymbol{\varphi}(x)=(\varphi_0(x),\ \varphi_1(x),\ \cdots,\ \varphi_9(x))^{\mathrm{T}}$$

来表示，其中分量代表各段位的函数表达式，分界点 x_i（$i=0,1,2,\cdots,9$）依次是

0，1600，2100，3600，6600，21 600，41 600，61 600，81 600，101 600.

向量中 $\varphi_i(x)$（$i=0,1,2,\cdots,9$）的具体表达式可以通过矩阵乘法来实现：

$$\boldsymbol{\varphi}(x)=\boldsymbol{A}(x)\boldsymbol{\alpha},$$

其中 $\boldsymbol{\alpha}$ 是**税率向量**，$\boldsymbol{A}(x)$ 是**运算结构矩阵**．根据表 13-1，可具体列出：

$$\boldsymbol{\alpha}=(0,0.05,0.10,0.15,0.20,0.25,0.30,0.35,0.40,0.45)^{\mathrm{T}},$$

$$\boldsymbol{A}(x)=\begin{pmatrix} x-x_0 & 0 & 0 & \cdots & 0 \\ x_1-x_0 & x-x_1 & 0 & \cdots & 0 \\ x_1-x_0 & x_2-x_1 & x-x_2 & \cdots & 0 \\ \vdots & \vdots & \vdots & & \vdots \\ x_1-x_0 & x_2-x_1 & x_3-x_2 & \cdots & x-x_9 \end{pmatrix}.$$

$\boldsymbol{A}(x)$ 是下三角矩阵，体现了计税的方法．若将分界点 x_i（$i=0,1,2,\cdots,9$）的数值代入，则以上矩阵乘积不难化简为

$$\boldsymbol{\varphi}(x)=(x-1600)\boldsymbol{\alpha}-\boldsymbol{\beta},$$

其中第一项表示所有应税额 $(x-1600)$ 按最高税率计税，第二项表示对前几段多算的部分予以核减，故 $\boldsymbol{\beta}$ 称为**核减向量**（在税务实践中称为速算扣除数），我们写出它的数值结果：

$$\boldsymbol{\beta}=(0,\ 0,25,125,375,1375,3375,6375,10375,15375)^{\mathrm{T}}.$$

如果引入标记函数，则可将分段函数表示得更为明确．设

$$\boldsymbol{u}(x)=\boldsymbol{e}_i,\quad x_i<x\leqslant x_{i+1}\ (i=0,1,2,\cdots,9),$$

其中 $x_{10}=\infty$，$\boldsymbol{e}_i=(0,\cdots,0,1,0,\cdots,0)^{\mathrm{T}}$ 是第 i 个分量为 1，其余分量为 0 的 10 维标记向量，于是应缴税款 y 的函数表达式为

$$y=(\boldsymbol{u}(x))^{\mathrm{T}}\boldsymbol{\varphi}(x)=(\boldsymbol{u}(x))^{\mathrm{T}}[(x-1600)\boldsymbol{\alpha}-\boldsymbol{\beta}].$$

用向量表示分段函数，不仅简洁，而且便于对多个分段函数进行四则运算和复合运算，还便于对分段函数进行微分积分等分析运算．本例的运算结构矩阵 $\boldsymbol{A}(x)$ 和税率向量 $\boldsymbol{\alpha}$，显然可以直接引入其他累进税率的计算．利用矩阵乘法，能方便地求出化简结果，也便于输入计算机计算．标记向量 $\boldsymbol{u}(x)$ 的应用很广泛，除了本例的单项标记外，还可用于多项标记，减法标记等．

例 13.4 网络图的矩阵表现．

试将图 13-1 所示的 3 个网络图用矩阵表示．图 13-1（a）表示 5 个部门间的直接联系方式．图 13-1（b）是 5 个城市间的公路网，线旁的数字表示路长．图 13-1（c）是有 5 个节点、7 条支路的电路图，箭头表示电流方向，线旁数字是支路编号．

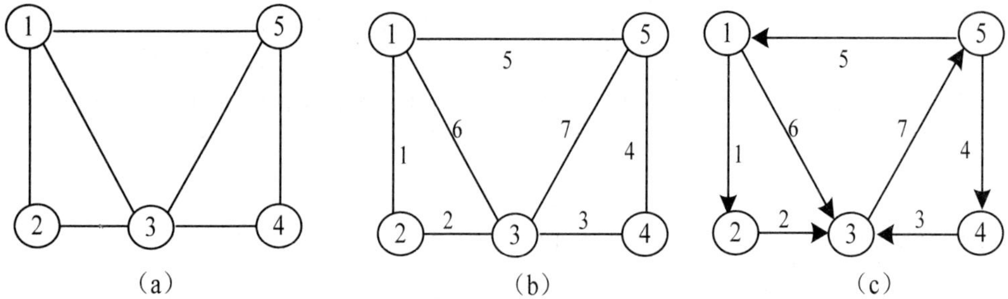

图 13-1 可表现为矩阵的网络图

解 部门间有（或没有）直接联系以 1（或 0）表示，则图 13-1（a）的矩阵表示为

$$\boldsymbol{A}=\begin{pmatrix}0&1&1&0&1\\1&0&1&0&0\\1&1&0&1&1\\0&0&1&0&1\\1&0&1&1&0\end{pmatrix},$$

其中第 i 行表示第 i 部门与其他各部门的直接联系情况（i=1, 2, 3, 4, 5）. 矩阵 $\boldsymbol{A}$ 称为网络图的**相邻矩阵**或**邻接矩阵**.

城市间有直通公路时，以路长表示，无直通公路时，以大数 M（意为 ∞）表示，则图 13-1（b）的矩阵表示为**赋权相邻矩阵**：

$$\boldsymbol{B}=\begin{pmatrix}0&1&6&M&5\\1&0&2&M&M\\6&2&0&3&7\\M&M&3&0&4\\5&M&7&4&0\end{pmatrix}.$$

节点与支路不相接时以 0 表示，相接时电流流出节点以 1 表示，流入节点以−1 表示，则图 13-1（c）的矩阵表示为

$$\boldsymbol{C}=\begin{pmatrix}1&0&0&0&-1&1&0\\-1&1&0&0&0&0&0\\0&-1&-1&0&0&-1&1\\0&0&1&-1&0&0&0\\0&0&0&1&1&0&-1\end{pmatrix},$$

其中第 i 行表示第 i 个节点与各支路（按编号顺序）的关联情况（i=1, 2, 3, 4, 5）. 矩阵 $\boldsymbol{C}$ 称

为有向网络图的**关联矩阵**.

显然，有了上述矩阵，网络图的结构就完全确定下来了，有了矩阵就等于有了图. 矩阵表示方法有多种，可供选择. 矩阵便于计算机的输入与储存，矩阵还便于对图进行运算与研究. 比如对于图 13-1（a），相邻矩阵的平方

$$\boldsymbol{A}^2=\begin{pmatrix}3&1&2&2&1\\1&2&1&1&2\\2&1&4&1&2\\2&1&1&2&1\\1&2&2&1&3\end{pmatrix}$$

给出部门间通过第 3 个部门间接联系的不同方式的数目. 再比如对于图 13-1（c），若将支路的电流列成向量

$$\boldsymbol{p}=(i_1,\ i_2,\ i_3,\ i_4,\ i_5,\ i_6,\ i_7)^{\mathrm{T}},$$

则基尔霍夫（Kirchhoff）电流定律可用矩阵方程表述为 $\boldsymbol{C}\boldsymbol{p}=\boldsymbol{0}$.

本例的网络图比较简单. 对于节点、边线很多的网络图，矩阵表示就更显出其优越性.

13.2　线性运算技术

线性代数的运算技术已经深入到科学技术的各个领域. 线性代数中诸如线性变换、初等变换、特征值与特征向量等运算理论，给实际问题的解决开辟了规范畅通的途径，提供了卓有成效的工具.

例 13.5　武器的生产量.

R 国生产 3 种武器，生产数量依次为 x_1,x_2,x_3. 这 3 种武器都要用到 4 种类型的关键部件. 生产一件第 1 种武器需要用到 4 种部件依次为 2,0,3,4 件，这些数字叫做**需求系数**，其中 0 表示不需要第 2 种部件. 第 2、第 3 种武器对 4 种部件的需求系数分别为 3,1,0,2 和 1,3,1,0. 另一方面，每一种部件都需要消耗 3 种特殊原料，它们的需求（消耗）系数依次为 1,5,2；4,0,3；6,2,1；3,1,0. 问如何计算 3 种原料的消耗量？反之，如果 T 国的情报部门掌握了 R 国对 3 种原料的需求量，问如何估算 R 国的武器生产量？

解　设 4 种部件的需要量依次为 y_1,y_2,y_3,y_4，3 种原料的消耗量分别为 z_1,z_2,z_3，则武器、部件、原料间的关系可用以下矩阵式表示：

$$\boldsymbol{y}=\boldsymbol{A}\boldsymbol{x},\quad \boldsymbol{z}=\boldsymbol{B}\boldsymbol{y},$$

其中 $x=\begin{pmatrix}x_1\\x_2\\x_3\end{pmatrix}$， $y=\begin{pmatrix}y_1\\y_2\\y_3\\y_4\end{pmatrix}$， $z=\begin{pmatrix}z_1\\z_2\\z_3\end{pmatrix}$， $A=\begin{pmatrix}2&3&1\\0&1&3\\3&0&1\\4&2&0\end{pmatrix}$， $B=\begin{pmatrix}1&4&6&3\\5&0&2&1\\2&3&1&0\end{pmatrix}$. 这是两个线性变换，它们的复合变换是 $z=B(Ax)=(BA)x$. 计算矩阵的乘积 BA，即得

$$\begin{pmatrix}z_1\\z_2\\z_3\end{pmatrix}=\begin{pmatrix}32&13&19\\20&17&7\\7&9&12\end{pmatrix}\begin{pmatrix}x_1\\x_2\\x_3\end{pmatrix}.$$

已知 x_1,x_2,x_3，很容易算得 z_1,z_2,z_3. 反之 $x=(BA)^{-1}z$，求出逆矩阵 $(BA)^{-1}$，即得

$$\begin{pmatrix}x_1\\x_2\\x_3\end{pmatrix}=\frac{1}{3188}\begin{pmatrix}141&15&-232\\-191&251&156\\61&-197&284\end{pmatrix}\begin{pmatrix}z_1\\z_2\\z_3\end{pmatrix}.$$

已知 z_1,z_2,z_3，便可直接算得 x_1,x_2,x_3.

一些看似凌乱的数据，应用矩阵的乘法与求逆运算来处理，显得非常简洁明了.

例 13.6 鹿群的繁殖.

一个自然生态地区生长着一群鹿. 将鹿分为幼鹿与成年鹿两组，开始时幼鹿为 $x_0=0.8$ 千头，成年鹿为 $y_0=1$ 千头. 以后每一年中，幼鹿的生育率为 $a_1=0.3$，存活率为 $b_1=0.62$，一年后幼鹿就可成年，成年鹿的生育率为 $a_2=1.5$，存活率为 $b_2=0.75$. 又，刚出生的幼鹿在哺乳期将有 20% 夭折. 求 $n=6$ 年后鹿群的数量.

解 设第 n 年的幼鹿数为 x_n，成年鹿数为 y_n，则一年后的幼鹿 x_{n+1} 等于幼鹿与成年鹿新生育的鹿之总和，当然要剔除 20% 的夭折数，即 $x_{n+1}=0.8(a_1x_n+a_2y_n)$. 一年后的成年鹿 y_{n+1} 来自于存活的幼鹿（已成年）与存活的成年鹿，即 $y_{n+1}=b_1x_n+b_2y_n$. 用矩阵表示，即 $u_{n+1}=Au_n$，其中，

$$u_n=\begin{pmatrix}x_n\\y_n\end{pmatrix},\quad u_{n+1}=\begin{pmatrix}x_{n+1}\\y_{n+1}\end{pmatrix},\quad A=\begin{pmatrix}0.8a_1&0.8a_2\\b_1&b_2\end{pmatrix}=\begin{pmatrix}0.24&1.2\\0.62&0.75\end{pmatrix}.$$

矩阵 A 是对鹿群繁殖的内在机制的度量，称之为**增殖矩阵**. 矩阵式 $u_{n+1}=Au_n$ 经过递推可得

$$u_n=A^nu_0,$$

式中 $u_0=(x_0,\ y_0)^{\mathrm T}=(0.8,\ 1)^{\mathrm T}$. 在线性代数中，计算矩阵的乘幂有现成的方法，先将矩阵 A 对角化：

$$P^{-1}AP=\Lambda=\begin{pmatrix}\lambda_1&0\\0&\lambda_2\end{pmatrix},\quad P=\begin{pmatrix}1&1\\-0.53705&0.96205\end{pmatrix},$$

其中 $\lambda_1=-0.40446$, $\lambda_2=1.39446$ 是矩阵 $\boldsymbol{A}$ 的特征值，矩阵 $\boldsymbol{P}$ 由特征向量构成（计算方法参看第 5 章，计算过程从略）．于是

$$\boldsymbol{A}^n=\boldsymbol{P\Lambda}^n\boldsymbol{P}^{-1},\quad \boldsymbol{u}_n=\boldsymbol{P\Lambda}^n\boldsymbol{P}^{-1}\boldsymbol{u}_0,$$

其中对角矩阵的乘幂 $\boldsymbol{\Lambda}^n$ 容易计算．为了便于对不同的 n 进行计算，可先算出向量 $\boldsymbol{\alpha}=\boldsymbol{P}^{-1}\boldsymbol{u}_0$，从而

$$\boldsymbol{u}_n=\boldsymbol{P\Lambda}^n\boldsymbol{\alpha}=\boldsymbol{P}\begin{pmatrix}\lambda_1^n & 0\\ 0 & \lambda_2^n\end{pmatrix}\begin{pmatrix}-0.1536655\\ 0.9536655\end{pmatrix}.$$

将已算得的 $\lambda_1,\lambda_2,\boldsymbol{P}$ 及 $n=6$ 代入，可算得 $\boldsymbol{u}_6=(x_6,\quad y_6)^{\mathrm{T}}=(7.011,\quad 6.746)^{\mathrm{T}}$，即幼鹿和成年鹿分别从开始的 800 头、1000 头将增长到 6 年后的 7011 头、6746 头．

计算矩阵的乘幂 $\boldsymbol{A}^n$，也可以直接经过 $n-1$ 次矩阵乘法求得，但当 $\boldsymbol{A}$ 的阶数较大或指数 n 较大时，直接计算的计算量非常大，计算误差也不易控制．这里通过特征值与特征向量计算 $\boldsymbol{A}^n$，计算量小，而且还有利于进行趋势分析．比如本例中，因 $|\lambda_1|<1$，故 $n\to\infty$ 时，$\lambda_1^n\to 0$，即当 n 较大时，$\lambda_1^n\approx 0$（$n=6$ 时，λ_1^n 已很小），则上述向量 $\boldsymbol{u}_n$ 可近似地简化为

$$\boldsymbol{u}_n=\lambda_2^n\begin{pmatrix}0.9536655\\ 0.9174739\end{pmatrix}.$$

计算结果可为相关的决策提供依据．当然，如果 6 年后鹿群的实际数量与计算数据差距很大，则应对前面的参数如 a_1,a_2,b_1,b_2 进行调整．

鹿的生育与死亡在一年中应该均匀地发生，所以鹿群数目可以理想化为连续变量，但那样一来，就要建立微分方程组，分析过程更为复杂，本例采用离散化处理是可取的．这种分析方法可以推广到诸如人口增长问题的研究．比如将人口按 5 岁一个年龄段分组，可分为 16 组（或更多），这样，增殖矩阵 $\boldsymbol{A}$ 将是 16 阶矩阵，经过类似分析，可以预测任何一年人口的年龄结构，也能够为如何控制人口提供线索．

本例中，我们看到了矩阵运算在种群繁殖中的应用．矩阵分析在经济运行的预测与控制方面应用更为广泛．其中比较典型与成熟的是投入产出分析．一个经济系统中，各个经济部门的投入产出有着复杂的依存关系．比如已知电力部门生产 1kW·h 电，需要用煤 0.2 kg，明年要增产 1000 亿 kW·h 电，应增产多少吨煤？答案似乎很简单，增加 $10^{11}\times 0.2\times 10^{-3}$ 吨 =2000 万吨煤．不对！因为为了增加这 2000 万吨煤，要增加投入电力和机器设备，甚至也要增加消耗煤本身（在煤炭生产过程中所需的供热耗煤等），而增加电力、设备、煤炭的产量，再一次要求增加煤的产量，如此等等．看来这是一个具有连锁性质的无限循环的过程：牵一发而动全身．在经济系统中，部门越多，这些依存关系越复杂，没有线性代数的工具，很难分析清楚这种依存关系．下面通过一个简单的例子来说明投入产出分析的原理．

例 13.7　投入产出分析．

某集团公司生产甲乙丙 3 种产品，产品都以货币计量，每一种产品在生产过程中，都要消耗包括本产品在内的各种产品，反映这种关系的技术数据，表现为**直接消耗系数矩阵**

$$A=\begin{pmatrix} a_{11} & a_{12} & a_{13} \\ a_{21} & a_{22} & a_{23} \\ a_{31} & a_{32} & a_{33} \end{pmatrix}=\begin{pmatrix} 0.2 & 0.2 & 0.1 \\ 0.1 & 0.1 & 0.2 \\ 0.25 & 0.1 & 0.1 \end{pmatrix}.$$

矩阵 A 的第 1 列表示生产一个单位的产品甲，需要消耗（或理解为投入）3 种产品的数量依次为 0.2 单位、0.1 单位、0.25 单位．类似地，A 的第 2 和第 3 列表示生产一个单位的产品乙和产品丙需要消耗（投入）3 种产品的数量．已知该公司最终推向市场的 3 种产品量依次为 y_1=2500 万元，y_2=1000 万元，y_3=1500 万元，试确定各产品的总生产量．如果想使产品甲的最终产品增加到 y_1=3000 万元，则 3 种产品的产量分别应增加多少？并且由此给出完全消耗的概念与数据．

解 设 3 种产品的生产总量（总产品）依次为 x_1, x_2, x_3．由已知，矩阵 A 的第 1 行表示各产品在生产过程中对产品甲的消耗率，因而对产品甲的消耗量依次为 $a_{11}x_1, a_{12}x_2, a_{13}x_3$．按照总量平衡原理（总产品等于生产中的消耗加上最终产品），对于产品甲有平衡式

$$x_1=a_{11}x_1+a_{12}x_2+a_{13}x_3+y_1,$$

这个平衡式也可理解为产品甲的产出构成．对于产品乙和丙，有同样的产出平衡式．将 3 个平衡式用矩阵表示，即

$$\boldsymbol{x}=A\boldsymbol{x}+\boldsymbol{y},$$

其中 $\boldsymbol{x}=(x_1,\ x_2,\ x_3)^{\mathrm{T}}$，$\boldsymbol{y}=(y_1,\ y_2,\ y_3)^{\mathrm{T}}$．移项后可得 $(E-A)\boldsymbol{x}=\boldsymbol{y}$，从而

$$\boldsymbol{x}=(E-A)^{-1}\boldsymbol{y},$$

式中 E 是单位矩阵．计算逆矩阵得

$$(E-A)^{-1}=\begin{pmatrix} 0.8 & -0.2 & -0.1 \\ -0.1 & 0.9 & -0.2 \\ -0.25 & -0.1 & 0.9 \end{pmatrix}^{-1}=\begin{pmatrix} 1.361 & 0.327 & 0.224 \\ 0.241 & 1.197 & 0.293 \\ 0.405 & 0.224 & 1.206 \end{pmatrix}.$$

把 $\boldsymbol{y}$ 的已知数据代入，即可得

$$\boldsymbol{x}=(4065.5,\quad 2239,\quad 3045.5)^{\mathrm{T}}.$$

这就是所求的 3 产品的总产品量（单位：万元）．显然总产品比最终产品 $\boldsymbol{y}$ 多得多．

当最终产品增加 $\Delta\boldsymbol{y}=(\Delta y_1,\ \Delta y_2,\ \Delta y_3)^{\mathrm{T}}$ 时，总产品增量为 $\Delta\boldsymbol{x}=(\Delta x_1,\ \Delta x_2,\ \Delta x_3)^{\mathrm{T}}$，则仍有平衡式 $\boldsymbol{x}+\Delta\boldsymbol{x}=(E-A)^{-1}(\boldsymbol{y}+\Delta\boldsymbol{y})$．利用前面的平衡式解出

$$\Delta\boldsymbol{x}=(E-A)^{-1}\Delta\boldsymbol{y},$$

以 $\Delta\boldsymbol{y}=(500,\quad 0,\quad 0)^{\mathrm{T}}$ 代入可得

$$\Delta\boldsymbol{x}=(680.5,\quad 120.5,\quad 202.5)^{\mathrm{T}}.$$

这就是想使产品甲的最终产品增加到 3000 万元（增加 500 万元），3 种产品应增加的数量（单位：万元）．显然两者之差

$$\Delta \boldsymbol{x} - \Delta \boldsymbol{y} = [(\boldsymbol{E} - \boldsymbol{A})^{-1} - \boldsymbol{E}]\,\Delta \boldsymbol{y}$$

纯粹是在生产过程中消耗掉的产品量，它们并未形成最终产品．现在考虑单位增量，当 $\Delta \boldsymbol{y} = (1,\ 0,\ 0)^{\mathrm{T}}$ 时，上式右端恰是矩阵

$$\boldsymbol{B} = (\boldsymbol{E} - \boldsymbol{A})^{-1} - \boldsymbol{E} = \begin{pmatrix} 0.361 & 0.327 & 0.224 \\ 0.241 & 0.197 & 0.293 \\ 0.405 & 0.224 & 0.206 \end{pmatrix}$$

的第 1 列，其经济意义是：为了获得一个单位的产品甲的最终产品，所必须分别消耗的各产品的产量．反之，有了这些消耗量，便足以保证获得产品甲的一个单位的最终产品．这就是完全消耗的概念．矩阵 $\boldsymbol{B}$ 的第 2 列、第 3 列也有类似的经济意义，因此矩阵 $\boldsymbol{B}$ 称为**完全消耗系数矩阵**．$\boldsymbol{B}$ 的第 i 行第 j 列元素 b_{ij} 表示：产生一个单位产品 j 的最终产品，对产品 i 的全部消耗量．比较矩阵 $\boldsymbol{A}$ 和 $\boldsymbol{B}$ 可知，完全消耗系数比直接消耗系数大得多，这是因为完全消耗反映了直接消耗与间接消耗之和，间接消耗是通过中间环节的消耗，具体分析起来将是一个逐级进行的无限循环过程．

本例的矩阵分析不难推广到更多产品的情形，尤其是一些大型的经济系统，如一个地区、一个国家，有许许多多的部门，投入产出分析全面地、深刻地揭示了各部门（产品）之间相互依存、相互制约的关系．投入产出分析不仅可用于本例所求的总产品及其增量，而且还可用于分析国民经济中诸如社会产值、国民收入、价格指数等的数量与构成，从而对宏观经济的运行与调控提供决策依据．

从本例的分析中，我们还能看到一个重要的事实：在经济问题中，各经济量之间的关系大多是线性关系，因而经济活动中的优化问题也离不开线性代数．

例 13.8　线性规划．

某厂生产甲、乙、丙 3 种产品，各产品需要在 A，B，C 3 种设备上加工，每单位产品所用设备台时数如表 13-2 所示．问如何规划每月的生产数量，使产品利润最大？

表 13-2　产品对资源的消耗表

设备 \ 产品	甲	乙	丙	设备有效台时（每月）
A	8	2	10	3000
B	10	5	8	4000
C	2	13	10	4200
单位产品利润（百元）	3	2	2.5	

解　设 3 种产品的生产数量依次为 x_1, x_2, x_3．利润最大就是使以下目标函数取最大值

$$y = 3x_1 + 2x_2 + 2.5x_3 .$$

设备有效台时是工厂的资源，生产不能突破资源的限制．3种设备的资源限制可依次用下面3个不等式表示：

$$\begin{aligned} 8x_1 + \ \ 2x_2 + 10x_3 &\leqslant 3000, \\ 10x_1 + \ \ 5x_2 + \ \ 8x_3 &\leqslant 4000, \\ 2x_1 + 13x_2 + 10x_3 &\leqslant 4200. \end{aligned}$$

另外，产量不能是负数，即应满足非负条件 $x_1 \geqslant 0$，$x_2 \geqslant 0$，$x_3 \geqslant 0$.

显然以上的目标函数与约束条件都具有线性特征，故称**线性规划**．为了用线性方程组的理论求解此问题，我们通过增加 3 个非负变量，将不等式约束化为等式约束

$$\begin{aligned} 8x_1 + \ \ 2x_2 + 10x_3 + x_4 \qquad\qquad &= 3000, \\ 10x_1 + \ \ 5x_2 + \ \ 8x_3 \qquad + x_5 \qquad &= 4000, \\ 2x_1 + 13x_2 + 10x_3 \qquad\qquad + x_6 &= 4200. \end{aligned}$$

不难发现增加的这 3 个非负变量分别表示 3 种资源的剩余量，比如 $x_4 \geqslant 0$ 表示 A 种设备多余的台时数．我们再将目标函数写作

$$3x_1 + 2x_2 + 2.5x_3 + 0 \cdot x_4 + 0 \cdot x_5 + 0 \cdot x_6 = 0 + y .$$

现在利用矩阵的初等变换来“求解”这4个方程构成的线性方程组，以下是对增广矩阵所作的一系列的初等变换：

$$\begin{pmatrix} \langle 8 \rangle & 2 & 10 & 1 & 0 & 0 & 3000 \\ 10 & 5 & 8 & 0 & 1 & 0 & 4000 \\ 2 & 13 & 10 & 0 & 0 & 1 & 4200 \\ 3 & 2 & 2.5 & 0 & 0 & 0 & 0 \end{pmatrix} \to \begin{pmatrix} 1 & 0.25 & 1.25 & 0.125 & 0 & 0 & 375 \\ 0 & \langle 2.5 \rangle & -4.5 & -1.25 & 1 & 0 & 250 \\ 0 & 12.5 & 7.5 & -0.25 & 0 & 1 & 3450 \\ 0 & 1.25 & -1.25 & -0.375 & 0 & 0 & -1125 \end{pmatrix} \to$$

$$\begin{pmatrix} 1 & 0 & 1.7 & 0.25 & -0.1 & 0 & 350 \\ 0 & 1 & -1.8 & -0.5 & 0.4 & 0 & 100 \\ 0 & 0 & \langle 30 \rangle & 6 & -5 & 1 & 2200 \\ 0 & 0 & 1.0 & 0.25 & -0.5 & 0 & -1250 \end{pmatrix} \to \begin{pmatrix} 1 & 0 & 0 & -0.09 & 0.183 & -0.057 & 225.3 \\ 0 & 1 & 0 & -0.14 & 0.1 & 0.06 & 232 \\ 0 & 0 & 1 & \langle 0.2 \rangle & -0.167 & 0.033 & 73.3 \\ 0 & 0 & 0 & 0.05 & -0.333 & -0.033 & -1323.3 \end{pmatrix}$$

$$\to \begin{pmatrix} 1 & 0 & 0.45 & 0 & 0.108 & -0.042 & 258.3 \\ 0 & 1 & 0.7 & 0 & -0.017 & 0.083 & 283.3 \\ 0 & 0 & 5 & 1 & -0.835 & 0.165 & 366.5 \\ 0 & 0 & -0.25 & 0 & -0.291 & -0.041 & -1341.6 \end{pmatrix}$$

为了理解上述过程，我们回忆一下初等变换的程序：每次选一个非零元素——称为主元，通过初等行变换，把主元变为 1，并且把它所在列的其他元素变为 0．在上面的变换中，主元都已用“$\langle\ \rangle$”号做了标记．

根据线性方程组的理论，每个矩阵都对应若干**基变量**（与主元列相对应）及若干**非基变量**（即自由变量，与非主元列相对应），令所有自由变量取 0，可得到一组解，这里称为**基本可行解**．如最后一个矩阵的基变量是 x_1, x_2, x_4，非基变量是 x_3, x_5, x_6，基本可行解是

$$\boldsymbol{x} = (258.3,\quad 283.3,\quad 0,\quad 366.5,\quad 0,\quad 0)^{\mathrm{T}},$$

其中基变量的取值直接从矩阵的最后一列读出．

矩阵的最后一行代表同一目标函数的不同表达式（初等行变换的实质是等量替换）．最后矩阵的目标函数为

$$-0.25x_3 - 0.291x_5 - 0.041x_6 = -1341.6 + y,$$

它对应的基本可行解中，x_3, x_5, x_6 取零值，因此基本可行解对应的目标值恰为矩阵右下角元素的相反数，即 $y = 1341.6$（百元）．如果换一组别的解，则 x_3, x_5, x_6 中必有某些变量取非零的正值（注意非负条件），从上式看出，这样会引起目标值的减少，所以这个基本可行解对应最大的目标值，它就是最优解．亦即产品甲、乙的产量应分别安排为 258.3 单位和 283.3 单位，产品丙不安排生产．这时设备 B, C 得到了充分的利用（剩余量 x_5, x_6 为零），而设备 A 有 $x_4 = 366.5$ 台时数的富余．

以上分析给出了线性规划中矩阵初等变换的 3 项要求：

（1）最后一行元素都要变为非正值，称为**最优性条件**，有正值时设法把它变为零；

（2）每次变换要使目标值有所改善（增加）；

（3）最后一列除右下角元素外，要保持为非负值，以便满足变量的非负条件，称为**可行性条件**．

只要适当地选择主元，就能满足上述 3 项要求．具体方法是选择正数及运用最小比值法．如第 3 个矩阵中，最后一行第 3 个元素1.0是正数，主元应在第3列的 2 个正数1.7 和30 中选择，由于比值 2200/30 较 350/1.7 小，故选 30 为主元．

本例通过矩阵的初等变换求解线性规划，称为**单纯形法**．每一次初等变换，实际上是选择一对基变量与非基变量进行角色转换，因而叫做**换基迭代**．显然本例的方法不难推广到具有更多变量与更多约束条件的大型问题，而且换基迭代的计算可以借助于计算机，因此线性规划在实际应用中是很普遍的．

在线性技术中，矩阵乘积、初等变换是主要的常规运算，这些运算还可以按线性技术思路进行推广．

例 13.9　工作指派．

某商业集团计划开办 5 家新商店．为了尽早建成营业，集团总部通知了 5 个建筑公司，打算让它们各自承建一个新的商店，要求每家公司分别给出对 5 个新商店建造费用的投标值．5 家建筑公司的共 25 个投标值如表 13-3 所示．集团总部应当对 5 家建筑公司怎样分配建筑任务，才能使总建造费用最少？

表 13-3　建造费用的投标值（万元）

建筑公司 \ 新商店	B_1	B_2	B_3	B_4	B_5
A_1	4	8	7	15	12
A_2	7	9	17	14	10
A_3	6	9	12	8	7
A_4	6	7	14	6	10
A_5	6	9	12	10	6

解　表 13-3 中的数据可以列成矩阵

$$\boldsymbol{C}=\begin{pmatrix}4&8&7&15&12\\7&9&17&14&10\\6&9&12&8&7\\6&7&14&6&10\\6&9&12&10&6\end{pmatrix},$$

称为**指派问题**的**系数矩阵**．当然希望对投标值较小者做出安排．比如让 A_1 建造 B_1，A_4 建造 B_4，等等．但是矩阵 $\boldsymbol{C}$ 中，"较小"的数据比较凌乱，不够醒目，而且缺乏可比性．为此将矩阵 $\boldsymbol{C}$ 中的每行减去最小的元素，再在每列中减去最小元素，即施行以下变换：

$$\boldsymbol{C}\xrightarrow{\text{行变换}}\begin{pmatrix}0&4&3&11&8\\0&2&10&7&3\\0&3&6&2&1\\0&1&8&0&4\\0&3&6&4&0\end{pmatrix}\xrightarrow{\text{列变换}}\begin{pmatrix}\varnothing&3&(0)&11&8\\(0)&1&7&7&3\\\varnothing&2&3&2&1\\\varnothing&\varnothing&5&(0)&4\\\varnothing&2&3&4&(0)\end{pmatrix},$$

其中的"行变换"是第 1～第 5 行依次减去它们的最小元素 4,7,6,6,6，"列变换"是第 2 列减去 1、第 3 列减去 3．这种变换称为矩阵的**化零变换**，有别于矩阵的初等变换．矩阵中每行（列）减去一个常数，并不改变该行（列）数量间的相对大小关系，从而不会影响工作安排的优先次序，即最优解不变．因此可以在后面一个零元素较多的矩阵中进行安排．为了珍惜机会，应从零元素较少的行开始安排：选择一个零（加括号），立即划去同行同列的零（工作指派是一对一的，不能重叠），划去的 0 用"$\varnothing$"表示，接着再选零……直到所有零元素都被选或被划为止．如果选到了 5 个零元素（正好等于矩阵 $\boldsymbol{C}$ 的阶数），那么工作指派问题已经解决．

但是对上面的矩阵依此方法安排，只选到 4 个零元素．这说明零元素不够多，还要进行调整化零．调整化零的方法是：在未被选零的第 3 行中，减去最小的正元素 1，然后在出现负数的第 1 列中加上 1，以避免产生比 0 更小的负数．经这样调整后，如果某些行（列）

中没有零元素，则再用减去最小元素的办法作化零变换．本例的调整化零变换如下：

$$\begin{pmatrix} 0 & 3 & 0 & 11 & 8 \\ 0 & 1 & 7 & 7 & 3 \\ 0 & 2 & 3 & 2 & 1 \\ 0 & 0 & 5 & 0 & 4 \\ 0 & 2 & 3 & 4 & 0 \end{pmatrix} \xrightarrow{\text{第3行减1}} \begin{pmatrix} 0 & 3 & 0 & 11 & 8 \\ 0 & 1 & 7 & 7 & 3 \\ -1 & 1 & 2 & 1 & 0 \\ 0 & 0 & 5 & 0 & 4 \\ 0 & 2 & 3 & 4 & 0 \end{pmatrix}$$

$$\xrightarrow{\text{第1列加1}} \begin{pmatrix} 1 & 3 & 0 & 11 & 8 \\ 1 & 1 & 7 & 7 & 3 \\ 0 & 1 & 2 & 1 & 0 \\ 1 & 0 & 5 & 0 & 4 \\ 1 & 2 & 3 & 4 & 0 \end{pmatrix} \xrightarrow{\text{第2行减1}} \begin{pmatrix} 1 & 3 & (0) & 11 & 8 \\ \varnothing & (0) & 6 & 6 & 2 \\ (0) & 1 & 2 & 1 & \varnothing \\ 1 & \varnothing & 5 & (0) & 4 \\ 1 & 2 & 3 & 4 & (0) \end{pmatrix}.$$

在最后的矩阵中进行安排（选零元素），结果选到了 5 个零元素．将这 5 个零元素换成 1，其他元素换成 0，就得到了最优解（最优安排）：

$$\boldsymbol{X} = \begin{pmatrix} 0 & 0 & 1 & 0 & 0 \\ 0 & 1 & 0 & 0 & 0 \\ 1 & 0 & 0 & 0 & 0 \\ 0 & 0 & 0 & 1 & 0 \\ 0 & 0 & 0 & 0 & 1 \end{pmatrix} = \left(x_{ij}\right).$$

这个矩阵叫做**指派矩阵**．指派矩阵 $\boldsymbol{X}$ 中的 1 表示指派工作，0 表示不指派工作，具体地说，$x_{13} = x_{22} = x_{31} = x_{44} = x_{55} = 1$，表示分别让建筑企业 A_1,A_2,A_3,A_4,A_5 承建商店 B_3,B_2,B_1,B_4,B_5，可使总的建造费用最少，最少的建造费用为 $f=7+9+6+6+6=34$（万元）．

本例中的调整化零，其目的并非在于增加零元素的个数，而是将零元素调整到更合理的位置上去．只要选到的零元素数目不够，就不断进行调整化零．这和矩阵初等变换的思路相一致，都具有方向明确、操作简便、有序渐进的特点．

指派问题中的系数矩阵 $\boldsymbol{C}$，指派矩阵 $\boldsymbol{X}$ 与例 13.2 运输问题中的运价矩阵、运量矩阵相类似，因此指派问题是运输问题的特例．指派问题可以推广，比如系数矩阵表示效益的最大化指派问题、一人可做多事的重复指派问题、含有禁入规定的限制性指派问题等，都能够采用修改化零与选零规则的方法加以解决．

线性技术中的组合运算应用频繁，它的推广更有意思．

例 13.10　动态库存的优化．

某工厂要制订今后 4 个月的生产库存计划．已知当月生产 x 单位的产品，生产成本（以千元计）为

$$C(x) = 3 + x \quad (x > 0) \text{ 及 } C(0) = 0.$$

4 个月中市场对产品需求量依次为 2，3，2，4 单位．扣除当月的需求量后，剩余的产品量 y 存入仓库，需支付每月 $0.5y$（千元）的存储费．同时规定期初（第 1 月初）和期末（第 4 月末）均无产品库存．该厂应如何安排各月的生产与库存数量，使所花的总费用最低？

解 工厂每个月初都面对一定量的库存，根据库存状态进行决策，决定当月的生产量．一旦决定了生产量，下个月初的库存状态即已确定．为了简化计算，先作一番简单的分析：由于生产成本 $C(x)=3+x$ 中含有固定成本 3（千元），所以应该尽量减少生产次数，比如第 1 月生产 5 个单位，把第 2 个月的需求量也生产出来．但第 1 月不应生产 4 个单位或 6 个单位，否则不仅不能避免固定成本，反而要增加仓储成本．

从以上分析可知，每月的生产量以满足后面各月的需求量为度，而且在月初有库存量时，该月不必安排生产．这样一来，决策面临的选择大大简化，比如第 1 月只有 4 种选择：生产量为 2，5，7，11 单位之中的一个数值．为了把握全局，将所有可能的决策用图 13-2 来表示．图中节点数字表示月初库存量，每条线表示一个选择，线旁数字是决策成本．比如第 2 月的⓪→②表示第 2 月选择生产 5 个单位，扣除当月需求量 3 个单位，要存储 2 个单位，总费用是生产成本 3＋5=8 加上存储费用 0.5×2=1，共 9（千元）．

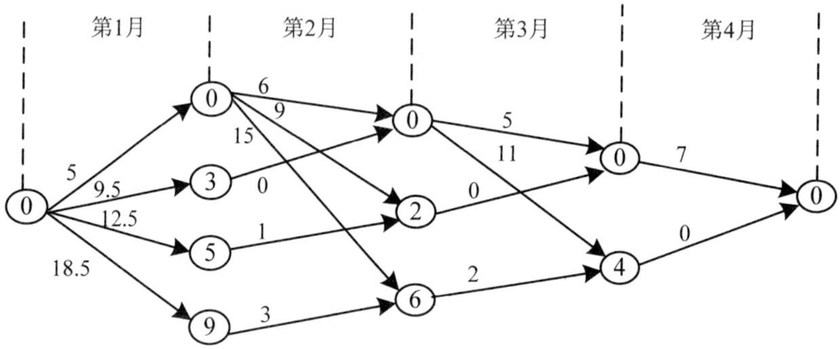

图 13-2 动态库存的决策

制订生产库存计划，实际上是在图 13-2 中选择一条从期初状态“0”到期末状态“0”的线路，使线路的总“长度”(线旁数字之和）最小．为了便于运算，列出各阶段（月）的**决策矩阵**

$$\boldsymbol{M}_1=\begin{pmatrix}5 & 9.5 & 12.5 & 18.5\end{pmatrix},\quad \boldsymbol{M}_2=\begin{pmatrix}6 & 9 & 15\\ 0 & & \\ & 1 & \\ & & 3\end{pmatrix},\quad \boldsymbol{M}_3=\begin{pmatrix}5 & 11\\ 0 & \\ & 2\end{pmatrix},\quad \boldsymbol{M}_4=\begin{pmatrix}7\\ 0\end{pmatrix}.$$

决策矩阵的行代表该阶段的起始状态，列代表该阶段的结束状态（下阶段的起始状态）．矩阵的元素是决策成本，矩阵中空缺的位置应填入∞（参看例 13.4）．

本例的决策是分阶段进行的，比如前 2 个月中，从期初的⓪走到 2 月末的⓪，有 2 条路⓪→⓪→⓪和⓪→③→⓪，选择较短者的计算过程是

$$\min\begin{Bmatrix}5 & +6\\ 9.5+0\end{Bmatrix}=9.5 .$$

这是“两两相加再取小”的运算，与线性运算中的组合非常相似．两个矩阵相乘是将右矩阵的列与左矩阵的行组合，即两两相乘再相加．如果把“组合”运算改为“两两相加再取小”，那么本例的决策过程就可以用矩阵的“乘法”来代替了．这种以“两两相加再取小”为基础的矩阵“乘法”，是对常规矩阵乘积的摹仿，因此称为**摹乘积**或**摹乘法**．下面是决策矩阵的摹乘积过程：

$$\boldsymbol{M}_1*\boldsymbol{M}_2=\begin{pmatrix}5, & 9.5, & 12.5, & 18.5\end{pmatrix}*\begin{pmatrix}6 & 9 & (15)\\ (0) & & \\ & (1) & \\ & & 3\end{pmatrix}=\begin{pmatrix}9.5, & 13.5, & 20\end{pmatrix},$$

$$\boldsymbol{M}_1*\boldsymbol{M}_2*\boldsymbol{M}_3=\begin{pmatrix}9.5, & 13.5, & 20\end{pmatrix}*\begin{pmatrix}5 & (11)\\ (0) & \\ & 2\end{pmatrix}=\begin{pmatrix}13.5, & 20.2\end{pmatrix},$$

$$\boldsymbol{M}_1*\boldsymbol{M}_2*\boldsymbol{M}_3*\boldsymbol{M}_4=\begin{pmatrix}13.5, & 20.2\end{pmatrix}*\begin{pmatrix}(7)\\ (0)\end{pmatrix}=20.5 .$$

这些运算中，摹乘积用“＊”表示，以示与常规乘法的区别．在上述运算过程中，还用“( )”号记录了“取小”的对象．计算结果表明，本例生产库存计划的总成本，最小值是 20.5 千元．反向查找取最小记录，可得到两个最优计划⓪ → ⑤ $\xrightarrow{1}$ ② $\xrightarrow{0}$ ⓪ $\xrightarrow{7}$ ⓪和⓪ → ③ $\xrightarrow{0}$ ⓪ $\xrightarrow{11}$ ④ $\xrightarrow{0}$ ⓪，分别表示“第 1 月生产 7 单位，第 4 月生产 4 单位，第 2、第 3 月不生产”和“第 1 月生产 5 单位，第 3 月生产 6 单位，第 2、第 4 月不生产”．

动态库存的优化属于**动态规划**．动态规划具有决策空间（所有可能的选择）庞大，运算过程复杂的特点，这里引入矩阵的摹乘法，可以顺利地化解这些不利因素．

本例的决策图 13-2 比较简单．在实际问题中，各阶段的状态往往很多，状态之间的连线密密麻麻，难以分辨，画决策图反而成了解决问题的障碍．比如考虑一年 12 个月的生产库存计划，每个月的最大生产量是 5 个单位，则将出现近百个状态，数百条决策线，这时矩阵的摹乘法就显示出优势来：不必画图，直接列出决策矩阵，将复杂问题分解简化，逐个击破．

“两两相加再取小”的摹乘法，还可以演变为“两两相加再取大”或“两两相乘再取大”的摹乘法，以应对资源分配，系统可靠性等动态规划问题．

第 14 章　概率统计的应用

14.1　现实中的概率

在我们的现实生活中，存在着大量的随机现象."随机"常常被解释为偶然与不可预见，但这不等于无规律可循．随机现象的规律表现为统计规律性，即大量偶然事件所蕴含的规律．概率论提供了一整套研究这种规律性的理论与方法．概率论具有独特的思维方式．我们在实际问题中常常遇到有关"可能性"的问题，是否每个人都会意识到要计算一下概率值？有了概率值又如何去理解与运用？这是解决概率论应用的关键．换言之，遇到随机问题，我们要用概率的观点，概率的方式进行思维．

例 14.1　街头摸彩．

一个小贩在路边向行人宣传他的免费摸彩：布袋中放入 10 个红球和 10 个白球，你从中随意摸出 10 个，如果摸出的球是同一颜色，得一等奖，他付给你 50 元奖金；如果有 9 个是同一颜色，得二等奖，奖 30 元；如果有 8 个或 7 个是同一颜色，分别得三、四等奖，奖 10 元和 5 元；如果你没有以上运气，也不必付费，只需向他购买一瓶价格为 20 元的洗头膏．你是否想试一试运气呢？

解　应该先计算得奖的概率．比如摸到 8 个相同颜色球的概率（包括 8 个红球或 8 个白球）是 $\dfrac{C_{10}^{8}C_{10}^{2}}{C_{20}^{10}}\times 2=0.02192$，其他的概率可类似求得，计算结果如表 14-1 所示．

表 14-1　摸彩获奖概率表

奖等	一	二	三	四	无
获奖额 X（元）	50	30	10	5	x（待定）
概率	0.000 01	0.001 08	0.002 192	0.155 88	0.821 11

对这一计算结果作几点讨论：

（1）获奖的机会不到 18%，有 82%以上的可能是要买洗头膏的．如果你并不需要洗头膏，那么相当于花 20 元钱取得一次摸奖的机会．

（2）如果你正巧需要洗头膏，那么你享受一次免费摸奖机会，表中的 x 取 $x=0$，你的获奖期望值可算得为 $E(X)=1.0315$（元）．你要的是机会，期望值对你没有多大用处，只有当你摸了数十次后才能取得这个平均值，真是如此，你已经购买几十瓶洗头膏了．

（3）对于小贩而言，如果他卖出一瓶洗头膏可获利 2 元，则取 $x=-2$，小贩平均获利为 $-E(X)=0.61072$（元），若一天内有 100 人光顾他的免费摸彩，则他可获利 61.072 元．

（4）如果洗头膏是假冒伪劣商品，每瓶可骗取 5～15 元或者更高，那么他的平均获利为每次 3.074 05～11.285 15 元，甚至更多，这也是你的损失数．

根据以上分析，你应该可以决定是否参加免费摸彩了．这里只是从概率计算的角度进行讨论．计算表明，利用统计规律是能够获取利润或资金的，比如开办保险、发行彩票、有奖销售等，但这种活动必须依法得到批准．在我国，博彩是受到禁止的，所以即使你正需要洗头膏，而且其质量与价格都有保障，你也应该抵制这种非法的街头摸彩．

本例的概率计算并不复杂，利用组合数就可完成，关键是你有了概率意识，就会发现一些别人意想不到的结果．

例 14.2　巧合的学问．

小明刚上初中，一天放学回家，他惊奇地告诉爸爸："太巧了，班上有一个同学和我是同一天生日！"爸爸也受到感染："如果发现其他同学生日相同，你也会这么惊奇吗？""当然啦，我们班才 40 个学生呢！"爸爸不以为然："你能否估计一下，全班同学生日都不相同的可能性是多少？""百分之七八十吧．""那么你在入学前有没有想过能遇到和你同一天生日的同学，有没有估计过这种可能性的大小呢？""没想过，因为大概连百分之一的可能都没有．"小明的回答对吗？

解　一个学生的生日有 365 种可能（一年按 365 天计），40 个学生不同的生日分布有 365^{40} 种可能．40 个学生生日各不相同，相当于在 365 天中任取 40 天，安排到 40 个学生，其可能数为排列数 P_{365}^{40}，于是生日各不相同的概率为：

$$\frac{P_{365}^{40}}{365^{40}}=\frac{365\times364\times363\times\cdots\times327\times326}{365\times365\times365\times\cdots\times365\times365}=0.10877\approx0.11\,.$$

上述计算可利用斯特林（Stirling）阶乘公式，也可借助计算器耐心地交替作 77 次乘除运算．这一结果表明，生日各不相同的可能性只有 11%，而至少有两个人在同一天生日的可能性却高达 89%，小明的估计颠倒了，他认为的"巧合"，一点也不"巧"，倒是全班同学有不同的生日才是"巧合"．不过，对小明个人来说，有同学和他生日相同的概率为

$$1-\left(\frac{364}{365}\right)^{39}=0.10147\approx0.10\,,$$

这里假定小明的 39 个同学在哪一天出生相互独立．这个结果尽管是个小概率，但不如小明的估计（1%）那么悲观．

在日常生活中，有关巧合的话题很多，比如某人在大街上意外地遇到了多年不见的朋友，一个小孩从楼上掉下来居然没有摔伤，等等．这种巧合对于特殊的个体来说，确实机会很少，但置于一个大范围的社会中，"巧合"就比比皆是了，只要你去关注，时时刻刻都

能发现巧合的现象，如果没有巧合，倒是很不正常了．俗话说，世界之大，无奇不有，正是这个意思．

例 14.3 水龙头有空吗？

某宿舍楼住有 500 名学生，在傍晚用水高峰的 2 个小时内，每个学生用水时间平均为 12 分钟．盥洗室配备了 50 个水龙头．问：学生想用水时，水龙头有空闲的概率是多少？总务处向学生征求意见，学生希望每 100 次用水中需要等待的次数不超过 5～10 次．问应增加多少水龙头？

解 学生用水是随机的，2 小时内平均用水 12 分钟，意味着每个学生在盥洗室用水的概率是 p=12 分 / 120 分=0.1．设 X 是某时刻同时用水的学生数，则 X 服从参数为 p 和 n=500 的二项分布，于是水龙头有空闲的概率为

$$P(X<50)=\sum_{k=0}^{49}C_n^k p^k(1-p)^{n-k},$$

这么多项的计算，难度较大．对于 n 很大的概率计算，应该考虑用渐近公式，即把 X 当作正态变量来对待：

$$X\sim N(E(X),D(X)),$$

其中数学期望 $E(X)=np=50$，方差 $D(X)=np(1-p)=45$，于是

$$P(X<50)=P\left(\frac{X-50}{\sqrt{45}}<0\right)=\Phi(0)=0.5,$$

这里 $\Phi(x)$ 是标准正态分布的分布函数．概率值是 0.5，表明学生每两次用水，平均有一次需要等待，学生当然会有意见．如果将水龙头增加到 x 个，则需要等待的概率为

$$P(X\geqslant x)=1-\Phi\left(\frac{x-50}{\sqrt{45}}\right).$$

学生希望这个概率为 0.05～0.10，可以通过查表求得 x 的范围是 $8.6\leqslant x-50\leqslant 11$，即应增加 9 至 11 个水龙头．

本例可以看作一个**随机服务系统**，用水的学生是顾客，水龙头是服务台（服务窗口）．随机服务系统是很常见的，商店、邮局等是直观的服务系统，非直观的服务系统更多．比如连续运转的机器设备中，发生故障的机器是顾客，修理技工是服务台；通信系统中，电话呼叫是顾客，电话线路是服务台；水库中，上游洪水是顾客，泄水闸是服务台；战争中，敌机是顾客，我方高炮是服务台．

用二项分布来描述随机服务系统，并不很准确．比如在本例中，只要水龙头少于 500 个，就可能出现等待用水的现象，这样学生平均花费的时间就要大于 12 分钟，因而每个学生在盥洗室中逗留的概率大于 0.1，即 $p=p_k>0.1$，并且 p_k 与盥洗室中的学生数 k 有关，这就不是二项分布了．当然，在等待概率很小时，二项分布的近似程度还是很好的．另外，本例中潜在的顾客 n=500 是已知的有限数，当潜在的顾客是很大的未知数或无限时，就要用泊松分布来描述．再进一步的考虑还可以发现，随机服务系统是由两个相对独立的随机

过程结合而成的，一个是顾客到来的随机性过程，一个是服务时间的随机性过程．对于随机服务系统的研究，有专门的理论，又称**排队论**，可参看参考文献[13].

应增加多少个水龙头，可以看作是一种决策，概率计算对于决策活动有重要的作用．熟悉概率计算的规则，是实现决策应用的基本保证．

例 14.4　购买名画的决策．

一个收藏家正在考虑买一幅名画，此画标价 5000 美元，如果是真品则值 10 000 美元，买入后他可获利 5000 美元，但不买将会损害他的名誉，以至发生 3000 美元的直接损失；如果这画是赝品，就一钱不值，一旦买入，连同画价和其他损害，他将损失 6000 美元，当然不买赝品收益为 0（既无收益又无损失）．有一位鉴赏家也许可帮他的忙，这个鉴赏家能以概率 0.95 识别一幅真画和以概率 0.7 识别一幅假画．

（1）有 4 种决策 d_1,d_2,d_3,d_4 可供选择．d_1：不计后果买下来；d_2：放弃购买；d_3：请教鉴赏家，听从他的意见；d_4：抓阄决定，最简单的是掷一枚硬币，出现正面就买，出现反面不买．选择哪一个决策为好？

（2）如果从卖画者以往的资料知，这幅画是真品的概率为 0.75，是赝品的概率为 0.25．在请人鉴赏之前买还是不买？买与不买的决策与上述概率的变动是什么关系？

（3）知道此画真假的概率（0.75 和 0.25）后，又去请上述鉴赏家鉴别，如果鉴赏家说是真品，则买下此画要冒多大的风险？如果咨询鉴赏家的咨询费为 500 美元，是否要请他鉴别？

解　买与不买，面对不同的情况各有利弊，对于这种风险决策，最好利用概率分布，计算期望值加以比较．本例的概率状况错综复杂，层次多，所以符号化是必不可少的步骤．设 A＝“此画为真”，B＝“鉴赏家鉴定此画为真”．已知的概率是 $P(B\mid A)=0.95$，$P(\overline{B}\mid\overline{A})=0.7$．

（1）这里 $P(A)$ 未知，不过可以求出在不同状态下（A 或者 $\overline{A}$），各决策的收益函数 $r(d_i)$（$i=1,2,3,4$）．根据已知，买了真画获利 5000 美元，买了假画损失 6000 美元，所以

$$r(d_1)=\begin{cases}5000, & A\\ -6000, & \overline{A}\end{cases};$$

对不买画的 d_2 来说，不买真画损失 3000 美元，不买假画收益为 0，所以

$$r(d_2)=\begin{cases}-3000, & A\\ 0, & \overline{A}\end{cases};$$

采取决策 d_3，当画是真时，以鉴定为真的概率 $P(B\mid A)=0.95$ 获利 5000 美元，以鉴定为假的概率 $P(\overline{B}\mid A)=0.05$ 损失 3000 美元，期望收益是 $5000\times0.95+(-3000)\times0.05=4600$（美元）；类似地，当画是假时，期望收益是 $-6000\times0.3+0\times0.7=-1800$（美元）．于是

$$r(d_3)=\begin{cases}4600, & A\\ -1800, & \overline{A}\end{cases};$$

采取决策 d_4，期望收益的计算与 d_3 相仿，只是概率值都改为硬币投掷概率 0.5，即

$$r(d_4)=\begin{cases}5000\times0.5+(-3000)\times0.5=1000, & A\\ -6000\times0.5+\ 0\times0.5=-3000, & \overline{A}\end{cases}.$$

对于这些各有利弊的决策，通常采取最大风险最小化的方法加以选择．4 种决策中，收益最坏的值分别是-6000，-3000，-1800，-3000，其中 d_3 的-1800 较好，故选择决策 d_3．

最大风险最小化来自于较稳妥的观点．当然还会有其他的观点，比如富有冒险性的决策者会采用最大收益最大化方案（采用 d_1）．

对于风险的理解也有不同观点．目前人们已经逐渐意识到，风险不能只理解为收益小，还应包括机会损失．比如对于决策 d_1 来说，当 A 发生时，有买入此画获利 5000 美元的机会，现在 $r(d_1)$=5000，从而风险应该是 5000-5000=0，即没有风险；而当 $\overline{A}$ 发生时，有不买此画损失为 0 的机会，但现在 $r(d_1)$=-6000，风险是 0-(-6000)=6000，所以 d_1 的风险函数是

$$R(d_1)=\begin{cases}0, & A\\ 6000, & \overline{A}\end{cases}.$$

同样地考虑 d_2，d_3 和 d_4，它们的风险函数分别是

$$R(d_2)=\begin{cases}8000, & A\\ 0, & \overline{A}\end{cases},\quad R(d_3)=\begin{cases}400, & A,\\ 1800, & \overline{A}\end{cases},\quad R(d_4)=\begin{cases}4000, & A\\ 3000, & \overline{A}\end{cases}.$$

这 4 个决策的最大风险依次为 6000，8000，1800，4000，尽管最小风险仍是 d_3 的 1800，但若换一个问题，从收益出发还是从风险出发，可能会有不同的结果．

（2）已知 $P(A)$=0.75，$P(\overline{A})$=0.25，期望收益分别是

买入：r_1=5000 $P(A)$+(-6000) $P(\overline{A})$=2250（美元）;

不买：r_2=-3000 $P(A)$+0× $P(\overline{A})$= -2250（美元）．

比较起来，当然决定买，因为买入的期望收益大．

概率 $P(A)$ 的变化会引起决策的改变．设 $P(A)=\theta$，则 $P(\overline{A})=1-\theta$，θ 的临界状态由 $r_1=r_2$ 确定，即

$$5000\theta+(-6000)(1-\theta)=-3000\theta+0\times(1-\theta)\Rightarrow\theta=\frac{3}{7}\approx0.43.$$

当 $P(A)>0.43$ 时，采用买入的决策；当 $P(A)<0.43$ 时，采用不买的决策．

（3）设 X 是 B 发生（鉴定为真）的前提下买画的风险，按照前面（1）中对风险的解释，其取值为：当 A 发生时，X=5000-5000=0；当 $\overline{A}$ 发生时，X=0-(-6000)=6000．X=0 的概率是 $P(A\mid B)$，X=6000 的概率是 $P(\overline{A}\mid B)$，这两个概率需要用贝叶斯公式求出：

$$P(A\mid B)=\frac{P(A)P(B\mid A)}{P(A)P(B\mid A)+P(\overline{A})P(B\mid\overline{A})}=\frac{0.75\times0.95}{0.75\times0.95+0.25\times0.3}=0.9048.$$

于是 X 的分布律为 $X\sim\begin{pmatrix}0 & 6000\\ 0.9048 & 0.0952\end{pmatrix}$，则风险的期望值为 $E(X)=6000\times0.0952=571.2$（美元），这是听从鉴赏家的结论买画的期望风险. 风险还包含了“机会损失”，所以不要只是理解为损失值.

考虑咨询价格，仍然从收益的角度考虑. 设 Y 是请教鉴赏家后决定买与不买的收益. Y 有 4 种不同的取值情况：AB 发生即画为真、鉴定为真时买下获利 5000 美元；$A\bar{B}$ 发生即画为真、鉴定为假时不买损失 3000 美元；$\bar{A}B$ 发生即画为假、鉴定为真时买下损失 6000 美元；$\bar{A}\bar{B}$ 发生即画为假、鉴定为假时不买无损失. 4 种情况的概率可求：

$$P(AB)=P(A)P(B\mid A)=0.75\times0.95=0.7125,\quad P(A\bar{B})=P(A)-P(AB)=0.0375,$$

$$P(\bar{A}B)=P(\bar{A})P(B\mid\bar{A})=0.25\times0.3=0.075,\quad P(\bar{A}\bar{B})=P(\bar{A})-P(\bar{A}B)=0.175.$$

于是 Y 的分布律为

$$Y\sim\begin{pmatrix}5000 & -3000 & -6000 & 0\\ 0.7125 & 0.0375 & 0.075 & 0.175\end{pmatrix}.$$

由此不难算得 $E(Y)=3000$（美元）. 前面（2）中得到的 $r_1=2250$ 美元，是收藏家自己决定买画的期望收益. 两者的差值 $E(Y)-r_1=750$ 美元，就是请教鉴赏家获取情报的价值，可见花 500 美元的咨询费是值得的.

本例说明，决策需要有信息支持. 随着信息的逐步充实，概率的计算也要不断地调整、改进. 下面的例子提供了如何利用信息及信息的量化方法.

例 14.5　先验概率的修订.

某厂生产的仪器需装配一种在高温状态下工作的电气元件，该元件长期由协作厂供应，每批供应 800 件. 根据以往的统计资料，每批元件安装到仪器上出现老化故障的各种比例的概率如表 14-2 所示. 仪器在调试中出现该元件老化，要予以更换，更换费为每件 15 元. 现在考虑两种改进方案：一是在安装前对整批元件作高温处理，处理费为每件 0.55 元，处理后加以筛选，可使装配后的老化率降低至 2%的水平；另一个方案是安装前对元件逐个检测，检测费为每件 2 元，检测合格者在使用期限内不会出现老化. 由于检测费较高，故应考虑作抽样检测，样本容量为 $n=20$ 件. 问如何选择改进方案？对抽样检测结果如何利用？

表 14-2　元件的各种老化情况的概率

编号 i	1	2	3	4	5
元件老化的百分比 θ_i	2%	5%	10%	15%	20%
概率 $p(\theta_i)$	0.4	0.3	0.15	0.1	0.05

解　首先计算改进前的费用. 当老化比例为 θ_i 时，所需更换费为 $x_i=800\theta_i\times15=12000\theta_i$（元），该费用发生的概率即 $P(\theta_i)$. 在没有其他更好的依据时，应该以期望费用为决策依

据．改进前的期望费用为

$$A=\sum_{i=1}^{5}x_iP(\theta_i)=756\text{（元）}.$$

如果逐个检测，则所需检测费为 800×2=1600（元），显然这不是一个好的方案．如果作高温处理，则所需费用为处理费与更换费之和，即

$$B=800\times0.55+800\times2\%\times15=680\text{（元）},$$

可见安装前进行高温处理是个好办法．下面考虑抽样检测结果的利用．设检测结果有 k 个元件不合格，我们以 k 记这个事件，显然这是以 θ_i 为参数的二项分布，概率计算式为

$$P(k|\theta_i)=C_n^k\theta_i^k(1-\theta_i)^{n-k}\quad(i=1,2,3,4,5).$$

检测结果提供了新的信息，据此可以对 θ_i 出现的概率予以修订，修订的方法是利用贝叶斯公式：

$$P(\theta_i|k)=\frac{P(\theta_i)P(k|\theta_i)}{\sum_{i=1}^{5}P(\theta_i)P(k|\theta_i)}\quad(i=1,2,3,4,5),$$

这里 $P(\theta_i)$ 是以往经验的反映，称之为**先验概率**，而 $P(\theta_i|k)$ 是得到信息后重新加以修正的结果，称之为**后验概率**．我们把不同 k 值的计算结果列于表 14-3，为了便于计算与对照，将概率 $P(\theta_i)$ 和更换费用 x_i 也列于表中．

表 14-3 后验概率计算值

i		1	2	3	4	5
θ_i		0.02	0.05	0.10	0.15	0.20
$P(\theta_i)$		0.4	0.3	0.15	0.1	0.05
x_i		240	600	1200	1800	2400
$k=0$	$P(0\|\theta_i)$	0.6676	0.3585	0.1216	0.0388	0.0115
	$P(\theta_i\|0)$	0.6722	0.2707	0.0459	0.0098	0.0014
$k=1$	$P(1\|\theta_i)$	0.2725	0.3773	0.2701	0.1368	0.0577
	$P(\theta_i\|1)$	0.3903	0.4053	0.1451	0.0490	0.0103
$k=2$	$P(2\|\theta_i)$	0.0528	0.1887	0.2852	0.2293	0.1369
	$P(\theta_i\|2)$	0.1405	0.3767	0.2847	0.1526	0.0455

方案的期望费用应利用后验概率重新计算：

$$A_k=\sum_{i=1}^{5}x_iP(\theta_i|k),$$

这是装配前不作高温处理的期望费用．利用表 14-3 的数据，容易算得具体数值为

$$A_0=399.8\text{（元）},\ A_1=623.9\text{（元）},\ A_2=985.3\text{（元）}.$$

比较各种情况的费用为 $A_0 < A_1 < B < A_2$．可以预见到 A_3，A_4 将更大（k 越大，反映老化的比例越大）．以上结果表明，当 $k=0$ 或 $k=1$ 时，不必再作高温处理，当 $k \geqslant 2$ 时，应该作高温处理．k 的取值反映了抽样检测的信息．若不作抽样，采用高温处理，则费用值为 B，若抽样得到信息 $k=0$，则期望费用为 A_0，因此该信息的价值为 $B-A_0=279.2$（元），而取得该信息所花的抽样检测费为 $20\times 2=40$（元），这说明抽样检测是值得的．

本例说明决策活动必须重视信息的作用．新的信息往往会影响或改变原来的决策，而抽样检验是获得信息的途径之一，应予充分关注．本例通过贝叶斯公式来具体利用抽样信息，因此称为**贝叶斯决策**．

14.2　统 计 推 断

所谓统计推断，就是利用抽样样本的资料对总体的某些性质进行估计或做出推断，从而认识该总体．上节例 14.5 讨论抽样信息的价值，便是统计推断带来的好处．我们这里所说的统计推断是以概率理论为依据的推断，所以通常称为数理统计．数理统计基本上包括两大部分，一是参数估计，二是统计假设检验．数理统计是应用性很强的一个数学分支，其讨论的各种模型都与实际问题紧密联系，这一点在数理统计课程中体现得极为充分．由于在本书第二篇中已经作了详尽的介绍，所以这里不再对各种统计方法的本身作详细的讨论，而是侧重于探讨怎样将统计推断的原理顺利地切入实际问题．

假设检验是先做出假设，再进行检验．如何做出一个符合实际需要的、有利解决问题的假设，是处理实际应用的第一个台阶．

例 14.6　检验污水排放的困惑．

某厂污水处理后向外排放，其中某有害物质的浓度服从均值为 μ 的正态分布，现要求 μ 不得高于 19 mg / L．为了控制水处理的质量，每天都要取 $n=10$ 个样品进行检测．某日检测后，算得该有害物质的平均浓度恰为 $\bar{x}=19$ mg / L，均方差为 $s=2.9$ mg / L，问水处理质量是否合格？

解　这是一个典型的单侧检验问题，应该用 t 检验法，不过在选择原假设时会发生困难．由于统计量 $T=(\bar{X}-19)\sqrt{n}/S$ 在此样本数值之下的取值为 $T=0$，所以无论选择原假设 H_0：$\mu \leqslant 19$ 还是 H_0：$\mu \geqslant 19$，都将得到接受原假设的结论，而接受 $\mu \leqslant 19$ 意味着水处理质量合格，接受 $\mu \geqslant 19$ 则意味着不合格．

这两个相互矛盾的结论，会使人对假设检验的实用性产生疑惑．当然，遇到这种情况，你也许会采取一些措施，比如增加取样检测，或者从怀疑的角度对水处理过程作一番调查，等等，但这些补救措施的本身就缺乏方向感，其根源在于本例假设检验的目的性不明确．样品检测是每天要进行的，假设检验的原则和程序应该事先予以确定，不能临时随意变更，否则得出的结论就失去了科学性与合理性.

假设检验的基本原理是显著性原理，即假设检验的理论和实践都应围绕着显著性这一概念展开. 假设检验的目的是要检验某种效应的显著性，比如检验原假设 $\mu=\mu_0$，其目的是要检验 $\mu \neq \mu_0$（差异）是否显著. 在例 14.6 中，首先应该明确的是：检验有害物质浓度是否显著地超过标准，还是检验该浓度是否显著地低于标准. 必须指出，这是两个完全不同的目标，绝不可以相互替代. 打一个比方，在人才招聘市场，当求职人员很多时，招聘单位总是希望发现应聘者有何显著的优点，甚至会提出一些近乎苛刻的条件；而在求职人员稀少时，招聘单位主要考察应聘者有无明显的缺点，有点降格以求的味道. 显然这两种目标所产生的效果是相反的.

由于假设检验面对的是随机现象，所以上述“显著性”应按照概率论的观点来理解，即显著性的标准要这样来定：当按此标准判定该效应显著时，犯错误的概率很小，不会超过设定值 α. 显然，α 的值取得越小，对显著性的要求就越高，α 是显著性的概率度量，把 α 称为显著性水平是很自然的.

基于以上的概率理论，通常把需要判定显著性的效应用备择假设 H_1 来表示，以 H_1 的反面作为原假设 H_0，当判定该效应显著时，称为拒绝原假设，否则称为接受原假设. 不难理解，当接受原假设时，并不是说原假设一定正确，而仅仅是效应 H_1 不显著而已.

明白了假设检验的目的与原假设的关系，就能正确地提出原假设. 对于一个具体的问题，应根据显著性原理，结合问题的实际背景，经过细致的调查和考察，方可确定假设检验的目标. 如例 14.6 中，考虑到有“不得高于”的严厉措词，又考虑到有害物质对环境及人体的危害，应该更加关心排放浓度是否明显低于 19 mg / L，所以选择原假设 H_0： $\mu \geqslant 19$，备择假设 H_1： $\mu<19$，当 $\bar{x}=19$ 时，接受原假设，判定水处理质量不合格.

在假设检验中，只有当备择效应 H_1 显著时，才会拒绝原假设 H_0，这体现了对原假设的保护和优待. 假设检验总是要求谨慎对待否定，一旦否定原假设，理由必须充分，现象必定显著. 这一点在非参数检验中也表现得很充分. 比如，方差分析利用偏差平方和作假设检验，其目的是检验因素对试验结果的影响是否显著；回归分析利用相关系数作假设检验，其目的是检验变量之间的线性相关关系是否显著；拟合优度检验利用皮尔逊统计量作假设检验，其目的是检验总体与指定的已知分布有无显著性差异. 由于拟合优度检验一般有理论分析的背景，而且有直方图法、概率纸法等初步近似的准备，所以肯定性结论（总体服从指定分布）在客观上成立的可能性大，检验时不轻易否定，这与方差分析、回归分析中保护否定性结论是不同的.

假设检验的基本思想切入实际的另一个问题是要正确认识两类错误. 显著性水平 α 就是犯第一类错误（弃真）的概率，α 越小，得到显著性结论越不容易，从而对原假设的保护程度越高，只有非常强烈的效应，才能判定为“显著”，可见显著性是一个有程度大小之分的渐进概念. 在实际问题中，α 的取值可根据对显著性要求的高低来选择，但应注意不能取零值，因为 $\alpha=0$ 意味着“绝对的把握”，而对于随机现象来说，绝对把握是没有的，比如预报天气，若要求绝对的把握，则只能是“下不下雨都有可能”之类毫无用处的结论.

对于第二类错误（纳伪）可从两个方面来认识．一方面应该明确假设检验的目的是推断显著性，只要得到了效应是否显著的结论，目的便已达到，按照显著性原理提出的原假设要求着重于控制第一类错误的概率，而对第二类错误并不敏感．另一方面应该意识到在条件允许的情况下，控制第二类错误的概率有利于提高统计推断在决策中的参考价值，但这种控制是有前提的．

例 14.7　第二类错误的概率．

设总体服从正态分布 $N(\mu,\sigma^2)$，σ 已知，样本均值为 $\bar{X}$，容量为 n，在水平 α 之下检验原假设 $\mu \leqslant \mu_0$．试分析第二类错误的概率 β．

解　引入统计量 $U=(\bar{X}-\mu_0)\sqrt{n}/\sigma$，注意到 $\bar{X}\sim N(\mu,\sigma^2/n)$，故

$$U\sim N\left(\frac{\mu-\mu_0}{\sigma/\sqrt{n}},\,1\right).$$

设右侧临界值为 U_α，则第二类错误的概率是：

$$\beta=P(U\leqslant U_\alpha)=\Phi\left(U_\alpha-\frac{\mu-\mu_0}{\sigma/\sqrt{n}}\right),$$

其中 $\mu>\mu_0$，$\Phi(x)$ 是标准正态分布的分布函数．可见 β 除了与 n 有关外，还与 μ 有关，记为 $\beta=\beta_n(\mu)$．由函数 $\Phi(x)$ 的连续性可得：

$$\lim_{\mu\to\mu_0+0}\beta_n(\mu)=\Phi(U_\alpha)=1-\alpha.$$

上式说明第二类错误的概率可以高达 $1-\alpha$．这一事实不因容量 n 的增加而改变，所以从理论上说，第二类错误的概率是无法控制的．但是在实际应用中，常常存在着容许误差 δ，即在 $|\mu-\mu_0|<\delta$ 的情况下，误将 $\mu>\mu_0$ 当作 $\mu\leqslant\mu_0$ 不能算作“错误”，这里再一次体现出对原假设的保护．因此，所谓第二类错误的概率，实际上指的是：

$$\beta=\beta_n(\mu)\quad 其中\ \mu>\mu_0+\delta.$$

由函数 $\Phi(x)$ 的单调性，不难推得：

$$\beta\leqslant\Phi(U_\alpha-\delta\sqrt{n}/\sigma).$$

这说明第二类错误的概率将随容量 n 的增大而减小，因而是可以控制的．如果确定一个 β 的值，则可由上式求出最低限度的取样量 n 的值，以便对抽样提供指导．

本例比较简单，对概率 β 的定量分析也比较容易，但得出的结论具有一般性意义，即通过增加样本容量来控制第二类错误的概率，需要有存在容许误差作为前提，并且进行这种控制时，样本容量的取值与容许误差的大小密切相关．

应用这一原理求例 14.6 的第二类错误概率 β，若缺乏 t 分布的概率分布表（一般只有临界值表），则计算具体数值有困难．不过可以将统计量 $T=(\bar{X}-19)\sqrt{n}/S$ 近似地看作正态分布，粗略地计算 β 的值，这时仍可用上面的公式 $\beta\leqslant\Phi(U_\alpha-\delta\sqrt{n}/\sigma)$．取 α =0.1，则

$U_{0.1}$=1.282．如果允许误差δ=2 mg / L，则

$$\beta \leqslant \Phi(1.282 - 2\times\sqrt{10}/2.9) = \Phi(-0.90) = 0.184.$$

类似可计算出δ=1.5 mg / L 时，$\beta \leqslant 0.462$；δ=1 mg / L 时，$\beta \leqslant 0.576$.

如果要求δ=1 mg / L，$\beta \leqslant 0.2$，则由$\Phi(1.282-\sqrt{n}/2.9) \leqslant 0.2$倒查表可得$n \geqslant 38$，即当$\alpha$=0.1 时，为控制第二类错误概率不大于 0.2，样本容量须达到n=38 以上.

例 14.8 西红柿的合格界定.

某西红柿酱生产厂向供应商购一批西红柿，规定若优质西红柿的比例在 40%及以上按一般市场价格收购，若达不到此标准，应低于市场价格收购．现随机抽取了 100 个西红柿作检测，只有 34 个优质西红柿，样本比例 34%，因而欲按低于市场价格收购．但供应商认为样本比例不到 40%是随机原因引起的，若无充分理由，不能否定整批西红柿的合格性．应当如何统一厂方和供应商的观点呢？

解 供应商的随机性理由不可否认，问题是要界定随机性的“度”．实际上这是一个假设检验的问题，检验原假设H_0：$p \geqslant p_0$，H_1：$p < p_0$，其中p是整批西红柿的优质比例，p_0= 40%是检验标准．若p显著地低于 40%，供应商自会接受低于市场的价格.

首先选择统计量，在抽样的观察值未得到之前，优质西红柿数目K是随机变量，显然K服从二项分布$K \sim B(n, p)$，这里n=100．若H_1显著（比例p偏小），则数目K应偏小，故拒绝域是$K < \lambda$．二项分布的概率$P(K<\lambda)$是累积值，临界值λ须按下式求出：

$$\sum_{k=0}^{\lambda-1} C_n^k p^k (1-p)^{n-k} = \alpha .$$

当H_0成立时，式中可取p=40%进行计算，计算的方法是逐项累计，累计到某一项最接近α，则项数就是λ．但是n=100 比较大，二项概率中的组合数与乘方计算都比较复杂，而且项数多，计算误差不易控制，所以应考虑渐近分布（参看 9.3 节）：

$$K \sim N(np, np(1-p))\,,\quad U = \frac{K-np}{\sqrt{np(1-p)}} \sim N(0,1)\,.$$

拒绝域是$U<-U_\alpha$（K偏小，U亦偏小）．取α=0.1，则$U_{0.1}$=1.282，对观察值k=34，计算统计量的值

$$U = \frac{34-40}{\sqrt{100\times0.4\times0.6}} = -\frac{6}{\sqrt{24}} = -1.2247 > -1.282,$$

不满足拒绝域不等式，所以接受H_0，即认为整批西红柿的优质比例不小于 40%，应按市场价格收购.

厂方心存疑虑，也许会试着去计算第二类错误的概率β．将拒绝不等式$U<-U_\alpha$变形为$K<\lambda$，可以发现此时的临界值是$\lambda = 40 - U_\alpha\sqrt{24}$，于是根据正态概率的计算规则，

$$\beta = P(K \geqslant \lambda) = 1 - \Phi\left(\frac{\lambda - np}{\sqrt{np(1-p)}}\right) = \Phi\left(\frac{U_\alpha\sqrt{24} - 40 + np}{\sqrt{np(1-p)}}\right),$$

这里 p 不再等于 40%，而是 H_0 不成立时的 $p < p_0$. 如果厂方能接受的允许误差是 δ=2%，那么可令式中的 p=38%，从而

$$\beta = \Phi\left(\frac{1.282\sqrt{24} - 40 + 38}{\sqrt{100 \times 0.38 \times 0.62}}\right) = \Phi(0.882) > 0.81.$$

面对这么大的第二类错误概率，厂方可以提出异议来：应该控制显著性水平 α，以便减小 β 的值，比如取 α=0.15，$U_\alpha = U_{0.15}$=1.037. 即便如此，第二类错误的概率

$$\beta = \Phi\left(\frac{1.037\sqrt{24} - 40 + 38}{\sqrt{100 \times 0.38 \times 0.62}}\right) = \Phi(0.635) > 0.73$$

也是个不小的值. 但这样改动后，统计结论倒过来了：因为 $U = -1.2247 < -U_{0.15}$，所以拒绝 H_0，即认为整批西红柿的优质比例小于 40%，要按低于市场价格收购.

这回该轮到供应商提出异议了……然而假设检验的标准及水平应当事先商定，异议不应该在看到对自己不利的结果时才提出来，否则的话，双方都循着反证法的思路去考虑问题，争论将永无休止，难以保障统计推断的客观性与公正性.

为了在商定检验的原则和程度时，有效地保护自己的合法权益，必须熟悉假设检验的基本知识，如前面提及的原假设的设立原则、显著性水平的选取依据、两类错误的相互关系等. 本例的前一个检验中，不等式 $-1.2247 > -1.282$ 的两端很接近，供应商只是勉强地通过了检验，这或许已经说明供应商对假设检验的知识了如指掌，一开始就设定了恰到好处的保护性措施.

当然，本例在出现异议时，较好的办法是增加样本容量，比如增加到 n=200，若仍取 α=0.1，则由 $U < -U_\alpha$ 可得 $K < 80 - 1.282\sqrt{48}$=71.12，即当样本比例小于 71/200=35.5%时，就能认为整体比例小于 40%，此时第二类错误的概率为 β=0.76. 这样的改动比较容易被双方所接受.

其实，任何临时变更都不是上策，充分尊重显著性原理，才是取得共赢的保证. 例如选定显著性水平 α 和原假设 H_0 时，应当结合具体情况进行考虑，如果供应商有良好的信誉或者厂方与之有过多次愉快的合作，那么可选取较小的 α，以体现对供应商较多的保护；如果厂方与供应商初次接触，也不了解他的历史，那么应选取较大的 α，以降低厂方承担第二类错误的风险. 如果该供应商曾有劣迹，市场对其存有戒心，那么应该倒过来设置原假设 H_0：$p \leqslant p_0$，H_1：$p > p_0$，以便充分保障厂方的合法权益.

统计推断的基础条件是样本数据. 有了足够的抽样数据就可以运用统计原理演绎出丰富的统计结论.

例 14.9 金融投资的风险.

某公司在过去 255 个交易日的日收益额（单位：万元）的统计数据如表 14-4 所示. 假定每天结算一次，保持每天在市场上的投资额为 1000 万元，公司要根据历史数据，估计在下一个周期(如 1 天)内的损失数额超过 10 万元的可能性有多大？如果将可能性定在 95%，那么损失的数额不会超过多少？如果要求在一个周期内的损失超过 10 万元的可能性不大于 5%，那么该周期中每天投资额最多应是多少？

公司还希望得到以 2 天为一个周期时，上述 3 个问题的答案，更希望在一般情况下，即每天投资额为 M，限定损失额为 L，置信度为 $1-\alpha$，一个周期为 T 天时，讨论这些问题的解决方案.

表 14-4 日投资收益额的天数统计

收益额	33	32	31	30	29	28	27	26	25	24	23	22	21
天数	1	1	1	1	1	2	1	2	1	4	0	2	6
收益额	20	19	18	17	16	15	14	13	12	11	10	9	8
天数	3	4	7	5	8	5	7	10	14	8	19	9	11
收益额	7	6	5	4	3	2	1	0	−1	−2	−3	−4	−5
天数	11	14	10	6	6	8	9	5	9	3	7	4	1
收益额	−6	−7	−8	−9	−10	−11	−12	−13	−14	−15	−22	−25	−30
天数	6	2	5	5	3	2	2	1	0	1	1	1	0

解 设一天内的收益额为 X，显然 X 是随机变量. 表 14-4 给出 X 的一个样本. 影响投资收益的因素很多，所以 X 应该服从正态分布，这一推断可以通过直方图与 χ^2 检验予以验证.

画直方图时，可将 $n=255$ 个样本数据分为 $k=\sqrt{n}\approx 16$ 组，分组区间为$[4i-34.5, 4i-30.5]$（$i=1,2,\cdots,16$）. 计算样本均值与标准差为 $\bar{x}=7.51$，$s=9.87$. 做 χ^2 检验时，实际数组经适当合并后为 11 组，皮尔逊 χ^2 变量的计算值为 $\chi^2=10.848$，临界值为 $\chi^2_{0.05}(8)=15.507$，因此正态分布得以确认：

$$X \sim N(7.51, 9.87^2).$$

有了这个正态模型，就很容易回答公司关心的 3 个问题.

（1）损失数额超过 10 万元的可能性是 $P(X<-10)$.

$$P(X<-10)=\Phi\left(\frac{-10-7.51}{9.87}\right)=1-\Phi(1.774)=0.038=3.8\%,$$

其中 $\Phi(x)$ 是标准正态分布的分布函数，可查附表 1 求其函数值.

（2）可能性定在 95%，损失数不超过 a，即指 $P(X \geqslant -a)$=0.95，可通过查表得到

$$1-\Phi\left(\frac{-a-7.51}{9.87}\right)=0.95,\quad \frac{7.51+a}{9.87}=U_{0.05},$$

这里 $U_{0.05}$=1.645 是标准正态分布的临界值，从而 a=8.726 万元.

（3）若每天投资额是 1000 万元的 c 倍，则收益额为 cX．损失超过 10 万元的可能性不超过 5%，是指 $P(cX<-10)\leqslant 0.05$，可查表得到

$$\Phi\left(\frac{-10/c-7.51}{9.87}\right)\leqslant 0.05,\quad \frac{10/c+7.51}{9.87}\geqslant U_{0.05}=1.645,$$

从而 $c\leqslant 1.1460$，即每天投资最多为 1146 万元.

当一个周期为 2 天时，周期总收益额 $X=X_1+X_2$，其中 X_1,X_2 分别是第 1 天、第 2 天的收益额，它们都服从于同样的正态分布 $N(7.51,9.87^2)$ 且相互独立．由于正态变量的和仍是正态变量，所以 $X=X_1+X_2\sim N(15.02,2\times 9.87^2)$．于是

$$P(X<-10)=\Phi\left(\frac{-10-15.02}{9.87\sqrt{2}}\right)=0.0365=3.65\%,$$

即 2 天中，损失数额超过 10 万元的可能性是 3.65%．由

$$0.95=P(X\geqslant -a)=\Phi\left(\frac{a+15.02}{9.87\sqrt{2}}\right),$$

查表求得 a=7.941，即能以 95%的置信度保证 2 天内损失的数额不超过 7.941 万元．再根据

$$0.05\geqslant P(cX<-10)=1-\Phi\left(\frac{10/c+15.02}{9.87\sqrt{2}}\right),$$

查表求得 $c\leqslant 1.259$，即每天投资不超过 1259 万元时，2 天内损失超过 10 万元的可能性不大于 5%．

计算表明，以 2 天为一个周期时，上述 3 个问题的答案都比以 1 天为周期有所改善.

以 T 天为一个周期时，周期总收益额 $X\sim N(7.51T,9.87^2T)$．一个周期内损失超过 L 万元的可能性是

$$P(X<-L)=1-\Phi\left(\frac{L+7.51T}{9.87\sqrt{T}}\right);$$

以 $1-\alpha$ 的置信度保证一个周期内的损失不超过 a 万元，a 由下式查表计算确定：

$$a=9.87\sqrt{T}U_\alpha-7.51T;$$

要求损失超过 L 万元的可能性不大于 α，则每天投资额的最大值 M 由下式查表计算确定：

$$M=\frac{1000L}{9.87\sqrt{T}U_\alpha-7.51T};$$

反之，要求盈利超过 L 万元的可能性不低于 $1-\alpha$，则每天投资额的最小值 m 由下式查表确定：

$$m = \frac{1000L}{7.51T - 9.87\sqrt{T}U_{\alpha}}.$$

例如取 $T=7$（一周时间），损失超过 L 万元的可能性，当 $L=10$，5，0 时分别为 0.82%，1.38%，2.20%，可见此时不必考虑损失，而应该考虑盈利．当 $\alpha=0.05$ 时，$a=-9.613$，负值表示以 95%的置信度保证一周内的盈利不低于 9.613 万元．在此基础上，考虑盈利不低于 $L=10$ 万元的机会超过 95%，则每天投资额的最小值是 1040 万元．

如果取 $T=30$（一个月），则更应考虑盈利．一个月内盈利超过 L 万元的可能性，当 $L=100$，150，200 时，分别为 98.97%，91.81%，68.01%；能以 95%的置信度保证盈利不低于 $a=136.37$ 万元；若希望盈利不低于 150 万元的机会超过 95%，则每天投资额的最小值是 1100 万元．

通过本例的讨论可知，在均值为正（平均盈利）的市场条件下，随着周期的加长，亏损的风险将不断释放，盈利的期望在不断增长．

本例的变量如投资额、损失数、盈利值等都具有量化性，即本身就有数量表现．现实世界中还存在着大量的非量化性的变化因素，它们的抽样数据通常表现为频率．下面的例子说明如何运用频率进行统计推断．

例 14.10 与胃病有关的因素．

某校近年间对 347 例胃病患者进行了纤维胃镜检查，其对象是教师、干部、工人、学生等，胃病分慢性浅表性胃炎（W_1）、十二指肠球炎（W_2），消化性溃疡（W_3）及慢性萎缩性胃炎（W_4）四种．调查结果如表 14-5 所示．试分析胃病与各种因素的相关关系．

表 14-5 胃病病例分类统计表

组别	教师						干部						工人						学生	
	男			女			男			女			男			女			男	女
	青	中	老	青	中	老	青	中	老	青	中	老	青	中	老	青	中	老	青	青
W_1	11	14	0	6	16	0	4	1	0	1	2	1	9	3	1	7	3	2	85	14
W_2	1	4	0	3	2	0	0	0	0	1	0	0	1	0	0	0	1	0	25	0
W_3	7	19	2	1	1	1	0	1	1	1	2	0	17	9	4	4	2	0	25	0
W_4	2	5	2	1	10	3	0	1	0	0	1	1	0	0	1	0	4	1	0	0

解 这里各因素的水平（如职业的 4 个水平教、干、工、学）的差异表现为类别，不是数量差别，而且表中给出的是频数统计，因此本例的“相关关系”，并非回归分析中所表现的数量间的（线性）相关关系，应该是指独立关系，需要进行独立性检验．

首先考虑职业与胃病的独立性，根据表 14-5 的数据，统计各职业的病例数（频数）列于表 14-6，其中 A_1, A_2, A_3, A_4 分别表示教师、干部、工人和学生．表 14-6 的中部有 $r=4$ 行和 $s=4$ 列，各频数记为 a_{ij}（$i=1,2,\cdots,r$；$j=1,2,\cdots,s$），表的右侧是各行频数之和 m_i

（$i=1,2,\cdots,r$），下方是各列频数之和 n_j（$j=1,2,\cdots,s$），频数总和为 N，即

$$m_i=\sum_{j=1}^{s}a_{ij}\,,\quad n_j=\sum_{i=1}^{r}a_{ij}\,,\quad N=\sum_{i=1}^{r}\sum_{j=1}^{s}a_{ij}\,.$$

各行病种发生的概率及各列职业出现的概率，用对应的频率来估计，即

$$P(W_i)=\frac{m_i}{N}\ （i=1,2,\cdots,r），\quad P(A_j)=\frac{n_j}{N}\ （j=1,2,\cdots,s）.$$

这里看似估计了 $r+s$ 个概率，但因两组概率之和均为 1，故实际估计的数目是 $r+s-2$．如果 W_i 与 A_j 相互独立，则乘积事件 W_iA_j 的理论频数应该是

$$NP(W_i)P(A_j)=\frac{m_in_j}{N}\ （i=1,2,\cdots,r；\quad j=1,2,\cdots,s）.$$

采用皮尔逊检验，构造 χ^2 统计量（实际频数与理论频数之差的平方，除以理论频数，然后进行累加）：

$$\chi^2=\sum_{i=1}^{r}\sum_{j=1}^{s}\left(a_{ij}-\frac{m_in_j}{N}\right)^2\bigg/\frac{m_in_j}{N}\,,\tag{14.1}$$

其自由度是 $rs-(r+s-2)-1=(r-1)(s-1)$（参看 11.3 节）．上述 χ^2 变量的表达式可以通过恒等变形化简为

$$\chi^2=N\left(\sum_{i=1}^{r}\sum_{j=1}^{s}\frac{a_{ij}^2}{m_in_j}-1\right)\sim\chi^2((r-1)(s-1))\,.\tag{14.2}$$

如果职业与病种不独立，则 χ^2 变量的值应偏大．按照皮尔逊检验的要求，理论频数小于 5 时要予以合并．比如表 14-6 中，第 4 行第 2 列的理论频数 32×18÷347=1.66＜5，所以可将第 2，3 列合并，成为表 14-7．合并后的行、列数为 $r=4$，$s=3$，自由度 $(r-1)(s-1)=6$．按 χ^2 变量的简化表达式（14.2）计算得 $\chi^2=68.13$，查附表 4 得到临界值 $\chi^2_{0.01}(6)=16.812$，由于 $\chi^2>\chi^2_{0.01}(6)$，所以认为职业与病种的相关性（不独立性）特别显著．

表 14-6　职业与病种的频数联列

病种＼职业	A_1	A_2	A_3	A_4	
W_1	47	9	25	99	180
W_2	10	1	2	25	38
W_3	31	5	36	25	97
W_4	23	3	6	0	32
	111	18	69	149	347

表 14-7　合并后的职业与病种频数联列表

病种＼职业	A_1	A_2,A_3	A_4	
W_1	47	34	99	180
W_2	10	3	25	38
W_3	31	41	25	97
W_4	23	9	0	32
	111	87	149	347

其次考虑年龄与病种的独立性．因为学生中无年龄差别，所以应将涉及学生的病例剔除，得到频数联列表 14-8．表中的频数 $a_{23}=0$，$a_{43}=8$，$a_{21}=6$ 应予以合并，以便使理论频数不小于 5，这里不像表 14-6 那样进行整行整列的合并，是为了提高精度，但不能再按简化公式（14.2）计算 χ^2 变量的值，而是按公式（14.1）计算，将频数为 0，8，6 对应的 3 项合并，自由度变为 $2\times3-2=4$．计算与查表结果为 $\chi^2=14.57>\chi^2_{0.01}(4)=13.277$，所以认为年龄与病种的相关性特别显著．

最后考虑性别与病种的独立性．频数联列如表 14-9 所示．计算与查表结果为 $\chi^2=36.88>\chi^2_{0.01}(3)=11.345$，所以认为性别与病种的相关性特别显著．

表 14-8　年龄与病种的频数联列表

病种＼年龄	青	中	老	
W_1	38	39	4	81
W_2	6	7	0	13
W_3	30	34	8	72
W_4	3	21	8	32
	77	101	20	198

表 14-9　性别与病种的频数联列表

病种＼性别	男	女	
W_1	128	52	180
W_2	31	7	38
W_3	85	12	97
W_4	11	21	32
	255	92	347

对于这些相关性的统计推断应该有正确的认识．因为表 14-5 仅仅提供了患者的频数，并未提供健康人的数据，所以不能得出生病与各因素有关的结论．这些相关性，是已知生病条件下的相关性．以职业与病种的相关性为例，当一个人得了胃病，打算进一步检查之前，往往会估计自己是某种胃病的可能性．从表 14-6 可知，4 个病种的平均比例分别是

$$\frac{180}{347}=51.87\%，\quad \frac{38}{347}=10.95\%，\quad \frac{97}{347}=27.95\%，\quad \frac{32}{347}=9.22\% .$$

因为职业与病种密切相关，所以不能按这些平均比例进行估计，如果这个人是教师，他应按教师的比例（参看表 14-6 的第 1 列）：

$$\frac{47}{111}=42.34\%，\quad \frac{10}{111}=9\%，\quad \frac{31}{111}=27.93\%，\quad \frac{23}{111}=20.72\% .$$

进行估计．

以上通过许多实际案例介绍了用线性代数和概率统计知识建立数学模型的基本思路和具体做法．归纳起来就是首先要有数学意识，有意识地寻求、构建相关的数学要素，比如对于大数据要有矩阵化的意识，要利用线性技术的优势；对于随机问题要有符号化、数式化的意识，尽量纳入随机变量、概率分布、样本特征、统计推断等现成的轨道．其次，分析实际问题要步步为营，层层深入，在错综复杂的关系面前可尝试做出合理的假设，进行

理想化处理，略去次要矛盾，突出主要矛盾.

本篇虽然提供了一些范例，但不要把它们当作操作手册，更不能指望在遇到实际问题时从中找出现成答案，数学建模应用要靠实践，靠积累. 因限于篇幅，这些例子中都略去了搜集资料的过程. 解决实际问题，首先面临的是搞清问题所依据的事实，掌握各种背景资料，其中必然会有去粗取精，去伪存真的过程. 总之数学的建模与应用要热于动手，勤于思考. 对于一个实际问题不因其简单而忽视它，也不因其复杂而畏惧它，只要坚持不懈地在应用中学习，在学习中应用，就一定能开创出建模应用的新天地.

部分习题答案

习 题 一

1．（1）-1；（2）1；（3）0；（4）-3；
（5）100；（6）0；（7）$(a-b)(b-c)(c-a)$；（8）$r^2\cos\phi$.

2．$x_1=3, x_2=6, x_3=9$.

3．$-0.8<a<0$.

5．$A_{31}=4, A_{32}=-11$.

6．（1）-8；（2）-9；（3）6；
（4）27；（5）17；（6）52.

7．（1）1；（2）0；（3）0；（4）0.

8．$x_1=1, x_2=2, x_3=3, x_4=-1$.

9．$a=4$.

习 题 二

1．（1）$\begin{pmatrix} 11 & 12 & 7 & 8 \\ 2 & 5 & 2 & 5 \\ 3 & 4 & 9 & 10 \end{pmatrix}$；（2）$\boldsymbol{X}=\dfrac{1}{5}\begin{pmatrix} 5 & 0 & 1 & -4 \\ -10 & -1 & -10 & -1 \\ -3 & -8 & -9 & -14 \end{pmatrix}$.

2．正确的是(3).

3．（1）0；（2）$\begin{pmatrix} 2 & 3 & -1 \\ -2 & -3 & 1 \\ -2 & -3 & 1 \end{pmatrix}$；（3）$\begin{pmatrix} 15 \\ -7 \\ 32 \end{pmatrix}$；

（4）$\begin{pmatrix} 1 & 5 & -5 \\ 3 & 10 & 0 \\ 2 & 9 & -7 \end{pmatrix}$；（5）$\begin{pmatrix} 2 & 1 & 6 & 8 \\ 0 & 2 & 7 & -2 \\ 0 & 0 & -6 & 7 \\ 0 & 0 & 0 & -9 \end{pmatrix}$；（6）$\begin{pmatrix} 6 & -7 & 8 \\ 20 & -5 & -6 \end{pmatrix}$.

4．$\begin{pmatrix} 21 & -23 & 15 \\ -13 & 34 & 10 \\ -9 & 22 & 25 \end{pmatrix}$.

5. $\boldsymbol{A}$，$\boldsymbol{B}$ 可交换，4 个乘积都等于 $\begin{pmatrix} 3 & 0 & 0 & 0 \\ 0 & 40 & 0 & 0 \\ 0 & 0 & 162 & 0 \\ 0 & 0 & 0 & -128 \end{pmatrix}$.

6. $z_1 = 4x_1 - 3x_2 + 5x_3$，$z_2 = 6x_1 + 8x_2 - 6x_3$，$z_3 = -23x_1 - 4x_2 - 2x_3$.

10. $\boldsymbol{AB}^{\mathrm{T}} = \begin{pmatrix} 10 & 4 & -1 \\ 4 & -3 & -1 \end{pmatrix} = (\boldsymbol{BA}^{\mathrm{T}})^{\mathrm{T}}$.

11. 只有 $\boldsymbol{A}^{\mathrm{T}}\boldsymbol{BC}$ 可行，乘积结果是 $\begin{pmatrix} -6 & 29 \\ 5 & 32 \end{pmatrix}$.

12.（1）$\dfrac{1}{2}\begin{pmatrix} 9 & -5 \\ -5 & 3 \end{pmatrix}$；（2）$\dfrac{1}{5}\begin{pmatrix} -3 & -2 \\ -4 & -1 \end{pmatrix}$；（3）$\dfrac{1}{8a^2+3b^2}\begin{pmatrix} a+2b & b-3a \\ 2a-b & 2a+b \end{pmatrix}$.

17.（1）$\dfrac{1}{18}\begin{pmatrix} 12 & 4 & -2 \\ -6 & -3 & 3 \\ -6 & 2 & 2 \end{pmatrix}$；（2）$\dfrac{1}{2}\begin{pmatrix} 2 & 6 & -4 \\ -3 & -6 & 5 \\ 2 & 2 & -2 \end{pmatrix}$；（3）$\dfrac{1}{12}\begin{pmatrix} 12 & 0 & 0 & 0 \\ 0 & -4 & 0 & 0 \\ 0 & 0 & 3 & 0 \\ 0 & 0 & 0 & -6 \end{pmatrix}$；

（4）$\begin{pmatrix} 1 & -3 & 11 & -20 \\ 0 & 1 & -2 & 1 \\ 0 & 0 & 1 & -2 \\ 0 & 0 & 0 & 1 \end{pmatrix}$；（5）$\dfrac{1}{4}\begin{pmatrix} 1 & 1 & 1 & 1 \\ 1 & 1 & -1 & -1 \\ 1 & -1 & 1 & -1 \\ 1 & -1 & -1 & 1 \end{pmatrix}$；（6）$\begin{pmatrix} 2 & -1 & 0 & 0 \\ -1 & 1 & 0 & 0 \\ -1 & 1 & 2 & -3 \\ 1 & -2 & -1 & 2 \end{pmatrix}$.

18. $\boldsymbol{AC} = \begin{pmatrix} 2 & -1 & 3 & 2 \\ 1 & 4 & -1 & 2 \\ 2 & -3 & 1 & 1 \\ -3 & 2 & 1 & 5 \end{pmatrix}$，$\boldsymbol{CA} = \begin{pmatrix} 1 & -3 & 2 & 1 \\ -1 & 4 & 1 & 2 \\ 3 & -1 & 2 & 2 \\ 1 & 2 & -3 & 5 \end{pmatrix}$，

$\boldsymbol{BC} = \begin{pmatrix} 2 & -3 & 1 & 1 \\ 1 & 4 & -1 & 2 \\ 2 & -1 & 3 & 2 \\ 0 & 14 & -2 & 11 \end{pmatrix}$，$\boldsymbol{CB} = \begin{pmatrix} 2 & 0 & 1 & 1 \\ 1 & 10 & -1 & 2 \\ 2 & 5 & 3 & 2 \\ -3 & 17 & 1 & 5 \end{pmatrix}$.

19. $\boldsymbol{X}^{-1} = \begin{pmatrix} 0 & 0 & 1.5 & 2.5 \\ 0 & 0 & 1 & 2 \\ 3 & -1 & 0 & 0 \\ -5 & 2 & 0 & 0 \end{pmatrix}$.

习 题 三

1.（1）$x_1 = 5, x_2 = 0, x_3 = 3$；（2）$x_1 = 2, x_2 = 1, x_3 = -3, x_4 = 1$.

2.（1）$a=-6$，有惟一解：$x_1=1, x_2=2, x_3=1$，第 4 个方程是多余方程；

（2）$a=1$，$b=-1$，有无穷多解：$x_1=-4x_4$，$x_2=x_3+x_4+1$，其中 x_3, x_4 为任意常数，第 3、第 4 个方程是多余方程.

3.（1）无解，系数矩阵的秩为 2，增广矩阵的秩为 3；

（2）有惟一解：$x_1=2, x_2=-1.5, x_3=4, x_4=3, x_5=2.5$，系数矩阵和增广矩阵的秩都是 5；

（3）有无穷多解: $x_1=-x_3+4, x_2=\dfrac{2}{3}, x_4=-2x_3-\dfrac{7}{3}$，其中 x_3 为任意常数，系数矩阵和增广矩阵的秩都是 3，第 4 个方程是多余方程；

（4）无解，系数矩阵的秩为 2，增广矩阵的秩为 3，第 3 个方程是多余方程.

4.（1）基础解系 $\boldsymbol{\alpha}_1=(11,\ -7,\ 1)^{\mathrm{T}}$，秩为 2，通解 $c_1\boldsymbol{\alpha}_1$；

（2）基础解系 $\boldsymbol{\alpha}_1=(1,\ 0,\ -2.5,\ 3.5)^{\mathrm{T}}$，$\boldsymbol{\alpha}_2=(0,\ 1,\ 5,\ -7)^{\mathrm{T}}$，秩为 2，通解 $c_1\boldsymbol{\alpha}_1+c_2\boldsymbol{\alpha}_2$；

（3）基础解系 $\boldsymbol{\alpha}_1=(8,\ -6,\ 1,\ 0)^{\mathrm{T}}$，$\boldsymbol{\alpha}_2=(-7,\ 5,\ 0,\ 1)^{\mathrm{T}}$，秩为 2，通解 $c_1\boldsymbol{\alpha}_1+c_2\boldsymbol{\alpha}_2$；

（4）不存在基础解系，秩为 4，只有零解 $x_1=x_2=x_3=x_4=0$.

5.（1）$\begin{pmatrix}x_1\\x_2\\x_3\end{pmatrix}=c\begin{pmatrix}-2\\1\\1\end{pmatrix}+\begin{pmatrix}-1\\2\\0\end{pmatrix}$，秩为 2；

（2）$\begin{pmatrix}x_1\\x_2\\x_3\\x_4\end{pmatrix}=c_1\begin{pmatrix}1\\5\\7\\0\end{pmatrix}+c_2\begin{pmatrix}0\\-2\\-1\\1\end{pmatrix}+\begin{pmatrix}0\\-5\\-6\\0\end{pmatrix}$，秩为 2；

（3）$\begin{pmatrix}x_1\\x_2\\x_3\\x_4\end{pmatrix}=c_1\begin{pmatrix}-26\\7\\1\\0\end{pmatrix}+c_2\begin{pmatrix}17\\-5\\0\\1\end{pmatrix}+\begin{pmatrix}6\\-1\\0\\0\end{pmatrix}$，秩为 2；

（4）$\begin{pmatrix}x_1\\x_2\\x_3\\x_4\end{pmatrix}=c_1\begin{pmatrix}-1.5\\1\\0\\0\end{pmatrix}+c_2\begin{pmatrix}-0.1\\0\\0.8\\1\end{pmatrix}+\begin{pmatrix}0.6\\0\\0.2\\0\end{pmatrix}$，秩为 2.

6. $p\neq 0$ 或 $q\neq 2$ 时无解，$p=0$ 且 $q=2$ 时无穷多解：$\begin{pmatrix}x_1\\x_2\\x_3\\x_4\\x_5\end{pmatrix}=c_1\begin{pmatrix}1\\-2\\1\\0\\0\end{pmatrix}+c_2\begin{pmatrix}1\\-2\\0\\1\\0\end{pmatrix}+c_3\begin{pmatrix}5\\-6\\0\\0\\1\end{pmatrix}+\begin{pmatrix}-2\\3\\0\\0\\0\end{pmatrix}$.

7. $\begin{pmatrix} x_1 \\ x_2 \\ x_3 \\ x_4 \end{pmatrix} = c_1\begin{pmatrix} 3 \\ 2 \\ 1 \\ 4 \end{pmatrix} + c_2\begin{pmatrix} 2 \\ -1 \\ -1 \\ 1 \end{pmatrix} + \begin{pmatrix} 3 \\ 1 \\ 2 \\ 5 \end{pmatrix}$.

8.（1）$\boldsymbol{X} = \dfrac{1}{3}\begin{pmatrix} 2 & -3 & 8 \\ 8 & 15 & -10 \\ 9 & 12 & -3 \end{pmatrix}$；（2）$\boldsymbol{X} = \begin{pmatrix} 18 & -32 \\ 5 & -8 \end{pmatrix}$；（3）$\boldsymbol{X} = \begin{pmatrix} -1 & -2 \\ 3 & 4 \\ 1 & 1 \end{pmatrix}$.

9. $\boldsymbol{B} = \begin{pmatrix} 1 & -2 \\ 1 & 0 \\ 0 & 1 \\ 2 & -2 \end{pmatrix}$.

习 题 四

1.（1）线性相关；（2）线性无关；（3）线性无关；（4）线性相关；（5）线性相关.

4.（1）$\boldsymbol{\beta} = \dfrac{7}{3}\boldsymbol{\alpha}_1 + \dfrac{2}{3}\boldsymbol{\alpha}_2$；（2）$\boldsymbol{\beta} = c\boldsymbol{\alpha}_1 + \dfrac{8-3c}{5}\boldsymbol{\alpha}_2 + \dfrac{11-c}{5}\boldsymbol{\alpha}_3$，$c$ 为任意常数；

（3）不能线性表示；（4）$\boldsymbol{\beta} = 2\boldsymbol{\alpha}_1 + 3\boldsymbol{\alpha}_2 + 5\boldsymbol{\alpha}_3 + \boldsymbol{\alpha}_4$；

（5）$\boldsymbol{\beta} = 5\boldsymbol{\alpha}_1 - 4\boldsymbol{\alpha}_2 + 5\boldsymbol{\alpha}_3 - 2\boldsymbol{\alpha}_4$.

5.（1）$\boldsymbol{\alpha}_1,\boldsymbol{\alpha}_2,\boldsymbol{\alpha}_4$；$\boldsymbol{\alpha}_3 = 3\boldsymbol{\alpha}_1 + 5\boldsymbol{\alpha}_2 + 0\cdot\boldsymbol{\alpha}_4$；

（2）$\boldsymbol{\alpha}_1,\boldsymbol{\alpha}_2$；$\boldsymbol{\alpha}_3 = 1.5\boldsymbol{\alpha}_1 - 3.5\boldsymbol{\alpha}_2$，$\boldsymbol{\alpha}_4 = \boldsymbol{\alpha}_1 + 2\boldsymbol{\alpha}_2$；

（3）$\boldsymbol{\alpha}_1,\boldsymbol{\alpha}_4$；$\boldsymbol{\alpha}_2 = 2\boldsymbol{\alpha}_1 - 3\boldsymbol{\alpha}_4$，$\boldsymbol{\alpha}_3 = \dfrac{7}{3}\boldsymbol{\alpha}_1 - \dfrac{5}{3}\boldsymbol{\alpha}_4$.

习 题 五

1.（1）$\lambda_1 = 2$，$c_1\begin{pmatrix} 1 \\ 1 \end{pmatrix}$；$\lambda_2 = 3$，$c_2\begin{pmatrix} 1 \\ 1.5 \end{pmatrix}$；

（2）$\lambda_1 = \lambda_2 = 1$，$c_1\begin{pmatrix} 0 \\ 1 \\ 0 \end{pmatrix} + c_2\begin{pmatrix} 1 \\ 0 \\ 1 \end{pmatrix}$；$\lambda_3 = -1$，$c_3\begin{pmatrix} -1 \\ 0 \\ 1 \end{pmatrix}$；

（3）$\lambda_1 = -2$，$c_1\begin{pmatrix} 0 \\ 0 \\ 1 \end{pmatrix}$；$\lambda_2 = \lambda_3 = 1$，$c_2\begin{pmatrix} 0.15 \\ -0.3 \\ 1 \end{pmatrix}$；

（4）$\lambda_1 = -2$，$c_1\begin{pmatrix} -3 \\ 1 \\ -5 \end{pmatrix}$；$\lambda_2 = 2$，$c_2\begin{pmatrix} -1 \\ 1 \\ 1 \end{pmatrix}$；$\lambda_3 = 4$，$c_3\begin{pmatrix} -3 \\ 1 \\ 1 \end{pmatrix}$；

（5）$\lambda_1=\lambda_2=1$，$c_1\begin{pmatrix}1\\0\\1\\0\end{pmatrix}+c_2\begin{pmatrix}0\\1\\0\\1\end{pmatrix}$；$\lambda_3=-1$，$c_3\begin{pmatrix}1\\-1\\-1\\1\end{pmatrix}$；$\lambda_4=3$，$c_4\begin{pmatrix}1\\1\\-1\\-1\end{pmatrix}$.

2. $\boldsymbol{A}^n=\dfrac{1}{3}\begin{pmatrix}2+(-5)^n & 2-2(-5)^n\\1-(-5)^n & 1+2(-5)^n\end{pmatrix}$.

3.（1）能，$\boldsymbol{P}=\begin{pmatrix}1&1\\1&1.5\end{pmatrix}$，$\boldsymbol{\Lambda}=\begin{pmatrix}2&0\\0&3\end{pmatrix}$；

（2）能，$\boldsymbol{P}=\begin{pmatrix}0&1&-1\\1&0&0\\0&1&1\end{pmatrix}$，$\boldsymbol{\Lambda}=\begin{pmatrix}1&0&0\\0&1&0\\0&0&-1\end{pmatrix}$；

（3）不能；

（4）能，$\boldsymbol{P}=\begin{pmatrix}-3&-1&-3\\1&1&1\\-5&1&1\end{pmatrix}$，$\boldsymbol{\Lambda}=\begin{pmatrix}-2&0&0\\0&2&0\\0&0&4\end{pmatrix}$；

（5）能，$\boldsymbol{P}=\begin{pmatrix}1&0&1&1\\0&1&-1&1\\1&0&-1&-1\\0&1&1&-1\end{pmatrix}$，$\boldsymbol{\Lambda}=\begin{pmatrix}1&0&0&0\\0&1&0&0\\0&0&-1&0\\0&0&0&3\end{pmatrix}$.

4. 必有 $\boldsymbol{A}\sim\boldsymbol{B}$，$\boldsymbol{P}=\begin{pmatrix}3&-2\\2&-1\end{pmatrix}$.

5.（1）是；（2）是；（3）不是.

6.（1）$\boldsymbol{Q}=\dfrac{1}{3}\begin{pmatrix}-2&2&1\\2&1&2\\1&2&-2\end{pmatrix}$，$\boldsymbol{\Lambda}=\begin{pmatrix}1&0&0\\0&4&0\\0&0&7\end{pmatrix}$；

（2）$\boldsymbol{Q}=\dfrac{1}{3\sqrt5}\begin{pmatrix}3&4&2\sqrt5\\-6&2&\sqrt5\\0&-5&2\sqrt5\end{pmatrix}$，$\boldsymbol{\Lambda}=\begin{pmatrix}-1&0&0\\0&-1&0\\0&0&8\end{pmatrix}$；

（3）$\boldsymbol{Q}=\dfrac{1}{2\sqrt3}\begin{pmatrix}\sqrt6&\sqrt2&1&-\sqrt3\\\sqrt6&-\sqrt2&-1&\sqrt3\\0&2\sqrt2&-1&\sqrt3\\0&0&3&\sqrt3\end{pmatrix}$，$\boldsymbol{\Lambda}=\begin{pmatrix}2&0&0&0\\0&2&0&0\\0&0&2&0\\0&0&0&-2\end{pmatrix}$.

习 题 六

1.（1）$\begin{pmatrix} 1 & -1 & 1.5 \\ -1 & -2 & 4 \\ 1.5 & 4 & 3 \end{pmatrix}$；（2）$\begin{pmatrix} 1 & 1 & -0.5 \\ 1 & 0 & 0 \\ -0.5 & 0 & 2 \end{pmatrix}$；（3）$\begin{pmatrix} 0 & 0.5 & 0 & 0 \\ 0.5 & 0 & 0 & 0 \\ 0 & 0 & 0 & -0.5 \\ 0 & 0 & -0.5 & 0 \end{pmatrix}$.

2.（1）$x_1^2+3x_3^2-2x_1x_2-6x_1x_3+2x_1x_4-4x_2x_3+8x_2x_4-10x_3x_4$；

（2）$2x_1x_2+4x_1x_3-8x_1x_4-2x_2x_3-2x_2x_4+6x_3x_4$.

3.（1）$f=y_1^2+4y_2^2+y_3^2$，$\boldsymbol{C}=\begin{pmatrix} 1 & 0 & -1 \\ 0 & 1 & 0 \\ 0 & 0 & 1 \end{pmatrix}$；

（2）$f=y_1^2-y_2^2$，$\boldsymbol{C}=\begin{pmatrix} 1 & 0.5 & -1.5 \\ 0 & 0.5 & -0.5 \\ 0 & 0 & 1 \end{pmatrix}$；

（3）$f=-z_1^2+4z_2^2+z_3^2$，$\boldsymbol{C}=\begin{pmatrix} 0.5 & 1 & 0.5 \\ 0.5 & -1 & 0.5 \\ 0 & 0 & 1 \end{pmatrix}$.

4.（1）$f=y_1^2+y_2^2-13y_3^2$，$\boldsymbol{C}=\begin{pmatrix} 1 & 1 & -6 \\ 0 & 1 & -4 \\ 0 & 0 & 1 \end{pmatrix}$；

（2）$f=2y_1^2-0.5y_2^2+20y_3^2$，$\boldsymbol{C}=\begin{pmatrix} 1 & -0.5 & -5 \\ 1 & 0.5 & 2 \\ 0 & 0 & 1 \end{pmatrix}$；

（3）$f=y_1^2-y_2^2+9y_3^2-57y_4^2$，$\boldsymbol{C}=\begin{pmatrix} 1 & 1 & -2 & -2 \\ 0 & 1 & -5 & -10 \\ 0 & 0 & 1 & 3 \\ 0 & 0 & 0 & 1 \end{pmatrix}$.

5.（1）$\boldsymbol{C}=\begin{pmatrix} 1 & -2 & -0.5 \\ 0 & 1 & 0.25 \\ 0 & 0 & 1 \end{pmatrix}$，$\boldsymbol{C}^{\mathrm{T}}\boldsymbol{AC}=\begin{pmatrix} 1 & 0 & 0 \\ 0 & -4 & 0 \\ 0 & 0 & 3.25 \end{pmatrix}$；

（2）$\boldsymbol{C}=\begin{pmatrix} 1 & -0.5 & 1 \\ 1 & 0.5 & 2 \\ 0 & 0 & 1 \end{pmatrix}$，$\boldsymbol{C}^{\mathrm{T}}\boldsymbol{AC}=\begin{pmatrix} 2 & 0 & 0 \\ 0 & -0.5 & 0 \\ 0 & 0 & -4 \end{pmatrix}$.

6.（1）$f=2y_1^2-y_2^2+5y_3^2$，$\boldsymbol{Q}=\frac{1}{3}\begin{pmatrix}1&2&-2\\-2&2&1\\2&1&2\end{pmatrix}$；

（2）$f=5y_1^2+5y_2^2-4y_3^2$，$\boldsymbol{Q}=\frac{1}{3\sqrt{5}}\begin{pmatrix}-6&-2&\sqrt{5}\\3&-4&2\sqrt{5}\\0&5&2\sqrt{5}\end{pmatrix}$.

7.（1）正惯性指数为2，负惯性指数为0，半正定；

（2）正惯性指数为3，负惯性指数为1，不定.

8．正定.

9．$-0.8<a<0$.

习 题 七

1.（1）$A\overline{B}\overline{C}$；（2）$AB\overline{C}$；（3）$ABC$；（4）$A+B+C$；（5）$\overline{A}\overline{B}\overline{C}$；

（6）$\overline{A}B\overline{C}$；（7）$A\overline{B}C$；（8）$\overline{AB+BC+AC}$；（9）$\overline{ABC}$；（10）$AB+BC+AC$.

2.（1）$A_1\overline{A}_2\overline{A}_3$；（2）$A_1\overline{A}_2\overline{A}_3+\overline{A}_1A_2\overline{A}_3+\overline{A}_1\overline{A}_2A_3$；（3）$\overline{A}_1\overline{A}_2\overline{A}_3$；（4）$A_1+A_2+A_3$.

3．0.49，0.83.

4.（1）0.20223；（2）0.0001；（3）0.78644；

（4）0.2136；（5）0.01133．改变抽取方式，概率不变.

5．30%.

6．80%.

7.（1）0.405；（2）0.238；（3）0.656；

（4）0.488；（5）0.371；（6）0.205.

8.（1）0.65；（2）0.25；（3）0.55；

（4）0.15；（5）0.7333；（6）0.6.

9.（1）0.6667；（2）0.60；（3）0.26.

10．0.5.

11．0.008349.

12．0.154.

13．11.5%.

14.（1）0.36；（2）0.41；（3）0.14.

15.（1）0.1029；（2）0.7599.

16.（1）$(2r-r^2)^3$；（2）$(1-r^3)^2$.

17．3.45%.

18．0.3623，0.4058，0.2319.

19．0.973．

习 题 八

1．$X \sim \begin{pmatrix} 0 & 1 & 2 \\ \frac{1}{4} & \frac{1}{2} & \frac{1}{4} \end{pmatrix}$．

2．$X \sim \begin{pmatrix} 0 & 1 \\ \frac{1}{3} & \frac{2}{3} \end{pmatrix}$．

3．$\frac{1}{2}$．

4．（1）$X \sim \begin{pmatrix} 1 & 2 & 3 \\ \frac{3}{28} & \frac{15}{28} & \frac{10}{28} \end{pmatrix}$；（2）$X \sim \begin{pmatrix} 0 & 1 & 2 & 3 \\ 0.0156 & 0.1406 & 0.4219 & 0.4219 \end{pmatrix}$．

5．$X \sim \begin{pmatrix} 1 & 2 & 3 & 4 & 5 \\ 0.8 & 0.16 & 0.032 & 0.0064 & 0.0016 \end{pmatrix}$．

6．0.3758．

7．0.1115，0.6331．

8．0.1272．

9．51．

10．（1）0.1954；（2）0.4335；（3）0.2149；（4）0.0183．

11．8．

12．（1）0.4；（2）0.5．

13．（1）12；（2）0.0272．

14．（1）$F(x)=\begin{cases} 1-\frac{100}{x}, & x \geqslant 100 \\ 0, & x<100 \end{cases}$；（2）$\frac{8}{27}$．

15．$a=\frac{2}{\sqrt{\pi}}$，$b=4$，$\mu=2$，$\sigma=\frac{1}{2\sqrt{2}}$．

16．0.9861，0.0392，0.2236，0.8788，0.0124．

17．（1）0.5328，0.9878，0.3085，0.1359，0.9345；（2）$c=3$．

18．184（cm）．

19．（1）6.7%；（2）15.9%．

习 题 九

1. (1) $2X-1\sim\begin{pmatrix}-3 & -1 & 0 & 1 & 3\\0.35 & 0.15 & 0.10 & 0.15 & 0.25\end{pmatrix}$，$X^2\sim\begin{pmatrix}0 & 0.25 & 1 & 4\\0.15 & 0.10 & 0.50 & 0.25\end{pmatrix}$；

(2) 0.35，−0.3，1.525.

2. $\dfrac{6}{7}$（台）.

3. 1.

4. 44.64（分）.

5. 5.5.

6. $\dfrac{\pi(a+b)(a^2+b^2)}{24}$.

7. 2.2（次）.

8. 1.4025，$\dfrac{20}{49}$，$\dfrac{1}{6}$.

9. 31（h）.

10. (1) 0.60； (2) 3.2 元； (3) 26400 元； (4) 1.06，1.0296.

11. $a=0.4$，$b=1.2$，0.07333.

12. 29，106.

13. 0.5，不独立，相关.

14. 0.0793.

15. 0.0062.

16. 2260.

17. (1) 0.1802； (2) 443.

18. 14.

19. (1) 0.9525； (2) 25.

习 题 十

1. 0.8293.

2. 0.1336.

3. (1) 1.6973，$P(t(30)>1.6973)=0.05$； (2) 2.1199，$P(t(16)>2.1199)=0.025$；
(3) 16.919，$P(\chi^2(9)>16.919)=0.05$； (4) 8.897，$P(\chi^2(21)>8.897)=0.99$；
(5) 2.4411，0.99，0.01，0.01，0.02； (6) 10.865，0.9，0.1.

4. $\hat{\mu}=997.1$（h），$\hat{\sigma}^2=17304.8$（h^2），0.0107.

5. 0.4714.

6. $\hat{\mu}_1$，$\hat{\mu}_3$ 为无偏估计量；$\hat{\mu}_1$ 是比 $\hat{\mu}_3$ 有效的估计量.

7. $\hat{n}=19.98\approx20$，$\hat{p}=0.1437$.

8．（1）$\hat{\mu}=\overline{x}=14.911$；（2）(14.813，15.009).

9．（1）(21.577，22.103)；（2）(21.295，22.385).

10．（1）(1.2322，1.2818)；（2）(1.2304，1.2836).

11．置信度为 99%：8.87，17.13；置信度为 90%：10.55，15.45，置信区间缩短了.

12．（1）(10.901，11.247)；（2）假设电杆的高度服从正态分布.

13．（1）(2.1209，2.1291)；（2）(2.1175，2.1325).

14．(7.43，21.07).

15．(57.64，406.07)；(7.59，20.15).

16．（1）(5.107，5.313)；（2）(0.168，0.322).

17．(3047，3305)，(62767，194452).

18．(9.23，10.77)，100698 单位.

19．（1）(795.26，824.74)；（2）(792.44，827.56)；（3）(786.93，833.07).

习 题 十一

1．（1）否，有显著性差异；（2）是，无显著性差异.

2．（1）切割机工作无明显异常；（2）切割机工作正常.

3．可以认为镍含量的均值为 3.25% .

4．有显著差异.

5．接受 H_0 .

6．无显著提高.

7．显著地偏大.

8．平均寿命指标和稳定性都合乎要求.

9．不能否定该厂广告的真实性.

10. 店主明显高估了平均销售额. 这里应用假设检验对样本的选择缺乏随机性，因为餐馆会有淡旺季，若这 150 天正处于淡季，则难以据此得出销售额偏低的结论.

11．有显著性差异.

12．拒绝 H_0，即两种方法的总体均值有显著差异.

13．（1）有方差齐性；（2）两批器材电阻的均值无显著差异.

14．（1）两个总体方差相等；

（2）使用甲种砂石的混凝土预制块的强度显著地高于使用乙种砂石的混凝土预制块的强度.

15．处理后物品的含脂率明显比处理前的低.

16．（1）将区间(70.5，160.5)等分成 10 个小区间，频数统计依次为 3, 6, 15, 10, 24, 16, 14, 8, 3, 1；

（2）可以认为豫农一号玉米的穗位服从正态分布.

17．取 $\alpha=0.05$：摇奖机工作明显异常；取 $\alpha=0.01$：摇奖机工作无特别明显的异常.

18．可以认为服从泊松分布.

19．两个评分样本来自于同一总体，即男工和女工无显著差别．

习 题 十二

1．不同储藏方法对粮食含水率有一定的影响（比较显著），但未达到“显著”的程度．

2．不同菌型对小白鼠存活的危害有特别显著的差异．

3．该地区三所小学五年级男学生的平均身高有显著差别．

4．抗拉强度受掺入棉花百分比的影响特别显著．

5．这些推进器和燃料的不同，对火箭射程都没有显著影响．

6．（1）各产粮户之间的差异显著；（2）产量的逐年增长效应特别显著．

7．促进剂和氧化锌分量对定伸强力的影响都特别显著，而它们的交互作用影响不显著，可以忽略．

8．（1）毛纱捻度对毛织物的强力有显著影响，股线捻度对毛织物的强力无显著影响，不过两种捻度的交互作用影响特别显著；

（2）第二种毛纱捻度和第三种股线捻度相搭配，是较好的方案．

9．（1）$\hat{y}=6.2755+0.1834x$；（2）线性关系特别显著，回归方程有效．

10．（1）$\hat{y}=-30.469+0.59x$；（2）0.9665，6.4418.

11．（1）$\hat{a}=3.224\times10^{10}$，$\hat{b}=-1.3404$，$10^{M-10}=3.224R^{-1.3404}$；

（2）相关关系特别显著，经验公式有效．

12．（1）$\hat{y}=-16.073+0.71935x$，0.9634；（2）$\hat{y}_0=106.2\text{cm}$，(102.7，109.7).

13．（1）$\hat{y}=2776-15.98x$，-0.9883；（2）$\hat{y}_0=2136.8$，(2072.2，2201.4).

14．（1）$\hat{y}=-32.31+126.95x$，0.9051；（2）(1.302，1.334).

15．重要性顺序：$F\to D\to C\to A\to B\to E$，最优配料：$A_2B_2C_2D_1E_2F_1$．

16．重要性顺序：$B\to A\to C$，最佳工艺：$A_3B_1C_1$．

17．重要性顺序：$A\to C\to B\to D$，最佳工艺：$A_2B_2C_2D_3$．

18．（1）重要因素是 A 和 $B\times C$，不重要因素是 B，C，$A\times B$，$A\times C$，最佳配方是 $A_2B_1C_2$；

（2）炭墨品种以及促进剂和硫磺间交互作用对橡胶质量都有显著影响，其他因素的影响不显著．

附　　表

附表 1　标准正态分布表

$$\Phi(x)=\int_{-\infty}^{x}\frac{1}{\sqrt{2\pi}}\mathrm{e}^{-\frac{t^2}{2}}\mathrm{d}t=P(X\leqslant x)$$

x	0.00	0.01	0.02	0.03	0.04	0.05	0.06	0.07	0.08	0.09
0.0	0.500 0	0.504 0	0.508 0	0.512 0	0.516 0	0.519 9	0.523 9	0.527 9	0.531 9	0.535 9
0.1	0.539 8	0.543 8	0.547 8	0.551 7	0.555 7	0.559 6	0.563 6	0.567 5	0.571 4	0.575 3
0.2	0.579 3	0.583 2	0.587 1	0.591 0	0.594 8	0.598 7	0.602 6	0.606 4	0.610 3	0.614 1
0.3	0.617 9	0.621 7	0.625 5	0.629 3	0.633 1	0.636 8	0.640 4	0.644 3	0.648 0	0.651 7
0.4	0.655 4	0.659 1	0.662 8	0.666 4	0.670 0	0.673 6	0.677 2	0.680 8	0.684 4	0.687 9
0.5	0.691 5	0.695 0	0.698 5	0.701 9	0.705 4	0.708 8	0.712 3	0.715 7	0.719 0	0.722 4
0.6	0.725 7	0.729 1	0.732 4	0.735 7	0.738 9	0.742 2	0.745 4	0.748 6	0.751 7	0.754 9
0.7	0.758 0	0.761 1	0.764 2	0.767 3	0.770 3	0.773 4	0.776 4	0.779 4	0.782 3	0.785 2
0.8	0.788 1	0.791 0	0.793 9	0.796 7	0.799 5	0.802 3	0.805 1	0.807 8	0.810 6	0.813 3
0.9	0.815 9	0.818 6	0.821 2	0.823 8	0.826 4	0.828 9	0.835 5	0.834 0	0.836 5	0.838 9
1.0	0.841 3	0.843 8	0.846 1	0.848 5	0.850 8	0.853 1	0.855 4	0.857 7	0.859 9	0.862 1
1.1	0.864 3	0.866 5	0.868 6	0.870 8	0.872 9	0.874 9	0.877 0	0.879 0	0.881 0	0.883 0
1.2	0.884 9	0.886 9	0.888 8	0.890 7	0.892 5	0.894 4	0.896 2	0.898 0	0.899 7	0.901 5
1.3	0.903 2	0.904 9	0.906 6	0.908 2	0.909 9	0.911 5	0.913 1	0.914 7	0.916 2	0.917 7
1.4	0.919 2	0.920 7	0.922 2	0.923 6	0.925 1	0.926 5	0.927 9	0.929 2	0.930 6	0.931 9
1.5	0.933 2	0.934 5	0.935 7	0.937 0	0.938 2	0.939 4	0.940 6	0.941 8	0.943 0	0.944 1
1.6	0.945 2	0.946 3	0.947 4	0.948 4	0.949 5	0.950 5	0.951 5	0.952 5	0.953 5	0.953 5
1.7	0.955 4	0.956 4	0.957 3	0.958 2	0.959 1	0.959 9	0.960 8	0.961 6	0.962 5	0.963 3
1.8	0.964 1	0.964 8	0.965 6	0.966 4	0.967 2	0.967 8	0.968 6	0.969 3	0.970 0	0.970 6
1.9	0.971 3	0.971 9	0.972 6	0.973 2	0.973 8	0.974 4	0.975 0	0.975 6	0.976 2	0.976 7
2.0	0.977 2	0.977 8	0.978 3	0.978 8	0.979 3	0.979 8	0.980 3	0.980 8	0.981 2	0.981 7
2.1	0.982 1	0.982 6	0.983 0	0.983 4	0.983 8	0.984 2	0.984 6	0.985 0	0.985 4	0.985 7
2.2	0.986 1	0.986 4	0.986 8	0.987 1	0.987 4	0.987 8	0.988 1	0.988 4	0.988 7	0.989 0
2.3	0.989 3	0.989 6	0.989 8	0.990 1	0.990 4	0.990 6	0.990 9	0.991 1	0.991 3	0.991 6
2.4	0.991 8	0.992 0	0.992 2	0.992 5	0.992 7	0.992 9	0.993 1	0.993 2	0.993 4	0.993 6
2.5	0.993 8	0.994 0	0.994 1	0.994 3	0.994 5	0.994 6	0.994 8	0.994 9	0.995 1	0.995 2
2.6	0.995 3	0.995 5	0.995 6	0.995 7	0.995 9	0.996 0	0.996 1	0.996 2	0.996 3	0.996 4
2.7	0.996 5	0.996 6	0.996 7	0.996 8	0.996 9	0.997 0	0.997 1	0.997 2	0.997 3	0.997 4
2.8	0.997 4	0.997 5	0.997 6	0.997 7	0.997 7	0.997 8	0.997 9	0.997 9	0.998 0	0.998 1
2.9	0.998 1	0.998 2	0.998 2	0.998 3	0.998 4	0.998 4	0.998 5	0.998 5	0.998 6	0.998 6

x	0.0	0.1	0.2	0.3	0.4	0.5	0.6	0.7	0.8	0.9
3	0.998 7	0.999 0	0.999 3	0.999 5	0.999 7	0.999 8	0.999 8	0.999 9	0.999 9	1.000 0

附表 2 泊松分布数值表

$$1-F(x-1)=\sum_{k=x}^{\infty}\frac{\lambda^k}{k!}\mathrm{e}^{-\lambda}$$

x	$\lambda=0.2$	$\lambda=0.3$	$\lambda=0.4$	$\lambda=0.5$	$\lambda=0.6$	$\lambda=0.7$	$\lambda=0.8$	$\lambda=0.9$	$\lambda=1.0$	$\lambda=1.2$
0	1.0000000	1.0000000	1.0000000	1.000000	1.000000	1.000000	1.000000	1.000000	1.000000	1.000000
1	0.1812692	0.2591818	0.3296800	0.393469	0.451188	0.503415	0.550671	0.593430	0.632121	0.698806
2	0.0175231	0.0369363	0.0615519	0.090204	0.121901	0.155805	0.191208	0.227518	0.264241	0.337373
3	0.0011485	0.0035995	0.0079263	0.014388	0.023115	0.034142	0.047423	0.062857	0.080301	0.120513
4	0.0000568	0.0002658	0.0007763	0.001752	0.003385	0.005753	0.009080	0.013459	0.018988	0.033769
5	0.0000023	0.0000158	0.0000612	0.000172	0.000394	0.000786	0.001411	0.002344	0.003660	0.007746
6	0.0000001	0.0000008	0.0000040	0.000014	0.000039	0.000090	0.000184	0.000343	0.000594	0.001500
7			0.0000002	0.000001	0.000003	0.000009	0.000021	0.000043	0.000083	0.000251
8						0.000001	0.000002	0.000005	0.000010	0.000037
9									0.000001	0.000005
10										0.000001

x	$\lambda=1.4$	$\lambda=1.6$	$\lambda=1.8$	$\lambda=2.0$	$\lambda=2.5$	$\lambda=3.0$	$\lambda=3.5$	$\lambda=4.0$	$\lambda=4.5$	$\lambda=5.0$
0	1.000000	1.000000	1.000000	1.000000	1.000000	1.000000	1.000000	1.000000	1.000000	1.000000
1	0.753403	0.789103	0.834701	0.864665	0.917915	0.950213	0.969803	0.981684	0.988891	0.993262
2	0.408167	0.475069	0.537163	0.593994	0.712703	0.800852	0.864112	0.908422	0.938901	0.959572
3	0.166502	0.216642	0.269379	0.323324	0.456187	0.576810	0.679153	0.761897	0.826422	0.875348
4	0.053725	0.078313	0.108708	0.142877	0.242424	0.352768	0.463367	0.566530	0.657704	0.734974
5	0.014253	0.023682	0.036407	0.052653	0.108822	0.184737	0.274555	0.371163	0.467896	0.559507
6	0.003201	0.006040	0.010378	0.016564	0.042021	0.083918	0.142386	0.214870	0.297070	0.384039
7	0.000622	0.001336	0.002569	0.004534	0.014187	0.033509	0.065288	0.110674	0.168949	0.237817
8	0.000107	0.000260	0.000562	0.001097	0.004247	0.011905	0.026739	0.051134	0.086586	0.133372
9	0.000016	0.000045	0.000110	0.000237	0.001140	0.003803	0.009874	0.021363	0.040257	0.068094
10	0.000002	0.000007	0.000019	0.000046	0.000277	0.001102	0.003315	0.008132	0.017093	0.031828
11		0.000001	0.000003	0.000008	0.000062	0.000292	0.001019	0.002840	0.000669	0.013695
12				0.000001	0.000013	0.000071	0.000289	0.000915	0.002404	0.005453
13					0.000002	0.000016	0.000076	0.000274	0.000805	0.002019
14						0.000003	0.000019	0.000076	0.000252	0.000698
15						0.000001	0.000004	0.000020	0.000074	0.000226
16							0.000001	0.000005	0.000020	0.000069
17								0.000001	0.000005	0.000020
18									0.000001	0.000005
19										0.000001

附表 3 t 分布临界值表

$$P(t(n) > t_\alpha(n)) = \alpha$$

n \ α	0.25	0.10	0.05	0.025	0.01	0.005
1	1.000 0	3.077 7	6.313 8	12.706 2	31.820 7	63.657 4
2	0.816 5	1.885 6	2.920 0	4.303 7	6.964 6	9.924 8
3	0.764 9	1.637 7	2.353 4	3.182 4	4.540 7	5.840 9
4	0.740 7	1.533 2	2.131 8	2.776 4	3.764 9	4.6041
5	0.726 7	1.475 9	2.015 0	2.570 6	3.364 9	4.0322
6	0.717 6	1.439 8	1.943 2	2.446 9	3.142 7	3.707 4
7	0.711 1	1.414 9	1.894 6	2.364 6	2.998 0	3.499 5
8	0.706 4	1.396 8	1.859 5	2.306 0	2.896 5	3.355 4
9	0.702 7	1.383 0	1.833 1	2.262 2	2.821 4	3.249 8
10	0.699 8	1.372 2	1.812 5	2.228 1	2.763 8	3.169 3
11	0.697 4	1.363 4	1.795 9	2.201 0	2.718 1	3.105 8
12	0.695 5	1.356 2	1.782 3	2.178 8	2.681 0	3.054 5
13	0.693 8	1.350 2	1.770 9	2.164 0	2.650 3	3.012 3
14	0.692 4	1.345 0	1.761 3	2.144 8	2.624 5	2.976 8
15	0.691 2	1.340 6	1.753 1	2.131 5	2.602 5	2.946 7
16	0.690 1	1.336 8	1.745 9	2.119 9	2.583 5	2.920 8
17	0.689 2	1.333 4	1.739 6	2.109 8	2.566 9	2.898 2
18	0.688 4	1.330 4	1.734 1	2.100 9	2.552 4	2.878 4
19	0.687 6	1.327 7	1.729 1	2.093 0	2.539 5	2.860 9
20	0.687 0	1.325 3	1.724 7	2.086 0	2.528 0	2.845 3
21	0.686 4	1.323 2	1.720 7	2.079 6	2.517 7	2.831 4
22	0.685 8	1.321 2	1.717 1	2.073 9	2.508 3	2.818 8
23	0.685 3	1.319 5	1.713 9	2.068 7	2.499 9	2.807 3
24	0.684 8	1.317 8	1.710 9	2.063 9	2.492 2	2.796 9
25	0.684 4	1.316 3	1.708 1	2.059 5	2.485 1	2.787 4
26	0.684 0	1.315 0	1.705 6	2.055 5	2.478 6	2.778 7
27	0.683 7	1.313 7	1.703 3	2.051 8	2.472 7	2.770 7
28	0.683 4	1.312 5	1.701 1	2.048 4	2.467 1	2.763 3
29	0.683 0	1.311 4	1.699 1	2.045 2	2.462 0	2.756 4
30	0.682 8	1.310 4	1.687 3	2.042 3	2.457 3	2.750 0
31	0.682 5	1.309 5	1.695 5	2.039 5	2.452 8	2.744 0
32	0.682 2	1.308 6	1.693 9	2.036 9	2.448 7	2.738 5
33	0.682 0	1.307 7	1.692 4	2.034 5	2.444 8	2.733 3
34	0.681 8	1.307 0	1.690 9	2.032 2	2.441 1	2.728 4
35	0.681 6	1.306 2	1.689 6	2.030 1	2.437 7	2.723 8
36	0.681 4	1.305 5	1.688 3	2.028 1	2.434 5	2.719 5
37	0.681 2	1.304 9	1.687 1	2.026 2	2.431 4	2.715 4
38	0,681 0	1.304 2	1.686 0	2.024 4	2.428 6	2.711 6
39	0.680 8	1.303 6	1.684 9	2.022 7	2.425 8	2.707 9
40	0.680 7	1.303 1	1.683 9	2.021 1	2.423 3	2.704 5
41	0.680 5	1.302 5	1.682 9	2.019 5	2.420 8	2.701 2
42	0.680 4	1.302 0	1.682 0	2.018 1	2.418 5	2.698 1
43	0.680 2	1.301 6	1.681 1	2.016 7	2.416 3	2.695 1
44	0.680 1	1.301 1	1.680 2	2.015 4	2.414 1	2.692 3
45	0.680 0	1.300 6	1.679 4	2.014 1	2.412 1	2.689 6

附表 4　χ^2 分布临界值表

$$P(\chi^2(n) > \chi_\alpha^2(n)) = \alpha$$

n \ α	0.995	0.99	0.975	0.95	0.90	0.75	0.25	0.10	0.05	0.025	0.01	0.005
1	--	--	0.001	0.004	0.016	0.102	1.323	2.706	3.841	5.024	6.365	7.879
2	0.010	0.020	0.051	0.103	0.211	0.575	2.773	4.605	5.991	7.378	9.210	10.597
3	0.072	0.115	0.216	0.352	0.584	1.213	4.108	6.251	7.815	9.348	11.345	12.838
4	0.207	0.297	0.484	0.711	1.064	1.923	5.385	7.779	9.448	11.143	13.277	14.860
5	0.412	0.554	0.831	1.145	1.610	2.675	6.626	9.236	11.071	12.833	15.086	16.750
6	0.676	0.872	1.237	1.635	2.204	3.455	7.814	10.645	12.592	14.449	16.812	18.548
7	0.989	1.239	1.690	2.167	2.833	4.255	9.037	12.017	14.067	16.013	18.475	20.278
8	1.344	1.646	2.180	2.733	3.490	5.071	10.219	13.362	15.507	17.535	20.090	21.995
9	1.735	2.088	2.700	3.325	4.168	5.899	11.389	14.684	16.919	19.023	21.666	23.589
10	2.156	2.558	3.247	3.940	4.865	6.737	12.549	15.987	18.307	20.483	23.209	25.188
11	2.603	3.053	3.816	4.575	5.578	7.584	13.701	17.275	19.675	21.920	24.725	26.757
12	3.074	3.571	4.404	5.226	6.304	8.438	14.854	18.549	21.026	23.337	26.217	28.299
13	3.565	4.107	5.009	5.892	7.042	9.299	15.984	19.812	22.362	24.736	27.688	29.819
14	4.705	4.660	5.629	6.571	7.790	10.165	170117	21.064	23.685	26.119	29.141	31.319
15	4.601	5.229	6.262	7.261	8.547	11.037	18.245	22.307	24.996	27.488	30.578	32.801
16	5.142	5.812	6.908	7.962	9.312	11.912	19.369	23.542	26.296	28.845	32.000	34.267
17	5.697	6.408	7.564	8.672	10.085	12.792	20.489	24.769	27.587	30.191	33.409	35.718
18	6.265	7.015	8.231	9.930	10.865	13.675	21.605	25.989	28.869	31.526	34.805	37.156
19	6.884	7.633	8.907	10.117	11.651	14.562	22.718	27.204	30.144	32.852	36.191	38.582
20	7.434	8.260	9.591	10.851	12.443	15.452	23.828	28.412	31.410	34.170	37.566	39.997
21	8.034	8.897	10.283	11.591	13.240	16.344	24.935	29.615	32.671	35.479	38.932	41.401
22	8.643	9.542	10.982	12.338	14.042	17.240	26.039	30.813	33.924	36.781	40.289	42.796
23	9.260	10.196	11.689	13.091	14.848	18.137	27.141	32.007	35.172	38.076	41.638	44.181
24	9.886	10.856	12.401	13.848	15.659	19.037	28.241	33.196	36.415	39.364	42.980	45.559
25	10.520	11.524	13.120	14.611	16.473	19.939	29.339	34.382	37.652	40.646	44.314	46.928
26	11.160	12.198	13.844	15.379	17.292	20.843	30.435	35.563	38.885	41.923	45.642	48.290
27	11.808	12.879	14.573	16.151	18.114	21.749	31.528	36.741	40.113	43.194	46.963	49.654
28	12.461	13.565	15.308	16.928	18.939	22.657	32.620	37.916	41.337	44.461	48.273	50.993
29	13.121	14.257	16.047	17.708	19.768	23.567	33.711	39.087	42.557	45.722	49.588	52.336
30	13.787	14.954	16.791	18.493	20.599	24.478	34.800	40.256	43.773	46.979	50.892	53.672
31	14.458	15.655	17.539	19.281	21.431	25.390	35.887	41.422	44.985	48.232	52.191	55.003
32	15.131	16.362	18.291	20.072	22.271	26.304	36.973	42.585	46.194	49.480	53.486	56.328
33	15.815	17.074	19.047	20.867	23.110	27.219	38.058	43.745	47.400	50.725	54.776	57.648
34	16.501	17.789	19.806	21.664	23.952	28.136	39.141	44.903	48.602	51.966	56.061	58.964
35	17.192	18.509	20.569	22.465	24.797	29.054	40.223	46.059	49.802	53.203	57.342	60.275
36	17.887	19.233	21.336	23.269	25.643	29.973	41.304	47.212	50.998	54.437	58.619	61.581
37	18.586	19.960	22.106	24.075	26.492	30.893	42.383	48.363	52.192	55.668	59.892	62.883
38	19.289	20.691	22.878	24.884	27.343	31.815	43.462	49.513	53.384	56.896	61.162	64.181
39	19.996	21.426	23.654	25.695	28.196	32.737	44.539	50.660	54.572	58.120	62.428	65.476
40	20.707	22.164	24.433	26.509	29.051	33.660	45.616	51.805	55.758	59.342	63.691	66.766
41	21.421	22.906	25.215	27.326	29.907	34.585	46.692	52.949	56.942	60.561	64.950	68.053
42	22.138	23.650	25.999	28.144	30.765	35.510	47.766	54.090	58.124	61.777	66.206	69.336
43	22.859	24.398	26.785	28.965	31.625	36.436	48.840	55.230	59.304	62.990	67.459	70.616
44	23.584	25.148	27.575	29.787	32.487	37.363	49.913	56.369	60.481	64.201	68.710	71.393
45	24.311	25.901	28.366	30.612	33.350	38.291	50.985	57.505	61.656	65.410	69.957	73.166

附表 5　F 分布临界值表

$$P(F(n_1,n_2)>F_\alpha(n_1,n_2))=\alpha$$

$\alpha=0.10$

n_2 \ n_1	1	2	3	4	5	6	7	8	9	10	12	15	20	24	30	40	60	120	∞
1	39.86	49.50	53.59	55.33	57.24	58.20	58.91	59.44	59.86	60.19	60.71	61.22	61.74	62.06	62.26	62.53	62.79	63.06	63.33
2	8.53	9.00	9.16	9.24	6.29	9.33	9.35	9.37	9.38	9.39	9.41	9.42	9.44	9.45	9.46	9.47	9.47	9.48	9.49
3	5.54	5.46	5.39	5.34	5.31	5.28	5.27	5.25	5.24	5.23	5.22	5.20	5.18	5.18	5.17	5.16	5.15	5.14	5.13
4	4.54	4.32	4.19	4.11	4.05	4.01	3.98	3.95	3.94	3.92	3.90	3.87	3.84	3.83	3.82	3.80	3.79	3.78	3.76
5	4.06	3.78	3.62	3.52	3.45	3.40	3.37	3.34	3.32	3.30	3.27	3.24	3.21	3.19	3.17	3.16	3.14	3.12	3.10
6	3.78	3.46	3.29	3.18	3.11	3.05	3.01	2.98	2.96	2.94	2.90	2.87	2.84	2.82	2.80	2.78	2.76	2.74	2.72
7	3.59	3.26	3.07	2.96	2.88	2.83	2.78	2.75	2.72	2.70	2.67	2.63	2.59	2.58	2.56	2.54	2.51	2.49	2.47
8	3.46	3.11	2.92	2.81	2.73	2.67	2.62	2.59	2.56	2.54	2.50	2.46	2.42	2.40	2.38	2.36	2.34	2.32	2.29
9	3.36	3.01	2.81	2.69	2.61	2.55	2.51	2.47	2.44	2.42	2.38	2.34	2.30	2.28	2.25	2.23	2.21	2.18	2.16
10	3.20	2.92	2.73	2.61	2.52	2.46	2.41	2.38	2.35	2.32	2.28	2.24	2.20	2.18	2.16	2.13	2.11	2.08	2.06
11	3.23	2.86	2.66	2.54	2.45	2.39	2.34	2.30	2.27	2.25	2.21	2.17	2.12	2.10	2.08	2.05	2.03	2.00	1.97
12	3.18	2.81	2.61	2.48	2.39	2.33	2.28	2.24	2.21	2.19	2.15	2.10	2.06	2.04	2.01	1.99	1.96	1.93	1.90
13	3.14	2.76	2.56	2.43	2.35	2.28	2.23	2.20	2.16	2.14	2.10	2.05	2.01	1.98	1.96	1.93	1.90	1.88	1.85
14	3.10	2.73	2.52	2.39	2.31	2.24	2.19	2.15	2.12	2.10	2.05	2.01	1.96	1.94	1.91	1.89	1.82	1.83	1.80
15	3.07	2.70	2.49	2.36	2.27	2.21	2.16	2.12	2.09	2.06	2.02	1.97	1.92	1.90	1.87	1.85	1.82	1.79	1.76
16	3.05	2.67	2.46	2.33	2.24	2.18	2.13	2.09	2.06	2.03	1.99	1.94	1.89	1.87	1.84	1.81	1.78	1.75	1.72
17	3.03	2.64	2.44	2.31	2.22	2.15	2.10	2.06	2.03	2.00	1.96	1.91	1.86	1.84	1.81	1.78	1.75	1.72	1.69
18	3.01	2.62	2.42	2.29	2.20	2.13	2.08	2.04	2.00	1.98	1.93	1.89	1.84	1.81	1.78	1.75	1.72	1.69	1.66
19	2.99	2.61	2.40	2.27	2.18	2.11	2.06	2.02	1.98	1.96	1.91	1.86	1.81	1.79	1.76	1.73	1.70	1.67	1.63
20	2.97	2.50	2.38	2.25	2.16	2.09	2.04	2.00	1.96	1.94	1.89	1.84	1.79	1.77	1.74	1.71	1.68	1.64	1.61
21	2.96	9.57	2.36	2.23	2.14	2.08	2.02	1.98	1.95	1.92	1.87	1.83	1.78	1.75	1.72	1.69	1.66	1.62	1.59
22	2.95	2.56	2.35	2.22	2.13	2.06	2.01	1.97	1.93	1.90	1.86	1.81	1.76	1.73	1.70	1.67	1.64	1.60	1.57
23	2.94	2.55	2.34	2.21	2.11	2.05	1.99	1.95	1.92	1.89	1.84	1.80	1.74	1.72	1.69	1.66	1.62	1.59	1.55
24	2.93	2.54	2.33	2.19	2.10	2.04	1.98	1.94	1.91	1.88	1.83	1.78	1.73	1.70	1.67	1.64	1.61	1.57	1.53
25	2.92	2.53	2.32	2.18	2.09	2.02	1.97	1.93	1.89	1.87	1.82	1.77	1.72	1.69	1.66	1.63	1.59	1.56	1.52
26	2.91	2.52	2.31	2.17	2.08	2.01	1.96	1.92	1.88	1.86	1.81	1.76	1.71	1.68	1.65	1.61	1.58	1.54	1.50
27	2.90	2.51	2.30	2.17	2.07	2.00	1.95	1.91	1.87	1.85	1.80	1.75	1.70	1.67	1.64	1.60	1.57	1.53	1.49
28	2.89	2.50	2.29	2.16	2.60	2.00	1.94	1.90	1.87	1.84	1.79	1.74	1.69	1.66	1.63	1.59	1.56	1.52	1.48
29	2.89	2.50	2.28	2.15	2.06	1.99	1.93	1.89	1.86	1.83	1.78	1.73	1.68	1.65	1.62	1.58	1.55	1.51	1.47
30	2.88	2.49	2.22	2.14	2.05	1.98	1.93	1.88	1.85	1.82	1.77	1.72	1.67	1.64	1.61	1.57	1.54	1.50	1.46
40	2.84	2.41	2.23	2.00	2.00	1.93	1.87	1.83	1.79	1.76	1.71	1.66	1.61	1.57	1.54	1.51	1.47	1.42	1.38
60	2.79	2.39	2.18	2.04	1.95	1.87	1.82	1.77	1.74	1.71	1.66	1.60	1.54	1.51	1.48	1.44	1.40	1.35	1.29
120	2.75	2.35	2.13	1.99	1.90	1.82	1.77	1.72	1.68	1.65	1.60	1.55	1.48	1.45	1.41	1.37	1.32	1.26	1.19
∞	2.71	2.30	2.08	1.94	1.85	1.77	1.72	1.67	1.63	1.60	1.55	1.49	1.42	1.38	1.34	1.30	1.24	1.17	1.00

$\alpha = 0.05$ （续表）

n_2 \ n_1	1	2	3	4	5	6	7	8	9	10	12	15	20	24	30	40	60	120	∞
1	161.4	199.5	215.7	224.6	230.2	234.0	236.8	238.9	240.5	241.9	243.9	245.9	248.0	249.1	250.1	251.1	252.2	253.3	254.3
2	18.51	19.00	19.16	19.25	19.30	19.33	19.35	19.37	19.38	19.40	19.41	19.43	19.45	19.45	19.46	19.47	19.48	19.49	19.50
3	10.13	9.55	9.28	9.12	9.90	8.94	8.89	8.85	8.81	8.79	8.74	8.70	8.66	8.64	8.62	8.59	8.57	8.55	8.53
4	7.71	6.94	6.59	6.39	6.26	6.16	6.09	6.04	6.00	5.96	5.91	5.86	5.80	5.77	5.75	5.72	5.69	5.66	5.63
5	6.61	5.79	5.41	5.19	5.05	4.95	4.88	4.82	4.77	4.74	4.68	4.62	4.56	4.53	4.50	4.46	4.43	4.40	4.36
6	5.99	5.14	4.76	4.53	4.39	4.28	4.21	4.15	4.10	4.06	4.00	3.94	3.87	3.84	3.81	3.77	3.74	3.70	3.67
7	5.59	4.74	4.35	4.12	3.97	3.87	3.79	3.73	3.68	3.64	3.57	3.51	3.44	3.41	3.38	3.34	3.30	3.27	3.23
8	5.32	4.46	4.07	3.84	3.69	3.58	3.50	3.44	3.69	3.35	3.28	3.22	3.15	3.12	3.08	3.04	3.01	2.97	2.93
9	5.12	4.26	3.86	3.63	3.48	3.37	3.29	3.23	3.18	3.14	3.07	3.01	2.94	2.90	2.86	2.83	2.79	2.75	2.71
10	4.96	4.10	3.71	3.48	3.33	3.22	3.14	3.07	3.02	2.98	2.91	2.85	2.77	2.74	2.70	2.66	2.62	2.58	2.54
11	4.84	3.98	3.59	3.36	3.20	3.09	3.01	2.95	2.90	2.85	2.79	2.72	2.65	2.61	2.57	2.53	2.49	2.45	2.40
12	4.75	3.89	3.49	3.26	3.11	3.00	2.91	2.85	2.80	2.75	2.69	2.62	2.54	2.51	2.47	2.43	2.38	2.34	2.30
13	4.67	3.81	3.41	3.18	3.03	2.92	2.83	2.77	2.71	2.67	2.60	2.53	2.46	2.42	2.38	2.34	2.30	2.25	2.21
14	4.60	3.74	3.34	3.11	2.96	2.85	2.76	2.70	2.65	2.60	2.53	2.46	2.39	2.35	2.31	2.27	2.22	2.18	2.13
15	4.54	3.68	3.29	3.06	2.90	2.79	2.71	2.64	2.59	2.54	2.48	2.40	2.33	2.29	2.25	2.20	2.16	2.11	2.07
16	4.49	3.63	3.24	3.01	2.85	2.74	2.66	2.59	2.54	2.49	2.42	2.35	2.28	2.24	2.19	2.15	2.11	2.06	2.01
17	4.45	3.59	3.20	2.96	2.81	2.70	2.61	2.55	2.49	2.45	2.38	2.31	2.23	2.19	2.15	2.10	2.06	2.01	1.96
18	4.41	3.55	3.16	2.93	2.77	2.66	2.58	2.51	2.46	2.41	2.34	2.27	2.19	2.15	2.11	2.06	2.02	1.97	1.92
19	4.38	3.52	3.13	2.90	2.74	2.63	2.54	2.48	2.42	2.38	2.31	2.23	2.16	2.11	2.07	2.03	1.98	1.93	1.88
20	4.35	3.49	3.10	2.87	2.71	2.60	2.51	2.45	2.39	2.35	2.28	2.20	2.12	2.08	2.04	1.99	1.95	1.90	1.84
21	4.32	3.47	3.07	2.84	2.68	2.57	2.49	2.42	2.37	2.32	2.25	2.18	2.10	2.05	2.01	1.96	1.92	1.87	1.81
22	4.30	3.44	3.05	2.82	2.66	2.55	2.46	2.40	2.34	2.30	2.23	2.15	2.07	2.03	1.98	1.94	1.89	1.84	1.78
23	4.28	3.42	3.03	2.80	2.64	2.53	2.44	2.37	2.32	2.27	2.20	2.13	2.05	2.01	1.96	1.91	1.86	1.81	1.76
24	4.26	3.40	3.01	2.78	2.62	2.51	2.42	2.36	2.30	2.25	2.18	2.11	2.03	1.98	1.94	1.89	1.84	1.79	1.73
25	4.24	3.39	2.99	2.76	2.60	2.49	2.40	2.34	2.28	2.24	2.16	2.09	2.01	1.96	1.92	1.87	1.82	1.77	1.71
26	4.23	3.37	2.98	2.74	2.59	2.47	2.39	2.32	2.27	2.22	2.15	1.07	1.99	1.95	1.90	1.85	1.80	1.75	1.69
27	4.21	3.35	2.96	2.73	2.57	2.46	2.37	2.31	2.25	2.20	2.13	1.06	1.97	1.93	1.88	1.84	1.79	1.73	1.67
28	4.20	3.34	2.95	2.71	2.56	2.45	2.36	2.29	2.24	2.19	2.12	1.04	1.96	1.91	1.87	1.82	1.77	1.71	1.65
29	4.18	3.33	2.93	2.70	2.55	2.43	2.35	2.28	2.22	2.18	2.10	1.03	1.94	1.90	1.85	1.81	1.75	1.70	1.64
30	4.17	3.32	2.92	2.69	2.53	2.42	2.33	2.27	2.21	2.16	2.09	2.01	1.93	1.89	1.84	1.79	1.74	1.68	1.62
40	4.08	3.23	2.84	2.61	2.45	2.34	2.25	2.18	2.12	2.08	2.00	1.92	1.84	1.79	1.74	1.69	1.64	1.58	1.51
60	4.00	3.15	2.76	2.53	2.37	2.25	2.17	2.10	2.04	1.99	1.92	1.84	1.75	1.70	1.65	1.59	1.53	1.47	1.39
120	3.92	3.07	2.68	2.45	2.29	2.17	2.09	2.02	1.96	1.91	1.83	1.75	1.66	1.61	1.55	1.50	1.43	1.35	1.25
∞	3.84	3.00	2.60	2.37	2.21	2.10	2.01	1.94	1.88	1.83	1.75	1.67	1.57	1.52	1.46	1.39	1.32	1.22	1.00

$\alpha = 0.025$ （续表）

n_2 \ n_1	1	2	3	4	5	6	7	8	9	10	12	15	20	24	30	40	60	120	∞
1	647.8	799.5	864.2	899.6	921.8	937.1	948.2	956.7	963.3	968.6	976.7	984.9	993.1	997.2	1001	1006	1010	1014	1018
2	38.51	39.00	39.17	39.25	39.30	39.33	39.36	39.37	39.39	39.40	39.41	39.43	39.45	39.46	39.46	39.47	39.48	39.49	39.50
3	17.44	16.04	15.44	15.10	14.88	14.73	14.62	14.54	14.47	14.42	14.34	14.25	14.17	14.12	14.08	14.04	13.99	13.95	13.90
4	12.22	10.65	9.98	9.60	9.36	9.20	9.07	8.98	8.90	8.84	8.75	8.66	8.56	8.51	8.46	8.41	8.36	8.31	8.26
5	10.01	8.43	7.76	7.39	7.15	6.98	6.85	6.76	6.68	6.62	6.52	6.43	6.33	6.28	6.23	6.18	6.12	6.07	6.02
6	8.81	7.26	6.60	6.23	5.99	5.82	5.70	5.60	5.52	5.46	5.37	5.27	5.17	5.12	5.07	5.01	4.96	4.90	4.85
7	8.07	6.54	5.89	5.52	5.29	5.12	4.99	4.90	4.82	4.76	4.67	4.57	4.47	4.42	4.36	4.31	4.25	4.20	4.14
8	7.57	6.06	5.42	5.05	4.82	4.65	4.53	4.43	4.36	4.30	4.20	4.10	4.00	3.95	3.89	3.84	3.78	3.73	3.67
9	7.21	5.71	5.08	4.72	4.48	4.32	4.20	4.10	4.03	3.96	3.87	3.77	3.67	3.61	3.56	3.51	3.45	3.39	3.33
10	6.94	5.46	4.83	4.47	4.24	4.07	3.95	3.85	3.78	3.72	3.62	3.52	3.42	3.37	3.31	3.26	3.20	3.14	3.08
11	6.72	5.26	4.63	4.28	4.04	3.88	3.76	3.66	3.59	3.53	3.43	3.33	3.23	3.17	3.12	3.06	3.00	2.94	2.88
12	6.55	5.10	4.47	4.12	3.89	3.73	3.61	3.51	3.44	3.37	3.28	3.18	3.07	3.02	2.96	2.91	2.85	2.79	2.72
13	6.41	4.97	4.35	4.00	3.77	3.60	3.48	3.39	3.31	3.25	3.15	3.05	2.95	2.89	2.84	2.78	2.72	2.66	2.60
14	6.30	4.86	4.24	3.89	3.66	3.50	3.38	3.29	3.21	3.15	3.05	2.95	2.84	2.79	2.73	2.67	2.61	2.55	2.49
15	6.20	4.77	4.15	3.80	3.58	3.41	3.29	3.30	3.12	3.06	2.96	2.86	2.76	2.70	2.64	2.59	2.52	2.46	2.40
16	6.12	4.69	4.08	3.73	3.50	3.34	3.22	3.12	3.05	2.99	2.89	2.79	2.68	2.63	2.57	2.51	2.45	2.38	2.32
17	6.04	4.62	4.01	3.66	3.44	3.28	3.16	3.06	2.98	2.92	2.82	2.72	2.62	2.56	2.50	2.44	2.38	2.32	2.25
18	5.98	4.56	3.95	3.61	3.38	3.22	3.10	3.01	2.93	2.87	2.77	2.67	2.56	2.50	2.44	2.38	2.32	2.26	2.19
19	5.92	4.51	3.90	3.56	3.33	3.17	3.05	2.96	2.88	2.82	2.72	2.62	2.51	2.45	2.39	2.35	2.27	2.20	2.13
20	5.87	4.46	3.86	3.51	3.29	3.13	3.01	2.91	2.84	2.77	2.68	2.57	2.46	2.41	2.35	2.29	2.22	2.16	2.09
21	5.83	4.42	3.82	3.48	3.25	3.09	2.97	2.87	2.80	2.73	2.64	2.53	2.42	2.37	2.31	2.25	2.18	2.11	2.04
22	5.79	4.38	3.78	3.44	3.22	3.05	2.93	2.84	2.76	2.70	2.60	2.50	2.39	2.33	2.27	2.21	2.14	2.08	2.00
23	5.75	4.35	3.75	3.41	3.18	3.02	2.90	2.81	2.73	2.67	2.57	2.47	2.36	2.30	2.24	2.18	2.11	2.04	1.97
24	5.72	4.32	3.72	3.38	3.15	2.99	2.87	2.78	2.70	2.64	2.54	2.44	2.33	2.27	2.21	2.15	2.08	2.01	1.94
25	5.69	4.29	3.69	3.35	3.13	2.97	2.85	2.75	2.68	2.61	2.51	2.41	2.30	2.24	2.18	2.12	2.05	1.98	1.91
26	5.66	4.27	3.67	3.33	3.10	2.94	2.82	2.73	2.65	2.59	2.49	2.39	2.28	2.22	2.16	2.09	2.03	1.95	1.88
27	5.63	4.24	3.65	3.31	3.08	2.92	2.80	2.71	2.63	2.57	2.47	2.36	2.25	2.19	2.13	2.07	2.00	1.93	1.85
28	5.61	4.22	3.63	3.29	3.06	2.90	2.78	2.69	2.61	2.55	2.45	2.34	2.23	2.17	2.11	2.05	1.98	1.91	1.83
29	5.59	4.20	3.61	3.27	3.04	2.88	2.76	2.67	2.59	2.53	2.43	2.32	2.21	2.15	2.09	2.03	1.96	1.89	1.81
30	5.57	4.18	3.59	3.25	3.03	2.87	2.75	2.65	2.57	2.51	2.41	2.31	2.20	2.14	2.07	2.01	1.94	1.87	1.79
40	5.42	4.05	3.46	3.13	2.90	2.74	2.62	2.53	2.45	2.39	2.29	2.18	2.07	2.01	1.94	1.88	1.80	1.72	1.64
60	5.29	3.93	3.34	3.01	2.79	2.63	2.51	2.41	2.33	2.27	2.17	2.06	1.94	1.88	1.82	1.74	1.67	1.58	1.48
120	5.15	3.80	3.23	2.89	2.67	2.52	2.39	2.30	2.22	2.16	2.05	1.94	1.82	1.76	1.69	1.61	1.53	1.43	1.31
∞	5.02	3.69	3.12	2.79	2.57	2.41	2.29	2.19	2.11	2.05	1.94	1.83	1.71	1.64	1.57	1.48	1.39	1.27	1.00

$\alpha=0.01$ （续表）

n_2 \ n_1	1	2	3	4	5	6	7	8	9	10	12	15	20	24	30	40	60	120	∞
1	4 052	5000	5403	5625	5764	5859	5928	5982	6062	6056	6106	6157	6209	6235	6261	6287	6313	6339	6366
2	98.50	99.00	99.17	99.25	99.30	99.33	99.36	99.37	99.39	99.40	99.42	99.43	99.45	99.46	99.47	99.47	99.48	99.49	99.50
3	34.12	30.82	29.46	28.71	28.24	27.91	27.67	27.49	27.35	27.23	27.05	26.87	26.09	26.60	26.50	26.41	26.32	26.22	26.13
4	21.20	18.00	16.69	15.98	15.52	15.21	14.98	14.80	14.66	14.55	14.37	14.20	14.02	13.93	13.84	13.75	13.65	13.56	13.46
5	16.26	13.27	12.06	11.39	10.97	10.67	10.46	10.29	10.16	10.05	9.29	9.72	9.55	9.47	9.38	9.29	9.20	9.11	9.02
6	13.75	10.92	9.78	9.15	8.75	8.47	8.46	8.10	7.98	7.87	7.72	7.56	7.40	7.31	7.23	7.14	7.06	6.97	6.88
7	12.25	9.55	8.45	7.85	7.46	7.19	6.99	6.84	6.72	6.62	6.47	6.31	6.16	6.07	5.99	5.91	5.82	5.74	5.65
8	11.26	8.65	7.59	7.01	6.63	6.37	6.18	6.03	5.91	5.81	5.67	5.52	5.36	5.28	5.20	5.12	5.03	4.95	4.86
9	10.56	8.02	6.99	6.42	6.06	5.80	5.61	5.47	5.35	5.26	5.11	4.96	4.81	4.73	4.65	4.57	4.48	4.40	4.31
10	10.04	7.56	6.55	5.99	5.64	5.39	5.20	5.06	4.94	4.85	4.71	4.56	4.41	4.33	4.25	4.17	4.08	4.00	3.91
11	9.65	7.21	6.22	5.67	5.32	5.07	4.89	4.74	4.63	4.54	4.40	4.25	4.10	4.02	3.95	3.86	3.78	3.69	3.60
12	9.33	6.93	5.95	5.41	5.06	4.82	4.64	4.50	4.39	4.30	4.16	4.01	3.86	3.78	3.70	3.62	3.54	3.45	3.36
13	9.07	6.70	5.74	5.21	4.86	4.62	4.44	4.30	4.19	4.10	3.96	3.82	3.66	3.59	3.51	3.43	3.34	3.25	3.17
14	8.86	6.51	5.56	5.04	4.69	4.46	4.28	4.14	4.03	3.94	3.80	3.66	3.51	3.43	3.35	3.27	3.18	3.09	3.00
15	8.68	6.36	5.42	4.89	4.56	4.32	4.14	4.00	3.89	3.80	3.67	3.52	3.37	3.29	3.21	3.13	3.05	2.96	2.87
16	8.53	6.23	5.29	4.77	4.44	4.20	4.03	3.89	3.78	3.69	3.55	3.41	3.26	3.18	3.10	3.02	2.93	2.84	2.75
17	8.40	6.11	5.18	4.67	4.34	4.10	3.93	3.79	3.68	3.59	3.46	3.31	3.16	3.08	3.00	2.92	2.83	2.75	2.65
18	8.29	6.01	5.09	4.58	4.25	4.01	3.84	3.71	3.60	3.51	3.37	3.23	3.08	3.00	2.92	2.84	2.75	2.66	2.57
19	8.18	5.93	5.01	4.50	4.17	3.94	3.77	3.63	3.52	3.43	3.30	3.15	3.00	2.92	2.84	2.76	2.67	2.58	2.49
20	8.10	5.85	4.94	4.43	4.10	3.87	3.70	3.56	3.46	3.37	3.23	3.09	2.94	2.86	2.78	2.69	2.61	2.52	2.42
21	8.02	5.78	4.87	4.37	4.04	3.81	3.64	3.51	3.40	3.31	3.17	3.03	2.88	2.80	2.72	2.64	2.55	2.46	2.36
22	7.95	5.72	4.82	4.31	3.99	3.76	3.59	3.45	3.35	3.26	3.12	2.98	2.83	2.75	2.67	2.58	2.50	2.40	2.31
23	7.88	5.66	4.76	4.26	3.94	3.71	3.54	3.41	3.30	3.21	3.07	2.93	2.78	2.70	2.62	2.54	2.45	2.35	2.26
24	7.82	5.61	4.72	4.22	3.90	3.67	3.50	3.36	3.26	3.17	3.03	2.89	2.74	2.66	2.58	2.49	2.40	2.31	2.21
25	7.77	5.57	4.68	4.18	3.85	3.63	3.46	3.32	3.22	3.13	2.99	2.85	2.70	2.62	2.54	2.45	2.36	2.27	2.17
26	7.72	5.53	4.64	4.14	3.82	3.59	3.42	3.29	3.18	3.09	2.96	2.81	2.66	2.58	2.50	2.42	2.33	2.23	2.13
27	7.68	5.49	4.60	4.11	3.78	3.56	3.39	3.26	3.15	3.06	2.93	2.78	2.63	2.55	2.47	2.38	2.29	2.20	2.10
28	7.64	5.45	4.57	4.07	3.75	3.53	3.36	3.23	3.12	3.03	2.90	2.75	2.60	2.52	2.44	2.35	2.26	2.17	2.06
29	7.60	5.42	4.54	4.04	3.73	3.50	3.33	3.20	3.09	3.00	2.87	2.73	2.57	2.49	2.41	2.33	2.23	2.14	2.03
30	7.56	5.39	4.51	4.02	3.70	3.47	3.30	3.17	3.07	2.98	2.84	2.70	2.55	2.47	2.39	2.30	2.21	2.11	2.01
40	7.31	5.18	4.31	3.83	3.51	3.29	3.12	2.99	2.89	2.80	2.66	2.52	2.37	2.29	2.20	2.11	2.02	1.92	1.80
60	7.08	4.98	4.13	3.65	3.34	3.12	2.95	2.82	2.72	2.63	2.50	2.35	2.20	2.12	2.03	1.94	1.84	1.73	1.60
120	6.85	4.79	3.95	3.48	3.17	2.96	2.79	2.66	2.56	2.47	2.34	2.19	2.03	1.95	1.86	1.76	1.66	1.53	1.38
∞	6.63	4.61	3.78	3.32	3.02	2.80	2.64	2.51	2.41	2.32	2.18	2.04	1.88	1.79	1.70	1.59	1.47	1.32	1.00

$\alpha=0.005$ （续表）

n_2 \ n_1	1	2	3	4	5	6	7	8	9	10	12	15	20	24	30	40	60	120	∞
1	16211	20000	21615	22500	23056	2 437	23715	23925	24091	24224	24426	24630	24836	24940	25044	25148	25253	25359	25465
2	198.5	199.0	199.2	199.2	199.3	199.3	199.4	199.4	199.4	199.4	199.4	199.4	199.4	199.5	199.5	199.5	199.5	199.5	199.5
3	55.55	49.80	47.47	46.19	45.39	44.84	44.43	44.13	43.88	43.69	43.39	43.08	42.78	42.62	42.47	42.31	42.15	41.99	41.83
4	31.33	26.28	24.26	23.15	22.46	21.97	21.62	21.35	21.14	20.97	20.70	20.44	20.17	20.03	19.89	19.75	19.61	19.47	19.32
5	22.78	18.31	16.53	15.56	24.94	14.51	14.20	13.96	13.77	13.62	13.38	13.15	12.90	12.78	12.66	12.53	12.40	12.72	12.14
6	18.63	14.54	12.92	12.03	21.46	11.07	10.79	10.57	10.39	10.25	10.03	9.81	9.59	9.47	9.36	9.24	9.42	9.00	8.88
7	16.24	12.40	10.88	10.05	9.52	9.16	8.89	8.68	8.51	8.38	8.18	7.97	7.75	7.65	7.53	7.42	7.31	7.19	7.08
8	14.69	11.04	9.60	8.81	8.30	7.95	7.69	7.50	7.34	7.21	7.01	6.81	6.61	6.50	6.40	6.29	6.18	6.06	5.95
9	13.61	10.11	8.72	7.96	7.47	7.13	6.88	6.69	6.54	6.42	6.23	6.03	5.83	5.73	5.62	5.52	5.41	5.30	5.19
10	12.83	9.43	8.08	7.34	6.87	6.54	6.30	6.12	5.97	5.85	5.66	5.47	5.27	5.17	5.07	4.97	4.86	4.75	4.64
11	12.23	8.91	7.60	6.88	6.42	6.10	5.86	5.68	5.54	5.42	5.24	5.05	4.86	4.76	4.65	4.55	4.44	4.34	4.23
12	11.75	8.51	7.23	6.52	6.07	5.76	4.52	5.35	5.20	5.09	4.91	4.72	4.53	4.43	4.33	4.23	4.12	4.01	3.90
13	11.37	8.19	6.93	6.23	5.79	5.48	5.25	5.08	4.94	4.82	4.64	4.46	4.27	4.17	4.07	3.97	3.87	3.76	3.65
14	11.06	7.92	6.68	6.00	5.86	5.26	5.03	4.86	4.72	4.60	4.43	4.25	4.06	3.96	3.86	3.76	3.66	3.55	3.44
15	10.80	7.70	6.48	5.80	5.37	5.07	4.85	4.67	4.54	4.42	4.25	4.07	3.88	3.79	3.69	3.52	3.48	3.37	3.26
16	10.58	7.51	6.30	5.64	5.21	4.91	4.96	4.52	4.38	4.27	4.10	3.92	3.73	3.64	3.54	3.44	3.23	3.22	3.11
17	10.38	7.35	6.16	5.50	5.07	4.78	4.56	4.39	4.25	4.14	3.97	3.79	3.61	3.51	3.41	3.31	3.21	3.10	2.98
18	10.22	7.21	6.03	5.37	4.96	4.66	4.44	4.28	4.14	4.03	3.86	3.68	3.50	3.40	3.30	3.20	3.10	2.99	2.87
19	10.07	7.09	5.92	5.27	4.85	4.56	4.34	4.18	4.04	3.93	3.76	3.59	3.40	3.31	3.21	3.11	3.00	2.89	2.78
20	9.94	6.99	5.82	5.17	4.76	4.47	4.26	4.09	3.96	3.85	3.68	3.50	3.32	3.22	3.12	3.02	2.92	2.81	2.69
21	9.83	6.89	5.73	5.09	4.68	4.39	4.18	4.01	3.88	3.77	3.60	3.43	3.24	3.15	3.05	2.95	2.84	2.73	2.61
22	9.73	6.81	5.65	5.02	4.61	4.32	4.11	3.94	3.81	3.70	3.54	3.36	3.18	3.08	2.98	2.88	2.77	2.66	2.55
23	9.63	6.73	5.58	4.95	4.54	4.26	4.05	3.88	3.75	3.64	3.47	3.30	3.12	3.02	2.92	2.82	2.71	2.60	2.48
24	9.55	6.66	5.52	4.89	4.49	4.20	3.99	3.83	3.69	3.59	3.42	3.25	3.06	2.97	2.87	2.77	2.66	2.55	2.43
25	9.48	6.60	5.46	4.84	4.43	4.15	3.94	3.78	3.64	3.64	3.37	3.20	3.01	2.92	2.82	2.72	2.61	2.50	2.38
26	9.41	6.54	5.41	4.79	4.38	4.10	3.89	3.73	3.60	3.49	3.33	3.15	2.97	2.87	2.77	2.67	2.56	2.45	2.33
27	9.34	6.49	5.36	4.74	4.34	4.06	3.85	3.69	3.56	3.45	3.28	3.11	2.93	2.83	2.73	2.63	2.52	2.41	2.29
28	9.28	6.44	5.32	4.70	4.30	4.02	3.81	3.65	3.52	3.41	3.25	3.07	2.89	2.79	2.69	2.59	2.48	2.37	2.25
29	9.23	6.40	5.28	4.66	4.26	3.98	3.77	3.61	3.48	3.38	3.21	3.04	2.86	2.76	2.66	2.56	2.45	2.33	2.21
30	9.18	6.35	5.24	4.62	4.23	3.95	3.74	3.58	3.45	3.34	3.18	3.01	2.82	2.73	2.63	2.52	2.42	2.30	2.18
40	8.83	6.07	4.98	4.37	3.99	3.71	3.51	3.35	3.22	3.12	2.95	2.78	2.60	2.50	2.40	2.30	2.18	2.06	1.93
60	8.49	5.79	4.73	4.14	3.76	3.49	3.29	3.13	3.01	2.90	2.74	2.57	2.39	2.29	2.19	2.08	1.96	1.83	1.69
120	8.18	5.54	4.50	3.92	3.55	3.28	3.09	2.93	2.81	2.75	2.54	2.37	2.19	2.09	1.98	1.87	1.75	1.61	1.43
∞	7.88	5.30	4.28	3.72	3.35	3.09	2.90	2.74	2.62	2.52	2.36	2.19	2.00	1.90	1.79	1.67	1.53	1.36	1.00

附表 6　秩和检验临界值表

$$P(T_1 < R_1 < T_2) = 1 - \alpha$$

n_1	n_2	$\alpha=0.025$		$\alpha=0.05$		n_1	n_2	$\alpha=0.025$		$\alpha=0.05$	
		T_1	T_2	T_1	T_2			T_1	T_2	T_1	T_2
2	4			3	11	5	5	18	37	19	36
	5			3	13		6	19	41	20	40
	6	3	15	4	14		7	20	45	22	43
	7	3	17	4	16		8	21	49	23	47
	8	3	19	4	18		9	22	53	25	50
	9	3	21	4	20		10	24	56	26	54
	10	4	22	5	21						
						6	6	26	52	28	50
3	3			6	15		7	28	56	30	54
	4	6	18	7	17		8	29	61	32	58
	5	6	21	7	20		9	31	65	33	63
	6	7	23	8	22		10	33	69	35	67
	7	8	25	9	24						
	8	8	28	9	27	7	7	37	68	39	66
	9	9	30	10	29		8	39	73	41	71
	10	9	33	11	31		9	41	78	43	76
							10	43	83	46	80
4	4	11	25	12	24						
	5	12	28	13	27	8	8	49	87	52	84
	6	12	32	14	30		9	51	93	54	90
	7	13	35	15	33		10	54	98	57	95
	8	14	38	16	36						
	9	15	41	17	39	9	9	63	108	66	105
	10	16	44	18	42		10	66	114	69	111
						10	10	79	131	83	127

附表 7　相关系数临界值表

$P(|\rho|>\rho_{\alpha})=\alpha$ （表中 $n-2$ 是自由度）

$n-2$ \ α	0.10	0.05	0.02	0.01	0.001	α / $n-2$
1	0.987 69	0.099 692	0.999 507	0.999 877	0.999 998 8	1
2	0.900 00	0.950 00	0.980 00	0.990 00	0.999 00	2
3	0.805 4	0.878 3	0.934 33	0.958 73	0.991 16	3
4	0.729 3	0.811 4	0.882 2	0.917 20	0.974 06	4
5	0.669 4	0.754 5	0.832 9	0.874 5	0.950 74	5
6	0.621 5	0.706 7	0.788 7	0.834 3	0.924 93	6
7	0.582 2	0.666 4	0.749 8	0.797 7	0.898 2	7
8	0.549 4	0.631 9	0.715 5	0.764 6	0.872 1	8
9	0.521 4	0.602 1	0.685 1	0.734 8	0.847 1	9
10	0.497 3	0.576 0	0.658 1	0.707 9	0.823 3	10
11	0.476 2	0.552 9	0.633 9	0.683 5	0.801 0	11
12	0.457 5	0.532 4	0.612 0	0.661 4	0.780 0	12
13	0.440 9	0.513 9	0.592 3	0.641 1	0.760 3	13
14	0.425 9	0.497 3	0.574 2	0.622 6	0.742 0	14
15	0.412 4	0.482 1	0.557 7	0.605 5	0.724 6	15
16	0.400 0	0.468 3	0.542 5	0.589 7	0.708 4	16
17	0.388 7	0.455 5	0.528 5	0.575 1	0.693 2	17
18	0.378 3	0.443 8	0.515 5	0.561 4	0.678 7	18
19	0.368 7	0.432 9	0.503 4	0.548 7	0.665 2	19
20	0.359 8	0.422 7	0.492 1	0.536 8	0.652 4	20
25	0.323 3	0.380 9	0.445 1	0.486 9	0.597 4	25
30	0.296 0	0.349 4	0.409 3	0.448 7	0.554 1	30
35	0.274 6	0.324 6	0.381 0	0.418 2	0.518 9	35
40	0.257 3	0.304 4	0.357 8	0.393 2	0.489 6	40
45	0.242 8	0.287 5	0.338 4	0.372 1	0.464 8	45
50	0.230 6	0.273 2	0.321 8	0.354 1	0.443 3	50
60	0.210 8	0.250 0	0.294 8	0.324 8	0.407 8	60
70	0.195 4	0.231 9	0.273 7	0.301 7	0.379 9	70
80	0.182 9	0.217 2	0.256 5	0.283 0	0.356 8	80
90	0.172 6	0.205 0	0.242 2	0.267 3	0.337 5	90
100	0.163 8	0.194 6	0.230 1	0.254 0	0.321 1	100

附表 8 正交表

$L_4(2^3)$

列号 / 试验号	1	2	3
1	1	1	1
2	1	2	2
3	2	1	2
4	2	2	1

$L_9(3^4)$

列号 / 试验号	1	2	3	4
1	1	1	1	1
2	1	2	2	2
3	1	3	3	3
4	2	1	2	3
5	2	2	3	1
6	2	3	1	2
7	3	1	3	2
8	3	2	1	3
9	3	3	2	1

$L_{12}(2^{11})$

列号 / 试验号	1	2	3	4	5	6	7	8	9	10	11
1	1	1	1	2	2	1	2	1	2	2	1
2	2	1	2	1	2	1	1	2	2	2	2
3	1	2	2	2	2	2	1	2	2	1	1
4	2	2	1	1	2	2	2	2	1	2	1
5	1	1	2	2	1	2	2	2	1	2	2
6	2	1	2	1	1	2	2	1	2	1	1
7	1	2	1	1	1	1	2	2	2	1	2
8	2	2	1	2	1	2	1	1	2	2	2
9	1	1	1	1	2	2	1	1	1	1	2
10	2	1	1	2	1	1	1	2	1	1	1
11	1	2	2	1	1	1	1	1	1	2	1
12	2	2	2	2	2	1	2	1	1	1	2

$L_8(2^7)$

试验号 \ 列号	1	2	3	4	5	6	7
1	1	1	1	1	1	1	1
2	1	1	1	2	2	2	2
3	1	2	2	1	1	2	2
4	1	2	2	2	2	1	1
5	2	1	2	1	2	1	2
6	2	1	2	2	1	2	1
7	2	2	1	1	2	2	1
8	2	2	1	2	1	1	2

$L_8(2^7)$ 两列间的交互作用

列号 \ 列号	1	2	3	4	5	6
7	6	5	4	3	2	1
6	7	4	5	2	3	
5	4	7	6	1		
4	5	6	7			
3	2	1				
2	3					

$L_{16}(4^5)$

试验号 \ 列号	1	2	3	4	5
1	1	1	1	1	1
2	1	2	2	2	2
3	1	3	3	3	3
4	1	4	4	4	4
5	2	1	2	3	4
6	2	2	1	4	3
7	2	3	4	1	2
8	2	4	3	2	1
9	3	1	3	4	2
10	3	2	4	3	1
11	3	3	1	2	4
12	3	4	2	1	3
13	4	1	4	2	3
14	4	2	3	1	4
15	4	3	2	4	1
16	4	4	1	3	2

$L_{16}(4^3 \times 2^6)$

试验号 \ 列号	1	2	3	4	5	6	7	8	9
1	1	1	1	1	1	1	1	1	1
2	1	2	2	1	1	2	2	2	2
3	1	3	3	2	2	1	1	2	2
4	1	4	4	2	2	2	2	1	1
5	2	1	2	2	2	1	2	1	2
6	2	2	1	2	2	2	1	2	1
7	2	3	4	1	1	1	2	2	1
8	2	4	3	1	1	2	1	1	2
9	3	1	3	1	2	2	2	2	1
10	3	2	4	1	2	1	1	1	2
11	3	3	1	2	1	2	2	1	2
12	3	4	2	2	1	1	1	2	1
13	4	1	4	2	1	2	1	2	2
14	4	2	3	2	1	1	2	1	1
15	4	3	2	1	2	2	1	1	1
16	4	4	1	1	2	1	2	2	2

参考文献

[1] 北京大学数学力学系．高等代数．北京：人民教育出版社，1978
[2] 武汉大学数学系数学专业．线性代数．北京：人民教育出版社，1977
[3] 同济大学数学教研室．线性代数．北京：高等教育出版社，1991
[4] 彭玉芳，尹福源．线性代数．北京：高等教育出版社，1993
[5] 赵树嫄．线性代数．北京：中国人民大学出版社，1997
[6] 复旦大学．概率论．北京：人民教育出版社，1979
[7] 浙江大学数学系高等数学教研室．概率论与数理统计．北京：人民教育出版社，1979
[8] 常柏林等．概率与数理统计，第二版．北京：高等教育出版社，2001
[9] 孙荣恒．应用数理统计，第二版．北京：科学出版社，2003
[10] 金炳陶．概率论与数理统计，第二版．北京：高等教育出版社，2002
[11] 潘维栋．数理统计方法．上海：上海教育出版社，1980
[12] 钱小军．数量方法．北京：高等教育出版社，1999
[13] 李德，钱颂迪．运筹学．北京：清华大学出版社，1982
[14] 朱见平，朱文辉，陈刚．数学思想方法与应用．上海：东华大学出版社，2002
[15] 李尚志．数学建模竞赛教程．江苏：江苏教育出版社，1996
[16] 原道谋．企业系统工程．河北：河北科技出版社，1985
[17] 秦裕瑗，秦明复．运筹学简明教程．北京：高等教育出版社．2000
[18] 邱筝．正交化的一种简便方法．江苏：南通职业大学教学研究．1998，（2）
[19] 朱文辉．矩阵初等变换的运算次数．上海：高等数学通报．2002，（1）
[20] 朱文辉．计算行列式的运算量．上海：高等数学通报．2002，（3）